新工科校企合作双元开发教材
高等职业教育安全类技能型人才培养实用教材

防火防爆技术实务

主　编　黄昌忠　苟龙得
参　编　蒲文培　王红斌
　　　　邓志生　罗静东
主　审　徐远火

西南交通大学出版社
·成　都·

图书在版编目（CIP）数据

防火防爆技术实务 / 黄昌忠，苟龙得主编. -- 成都：西南交通大学出版社，2024.4

新工科校企合作双元开发教材　高等职业教育安全类技能型人才培养实用教材

ISBN 978-7-5643-9541-4

Ⅰ. ①防… Ⅱ. ①黄… ②苟… Ⅲ. ①防火 – 高等职业教育 – 教材②防爆 – 高等职业教育 – 教材　Ⅳ. ①X932

中国国家版本馆 CIP 数据核字（2023）第 212388 号

新工科校企合作双元开发教材
高等职业教育安全类技能型人才培养实用教材
Fanghuo Fangbao Jishu Shiwu
防火防爆技术实务

主　编／黄昌忠　苟龙得	责任编辑／王同晓
	封面设计／GT 工作室

西南交通大学出版社出版发行
（四川省成都市金牛区二环路北一段 111 号西南交通大学创新大厦 21 楼　610031）
营销部电话：028-87600564　028-87600533
网址：http://www.xnjdcbs.com
印刷：四川森林印务有限责任公司

成品尺寸　185 mm × 260 mm
印张　20.25　　字数　503 千
版次　2024 年 4 月第 1 版　　印次　2024 年 4 月第 1 次

书号　ISBN 978-7-5643-9541-4
定价　58.00 元

课件咨询电话：028-81435775
图书如有印装质量问题　本社负责退换
版权所有　盗版必究　举报电话：028-87600562

高等职业教育消防应急救援教材
编写委员会

主　任：徐远火

副主任：舒志乐　冯明义　吴　磊

委　员：黄昌忠　苟龙得　邓志生
　　　　　罗静东　冯　刚　姜　淮
　　　　　彭　禄

前言 PERFACE

党的二十大报告指出，要提高公共安全治理水平，坚持安全第一，预防为主，完善公共安全体系，提高防灾减灾救灾和急难险重突发公共事件处置保障能力，加强个人信息保护。南充科技职业学院是川东北率先开展消防救援人才培养的高等职业院校，坚持以习近平新时代中国特色社会主义思想为指导，贯彻落实党的教育方针，秉持张澜先生"陶铸人才，以为国用"的教育理想，坚持高点起步、高速发展、高质量发展理念，遵循规模发展与内涵发展并重的原则，立足南充、服务川渝、辐射西部，走开产教深度融合、校政企合作、产学研用结合的消防救援人才培育新路子，深入贯彻"对党忠诚、纪律严明、赴汤蹈火、竭诚为民"总要求，努力培养政治过硬、本领高强，具有中国一流水平的消防救援人才。

教材作为体现教学内容和教学方法的知识载体，是组织运行教学活动的工具保障，是深化教育教学改革、提高人才培养质量的基础保证，也是院校教学、科研水平的重要体现。南充科技职业学院高度重视教材建设，紧紧围绕人才培养方案，按照"选编结合"原则，重点编写专业特色课程和新开课程教材，有计划、有步骤地建设了一套具有消防救援专业群特色的教材。

本教材由南充科技职业学院应急救援学院黄昌忠副教授、苟龙得高级工程师担任主编。参加编写的人员有：王红斌、蒲文培、邓志生、罗静东。由于编写时间仓促，错误、瑕疵在所难免，敬请读者指正，以便再版修订。留言邮箱 1207496800@qq.com。

编 者

2024 年 1 月于南充

CONTENTS 目 录

模块 1　燃烧和火灾基础 ·· 001

　项目 1　燃烧基础知识 ··· 001
　　任务 1　燃烧定义的认知 ··· 002
　　任务 2　燃烧条件的认知 ··· 003
　　任务 3　燃烧类型的判定 ··· 008
　　任务 4　燃烧产物的分类 ··· 028

　项目 2　火灾的定义和分类 ·· 039
　　任务 1　火灾定义的认知 ··· 039
　　任务 2　火灾分类的判定 ··· 040
　　任务 3　火灾危害的处理 ··· 047

　项目 3　建筑火灾发展过程 ·· 051
　　任务 1　建筑火灾发展过程的认知 ·· 051
　　任务 2　建筑火灾蔓延途径的分类 ·· 058
　　任务 3　建筑火灾蔓延途径的判定 ·· 060

　项目 4　防火和灭火的基本原理 ·· 065
　　任务 1　防火原理的认知 ··· 065
　　任务 2　灭火方法的选择 ··· 067

模块 2　建筑防火基本知识 ··· 071

　项目 1　建筑物的定义 ··· 071
　　任务 1　建筑防火构造的认知 ··· 072
　　任务 2　建筑防火分类的判定 ··· 075

　项目 2　建筑材料的燃烧性能 ·· 087
　　任务 1　建筑材料燃烧性能含义的认知 ·································· 087
　　任务 2　建筑材料燃烧性能分级的判定 ·································· 088
　　任务 3　建筑构件燃烧性能分级的判定 ·································· 089

项目 3　建筑构件的耐火极限 ·· 091
　　任务 1　构件耐火极限的判定 ·· 091
　　任务 2　耐火极限影响的因素 ·· 093
项目 4　建筑的耐火等级 ·· 097
　　任务 1　建筑耐火极限定义的认知 ·· 097
　　任务 2　建筑耐火等级的判定 ·· 099
项目 5　建筑的防火和防烟分区 ·· 101
　　任务 1　防火分区的划分 ·· 101
　　任务 2　防烟分区的划分 ·· 107
项目 6　建筑的总平面布局和平面布置 ·· 111
　　任务 1　建筑总平面布局设计的要求 ······································ 111
　　任务 2　建筑平面布置与设计的判定 ······································ 122
项目 7　安全疏散 ·· 129
　　任务 1　安全疏散与出口设计的判定 ······································ 129
　　任务 2　安全疏散和设施设计的判定 ······································ 134
项目 8　建筑内外装修防火基本要求 ·· 145
　　任务 1　装修材料的分类的认知 ·· 145
　　任务 2　建筑内装修防火的判定 ·· 147
　　任务 3　保温和外墙防火的判定 ·· 150

模块 3　初期火灾处置基本知识 ··· 155

项目 1　常用灭火剂与灭火器使用方法 ·· 155
　　任务 1　常用灭火剂的认识 ·· 155
　　任务 2　常用灭火器的操作 ·· 164
项目 2　火灾报警 ·· 169
　　任务 1　报警对象的划分 ·· 169
　　任务 2　报警流程的操作 ·· 170
项目 3　火场应急疏散逃生 ·· 173
　　任务 1　疏散逃生基本原则的认知 ·· 173
　　任务 2　应急疏散预案制定的方法 ·· 175
　　任务 3　应急疏散逃生组织的实施 ·· 177
项目 4　火灾扑救及现场保护 ·· 181
　　任务 1　扑救初期火灾程序与方法的认知 ·································· 181
　　任务 2　微型消防站器材配置要求的判定 ·································· 183
　　任务 3　初期火灾扑救及注意事项的要求 ·································· 184
　　任务 4　火灾现场保护其操作程序的实施 ·································· 186

模块 4　防爆技术与措施基础 ·· 191

项目 1　救援现场爆炸危险概述 ·· 191
　　任务 1　爆炸原因及爆炸种类的识别 ······································ 191

任务2　爆炸分类与爆炸原理的判定 …………………………………………… 193
　　　任务3　爆炸的危害与其有害物的判定 ………………………………………… 199
　项目2　爆炸专业基础知识 ………………………………………………………………… 203
　　　任务　爆炸相关专业知识认知 …………………………………………………… 203
　项目3　气体爆炸及预防基础 ……………………………………………………………… 207
　　　任务1　气体危险特性的识别 …………………………………………………… 207
　　　任务2　气体燃爆特性的识别 …………………………………………………… 210
　　　任务3　气体燃爆危害的识别 …………………………………………………… 214
　　　任务4　燃爆参数特性的评定 …………………………………………………… 216
　项目4　粉尘爆炸及预防基础 ……………………………………………………………… 223
　　　任务1　粉尘爆炸基本特点的认知 ……………………………………………… 223
　　　任务2　粉尘爆炸强度影响的判定 ……………………………………………… 231
　　　任务3　粉尘场所火灾扑救的方式 ……………………………………………… 239
　　　任务4　液体储罐爆炸预防的措施 ……………………………………………… 240
　　　任务5　易燃液体储罐防爆的措施 ……………………………………………… 248

模块5　建筑防爆技术 ………………………………………………………………… 253

　项目1　厂房和仓库防爆技术 ……………………………………………………………… 253
　　　任务1　防爆基本要求的认知 …………………………………………………… 253
　　　任务2　建筑防爆措施的判定 …………………………………………………… 258
　　　任务3　危险筒仓防爆的设置 …………………………………………………… 262
　项目2　民用建筑防爆技术 ………………………………………………………………… 265
　　　任务1　民用建筑防爆基本要求的认知 ………………………………………… 266
　　　任务2　民用建筑防爆分类标准的划分 ………………………………………… 268
　　　任务3　防爆风险评估安全规划的设计 ………………………………………… 274
　　　任务4　民用建筑爆炸荷载特性的设计 ………………………………………… 279
　　　任务5　民用建筑材料动态特性的设计 ………………………………………… 286
　　　任务6　民用建筑构件抗爆特性的设计 ………………………………………… 293
　　　任务7　建筑结构防连续性倒塌的设计 ………………………………………… 300
　　　任务8　建筑外围护系统防爆墙的设计 ………………………………………… 305
　　　任务9　民用建筑结构抗爆评估的设计 ………………………………………… 309

参考文献 …………………………………………………………………………………… 313

模块 1

燃烧和火灾基础

项目 1　燃烧基础知识

知识目标
- 了解燃烧的基本知识。
- 熟悉燃烧的基件。
- 掌握燃烧的类型。

能力目标
- 具备描述燃烧基本知识的能力。
- 具备判定不同燃烧物分类的能力。

素养目标
- 通过了解燃烧的基础知识培养学生专注做事的学习素养。
- 通过燃烧必要条件的学习强化学生诚实守信的品格。
- 通过掌握判定燃烧的技能提升学生工匠精神。

任务导航
- 任务 1　燃烧定义的认知
- 任务 2　燃烧条件的认知
- 任务 3　燃烧类型的判定
- 任务 4　燃烧产物的分类

任务 1　燃烧定义的认知

【重难点】
- 燃烧的定义。
- 燃烧的不同类型的定义。
- 燃烧产物的定义。
- 烟气流动蔓延的过程。
- 燃烧温度的定义。

【案例导入】

某化工厂发生一起火灾，试分析燃烧过程中会产生哪些物质。

【案例分析】

2023 年 5 月 12 日，某化工公司甲醇储罐发生爆炸燃烧事故，事故造成在现场的施工人员 3 人死亡、2 人受伤（其中 1 人严重烧伤），6 个储罐被摧毁。事故发生后，当地应急救援分管负责人立即率有关人员和专家组成的工作组赶赴事故现场，指导事故救援和调查处理工作。初步调查分析，此次事故是一起因严重违规违章施工作业引发的责任事故。为防范类似事故发生，现将事故情况和下一步工作要求通报如下：

该某化工公司甲醇储罐区 1 处甲醇储罐发生爆炸燃烧，引发该罐区内其他 5 个储罐相继发生爆炸燃烧。该储罐区共有 8 个储罐，其中粗甲醇储罐 2 个（各为 1 000 m^3）、精甲醇储罐 5 个（3 个为 1 000 m^3、2 个为 250 m^3）、杂醇油储罐 1 个 250 m^3，事故造成 5 个精甲醇储罐和杂醇油储罐爆炸燃烧（爆炸燃烧的精甲醇约 240 t、杂醇油约 30 t）。2 个粗甲醇储罐未发生爆炸、泄漏。

事故发生后，当地政府及相关部门立即开展事故应急救援工作，控制了事故的进一步蔓延。据当地环保部门监测，事故未对环境造成影响。

该化工公司因进行甲醇罐惰性气体保护设施建设，委托某锅炉设备安装公司进行储罐的二氧化碳管道安装工作，但是据调查该施工单位施工资质已过期。2008 年 7 月 30 日，该安装公司在处于生产状况下的甲醇储罐区违规将精甲醇 C 储罐顶部备用短接打开，与二氧化碳管道进行连接配管，管道另一端则延伸至罐外下部，造成罐体内部通过管道与大气直接连通致使空气进入罐内，与甲醇蒸汽形成易制爆混合气体。8 月 2 日上午，因气温较高，罐内易制爆混合气体通过配管外泄，使罐内、管道及管口区域充斥易制爆混合气体，由于精甲醇 C 罐旁边又在违规进行电焊等动火作业（据初步调查，动火作业未办理动火证），引起管口区域易制爆混合气体燃烧，并通过连通管道引发罐内易制爆混合气体爆炸，罐底部被冲开，大量甲醇外泄、燃烧，使附近地势较低处储罐先后被烈火加热，罐内甲醇剧烈气化，致使 5 个储罐（4 个精甲醇储罐，1 个杂醇油储罐）相继发生爆炸燃烧。

此次事故是一起因严重违规违章施工作业引发的责任事故，教训十分深刻，暴露出危险化学品生产企业安全管理和安全监管上存在的一些问题。

【知识链接】

知识点 1　燃烧的一般性化学定义

燃烧是可燃物和助燃物（氧化剂）发生的一种发光、发热、剧烈的化学反应。燃烧的广义定义：燃烧是指任何发光发热的剧烈的反应，不一定要有氧气参加。比如金属钠（Na）和氯气（Cl_2）反应生成氯化钠（NaCl），该反应没有氧气参加，但同样是剧烈的发光、发热的化学反应，仍属于燃烧范畴。

完整的燃烧反应中，物质和氧化剂（如氧气、氟气）反应，其生成物为燃料的各元素氧化反应后的产物。例如：

$$CH_4 + 2O_2 \longrightarrow CO_2 + 2H_2O + 能量 \tag{1-1}$$

$$CH_2S + 6F_2 \longrightarrow CF_4 + 2HF + SF_6 + 能量 \tag{1-2}$$

$$2H_2 + O_2 \longrightarrow 2H_2O（g）+ 能量 \tag{1-3}$$

然而在真实情况下不可能达到完整的燃烧反应。

> 扩展阅读：核燃料"燃烧"，轻核的聚变和重核的裂变都是发光、发热的"核反应"（原子核发生变化），而不是化学反应（不涉及原子核的变化），不属于燃烧范畴。

燃烧过程中，燃烧区的温度较高，使白炽的固体粒子和某些不稳定或受激发的中间物质分子内的电子发生能级跃迁，从而发出各种波长的光，发光的气相燃烧区域是燃烧过程中最明显的标志。通常将气相燃烧并伴有发光现象称为有焰燃烧；物质处于固体状态而没有火焰的燃烧称为无焰燃烧。物质高温分解或燃烧时产生的固体和液体微粒、气体，连同夹带和混入的部分空气，形成了烟气。燃烧是一种十分复杂的氧化还原化学反应，能燃烧的物质一定能够被氧化，而能被氧化的物质不一定都能够燃烧。因此，物质是否发生了燃烧反应，可根据化学反应放出热量，发出光、亮等特征来判断。

任务 2　燃烧条件的认知

【重难点】

- 燃烧必要三要素的内容。
- 燃烧常见引火源的分类。
- 燃烧必要条件及充分的条件。

【案例导入】

根据下列案例，试分析燃烧的三个必要条件及引火源。

【案例分析】

9月18日，某市消防救援大队发布警情通报称，2021年9月17日17时38分，在某路段，一辆白色轿车撞入路边摊档并起火燃烧，造成6人死亡，13人受伤。

目前，肇事者李某（男，30岁）已被控制，相关情况正在进一步调查处理中。

> 扩展知识：汽车火灾的原因分析。
>
> 我们知道，燃烧的三要素是可燃物、助燃物和引火源，三者缺一不可，如图1-1所示，下面就从这三要素入手分析汽车自燃的原因。
>
> 图1-1 汽车火灾中的燃烧三要素
>
> 可燃物：包括车辆自身的可燃物和外来可燃物。前者包括各种油类（汽油、机油、制动液等），内、外饰件等各种的可燃有机物（塑料、树脂、橡胶等），这些可燃物可以说遍布汽车各处，包括前舱、乘员舱、后备箱、车底及车轮。外来可燃物包括可能出现的抹布、稻草秸秆、香水、清洁剂、发胶、防滑垫等。
>
> 对于车辆自身可燃物，我们要重点控制各种油液的泄漏；对于外来可燃物，我们要尽可能避免遗留在车上且避免与高温部位接触。特别是炎热的夏季，车内尽量少放物品。
>
> 助燃物：这里主要指空气中的氧气。着火后不要随意打开前舱盖或者车门，如果空气进入车内容易助燃。
>
> 引火源：从源头来分，可以来自热源、电、光源、机械摩擦等。热源包括发动机高温部件、涡轮增压器、三元催化器、排气管高温和外来热源。尤其要注意排气管高温和外来热源，如打火机、烟头。一个案例是粗心的司机居然把车停在一个尚未熄灭的蜂窝煤上，结果把车烧了。电的方面包括电火花、拉弧、电流热量堆积等。常见于电路短路、过载、接触不良等引起发热和电火花。光源主要是太阳光，通过各种透镜折射、反射聚焦效应，引燃可燃物。包括老视镜、瓶装水、水滴，都可以形成凸透镜导致聚焦光线。车上尽量不要放这些东西，洗车后则一定要把水珠擦干。机械摩擦可以产生机械火花、大量发热引发火灾。这类自燃事故在货车上更为多见。如摩擦盘过热或轮胎气压不足摩擦地面引燃轮胎。
>
> 汽车火灾的统计规律：原国家市场监督管理总局从2012年开展汽车火灾事故调查工作，并纳入了国家车辆事故深度调查体系数据库（NAIS）之中。综合NAIS统计数据及一些专家的数据，有以下规律：汽车火灾多发季节为夏季；停放中的车辆

火灾发生率略多于行驶状态的车辆；停放中的车辆的火灾多发时段为夜间22点—凌晨4点；豪车更容易发生自燃；乘用车的火灾多于货车；从发生部位来看，发动机舱最多，其次是仪表盘、底盘、乘员舱；从起火原因来看，电气故障最多，其次是油品泄漏、机械故障、外来火源等，见图1-2。

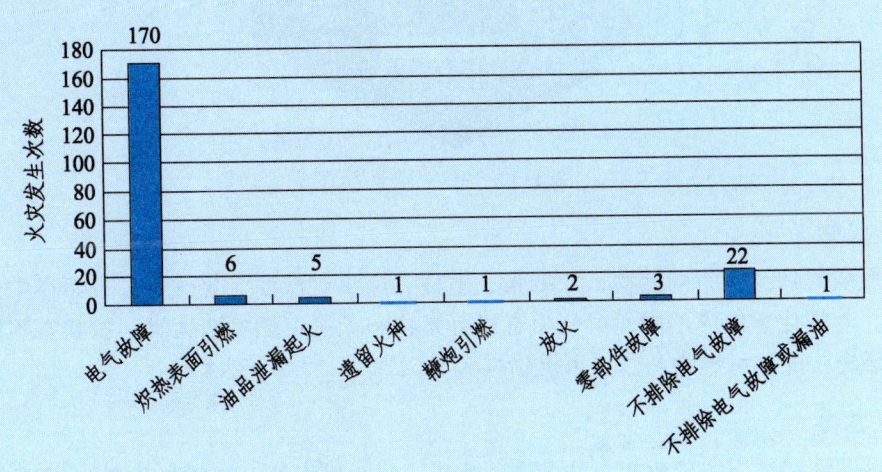

图1-2 火灾原因统计分析

总的来说，停放状态下的乘用车火灾事故非常多，其中电气故障最多，这些都提醒我们要加倍注意乘用车的自燃，注意维护好电气线路。

【知识链接】

知识点1 燃烧的必要条件

燃烧现象十分普遍，但任何物质发生燃烧，都有一个由未燃烧状态转向燃烧状态的过程。燃烧过程的发生和发展都必须具备三个必要条件，即可燃物、助燃物和引火源。这三个条件通常被称为"燃烧三要素"。只有这三个要素同时具备，可燃物才能够发生燃烧，无论缺少哪一个，燃烧都不能发生。燃烧的三个要素可用"燃烧三角形"来表示，如图1-3所示。虽然用"燃烧三角形"来表示无焰燃烧的必要条件非常确切，但对于有焰燃烧，根据燃烧的链式反应理论，燃烧过程中还存在未受抑制的自由基作中间体。因而"燃烧三角形"需增加一个"链式反应"，形成"燃烧四面体"（图1-4），即有焰燃烧需要有可燃物、助燃物、引火源和链式反应四个要素。

微课：燃烧三面体

图1-3 燃烧三角形

图 1-4　有焰燃烧四面体

1. 可燃物

可以燃烧的物品称为可燃物，如纸张、木材、煤炭、汽油、氢气等。自然界中的可燃物种类繁多，若按化学组成不同，可分为有机可燃物和无机可燃物两大类；按状态不同，可分为固体可燃物、液体可燃物和气体可燃物三大类。

2. 助燃物

凡与可燃物相结合能导致和支持燃烧的物质，称为助燃物（也称氧化剂）。通常燃烧过程中的助燃物是氧，它包括氧气或化合物中的氧。一般来说，可燃物的燃烧均是指在空气中进行的燃烧，空气中含有大约 21%的氧气，可燃物在空气中的燃烧以氧气作为氧化剂。这种燃烧是最普遍的。此外，某些物质也可作为燃烧反应的助燃物，如氯、氟、氯酸钾等。也有少数可燃物，如低氮硝化纤维、硝酸纤维素等含氧物质，一旦受热，能自动释放出氧，不需外部助燃物就可发生燃烧。

3. 引火源

凡使物质开始燃烧的外部热源（能源），称为引火源（也称点火源）。引火源温度越高，越容易点燃可燃物质。根据引起物质着火的能量来源不同，在生产生活实践中的引火源通常有明火、高温物体、化学热能、电热能、机械热能、生物能、光能和核能……

4. 链式反应

有焰燃烧都存在链式反应。当某种可燃物受热，它不仅会汽化，而且其分子会发生热裂解作用，从而产生自由基。自由基是一种高度活泼的化学基团，能与其他自由基和分子起反应，使燃烧持续进行，这就是燃烧的链式反应。

知识点 2　燃烧的充分条件

具备了燃烧的必要条件，并不意味着燃烧必然发生。发生燃烧，其燃烧三要素必须都要达到一定的要求，并且三者存在相互作用的过程，这就是发生燃烧或持续燃烧的充分条件。

1. 一定数量或浓度的可燃物

要燃烧，必须具备一定数量或浓度的可燃物。例如，在室温 20 ℃的条件下，用火柴去点燃汽油和煤油时，汽油立刻燃烧起来，而煤油却不燃。这是因为在室温 20 ℃的条件下煤油表面挥发的油蒸气量不多，还未达到燃烧所需要的浓度。由此说明，虽然有可燃物，但当其挥发的气体浓度不够时，即使有足够的空气（氧化剂）和引火源接触，也不会发生燃烧。

2. 一定含量的助燃物

试验证明，各种不同的可燃物发生燃烧，均有本身固定的最低含氧量要求。若低于这一要求，即使燃烧的其他条件全部具备，燃烧仍然不会发生。例如，将点燃的蜡烛用玻璃罩罩起来，使周围空气不能进入，经过较短时间后，蜡烛的火焰就会自行熄灭，通过对玻璃罩内气体的分析，发现气体中还含有约16%的氧气，这说明蜡烛在含氧量低于16%的空气中就不能燃烧。因此，可燃物发生燃烧需要有一个最低含氧量要求。可燃物质不同，燃烧所需要的最低含氧量也不同，表1-1列举了部分物质燃烧所需的最低含氧量。

表 1-1 部分物质燃烧所需要的最低含氧量

物质名称	最低含氧量	物质名称	最低含氧量
汽油	14.4%	丙酮	13.0%
煤油	15.0%	氢气	5.9%
乙醇	15.0%	橡胶屑	13.0%
乙醚	12.0%	棉花	8.0%
乙炔	3.7%	蜡烛	16.0%

3. 一定能量的引火源

无论何种形式的引火源，都必须达到一定的能量，即要有一定的温度和足够的热量，才能引起燃烧反应；否则，燃烧不会发生。所需引火源的能量，取决于可燃物质的最小引燃能量（又称最小点火能量，即能引起可燃物燃烧所需的最小能量）。若引火源的强度低于可燃物的最小引燃能量，燃烧便不会发生。例如，从烟囱冒出来的炭火星温度约有600 ℃，已超过一般可燃物的燃点，如果这些火星落在柴草、纸张和刨花等可燃物上，能引起着火，说明这些火星所具有的温度和热量能引燃该类物质；如果这些火星落在大块木材上，虽有较高的温度，但缺乏足够的热量，不但不能引起大块木材着火，还会很快熄灭。由此可见，不同可燃物质燃烧所需的最小引燃能量各不相同，部分可燃物质燃烧所需的最小引燃能量见表1-2。

表 1-2 部分可燃物质燃烧所需的最小引燃能量

物质名称	最小引燃能量/mJ	物质名称	最小引燃能量/mJ
汽油	0.200	乙炔（7.7%）	0.019
丙烷（5.0%）	0.260	甲烷（8.5%）	0.280
甲醇（12.2%）	0.215	乙醚（5.1%）	0.190

4. 相互作用

要使燃烧发生或持续，除燃烧三要素必须达到一定量的要求，燃烧三要素还必须相互结合、相互作用，如图1-5所示。否则，燃烧也不能发生。例如，在办公室里有桌椅、门、窗帘等可燃物，有充满空间的空气，有引火源（电源），存在燃烧的基本要素，可并没有发生燃烧现象，这是因为燃烧三要素没有相互结合、相互作用。

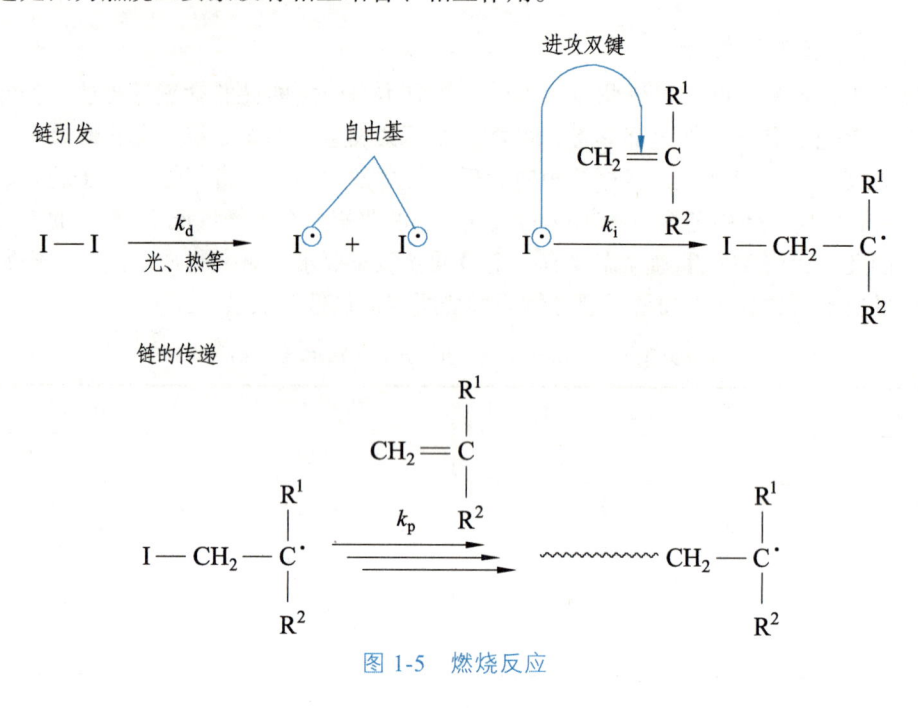

图 1-5 燃烧反应

任务 3　燃烧类型的判定

【重难点】
- 引燃的定义。
- 自燃的定义。
- 自燃方式不同的分类。
- 七种易发生自燃的种类。
- 爆炸极限的定义。

【案例导入】
根据下列案例分析该仓库突发火灾的引燃方式是什么？

【案例分析】
2022 年 12 月 8 日，某快递仓库突发火灾，千余件快递被烧。大量的快递包裹来不及运出，瞬间燃烧。接到报警后他们立即出动消防救援机构，到达起火地点后发现，仓库位于一处小型电子工业园内，是一栋五层楼房，与居民区仅一墙之隔。

同时，仓库内堆放了数千件包裹，加上仓库空间密闭，散热困难，导致火场浓烟密布。情况危急，消防员立即疏散周围群众近 200 人。

根据相关部门的调查，该事故的主要原因是仓库的员工私接电线，造成电线线路出现短路，引燃可燃物，且未能及时发现初期火灾导致该场大火。

【知识链接】

微课：爆炸小实验

知识点 1　按照燃烧发生瞬间的特点不同分类

按照燃烧发生瞬间的特点不同，燃烧分为着火和爆炸两种，如图1-6所示。

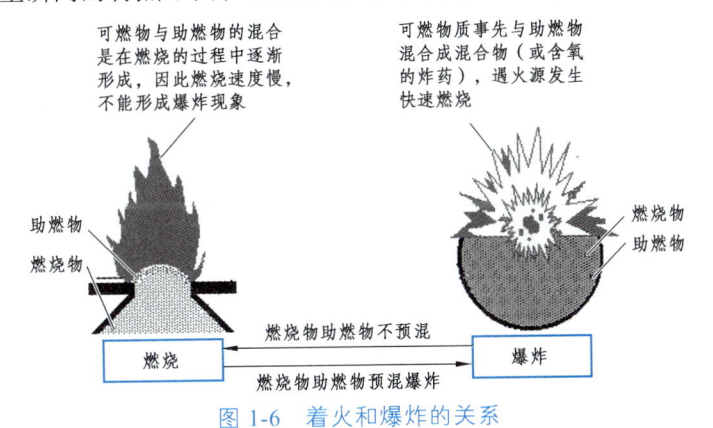

图 1-6　着火和爆炸的关系

1. 着　火

着火又称起火，它是日常生产、生活中最常见的燃烧现象，与是否由外部热源引发无关，并以出现火焰为特征。可燃物着火一般有引燃和自燃两种方式。

1）引　燃

（1）引燃的定义。

外部引火源（如明火、电火花、电热器具等）作用于可燃物的某个局部范围，使该局部受到强烈加热而开始燃烧的现象，称为引燃（又称点燃）。引燃后在靠近引火源处出现火焰，然后以一定的燃烧速率逐渐扩大到可燃物的其他部位。大部分火灾的发生，可燃物都是通过引燃方式而点燃着火的。例如，发动机燃烧室中燃烧是应用最普遍的点火方式——电火花引燃。

（2）物质的燃点

物质的燃点是指在规定的试验条件下，应用外部热源使物质表面起火并持续燃烧一定时间所需的最低温度。将可燃物充分暴露在热的表面之中，电热金属丝、辐射能源中很小的点火源（如中等电火花放电）都可能引起着火。这里所列举的点火能或温度与着火所需的暴露时间之间往往存在一个倒置的关系。强的点火源着火快，较弱的点火原则要求较长的暴露时间。强的点火源还能直接引起爆震现象。物质的燃点越低，越容易着火，火灾危险性也就越大。表1-3列举了部分可燃物质的燃点。

（3）不同可燃物的引燃。

第一，固体可燃物的引燃。固体可燃物受热时，产生的可燃蒸气或热解产物释放到大气中，与空气适当地混合，若存在合适的引火源或温度达到了其自燃点，就能被引燃。影响固体可燃物的引燃因素主要有可燃物的密度（密度小的物质容易引燃）、可燃物的比表面积（比表面积大的可燃物容易引燃）、可燃物的厚度（薄材料比厚材料容易引燃）。

第二，可燃液体的引燃。液体蒸气欲形成可点燃的混合气，液体应当处在或高于它的闪点温度条件下。但由于引火源能够产生一个局部加热区，对于大多数液体来说即使在稍低于其闪点时，也可以引燃。另外，雾化的液体，由于其具有较大的比表面积，更容易被引燃。

表 1-3　部分可燃物质的燃点

物质名称	燃点/°C	物质名称	燃点/°C	物质名称	燃点/°C
松节油	53	漆布	165	木材	250～300
樟脑	70	蜡烛	190	有机玻璃	260
橡胶	120	麦草	200	醋酸纤维	320
纸张	130～230	豆油	220	涤纶纤维	390
棉花	210～255	粘胶纤维	235	聚氯乙烯	391

第三，可燃气体的引燃。无论是石油化工企业生产中使用可燃气体作原料，还是日常生活中使用液化石油气、天然气作燃料，这些气体与空气混合后遇合适的引火源，不但可以燃烧，甚至可能产生爆炸。

2）自　燃

（1）自燃的定义。

可燃物在没有外部火源的作用时，因受热或自身发热并蓄热所产生的燃烧，称为自燃。

（2）自燃的类型。

根据热源不同，自燃分为两种类型。一种是自热自燃。可燃物在没有外来热源作用的情况下，由于其本身内部的物理作用（如吸附、辐射等）、化学作用（如氧化、分解、聚合等）或生物作用（如发酵、腐败等）而产生热，热量积聚导致升温，当可燃物达到一定温度时，未与明火直接接触而发生燃烧，这种现象称为自热自燃。例如煤堆、油脂类、硝酸纤维素、白磷等物质自燃就属于自热自燃。另一种是受热自燃。可燃物被外部热源间接加热达到一定温度时，未与明火直接接触就发生燃烧，这种现象叫作受热自燃。例如，油锅加热、沥青熬制过程中，受热介质因达到一定温度而着火，就属于受热自燃。自热自燃和受热自燃的本质是一样的，都是可燃物在不接触明火的情况下自动发生的燃烧。它们的区别在于导致可燃物升温的热源不同。前者是物质本身的热效应的结果，后者是外部加热的结果。

（3）物质的自燃点。

在规定的条件下，可燃物质产生自燃的最低温度，称为自燃点。自燃点是衡量可燃物受热升温形成自燃危险性的依据，可燃物的自燃点越低，发生火灾的危险性就越大。不同的可燃物有不同的自燃点，同一种可燃物在不同的条件下自燃点也会发生变化，表 1-4 列举了部分可燃物的自燃点。

表 1-4　部分可燃物的自燃点

物质名称	自燃点/°C	物质名称	自燃点/°C	物质名称	自燃点/°C
白磷	34～35	汽油	250～530	棉籽油	370
硝酸纤维素	150～180	煤油	210	亚麻仁油	343
甲烷	537	甲醇	464	芝麻油	410
乙烷	472	乙醇	363	桐油	410
丙烷	450	丁醇	360	花生油	445
丁烷	287	二氧化硫	102	菜籽油	446
戊烷	260	一氧化碳	605	豆油	460

（4）易发生自燃的物质及自燃特点。

某些物质具有自然生热而使自身温度升高的性质，物质自然生热达到一定温度时就会发生自燃，这类物质称为易发生自燃的物质。易发生自燃的物质种类较多，按其自燃的方式不同，分为以下类型：

第一类是氧化放热物质。主要包括：油脂类物质（如动植物油类、棉籽、油布、涂料、炸油渣、骨粉、鱼粉和废蚕丝等）；低自燃点物质（如白磷、磷化氢、氢化钠、还原铁、还原镍、铂黑、苯基钾、苯基钠、乙基钠、烷基铝等）；其他氧化放热物质（如煤、橡胶、含油切屑、金属粉末及金属屑等）。这类物质能与空气中的氧发生氧化放热，当散热条件不好时，物质内部就会发生热量积累，使温度上升。当达至物质自燃点时，物质就会因自燃而着火，引起火灾或爆炸。例如，含硫、磷成分较高的煤，遇水常常发生氧化反应释放热量。如果煤层堆积过高，时间过长，通风不好的话，使得缓慢氧化释放出的热量散发不出去，煤堆就会产生热量积累，从而导致煤堆温度升高，当内部温度超过 60 ℃ 时，就会发生自燃。再如烷基铝，能在常温下与空气中的氧反应放热自燃，遇空气中的水分会产生大量的热和乙烷，从而产生自燃，引发火灾。

第二分解热物质。主要包括硝化纤维素、硝化甘油、硝化纤维素涂料等。这类物质的特点是化学稳定性差，易发生分解而生热自燃。例如，硝化纤维素是由硫酸和硝酸经不同配比混合，混合的酸作用于棉纤维而制成的。强硝化纤维素可用于制造无烟火药，与硝化甘油混合可制造黄色炸药（TNT）；弱硝化纤维素可用于生产涂料、胶片、硝酸纤维素、油墨及指甲油、人造纤维、人造革等制品。该物质为白色或微黄色棉絮状物，易燃且具有爆炸性，化学稳定性较差，常温下能缓慢分解并放热，超过 40 ℃ 时会加速分解。放出的热量若不能及时散失，就会使硝化纤维素升温加剧，经过一段时间的热量积累，达到 180 ℃ 时，硝化纤维素便发生自燃。硝化纤维素通常加乙醇或水作湿润剂，一旦湿润剂散失，极易引发火灾。试验表明，去除湿润剂的干硝化纤维素在 40℃ 时发生放热反应，达到 174 ℃ 时发生剧烈失控反应及质量损失，自燃并释放大量热量。如果在绝热条件下进行试验，去除湿润剂的硝化纤维素在 35 ℃ 时即发生放热反应，达到 150 ℃ 时即发生剧烈的分解燃烧。

第三类是发酵放热物质。主要包括植物秸秆、果实等。这类物质发生自燃的原因是微生物作用、物理作用和化学作用，它们是彼此相连的三个阶段。第一阶段——生物阶段。由于植物中含有水分，在适宜的温度下，微生物大量繁殖，使植物腐败发酵而放热。这种热量称为发酵热，会导致植物温度升高。若热量散发不出去，当温度上升到 70 ℃ 左右时，微生物就会死亡，生物阶段结束。第二阶段——物理阶段。随着环境温度的持续上升，植物中不稳定的化合物（果酸、蛋白质及其他物质）开始分解，生成黄色多孔炭，吸附蒸气和氧气并析出热，继续升温到 100~130 ℃，可引起新的化合物不断分解炭化，促使温度不断升高。这就是物理阶段吸附生热，化合物分解炭化过程。第三阶段——化学阶段。当温度升到 150~200 ℃，植物中的纤维素就开始分解、焦化、炭化，并进行氧化过程，生成的炭能够剧烈地氧化放热。温度继续升高到 250~300 ℃ 时，若积热不散就会自燃着火，这就是该阶段氧化自燃的过程。例如，稻草呈堆垛状态时，因含水量较多或因遮盖不严使雨雪漏入内层，致使其受潮，并在微生物的作用下发酵生热升温，由于堆垛保温性好、导热性差，在物理作用和化学作用下，温度不断升高，当达到物质的自燃点时便会产生自燃现象。

第四类是吸附生热物质。主要包括活性炭末、木炭、油烟等炭粉末。这类物质的特点是具有多孔性，比表面积较大，表面具有活性，对空气中的各种气体成分产生物理和化学吸附，既能吸附空气生热，又能与吸附的氧进行氧化反应生热。在吸附热和氧化热共同作用下，若蓄热条件较好，就会发生自燃。例如，炭粉的挥发成分占10%～25%，燃点为200～270 ℃。炭粉在制造过程中，如果不经充分散热，大量堆积到仓库，由于室内蓄热良好再加上炭粉本身产生的吸附热，则会发生自燃而引发火灾。

第五类是聚合放热物质。主要包括聚氨酯、聚乙烯、聚丙烯、聚苯乙烯、甲基丙烯酸甲酯等，这类物质的特点是单体在缺少阻聚剂、混入活性催化剂或受热光照射时会自动聚合生热。例如聚氨酯泡沫塑料密度小，比表面积大，吸氧量多，导热系数低，不易散热；在生产过程中，原料多异氰酸酯与多元醇反应能放出热，多异氰酸酯与水反应也能放出热。而且生产用水量越大，放热就越多，越易发生自燃；多异氰酸酯用量越大，放热就越多，同样越易发生自燃，导致聚氨酯泡沫塑料在生产时因聚合发热而自燃。

第六类是遇水发生化学反应放热物质。主要包括：活泼金属（如钾、钠、镁、钛、锆、锂、铯、钾钠合金等）；金属氢化物（如氢化钾、氢化钠、氢化钙、氢化铝、四氢化锂铝等）；金属磷化物（如磷化钙、磷化锌）；金属碳化物（如碳化钾、碳化钠、碳化钙、碳化铝等）；金属粉末（如镁粉、铝粉、锌粉、铝镁粉等）；硼烷；等等。这类物质的特点是遇水发生剧烈反应，产生大量反应热，引燃自身或反应产物，导致火灾或爆炸。例如活泼金属与水发生剧烈反应，生成氢气，并放出大量热，使氢气在局部高温环境中发生自燃，并使未反应的金属发生燃烧起火或爆炸。另外，生成的氢氧化物对金属等材料有腐蚀作用，会使容器破损而泄漏造成次生灾害。

第七类是相互接触能自燃的物质。强氧化性物质和强还原性物质混合后，由于强烈的氧化还原反应而自燃，由此引发火灾或者爆炸。氧化性物质包括硝酸及其盐类、氯酸及其盐类、次氯酸及其盐类、重铬酸及其盐类、亚硝酸及其盐类、溴酸盐类、碘酸盐类、高锰酸盐类、过氧化物等；还原性物质主要有烃类、胺类、醇类、醛类、醚类、苯及其衍生物、石油产品、油脂等有机还原性物质，以及磷、硫、锑、金属粉末、木炭、活性炭、煤等无机还原性物质。

影响自燃发生的因素主要有以下三种：一是产生热量的速率，自燃过程中热量产生的速率很慢，若发生自燃，自燃性物质产生热量的速率就需要快于物质向周围环境散热或传热的速率。当自燃性物质的温度升高时，升高的温度会导致热量产生速率的增加。二是通风效果，自燃需要有适量的空气可供氧化，但是良好的通风条件又会造成自燃产生的热量损失，从而阻断自燃。三是物质周围环境的保温条件。

2. 爆 炸

1）爆炸的定义

在周围介质中瞬间形成高压的化学反应或状态变化，通常伴有强烈放热、发光和声响的现象，称为爆炸。

2）爆炸的分类

爆炸按照产生的原因和性质不同，分为物理爆炸、化学爆炸和核爆炸。其中化学爆炸，按照爆炸物质不同，分为气体爆炸、粉尘爆炸和炸药爆炸，如图1-7所示。按照爆炸传播速率不同，又分为爆燃，爆炸和爆轰。

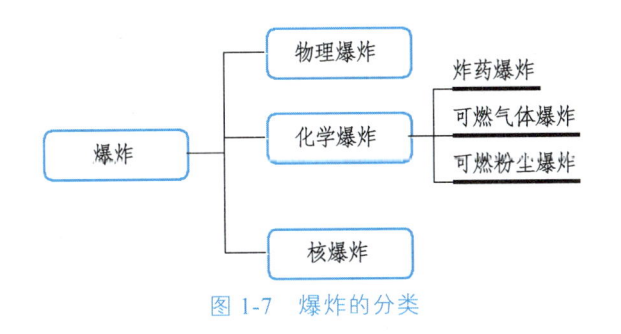

```
                    ┌── 物理爆炸
                    │                    ┌── 炸药爆炸
爆炸 ───────────────┼── 化学爆炸 ────────┼── 可燃气体爆炸
                    │                    └── 可燃粉尘爆炸
                    └── 核爆炸
```

图 1-7　爆炸的分类

（1）物理爆炸。

装在容器内的液体或气体，由于物理变化（温度、体积和压力等因素的变化）引起体积迅速膨胀，导致容器压力急剧增加，因超压或压力变化使容器发生爆炸，且爆炸后物质的性质及化学成分均不改变的现象，称为物理爆炸。例如，锅炉爆炸就是典型的物理爆炸，其原因是过热的水迅速蒸发出大量蒸汽，使蒸汽压力不断升高，当压力超过锅炉的耐压强度时就会爆炸。再如，液化石油气钢瓶受热爆炸及轮胎爆炸等均属于物理爆炸。物理爆炸本身虽没有进行燃烧反应但由于气体或蒸气等介质潜藏的能量在瞬间释放出来，其产生的冲击力可直接或间接地造成火灾。

> 扩展阅读：2022 年 8 月 6 日，某烧烤店因液化石油气钢瓶过量充装，且将其从环境温度为 −0.3℃ 的场所放置到环境温度为 20℃ 的场所，随着温度的升高，瓶内液体体积逐渐膨胀，使压力不断升高，当压力升高至 6 MPa 时，超过了钢瓶所能承受的最大允许压力，导致钢瓶发生爆炸事故，造成 4 人死亡，22 人受伤。爆炸冲击波和火灾将烧烤店和相邻的店铺一、二层完全冲毁和烧毁。

（2）化学爆炸。

由于物质在瞬间急剧氧化或分解（即物质本身发生化学反应）导致温度、压力增加或两者同时增加而形成爆炸，且爆炸前后物质的化学成分和性质均发生了根本的变化的现象，称为化学爆炸。化学爆炸反应速度快，爆炸时能发出巨大的声响，产生大量的热能和很高的气体压力，具有很大的火灾危险性，能够直接造成火灾，是消防工作中预防的重点。

> 扩展阅读：2023 年 8 月 31 日，某化学有限公司新建改性胶黏新材料联产项目中二胺车间的混二硝基苯装置在投料试车过程中发生重大爆炸事故，导致硝化装置殉爆，框架厂房彻底损毁，爆炸中心形成南北 145 m、东西 18 m、深 3.2 m 的椭圆状锥形大坑。爆炸造成北侧苯二胺加氢装置倒塌、南侧甲类罐区带料苯储罐爆炸破裂，苯、混二硝基苯空罐倾倒变形。爆炸后产生的冲击波，造成周边建（构）筑物的玻璃受到不同程度损坏。此次大爆炸造成 13 人死亡，25 人受伤，直接经济损失达 4 326 万元。据事故调查组认定，该车间负责人违章指挥，安排操作人员违规向地面排放硝化后再分离器内含有混二硝基苯的物料，混二硝基苯在硫酸、硝酸以及硝酸分解出的二氧化氮等强氧化剂存在的条件下，自高处排向一楼水泥地面，在冲击力的作用下起火燃烧，火焰炙烤附近的硝化机、预洗机等设备，使其中含有二硝基苯的物料温度升高，引起爆炸事故。

（3）核爆炸。

由于原子核发生裂变或聚变反应，释放出核能所形成的爆炸，称为核爆炸。例如，原子弹、氢弹、中子弹的爆炸就属于核爆炸。

> **扩展阅读**：1986年4月26日1点23分，苏联境内切尔诺贝利核电站的第4号核子反应堆发生爆炸。连续的爆炸引发了大火并散发出大量高能辐射性物质到大气层中，这些辐射尘覆盖了大面积的区域。这次灾难所释放出的辐射剂量是"第二次世界大战"时期爆炸于广岛的原子弹的400倍以上，这场灾难总共造成经济损失达2 000亿美元，由于辐射危害严重，导致事故后3个月内有31人死亡，之后15年内还有6万~8万人死亡，至今已有超过9万人死亡，134万人遭受各种程度的辐射疾病折磨，方圆30 km地区的13.5万民众被迫疏散。

（4）气体爆炸。

物质以气体、蒸汽状态发生的爆炸，称为气体爆炸。按爆炸原理不同，气体爆炸分为混合气体爆炸（指可燃气体或液体蒸汽和助燃性气体的混合物在引火源作用下发生的爆炸）和气体单分解爆炸（指单一气体在一定压力作用下发生分解反应并产生大量反应热，使气态物质膨胀而引起的爆炸）。可燃气体与空气组成的混合气体遇火源能否发生爆炸，与气体中的可燃气体浓度有关。而气体单分解爆炸的发生需要满足一定的压力和分解热的要求。能使单一气体发生爆炸的最低压力称为临界压力。当分解爆炸气体物质压力高于临界压力且分解热足够大时，才能维持热与火焰的迅速传播而造成爆炸。

气体爆炸具有的主要特征：一是现场没有明显的炸点；二是击碎力小，抛出物块大、量少，抛出距离近，可以使墙体外移、开裂，门窗外凸、变形等；三是爆炸燃烧波作用范围广，能烧伤人、畜呼吸道；四是不易产生明显的烟熏；五是易产生燃烧痕迹。

> **扩展阅读**：2023年8月5日，省某石化公司储运部装卸区的一辆液化石油气运输罐车在卸车作业过程中发生液化气泄漏，引起重大爆炸着火事故，造成10人死亡、9人受伤，直接经济损失达4 468万元。经现场勘查，事故造成企业内外500 m范围内的建（构）筑物及其门窗不同程度损坏。其中，控制室、机柜间、配电室、办公室、化验室、仓库等厂区内建筑物墙体断裂或坍塌，装卸区夷为平地，水泥地面被烧成琉璃状，车辆铝合金轮毂被熔融，现场到处是散落的车体、罐体、管道、零散金属构件和部件。事故罐车及周边多台车辆完全解体，装卸设施、厂内管廊、压缩机等设备设施变形烧毁，装置设备外保温全部撕开、悬挂。受运输罐车罐体爆炸飞出的残片、残骸、飞火等影响，距离装卸区爆炸中心160 m处一台1 000 m³液化气球罐坍塌，180 m处3台停运的液化气运输半挂车烧毁，205 m处5 000 m³消防水罐被砸坏，312 m处两台2 000 m³异辛烷储罐烧毁，6台1 000 m³液化气球罐全部过火，除此之外，周边500 m以外的建筑物也受到爆炸冲击波的影响。经计算，本次事故释放的爆炸总能量为31.29 t的TNT当量，产生的破坏当量为8.4 t的TNT当量。

（5）粉尘爆炸。

粉尘是指在大气中依其自身重量可沉淀下来，但也可持续悬浮在空气中一段时间的固体微小颗粒。

① 粉尘的种类。

粉尘按照动力性能不同，分为悬浮粉尘（又称粉尘云）和沉积粉尘（又称粉尘层）。悬浮粉尘是指悬浮在助燃气体中的高浓度可燃粉尘与助燃气体的混合物，沉积粉尘是指沉（堆）积在地面或物体表面上的可燃性粉尘群。悬浮粉尘具有爆炸危险性，沉积粉尘具有火灾危险性。粉尘按照来源不同，分为粮食粉尘、农副产品粉尘、饲料粉尘、木材产品粉尘、金属粉尘、煤炭粉尘、轻纺原料产品粉尘、合成材料粉尘八类。粉尘按性质不同，分为无机粉尘、有机粉尘和混合性粉尘。粉尘按照燃烧性能不同，分为可燃性粉尘和难燃性粉尘。可燃性粉尘是指在大气条件下能与气态氧化剂（主要是空气）发生剧烈氧化反应的粉尘、纤维或飞絮，如淀粉、小麦粉、糖粉、可可粉、硫粉、锯木屑、皮革屑等属于可燃性粉尘。难燃性粉尘是指化学性质比较稳定，不易燃烧爆炸的粉尘，例如土、砂、氧化铁、水泥、石英粉尘等。

② 粉尘爆炸的定义及条件。

火焰在粉尘云中传播，引起压力、温度明显跃升的现象，称为粉尘爆炸。

粉尘爆炸应具备以下五个基本条件：一是粉尘本身要具有可燃性或可爆性。一般条件下，并非所有的可燃粉尘都能发生爆炸，如无烟煤、焦炭、石墨、木炭等粉尘基本不含挥发成分。发生爆炸的可能性较小。二是粉尘为悬浮粉尘且达到爆炸极限。沉积粉尘是不能爆炸的，只有悬浮粉尘才可能发生爆炸。粉尘在空气中能否悬浮及悬浮时间长短取决于粉尘的动力稳定性，主要与粉尘粒径、密度和环境温度、湿度等有关。另外，悬浮粉尘与可燃气体一样，只有当其浓度处于一定的范围内才能爆炸。这是因为粉尘浓度太小，燃烧放热太少，难以形成持续燃烧而无法爆炸。而粉尘浓度太大，混合物中氧气浓度就太小，也不会发生爆炸。三是有足以引起粉尘爆炸的引火源。粉尘燃烧爆炸需要经过加热，或熔融蒸发，或受热裂解，放出可燃气体，故粉尘爆炸需要较大的点火能，通常其最小点火能量为 10～100 mJ，比可燃气体的最小点火能量大 100～1 000 倍。四是氧化剂。大多数粉尘需要氧气、空气或其他氧化剂作助燃剂。而对于一些自供氧的粉尘，例如 TNT 粉尘可以不需要外来的助燃剂。五是受限空间。当粉尘在封闭、半封闭的设备设施及场所或建筑物等受限空间内悬浮，一旦被引火源引燃，受限空间内的温度和压力将迅速升高，从而引起爆炸。但有些粉尘即使在开放的空间内也能引起爆炸，这类粉尘由于化学反应速度极快，其引起压力升高的速率远大于粉尘云边缘压力释放的速率，仍然能引起破坏性的爆炸。

③ 粉尘爆炸的过程。

对于像木粉、纸粉等受热后分解、熔融蒸发或升华能释放出可燃气体的粉尘而言，其爆炸形成大致要经历以下过程：

第一步，悬浮粉尘在热源作用下温度迅速升高并产生可燃气体；

第二步，可燃气体与空气混合后被引火源引燃发生有焰燃烧，火焰从局部传播、扩散；

第三步，粉尘燃烧放出的热量，以热传导和火焰辐射的方式传给附近悬浮的或被吹扬起来的粉尘；这些粉尘受热分解汽化后使燃烧循环进行下去。随着每个循环的逐次进行，其反向速度逐渐加快，通过剧烈的燃烧，最后形成爆炸。从本质上讲，这类粉尘的爆炸是可燃气体爆炸，只是这种可燃气体"储存"在粉尘之中，粉尘受热后才会释放出来，而对于像木炭、焦炭和一些金属类粉尘而言，其在爆炸过程中不释放可燃气体，它们在接受引火源的热能后直接与空气中的氧气发生剧烈的氧化反应并着火，产生的反应热使火焰传播，在火焰传播过程中，反应热使周围炽热的粉尘和空气加热迅速膨胀，从而导致粉尘爆炸。

④ 粉尘爆炸的特点及现场特征。

粉尘爆炸的特点：一是能发生多次爆炸。粉尘初始爆炸产生的气浪会使沉积粉尘扬起，在新的空间内形成爆炸浓度而产生二次爆炸，二次爆炸往往比初次爆炸压力更大，破坏更严重。另外，在粉尘初始爆炸地点、空气和燃烧产物受热膨胀，密度变小，经过极短的时间后形成负压区，新鲜空气向爆炸点逆流，促成空气的二次冲击，若该爆炸地点仍存在粉尘和火源，也有可能发生二次爆炸、多次爆炸。二是爆炸所需的最小点火能量较高。由于粉尘颗粒比气体分子大得多而且粉尘爆炸涉及分解、蒸发等一系列的物理和化学过程，所以粉尘爆炸比气体爆炸所需的点火能量大，引爆时间长，过程复杂。三是高压持续时间长，破坏力强。与可燃性气体爆炸相比，粉尘爆炸压力上升较缓慢，较高压力持续时间长，释放的能量大，加上粉尘粒子边燃烧边飞散，其爆炸的破坏性和对周围可燃物的烧损程度也更为严重。粉尘爆炸现场特征：粉尘爆炸特征与气体爆炸特征类似，即现场没有明显的炸点，击碎力小，抛出物块大、量少、抛出距离近，可使墙体外移、开裂，门窗外凸变形，爆炸燃烧波作用范围广，能烧伤人、畜呼吸道。另外，粉尘爆炸可能会发生二次或多次爆炸，其具有的破坏程度和爆炸威力比气体爆炸更大。

⑤ 粉尘爆炸的控制。

一般要求：粉尘爆炸危险场所工艺设备的连接，如不能保证动火作业安全，其连接应设计为方便将各设备分离和移动的；在紧急情况下，应能及时切断所有动力系统的电源；存在粉尘爆炸危险的工艺设备，应采用泄爆、抑爆、隔爆和抗爆中的一种或多种控爆方式，但不能单独采取隔爆。

抗爆：生产和处理能导致爆炸的粉尘，若无抑爆装置，也无泄压措施，则所有的工艺设备应采用抗爆设计，且能够承受内部爆炸产生的超压而不破裂。各工艺设备之间的连接部分，应与设备本身有相同的强度；高强度设备与低强度设备之间的连接部分，应安装隔爆装置；耐爆炸压力和耐爆炸压力冲击设备应符合现行国家标准《耐爆炸设备》（GB/T 24626）的要求。

泄爆：工艺设备的强度不足以承受其实际工况下内部粉尘爆炸产生的超压时应设置泄爆口，泄爆口呈四向安全的方向，泄爆口的尺寸应符合现行国家标准《粉尘爆炸泄压指南》（GB/T 15605）的要求。对安装在室内的粉尘爆炸危险工艺设备应通过泄压导管向室外安全方向泄爆，泄压导管应尽量短而直，泄压导管的截面积应不小于泄压口面积，其强度应不低于被保护设备容器的强度。不能通过泄压导管向室外泄爆的室内容器设备，应安装无焰泄爆装置；具有内联管道的工艺设备，设计指标应能承受至少 0.1 MPa 的内部超压。

抑爆：存在粉尘爆炸危险的工艺设备，宜采用抑爆装置进行保护；如采用监控式抑爆装置，应符合现行国家标准《监控式抑爆装置技术要求》（GB/T 18154）的要求；抑爆系统设计和应用应符合现行国家标准《抑制爆炸系统》（GB/T 25445）的要求。

隔爆：通过管道相互连通的存在粉尘爆炸危险的设备设施，管道上宜设置隔爆装置；存在粉尘爆炸危险的多层建（构）筑物楼梯之间，应设置隔爆门，隔爆门关闭方向应与爆炸传播方向一致。

（6）炸药爆炸。

炸药是指一种在一定的外界能量作用下，能由其自身化学能快速反应发生爆炸，生成大量的热和气体产物的物质。炸药爆炸时化学反应速度非常快，在瞬间形成高温高压气体，以极高的功率对外界做功，使周围介质受到强烈的冲击、压缩而变形或碎裂。炸药爆炸的发生，一般应具备以下三个条件：爆炸药（包括炸药包装）、起爆装置和起爆能源。炸药爆炸造成的危害表现在以下三个方面：一是爆炸瞬间产生的高温火焰，可引燃周围可燃物而酿成火灾；二是爆炸产生的高温高压气体所形成的空气冲击波，可造成对周围的破坏，严重的可摧毁整个建筑物及设备，也可破坏邻近建筑物，甚至离爆炸点很远的建筑物也会受到损坏并造成人员伤亡；三是爆炸时产生的爆炸飞散物，向四周散射，造成人员伤亡和建筑物的破坏，当爆炸药量较大时，飞散物有很高的初速度，对邻近爆炸点的人员和建筑物危害很大，有的飞散物口抛射很远，对远离爆炸点的人员和建筑物也会造成伤亡和破坏。

（7）爆燃。

爆燃是指以亚声速传播的燃烧波。爆燃的产生必须有三个条件：一是有燃料和助燃空气的积存；二是燃料和空气混合物达到了爆燃的浓度；三是有足够的点火能量。爆燃的这三要素缺一不可。例如，锅炉在启动、运行、停运中，避免燃料和助燃空气积存就是杜绝炉膛爆燃的关键所在。

> 扩展阅读：2022年11月28日，某化工公司氯乙烯泄漏扩散至厂外区域，遇火源发生爆燃，造成24人死亡、21人受伤，38辆大货车和12辆小型车损毁，直接经济损失达4 149万元，经事故调查组认定，导致事故的直接原因是该化工公司违反有关规程的规定，聚氯乙烯车间的1号氯乙烯气柜长期未按规定检修，事发前氯乙烯气柜卡顿、倾斜，开始泄漏，压缩机入口压力降低，操作人员没有及时发现气柜卡顿，仍然按照常规操作方式调大压缩机回流，进入气柜的气量加大，加之调大过快，氯乙烯冲破环形水封泄漏，向厂区外扩散，遇火源发生爆燃。

（8）爆轰。

爆轰又称爆震，是指以冲击波为特征，传播速度大于未反应物质中声速的化学反应。发生爆轰时能在爆炸点引起极高压力，并产生超声速的冲击波，具有很大的破坏力。一旦条件具备，爆轰会突然发生，并同时产生高速、高温、高压、高能、高冲击力的冲击波，该冲击波能远离爆震源独立存在，能引起位于一定距离处与其没有联系的其他爆炸性气体混合物或炸药的爆炸，从而产生一种"殉爆"现象。

> 扩展阅读：殉爆是指置于某处的炸药爆炸时，通过某种惰性介质（例如空气）中产生的冲击波引爆另一处炸药爆炸的现象。殉爆的难易程度取决于炸药的冲击波感度。在爆破作业时，同一炮眼内的相邻药卷必须完全殉爆，避免发生半爆；在炸药生产、贮存和运输过程中，必须防止发生殉爆，以保证安全。

3）爆炸极限

（1）爆炸极限的定义。

可燃的蒸气、气体或粉尘与空气组成的混合物，遇火源即能发生爆炸的最高或最低浓度，称为爆炸极限。可燃的蒸气、气体或粉尘与空气组成的混合物，遇火源即能发生爆炸的最低浓度，称为爆炸下限，可燃的蒸气、气体或粉尘与空气组成的混合物，遇火源即能发生爆炸的最高浓度，称为爆炸上限。爆炸下限和上限之间的间隔称为爆炸极限范围。爆炸极限范围越大，爆炸下限越低，爆炸上限越高，爆炸危险性就越大。混合物的浓度低于下限或高于上限时，既不能发生爆炸，也不能发生燃烧。但若浓度高于爆炸上限的爆炸混合物，离开密闭的设备、容器或空间，重新遇到空气仍有燃烧或爆炸的危险。

（2）不同物质的爆炸极限。

可燃气体和液体的爆炸极限，通常用体积百分比表示。表 1-5 为部分可燃气体在空气和氧气中的爆炸极限，表 1-5 为部分可燃液体的爆炸极限。不同的物质由于其理化性质不同，其爆炸极限也不同。即使是同一种物质，在不同的外界条件下，其爆炸极限也不同，从表 1-6 可以看出，物质在氧气中的爆炸极限范围要比在空气中的爆炸极限范围大。

表 1-5　部分可燃液体的爆炸极限

液体名称	爆炸极限	
	下限	上限
乙醇	3.3%	18.0%
甲苯	1.5%	7.0%
松节油	0.8%	62.0%
车用汽油	1.7%	7.2%
灯用煤油	1.4%	7.5%
苯	1.5%	9.5%
乙醚	1.9%	40.0%

表 1-6　部分可燃气体在空气和氧气中的爆炸极限

气体名称	在空气中爆炸极限		在氧气中爆炸极限	
	下限	上限	下限	上限
氢气	4.1%	75.0%	4.7%	94.0%
甲烷	5.0%	15.0%	5.4%	60.0%
乙烷	3.0%	12.5%	3.0%	66.0%
丙烷	2.1%	9.5%	2.3%	55.0%
丁烷	1.9%	8.5%	1.8%	49.0%
乙炔	2.5%	82.0%	2.8%	93.0%
一氧化碳	12.5%	74.5%	15.5%	94.0%

可燃粉尘的爆炸极限一般用单位体积的质量（g/m）表示。表 1-7 为部分常见可燃粉尘的爆炸下限。试验表明，许多工业粉尘的爆炸上限为 2 000～6 000 g/m，但由于粉尘沉降等

原因，实际情况下很难达到爆炸上限值。通常只应用粉尘的爆炸下限，其爆炸上限一般没有实用价值。

表 1-7 部分常见可燃粉尘的爆炸下限 单位：g/m³

粉尘名称		爆炸极限	粉尘名称		爆炸极限	粉尘名称		爆炸极限
金属类粉尘	铝	25	食品类粉尘	玉米	45	合成材料类粉尘	环氧树脂	20
	镁	20		黄豆	35		酚醛树脂	25
	钛	45		马铃薯淀粉	45		酚醛塑料	30
	铁	120		可可粉	45		聚乙烯树脂	30
	锌	500		咖啡	85		聚丙烯树脂	20
	铝镁合金	50		砂糖	19		乙丙橡胶	15
	钛铁合金	140		小麦粉	50		聚乙烯醇树脂	35

（3）爆炸极限在消防中的应用，主要体现在以下三个方面：

第一方面：作为评定可燃气体、液体蒸气或粉尘等物质火灾爆炸危险性大小的主要指标。由于爆炸极限范围越大，爆炸下限越低，越容易与空气或其他助燃气体形成爆炸性混合物，其可燃物的火灾爆炸危险性就越大。因此，国家标准《建筑防火通用规范》（GB 55037）在对生产及储存物品的火灾危险性分类时，以爆炸极限为其中的火灾危险性特征进行了相应分类。第一，在对生产的火灾危险性分类时，将生产中使用或产生爆炸下限小于 10%的气体物质，划分为甲类生产，例如氢气、甲烷、乙烯、乙炔、环氧乙烷、氯乙烯、硫化氢、水煤气和天然气等气体；将生产中使用或产生爆炸下限不小于 10%的气体，划分为乙类生产，例如一氧化碳压缩机室及净化部位，发生炉煤气或鼓风炉煤气净化部位，氨压缩机房。第二，在对储存物品的火灾危险性分类时，将储存爆炸下限小于 10%的气体和受到水或空气中水蒸气的作用能产生爆炸下限小于 10%气体的固体物质，划分为甲类储存物品场所；将储存爆炸下限不小于 10%的气体，划分为乙类储存物品场所。

第二方面：作为确定厂房和仓库防火措施的依据。以爆炸极限为特征对生产厂房的火灾危险性和储存物品仓库的火灾危险性进行分类后，以此为依据可以进一步确定厂房和仓库的耐火等级、防火间距、电气设备选用要求、建筑消防设施以及灭火救援力量的配备等。

第三方面：在生产、储存、运输、使用过程中，根据可燃物的爆炸极限极其危险 XTP 特性，确定相应的防爆、泄爆、抑爆、隔爆和抗爆措施。例如，利用可燃气体或蒸气氧化法生产时，可采用惰性气体稀释和保护的方法，避免可燃气体或蒸气的浓度在爆炸极限范围之内。存在粉尘爆炸危险的工艺设备，采用监控式抑爆装置进行保护，从而在爆炸初始阶段，通过物理化学作用扑灭火焰，使未爆炸的粉尘不再参与爆炸。

4）最低引爆能量

（1）最低引爆能量的定义。

最低引爆能量又称最小点火能量，是指在一定条件下，每一种爆炸性混合物的起爆最小点火能量。

（2）不同物质的最低引爆能量。

表1-8为部分可燃气体和蒸汽的最低引爆能量，表1-9为部分可燃粉尘的最低引爆能量。爆炸性混合物的最低引爆能量越小，其燃爆危险性就越大，低于该能量，混合物就不会爆炸。

表1-8 部分可燃气体和蒸气的最低引爆能量　　　　　　　　单位：mJ

物质名称	最大引爆能量	物质名称	最低引爆能量
甲烷	0.470	甲醚	0.330
乙烷	0.285	乙醚	0.490
丙烷	0.305	二氧化硫	0.015
乙炔	0.020	氢	0.020
乙烯	0.096	乙酸乙酯	1.420
丙烯	0.282	乙胺	2.400

表1-9 部分可燃粉尘的最低引爆能量　　　　　　　　单位：mJ

粉尘名称		最低引爆能量	粉尘名称		最低引爆能量	粉尘名称		最低引爆能量
金属类粉尘	铝	20	食品类粉尘	玉米	40	合成材料类粉尘	环氧树脂	15
	镁	80		黄豆	100		酚醛树脂	10
	钛	120		马铃薯淀粉	20		酚醛塑料制品	10
	铁	100		可可粉	100		聚乙烯树脂	10
	锌	900		咖啡	160		聚丙烯树脂	30
	铝镁合金	80		砂糖	30		聚苯乙烯制品	40
	钛铁合金	80		小麦粉	50		聚乙烯醇树脂	120

5）引发爆炸的直接原因

引发爆炸事故的直接原因可归纳为以下两大方面：

（1）机械、物质或环境的不安全状态。

由机械、物质或环境的不安全状态引发爆炸事故的原因主要有以下三个方面：

第一，生产设备原因。选材不当或材料质量有问题，导致设备存在先天性缺陷；由于结构设计不合理，零部件选配不当，导致设备不能满足工艺操作的要求；由于腐蚀、超温、超压等导致出现破损、失灵、机械强度下降、运转摩擦部件过热等。

第二，生产工艺原因。物料的加热方式方法不当，致使引爆物料；对工艺性火花控制不力而形成引火源；对化学反应型工艺控制不当，致使反应失控；对工艺参数控制失灵，致使出现超温、超压现象。

第三，物料原因。生产中使用的原料、中间体和产品大多是有火灾、爆炸危险性的可燃物；工作场所过量堆放物品；对易燃易爆危险品未采取安全防护措施；产品下机后不待冷却便入库堆积；不按规定掌握投料数量、投料比、投料先后顺序；控制失误或设备故障造成物料外溢，生产粉尘或可燃气体达到爆炸极限。

（2）人的不安全行为。

由个人的不安全行为导致爆炸的原因主要有：违反操作规程，违章作业，随意改变操作控制条件；生产和生活用火不慎，乱用炉火、灯火，乱丢未熄灭的火柴杆、烟蒂；判断失误、操作不当；对生产出现的超温、超压等异常现象束手无策；不遵循科学规律指挥生产、盲目施工、超负荷运转；等等。

> 扩展阅读：2018年7月12日，某科技公司发生重大爆炸着火事故，造成19人死亡、12人受伤，直接经济损失达4142万元。经事故调查组调查认定，引起该起重大爆炸着火事故的直接原因是：该公司在生产咪草烟的过程中，操作人员将无包装标识的氯酸钠当作2-氨基-2,3-二甲基丁酰胺，补充投入到2R301釜中进行脱水操作。在搅拌状态下，丁酰胺-氯酸钠混合物形成具有迅速爆燃能力的爆炸体系，开启蒸汽加热器，丁酰胺-氯酸钠混合物的摩擦及撞击温度随着釜内温度升高而升高，在物料之间、物料与釜内附件和内壁相互撞击、摩擦下，引起釜内的丁酰胺-氯酸钠混合物发生化学爆炸，爆炸导致釜体解体。随釜体解体过程冲出的高温甲苯蒸气，迅速与外部空气形成爆炸性混合物并产生二次爆炸，同时引起车间现场存放的氯酸钠、甲苯与甲醇等物料起爆和二车间、三车间着火燃烧，进一步扩大了事故后果，造成重大人员伤亡和财产损失。

6）爆炸对火灾发生变化的影响

爆炸冲击波能将燃烧着的物质抛撒到高空和周围地区，如果燃烧的物质落在可燃物体上就会引起新的火源，造成火势蔓延扩大。除此之外，爆炸冲击波能破坏难燃结构的保护层，使保护层脱落，可燃物体暴露于表面，这就为燃烧面积迅速扩大增加了条件。冲击波的破坏作用使建筑结构发生局部变形或倒塌，增加空隙和孔洞，其结果必然会使大量的新鲜空气流入燃烧区，燃烧产物迅速流到室外。在此情况下，气体对流大大加强，促使燃烧强度剧增，助长火势迅速发展。同时由于建筑物孔洞大量增加，气体对流的方向发生变化，火势蔓延方向会改变。如果冲击波将炽热火焰冲散，使火焰穿过缝隙或不严密处，进入建筑结构的内部孔洞，也会引起该部位的可燃物质发生燃烧。火场如果有沉浮在物体表面上的粉尘，爆炸的冲击波会使粉尘扬撒于空间，与空气形成爆炸性混合物，可能发生再次爆炸或多次爆炸。当可燃气体、液体和粉尘与空气混合发生爆炸时，爆炸区域内的低燃点物质会在顷刻之间全部发生燃烧，燃烧面积迅速扩大。火场上发生爆炸，不仅对火势发展变化有极大影响，而且对扑救人员和附近群众的生命安全也有严重威胁。因此，应采取有效措施，防止和消除爆炸危险。

知识点2　按燃烧物形态不同分类

按燃烧物形态不同，燃烧分为固体物质燃烧、液体物质燃烧和气体物质燃烧三种类型，物质的物理状态可以互相转换，如图1-8所示。

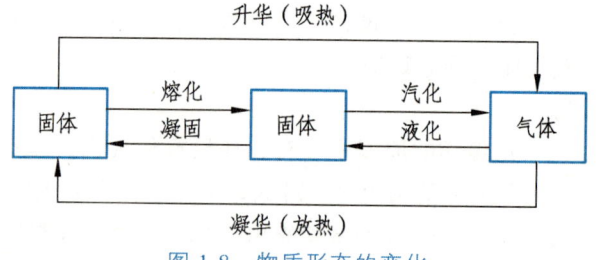

```
              升华（吸热）
    ┌─────────────────────────────────────┐
    │   熔化        汽化                   │
  固体  ⇌  固体  ⇌  气体
         凝固       液化
    └─────────────────────────────────────┘
              凝华（放热）
```

图 1-8　物质形态的变化

1. 固体物质燃烧

根据固体物质的燃烧特性，其主要有以下四种燃烧方式：

1）阴　燃

没有火焰的缓慢燃烧现象称为阴燃。很多固体物质，如纸张、锯末、纤维织物、纤维素板、胶乳橡胶以及某些多孔热固性塑料等，都有可能发生阴燃，特别是当它们堆积起来的时候。

阴燃是固体燃烧的一种形式，是无可见光的缓慢燃烧，通常产生烟和温度上升等现象。它与有焰燃烧的区别是无火焰，它与无焰燃烧的区别是能热分解出可燃气，因此在一定条件下阴燃可以转换成有焰燃烧，阴燃燃烧条件如下：

发生阴燃的内部条件是，可燃物必须是受热分解后能产生刚性结构的多孔碳的固体物质。如果可燃物受热分解产生的非刚性结构的碳，如流动焦油状的产物，就不能发生阴燃。这说明，产物的分子结构和原材料热解方式在决定物质燃烧特征中起着十分重要的作用。由苯乙烯-丙烯腈共聚物接枝聚醚的聚合物多元醇制得的柔性泡沫材料，在高温下产生刚性很强的碳，故而很容易进行阴燃。而纯纤维受热时产生很少的碳，因此不易发生阴燃。

> **扩展阅读**：接枝是指大分子链上通过化学键结合适当的支链或功能性侧基的反应，所形成的产物称作接枝共聚物。

发生阴燃的外部条件是有一个适合的供热强度的热源。所谓适合的供热强度是指能够发生阴燃的适合温度和一个适合的供热速率。

假定阴燃过程中，活性物、焦炭和灰三种物质的密度是恒定的，但它们各自占固体质量的份额随阴燃而改变，确定了阴燃过程固体颗粒的体积收缩速率及填充空隙率变化数学模型。对上方具有空气掠过的水平纤维质填充床，从点火到稳态传播的阴燃过程进行了模拟计算。计算结果表明，空隙率随阴燃过程增大，加快了阴燃传播速度，提高了其峰值温度。水平填充床表面下沉所引起的辐射换热在阴燃模拟计算中则可以忽略不计。

> **扩展阅读**：辐射换热是指两个温度不同且互不接触的物体之间通过电磁波进行的换热过程，这种在物体表面之间由辐射与吸收综合作用下完成的热量传递是传热学的重要研究内容之一，自然界中的各个物体都在不停地向空间散发出辐射热，同时又在不停地吸收其他物体散发出的辐射热。

阴燃向有焰燃烧转变,有以下几种条件:

① 阴燃从堆垛内部传播到外部时,由于不再缺氧,可转变为有焰燃烧;

② 密闭空间内,因供氧不足,固体材料发生阴燃,并产生大量不完全燃烧产物充满空间,当突然打开空间某些部位,新鲜空气进入,在空间内形成可燃混合气体,进而发生有焰燃烧甚至导致爆炸。这种由阴燃向爆燃的突发性转变十分危险。

2)蒸发燃烧

可燃固体受热后升华或熔化后蒸发,随后蒸气与氧气发生的有焰燃烧现象,称为蒸发燃烧。固体的蒸发燃烧是一个熔化、汽化、扩散、燃烧的连续过程烧形式。属于有焰的均相燃烧。例如,蜡烛、樟脑、松香、硫黄等物质燃烧就是典型的蒸发燃烧。

3)分解燃烧

由于受热分解而产生可燃气体后发生的有焰燃烧现象,称为分解燃烧。例如,木材、纸张、棉、麻、毛、丝以及合成高分子的热固性塑料、合成橡胶等物都属于有焰的均相燃烧,只是可燃气体的来源不同:蒸发燃烧的可燃气体来自发生相变的固体,而分解燃烧的可燃气体来自固体的热分解。

4)表面燃烧

可燃固体的燃烧反应是在其表面直接吸附氧气而发生的燃烧,称为表面燃烧。例如,木炭、焦炭、铁、铜等物质燃烧就属于典型的表面燃烧。这种燃烧方式的特点是:在发生表面燃烧的过程中,固体物质既不熔化成液体,也不发生分解,只是在其表面直接吸附氧气进行燃烧反应,固体表面呈高温、炽热、发红、发光而无火焰的状态,空气中的氧不断扩散到固体高温表面被吸附,进而发生气固非均相反应。反应的产物带着热量从固体表面逸出。表面燃烧呈无火焰的非均相燃烧,因此,有时又称为异相燃烧。

实际上,上述四种燃烧形式的划分不是绝对的,有些可燃固体的燃烧往往包含两种或两种以上的形式。例如,木材及木制品、棉、麻、化纤织物等可燃性固体。四种燃烧形式往往同时伴随在火灾过程中:阴燃一般发生在火灾的初起阶段;蒸发燃烧和分解燃烧多发生于火灾的发展阶段和猛烈燃烧阶段;表面燃烧通常发生在火灾的熄灭阶段。

2. 液体物质燃烧

根据液体物质的燃烧特性,其燃烧方式主要有以下四种:

1)闪 燃

(1)闪燃的定义。

可燃性液体挥发的蒸气与空气混合达到一定浓度后,遇明火发生一闪即灭的燃烧现象,称为闪燃。

(2)闪燃的形成过程。

在一定温度条件下,可燃性液体表面会产生可燃蒸气,这些可燃蒸气与空气混合形成一定浓度的可燃性气体,当其浓度不足以维持持续燃烧时,遇火源能产生一闪即灭的火苗或火光,形成一种瞬间燃烧现象。可燃性液体之所以会发生一闪即灭的闪燃现象,是因为液体在闪燃温度下蒸发的速度较慢,所蒸发出来的蒸气仅能维持一刹那的燃烧,而来不及提供足够的蒸气维持稳定的燃烧，故闪燃一下就熄灭了。闪燃往往是可燃性液体发生着火的先兆，因此，从消防角度来说，发生闪燃就是危险的警告。

（3）液体的闪点。

在规定的试验条件下，可燃性液体表面产生的蒸气在试验火焰作用下发生闪燃的最低温度，称为闪点，单位为"℃"。闪点与可燃性液体的饱和蒸气压有关，饱和蒸气压越高，闪点越低。表1-10列出了部分可燃性液体的闪点。同系物液体的闪点具有以下规律：闪点随其分子量的增加而升高；闪点随其沸点的增加而升高；闪点随其密度的增加而升高；闪点随其蒸气压的降低而升高。

表1-10　部分可燃性液体的闪点　　　　　　　　　　　　　　单位：℃

名称	闪点	名称	闪点	名称	闪点
汽油	−58~10	甲醇	12.2	苯	−11
煤油	≥30	乙醇	17	甲苯	4
柴油	60	正丙醇	15	乙苯	12.8
樟脑	65.6	丁醇	29	丁基苯	60

闪点在消防上的应用。闪点是可燃性液体性质的主要特征之一，是评定可燃性液体火灾危险性大小的重要参数。闪点越低，火灾危险性就越大；反之，则越小。在一定条件下，当液体的温度高于其闪点时，液体随时有可能被引火源引燃或发生自燃；当液体的温度低于闪点时，液体不会发生闪燃，更不会着火。闪点在消防上的应用体现在以下方面：

一是根据闪点划分可燃性液体的火灾危险性类别。例如，国家标准《建筑防火通用规范》（GB 55037）在对生产及储存物品场所的火灾危险性分类时，以闪点作为火灾危险性的特征对其进行了相应分类，即将液体生产及储存场所的火灾危险性分为甲类（闪点<28 ℃的液体）、乙类（28 ℃≤闪点<60 ℃的液体）、丙类（闪点≥60 ℃的液体）三个类别。再如，国家标准《石油库设计规范》（GB 50074）根据闪点将液体分为易燃液体（闪点<45 ℃的液体）和可燃液体（闪点≥45 ℃的液体）两种类型。

二是根据闪点间接确定灭火剂的供给强度。例如，国家标准《泡沫灭火系统技术标准》（GB 50151—2021）在确定非水溶性液体储罐采用固定式、半固定式液上喷射系统时，依据液体闪点所划分的甲类、乙类和丙类液体，明确其对应的泡沫混合液供给强度和连续供给时间不应小于表1-11的规定值。

表1-11　泡沫混合液供给强度和连续供给时间

系统形式	泡沫混合液种类	供给强度/ [L/(min·m²)]	连续供给时间/min	
			甲、乙类液体	丙类液体
固定式、半固定式液上喷射系统	蛋白	6.0	40	30
	氟蛋白、水成膜、成膜氟蛋白	5.0	45	30

2）蒸发燃烧

蒸发燃烧是指可燃性液体受热后边蒸发边与空气相互扩散混合，遇引火源后发生燃烧，呈现有火焰的气相燃烧形式。可燃性液体在燃烧过程中,并不是液体本身在燃烧,而是液体受热时蒸发出来的液体蒸气被分解、氧化达到燃点而燃烧。因此,液体能否发生燃烧、燃烧速率高低,与液体的蒸气压、闪点、沸点和蒸发速率等密切相关。

3)沸溢燃烧

(1)沸溢的定义。

正在燃烧的油层下的水层因受热沸腾膨胀导致燃烧着的油品喷溅,使燃烧瞬间增大的现象,称为沸溢,如图 1-9 所示。

图 1-9 沸溢燃烧示意

(2)沸溢的形成过程及其危害。

含有一定水分、黏度较大的重质油品(如原油、重油)中的水以乳化水和水垫层两种形式存在。乳化水是悬浮于油中的细小水珠,油水分离过程中,水沉降在底部就形成水垫层。当重质油品燃烧时,这些沸程较宽的重质油品产生热波,在热波向液体深层运动时,由于温度远高于水的沸点,会使油品中的乳化水汽化,大量的蒸气穿过油层向液面上浮,在向上移动过程中形成油包气的气泡,即油的一部分形成了含有大量蒸汽气泡的泡沫。这种表面包含有油品的气泡,比原来的水体积扩大千倍以上,气泡被油薄膜包围形成大量油泡群,液面上下像开锅一样沸腾,到储罐容纳不下时,油品溢出罐外,这就是沸溢形成的过程。有关试验表明,含有 1% 水分的石油,经 45~60 min 燃烧就会发生沸溢。在一般情况下,油品含水量大,热波移动速度快,沸溢出现早;油品含水量小,热波移动速度慢,沸溢出现就晚。储罐发生沸溢时,油品外溢距离可达几十米,面积可达数千平方米,会形成大面积流散液体燃烧,对灭火救援人员及消防器材装备等的安全会产生巨大的威胁。

(3)沸溢的形成条件。

含有水分、黏度较大的重质油品发生燃烧时,有可能产生沸溢现象。通常,沸溢形成必须具备以下三个条件:一是油品为重质油品且黏度较大;二是油品具有热波的特性;三是油品含有乳化水。

(4)沸溢的典型征兆。

沸溢的典型征兆有三点:一是出现液滴在油罐液面上跳动并发出"啪叽啪叽"的微爆噪声;二是燃烧出现异常,火焰呈现大幅度的脉动、闪烁;三是油罐开始出现振动。

4)喷溅燃烧

(1)喷溅的定义。储罐中含有水垫层的重质油品在燃烧过程中,随着热波温度的逐渐升高,热波向下传播的距离也不断加大。当热波达到水垫层时,水垫层的水变成水蒸气,蒸气体积迅速膨胀,当形成的蒸气压力大到足以把水垫层上面的油层抬起时,蒸气冲破油层将燃烧着的油滴和包油的油气抛向上空,向四周喷溅燃烧,这种现象称为喷溅燃烧,如图1-10所示。

图 1-10 喷溅燃烧示意

（2）喷溅的形成过程及其危害。

一般情况下,发生喷溅的时间要晚于发生沸溢的时间,常常是先发生沸溢,间隔一段时间,再发生喷溅。研究表明,喷溅发生的时间与油层厚度、热波移动速度及油的燃烧速度有关,储罐从着火到喷溅的时间与油层厚度成正比,与燃烧的速度和热波传播的速度成反比。油层越薄,燃烧速度、油品温度传递速度越快,越能在着火后较短时间内发生喷溅。而喷溅高度和散落面积与油层厚度、储罐直径有关。发生喷溅时油品与火突然腾空而起,带出的燃油从池火燃烧状态转变为液滴燃烧状态,向外喷出,形成空中燃烧,火柱高达十几米甚至几十米,燃烧强度和危险性随之增加,导致流散液体增多,燃烧面积迅速增大,严重威胁周边建（构）筑物、器材装备及人员的安全,因此,储罐一旦出现沸溢和喷溅,火场有关人员必须立即撤离到安全地带,并应采取必要的技术措施,防止喷溅时油品流散,火势蔓延和扩大。

（3）喷溅的形成条件。

从喷溅形成的过程看,发生喷溅必须具备以下条件:一是油品属于沸溢性油品;二是储罐底部含有水垫层的;三是热波头温度高于水的沸点,并与水垫层接触。

（4）喷溅的典型征兆。

喷溅的典型征兆有四点:一是油面蠕动、涌涨现象明显,出现油泡沫2~4次;二是火焰变白且更加发亮,火舌尺寸变大,形似火箭;三是颜色由浓变淡;四是罐壁发生剧烈抖动,并伴有强烈的"嘶嘶"声。

> **扩展阅读**:某油库5号油罐突然遭到雷击发生火灾,在燃烧了大约4h后,5号罐里的原油随着轻油馏分的蒸发燃烧,形成速度约1.5 m/h、温度为150~300 ℃的热波向油层下部传递,当热波传至油罐底部的水垫层时,罐底部积水、原油中的乳化水以及灭火时泡沫中的水汽化,使原油产生猛烈沸溢和喷溅,油夹杂火焰浓烟喷向空中高达几十米,撒落四周地面。喷溅的油火点燃了4号油罐顶部的泄漏油气层,引起爆炸。炸飞的4号罐顶混凝土碎块将相邻30 m处的1号、2号、3号金属油罐顶部震裂,造成汽油外漏。其间,5号罐连续发生了3次沸溢和喷溅现象,喷溅的油火又先后点燃了3号、2号和1号油罐的外漏油,引起爆燃,整个罐区陷入一片火海。

失控的外溢原油像火山喷发出的岩浆，在地面上四处流淌，整个灭火行动共耗时 104 h。该起火灾爆炸事故共造成 19 人死亡、100 多人受伤，直接经济损失达 3 540 万元，共烧毁原油约 40 000 t，毁坏民房约 4 000 m^2，道路 20 000 m^2。燃烧的高温、水域的污染、爆炸的冲击波，使近海 5 200 亩（1 亩 ≈ 666.67 m^2）虾池和 1 160 亩贻贝养殖场毁坏，2.2 万亩滩涂上成亿尾鱼苗死亡，岛四周 102 km 的海岸线受到严重污染。经事故调查组调查认定，该起事故直接原因是油库的非金属油罐本身存在不足，遭到雷电击中引发爆炸。同时认为，该油库设计布局不合理、选材不当、忽视安全防护（尤其是缺少避雷针）、管理不当造成消防设备失灵延误灭火时机等是造成此事故的深层次原因。

3. 气体物质燃烧

可燃气体的燃烧不像固体、液体物质那样需经熔化、分解、蒸发等变化过程，其在常温常压下就可以任意比例与氧化剂相互扩散混合，完成燃烧反应的准备阶段。当混合气体达到一定浓度后，遇引火源即可发生燃烧或爆炸，因此，气体的燃烧速度大于固体、液体。根据气体物质燃烧过程的控制因素不同，其有以下两种燃烧方式：

1）扩散燃烧

可燃性气体或蒸气与气体氧化剂互相扩散，边混合边燃烧的现象，称为扩散燃烧。例如，天然气井口的井喷燃烧、工业装置及容器破裂口喷出燃烧等均属于扩散燃烧。扩散燃烧的特点是扩散火焰不运动，也不发生回火现象，可燃气体与气体氧化剂的混合在可燃气体喷口进行。气体扩散多少，就烧掉多少，这类燃烧比较稳定。对于稳定的扩散燃烧，只要控制得好，就不至于造成火灾，一旦发生火灾也较易扑救。

2）预混燃烧

可燃气体或蒸气预先同空气（或氧气）混合，遇引火源产生带有冲击力的燃烧现象，称为预混燃烧。这类燃烧往往造成爆炸，因此，也称爆炸式燃烧或动力燃烧。预混燃烧按照混合程度不同，又分为部分预混燃烧（即可燃气体预先与部分空气或氧气混合的燃烧）和完全预混燃烧（即可燃气体预先与过量空气或氧气混合的燃烧）两种形式。预混燃烧的特点是燃烧反应快、温度高，火焰传播速度快，反应混合气体不断扩散，在可燃混合气体中会产生一个火焰中心，成为热量与化学活性粒子集中源。预混燃烧一般发生在封闭体系或混合气体向周围扩散的速度远小于燃烧速度的敞开体系中。当大量可燃气体泄漏到空气中，或大量可燃液体泄漏并迅速蒸发产生蒸气，则会在大范围空间内与空气混合形成可燃性混合气体，若遇引火源就会立即发生爆炸。许多火灾爆炸事故都是由预混燃烧引起的，如制气系统检修前不进行置换就烧焊，燃气系统开车前不进行吹扫就点火，用气系统产生负压"回火"或漏气未被发现而动火等。预混燃烧往往形成动力燃烧，极易造成设备损坏和人员伤亡事故。

扩展阅读：2023 年 11 月 22 日，某公司输油管道泄漏原油进入市政排水暗渠，原油泄漏后，现场处置人员采用液压破碎锤在暗渠盖板上打孔破碎，产生撞击火花，在形成密闭空间的暗渠内油气积聚遇火花发生爆炸，造成大量死亡，直接经济损失达 95 172 万元。

任务 4　燃烧产物的分类

【重难点】
- 燃烧产物的定义。
- 燃烧产物的分类。
- 不同物质燃烧产物的分类。
- 烟气危害性的定义。
- 烟气流动蔓延的途径。

【案例导入】
某造纸厂发生一起火灾，试分析此次火灾的燃烧产物。

【案例分析】
2022 年 3 月 1 日，某山村附近，一家纸厂失火，起火建筑为钢架彩钢板搭建的单层厂，主要燃烧物质为厂内生产的生活用纸。当时有大量的浓烟产生，同时有大量的黑色颗粒从天而降，当地消防部门及时开展灭火救援工作，火灾很快扑灭。事故调查发现，该纸厂未按要求进行安排检查，大量的线路老化未更新，责任人正接受调查。所幸此次火灾疏散及时，未造成人员伤亡。

【知识链接】

知识点 1　燃烧产物的定义

微课：燃烧产物

由燃烧或热解作用而产生的全部物质，称为燃烧产物。燃烧产物通常指燃烧生成的气体、热量、可见烟等。其中，散发在空气中能被人们看见的燃烧产物叫烟雾，它实际上是由燃烧产生的悬浮固体、液体粒子和气体的混合物其粒径一般在 0.01 ~ 10 μm。

燃烧产物与灭火工作有密切的关系。它对灭火工作既有有利的方面，也有不利的方面。

1. 有利方面

（1）一定条件下有阻燃作用。完全燃烧的燃烧产物都是不燃的惰性气体，如 CO_2、水蒸气等。如果是室内火灾，随着这些惰性物质的增加，空气中的氧浓度相对减小，燃烧速度也会减慢，如果能关闭通风的门窗、孔洞，就会使燃烧速度减慢，直至停止燃烧。

（2）为火情侦察提供依据。不同的物质燃烧，不同的燃烧温度，在不同的风向条件下，烟的气味、颜色、浓度、流动方向也是不一样的。通过烟的这些特征，消防人员可以大致判断燃烧物质的种类、火灾发展阶段、火势蔓延方向等。由于不同的物质燃烧，其烟气有不同的颜色和气味，故在火灾初期产生的烟能够给人们提供火灾警报，人们可以根据烟雾的方位、规模、颜色和气味，大致断定着火的方位和燃烧物的种类等，从而实施正确的扑救方法。

（3）可根据烟的颜色和气味来判断是什么物质在燃烧。大直径的粒子容易由烟中落下来成为烟尘或炭黑。物质的组成不同、成分不同，烟的颜色、气味也不同。根据这一特点，在扑救火灾的过程中，可根据烟的颜色和气味来判断是什么物质在燃烧。例如白磷的燃烧生成浓白色的烟，并且生成带有大蒜味的三氧化二磷。

2. 不利方面

燃烧产物的危害性：实验表明，火场上最直接的燃烧产物是烟气。一般火灾总是伴随着浓烟滚滚，产生着大量对人体有毒、有害的烟气。可以说火灾时对人最大威胁的是烟。所以认识燃烧产物的危险特性有非常重要的作用。

（1）引起人员中毒、窒息。燃烧产物中有不少为毒性气体，如 CO、HCl、HCN、NO_x 等，对人体有麻醉、窒息、刺激的功能作用；这些气体妨碍人们的正常呼吸、逃生，也给消防人员的灭火工作带来困难。

（2）会使人员受伤。燃烧产物的烟气中载有大量的热。人在这种高温、湿热环境中极易被烫伤。

（3）影响视线。燃烧产生大量烟雾，影响人的视线，使能见度大大降低。人在浓烟中往往会辨不清方向，给灭火、人员疏散工作带来困难。

（4）成为火势发展、蔓延的因素。燃烧产物有很高的热能，极易造成轰燃或因对流或热辐射引起新的火点。

知识点 2　燃烧产物的分类

燃烧产物分为完全燃烧产物和不完全燃烧产物两类。

1. 完全燃烧产物

可燃物质在燃烧过程中，如果生成的产物不能再燃烧，则称为完全燃烧产物，例如 CO_2、SO_2 等。

2. 不完全燃烧产物

可燃物质在燃烧过程中，如果生成的产物还能继续燃烧，则称为不完全燃烧，其产物为不完全燃烧产物，例如 CO、醇类、醛类、醚类等。

知识点 3　不同物质的燃烧产物

燃烧产物的数量及成分，随物质的化学组成以及温度、空气（氧）的供给情况等变化而有所不同。

1. 单质的燃烧产物

一般单质在空气中的燃烧产物为该单质元素的氧化物，如碳、氢、硫等燃烧分别生成 CO_2、水蒸气、SO_2。这些产物不能再燃烧，属于完全燃烧产物。

2. 化合物的燃烧产物

一些化合物在空气中燃烧除生成完全燃烧产物外，还会生成不完全燃烧产物。最典型的不完全燃烧产物是 CO，它能进一步燃烧生成 CO_2。一些高分子化合物，受热后会发生裂解，生成许多不同类型的有机化合物，并能进一步燃烧。

3. 木材的燃烧产物

木材属于高熔点类混合物，主要由碳、氢、氧、氮等元素组成，常以纤维素分子形式存在。木材燃烧一般包含分解燃烧和表面燃烧两种类型。在高湿、低温、贫氧条件下，木材还能发生阴燃。木材的燃烧存在三个比较明显的阶段：一是干燥准备阶段。当木材接触火源时水分开始蒸发，加热到约 110 ℃ 时就被干燥并蒸发出极少量的树脂。温度达到 150～200 ℃ 时，木材开始分解，产物主要是水蒸气和 CO_2，为燃烧做好了准备。二是有焰燃烧阶段，即木材的热分解产物的燃烧。当温度达到 200～280 ℃ 时，木材开始变色并炭化，分解产物主要是 CO、氢和碳氢化合物，并进行稳定的有焰燃烧，直到木材的有机质组分分解完为止，有焰燃烧才结束。三是无焰燃烧阶段，即木炭的表面燃烧。当木材被加热到 300 ℃ 以上时，在木材表面垂直于纹理方向上木炭层出现小裂纹，使挥发物容易通过炭化层表面逸出。随着炭化深度的增加，裂缝逐渐加宽，产生"龟裂"现象。

4. 高聚物的燃烧产物

有机高分子化合物（简称高聚物），主要是以石油、天然气、煤为原料制得，例如人们熟知的塑料、橡胶、合成纤维这三大合成有机高分子化合物。

高聚物的燃烧过程十分复杂，包括一系列的物理和化学变化，主要分为受热软化熔融、热分解和着火燃烧三个阶段。高聚物的燃烧与热源温度、物质的理化特性和环境氧浓度等因素密切相关，其着火燃烧的难易程度有很大差别。高聚物的燃烧具有发热量大、燃烧速度快、发烟量大、有熔滴等特点，并且在燃烧或分解过程中会产生氮氧化合物、氯化氢、光气、氰化氢等大量有毒或有刺激性的有害气体，其燃烧产物的毒性十分剧烈。不同类型的高聚物在燃烧或分解过程中会产生不同类别的产物：只含碳和氢的高聚物，例如聚乙烯、聚丙烯、聚苯乙烯燃烧时有熔滴，易产生一氧化碳气体；含有氧的高聚物，例如硝酸纤维素、有机玻璃等燃烧时变软，无熔滴，同样产生一氧化碳气体；含有氮的高聚物，例如三聚氰胺甲醛树脂、尼龙等燃烧时有熔滴，会产生一氧化碳、一氧化氮、氰化氢等有毒气体；含有氯的高聚物，例如聚氯乙烯等燃烧时无熔滴，有炭瘤，并产生氯化氢气体，有毒且溶于水后有腐蚀性。

知识点 4　燃烧产物的毒性及其危害

燃烧产物大多是有毒有害气体，例如一氧化碳、氰化氢、二氧化硫等均对人体有不同程度的危害，往往会通过呼吸道侵入或刺激眼结膜、皮肤黏膜使人中毒甚至死亡。据统计，在火灾中死亡的人约 75% 是由于吸入毒性气体中毒而致死的。一氧化碳是火灾中致死的主要燃烧产物之一，其毒性在于对血液中血红蛋白的高亲和力。

一氧化碳与血红蛋白的亲和力比氧与血红蛋白的亲和力高 200～300 倍，因此一氧化碳极易与血红蛋白结合，形成碳氧血红蛋白，使血红蛋白丧失携氧的能力和作用，造成人体组织缺氧而窒息。当人吸入一氧化碳气体后，一氧化碳能阻止人体血液中氧气的输送，引起头痛、虚脱、神志不清、肌肉调节障碍等症状，严重时会使人昏迷甚至死亡。表 1-12 所示为不同浓度的一氧化碳对人体的影响。另外，建筑物内广泛使用的合成高分子等物质燃烧时，不仅会产生一氧化碳、二氧化碳，而且还会分解出乙醛、氯化氢、氰化氢等有毒气体，给人的生命安全造成更大的威胁，表 1-13 为部分主要有害气体的来源及对人体的影响。

表 1-12　不同浓度的一氧化碳对人体的影响

火场中一氧化碳的浓度	人的呼吸时间/min	中毒程度
0.1%	60	头疼、呕吐、不舒服
0.5%	20～30	有致死的危险
1.0%	1～2	可中毒死亡

表 1-13　部分主要有害气体的来源及对人体的影响

有毒气体的来源	对人体的影响	短期（10 min）估计致死浓度
木材、纺织品、聚丙烯腈、尼龙、聚氨酯等物质燃烧时分解出的氰化氢	一种迅速致死、有窒息性的毒物	0.035%
纺织物燃烧时产生的二氧化氮和其他氮的氧化物	肺强刺激剂，能引起即刻死亡及滞后性伤害	>0.02%
由木材、丝织品、尼龙以及氰胺燃烧产生的氨气	强刺激剂，对眼、鼻有强烈刺激作用	>0.1%
PVC 电绝缘材料，其他含氯高分子材料及阻燃处理热分解产生的氯化氢	呼吸道刺激剂，吸附于微粒上的氯化氢的潜在危险性较等量的氯化氢气体要大	>0.05%，气体或微粒存在时
氟化树脂类或薄膜类以及某些含溴阻燃材料呼吸刺激性	呼吸刺激剂	HF≈0.04% COF_2≈0.01% HBr>0.05%
含硫化合物及含硫物质燃烧分解产生的二氧化硫	强刺激性，在远低于致死浓度下即使人难以忍受	>0.05%
由聚烯烃和纤维素低温热解（400 ℃）产生的丙醛	潜在的呼吸刺激剂	0.003%～0.01%

知识点 5　烟气

1. 烟气的定义及成分

烟气是指物质高温分解或燃烧时产生的固体和液体微粒、气体，连同夹带和混入的部分空气形成的气流。

火灾烟气的主要成分有：燃烧和热分解所生成的气体，例如一氧化碳、二氧化碳、氰化氢、氯化氢、硫化氢、乙醛、丙醛、光气、苯、甲苯、氯气、氨气、氮氧化合物等；悬浮在空气中的液体微粒，例如蒸气冷凝而成的均匀分散的焦油类粒子和高沸点物质的凝缩液滴等；固态微粒，例如燃料充分燃烧后残留下来的灰烬和炭黑固体粒子。

微课：烟气蔓延小实验

2. 烟气的危害性

建（构）筑物发生火灾时，建筑材料、装修材料及室内可燃物等在燃烧时所产生的生成物之一是烟气。不论是固态物质还是液态物质、气态物质在燃烧时，都要消耗空气中大量的氧，并产生大量炽热的烟气。烟气是一种混合物，其含有的各种有毒性气体和固体炭颗粒具有以下危害性的内容如图（图 1-11）：

1）毒害性

火灾中产生的烟气中含有的各种有毒气体的浓度往往超过人的生理正常所允许的最高浓度，极易造成人员中毒死亡。同时，人生理正常所需要的氧浓度应大于16%，而烟气中含氧量往往低于此数值。据有关试验测定：当空气中含氧量降低到15%时，人的肌肉活动能力下降；降到10%~14%时，人就会四肢无力，智力混乱，辨不清方向；降到6%~10%时，人就会晕倒；低于6%时，人的呼吸会停止，约5 min就会死亡。实际上，着火房间中氧的最低浓度仅有3%左右，可见在发生火灾时人要是不及时逃离火场是很危险的。此外，火灾烟气中常含有氰化氢、卤化氢、光气、醛及醚等多种有毒刺激性气体，使眼睛不能长时间睁开，不能较好地辨别方向，这势必影响逃生能力。另据试验表明：一氧化碳浓度达到1%时，人在1~2 min内死亡；氢氰酸的浓度达到0.027%时，人立即死亡；氯化氢的浓度达到0.2%时，人在数分钟内死亡；二氧化碳的浓度达到20%时，人在短时间内死亡。在对火灾遇难者的尸体解剖中发现，死者血液中经常含有羰基血红蛋白，这是吸入一氧化碳和氰化物等的结果。

2）窒息性

二氧化碳在空气中的含量过高，会刺激人的呼吸系统，使呼吸加快，引起口腔及喉部肿胀，造成呼吸道阻塞，从而产生窒息。表1-14为不同浓度的二氧化碳对人体的影响。

表1-14 不同浓度的二氧化碳对人体的影响

二氧化碳的含量	对人体的影响
0.55%	6 h内不会有任何影响
1%~2%	有不适感，引起不快
3%	呼吸中枢受到刺激，呼吸加快，脉搏加快，血压升高
4%	有头疼、眩晕、耳鸣、心悸等症状
5%	呼吸困难，喘不过气，30 min内引起中毒
6%	呼吸急促，呈困难状态
7%~10%	数分钟内意识不清，失去知觉，出现紫斑，直至死亡

3）减光性

火灾烟气中存在大量的悬浮固体和液体烟粒子，烟粒子粒径为几微米到几十微米，而可见光波的波长为0.4~0.7 μm，即烟粒子的粒径大于可见光的波长，这些烟粒子对可见光是不透明的，对可见光有完全的遮蔽作用。当烟气弥漫时，可见光因受到烟粒子的遮蔽而大大减弱，能见度大大降低，这就是烟气的减光性。烟气的减光性，会使火场能见距离降低，影响人的视线，使人在浓烟中辨不清方向，不易找到起火点和辨别火势发展方向，严重妨碍人员安全疏散和消防人员灭火扑救。

4）高温性

火灾烟气是燃烧或热解的产物。在物质的传递过程中，烟气携带大量的热量离开燃烧区，温度非常高，火场上烟气往往能达到300~800 ℃，甚至超过多数可燃物质的热分解温度，人在火灾烟气中极易被烫伤。试验表明，短时间内人的皮肤直接接触烟气的安全温度范围不宜超过 65 ℃，接触超过 100 ℃ 的烟气，不仅会出现虚脱现象且几分钟内就会严重烧伤或烧死。

5）爆炸性

烟气中的不完全燃烧产物，如一氧化碳、氰化氢、硫化氢、氨气、苯、烃类等都是易燃物质，这些物质的爆炸下限都不高，极易与空气形成爆炸性混合气体，使火场有发生爆炸的危险。

6）恐怖性

发生火灾时，烟气和火焰冲出门窗孔洞，浓烟滚滚，烈火熊熊，高温烘烤，使人陷入极度恐惧状态，惊慌失措、失去理智，会给火场人员疏散造成严重混乱局面。

3. 烟气的流动和蔓延

火灾产生的高温烟气的密度比冷空气小，因此，烟气在建筑物内向上升腾，但因受到建筑结构、开口和通风条件等限制，遇到水平楼板或顶棚时，即改为水平方向流动，所以烟气在流动扩散过程中通常呈水平方向和竖直方向流动扩散蔓延，如图 1-12 所示。烟气在顶棚下向前运动时，如遇梁或挡烟垂壁，烟气受阻，此时烟气会折回，聚集在储烟仓上空，直到烟的层流厚度超过梁高时，烟会继续前进，占满另外空间。研究表明，烟气的蔓延速度与火灾燃烧阶段、烟气温度和蔓延方向有关。烟气在水平方向的流动扩散速度较小，竖直上升速度比水平流动速度大得多。据测试，水平方向烟气流动扩散速度，在火灾初期为 0.1～0.3 m/s，在火灾中期为 0.5～0.8 m/s；而在竖直方向烟气流动扩散速度可达 1～8 m/s。通常，在建筑内部烟气流动扩散一般有三条路线：第一条路线是着火房间→走廊→楼梯间→上部各楼层→室外；第二条路线是着火房间→室外；第三条路线是着火房间→相邻上层房间→室外。

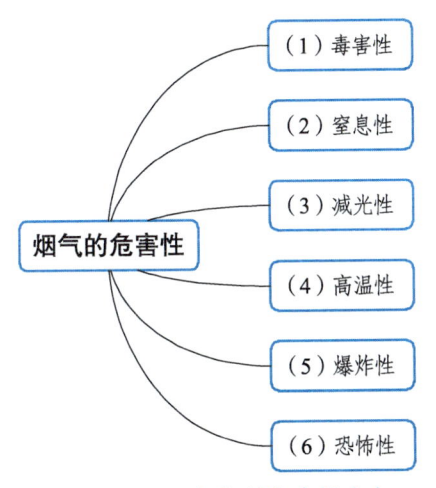

图 1-11 烟气的危害性内容

图 1-12 烟气竖直和水平方向流动过程示意

1）着火房间内的烟气流动蔓延

火灾过程中，由于热浮力作用，烟气从火焰区域沿竖直方向上升到达楼板或者顶棚，然后会改变流动方向沿顶棚水平方向流动扩散。由于冷空气混入以及建筑围护构件的阻挡，水平方向流动扩散的烟气温度逐渐下降并向下流动。逐渐冷却的烟气和冷空气流向燃烧区，形成了室内的自然对流，会使火越烧越旺。着火房间内顶棚下方逐渐积累形成稳定的烟气层。着火房间内烟气在流动扩散过程中，会出现以下现象：

（1）烟羽流。

火灾时烟气卷吸周围空气所形成的混合烟气流，称为烟羽流。烟羽流按火焰及烟的流动情形，可分为轴对称型烟羽流（图 1-13）、阳台溢出型烟羽流、窗口型烟羽流等。在燃烧表面上方附近为火焰区，它分为连续火焰区和间歇火焰区。而火焰区上方为燃烧产物即烟气的羽流区，其流动完全由浮力效应控制。由于浮力作用，烟气流会形成一个热烟气团，在浮力的作用下向上运动，在上升过程中卷吸周围新鲜空气与原有的烟气发生掺混。

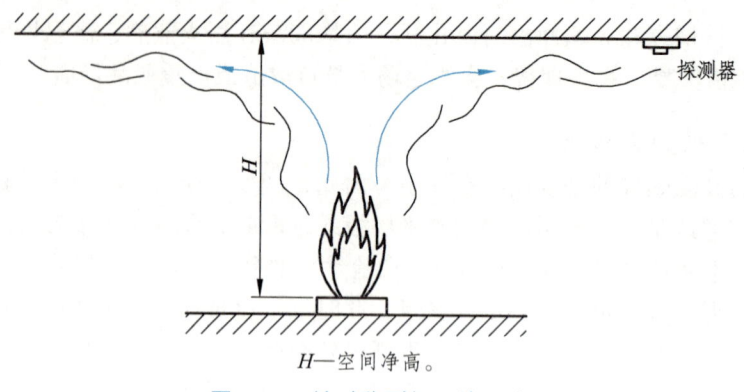

H—空间净高。

图 1-13　轴对称型烟羽流示意

（2）顶棚射流。

当烟羽流撞击到房间的顶棚后，沿顶棚水平运动，形成一个较薄的顶棚射流层，称为顶棚射流。由于它的作用，使安装在顶棚上的感烟火灾探测器、感温火灾探测器和洒水喷头感应动作，实现自动报警和喷水灭火。

（3）烟气层沉降。

随着燃烧持续发展，新的烟气不断向上补充，室内烟气层的厚度逐渐增加。在这一阶段，上部烟气的温度逐渐升高，浓度逐渐增大，如果可燃物充足，且烟气不能充分地从上部排出，烟气层将会一直下降，直到浸没火源。由于烟气层的下降，使得室内的洁净空气减少，如果着火房间的门、窗等开口是敞开的，烟气会沿这些开口排出。因此，发生火灾时，应设法通过打开排烟口等方式，将烟气层限制在一定高度。否则，着火房间烟气层下降到房间开口位置，如门、窗或其他缝隙时，烟气会通过这些开口蔓延扩散到建筑的其他部位。

（4）火风压。

火风压是指建筑物内发生火灾时，在起火房间内，由于温度上升，气体迅速膨胀，对楼板和四壁形成的压力。火风压的影响主要在起火房间，如果火风压大于进风口的压力，则大量的烟火通过外墙窗口由室外向上蔓延；若火风压等于或小于进风口的压力，则烟火便全部从内部蔓延，当它进入楼梯间、电梯井、管道井、电缆井等竖井后，会极大增强烟囱效应。

2）走廊的烟气流动蔓延

随着火灾的发展，着火房间上部烟气层会逐渐变厚。如果着火房间设有外窗或专门的排烟口，烟气将从这些开口排至室外。若烟气的生成很大，致使外窗或专设排烟口来不及排出烟气，烟气层厚度会继续增大。当烟气层厚度增大到超过挡烟垂壁的下端或房门的上缘时，烟气就会沿着水平方向蔓延扩散到走廊。着火房间内烟气向走廊的扩散流动是火灾烟气流动的主要路线。显然，着火房间门、窗不同的开关状态，会在很大程度上影响烟气向走廊扩散的效果。如果房间的门窗都紧闭，空气和烟气仅仅通过门、窗的缝隙进出，流量非常有限。如果外窗关闭室内门开启，会使着火房间产生的烟气大量扩散到走廊中。当发生轰燃时，门、窗玻璃破碎或门板破损，火势迅猛发展，烟气生成量大大增加，致使大量烟气从着火房间流出。

3）竖井中的烟气流动蔓延

在高层建筑中，走廊中的烟气除了向其他房间蔓延外，由于受烟囱效应的驱动，还会通过建筑物内的楼梯井、电梯井、管道井等竖井向上流动扩散。所谓的烟囱效应是指在相对封闭的竖向空间内，由于气流对流而使烟气和热气流向上流动的现象。经测试，在烟囱效应的作用下，火灾烟气在竖井中的上升运动十分显著，流动蔓延速度可达 6~8 m/s，甚至更快。因此，烟囱效应是造成烟气向上蔓延的主要因素。

火灾时由于建筑物内的温度高于室外温度，所以室内气流总的方向是自下而上的正烟囱效应。在正烟囱效应下，若火灾发生在中性面（即室内空间内部与外部压力相等的高度）以下的楼层，火灾烟气进入竖井后会沿竖井上升。当升到中性面以上时烟气可由竖井上部的开口流出，也可进入建筑物上部与竖井相连的楼层。若中性面以上的楼层起火，当火势不大时，由烟囱效应产生的空气流动可限制烟气流进竖井，如果着火层的燃烧强烈，则热烟气的浮力足以克服竖井内的烟囱效应，仍可进入竖井而继续向上蔓延。如果在盛夏季节，安装空调的建筑内的温度比外部温度低，这时建筑内的气体是向下运动的，即逆烟囱效应。逆烟囱效应的空气流可驱使比较冷的烟气向下运动，但在烟气较热的情况下，浮力较大，即使楼内起初存在逆烟囱效应，一段时间后烟气仍会向上运动。因此，当高层建筑中的楼梯间、电梯井、管道井、电缆井、排气道等各种竖井的防火分隔或封堵处理不当时，就会形成一座高耸的烟囱，强大的抽拔力将使烟火沿着竖井迅速蔓延扩大。

4. 烟气的颜色及嗅味特征

不同物质燃烧，产生烟气的颜色及嗅味特征各不相同，表 1-15 列举了部分可燃物产生的烟气颜色及嗅味特征。在火场上，消防救援人员可通过识别烟气的这些特征，为火情侦查、人员疏散与火灾扑救提供参考和依据。

表 1-15 部分可燃物产生的烟气颜色及嗅味特征

可燃物	烟气特征		
	颜色	嗅	味
木材	灰黑色	树脂嗅	稍有酸味
棉麻	黑褐色	烧纸嗅	稍有酸味
石油产品	黑色	石油嗅	稍有酸味
硫黄	—	硫嗅	酸味
橡胶	棕褐色	硫嗅	酸味
硝基化合物	棕黄色	刺激嗅	酸味
有机玻璃	—	芳香嗅	稍有酸味
钾	浓白色	—	碱味
聚苯乙烯	浓黑色	煤气嗅	稍有酸味
酚醛塑料	黑色	甲醛嗅	稍有酸味

知识点6　火焰、燃烧热和燃烧温度

1. 火　焰

1）火焰的定义

火焰俗称火苗，是指发光的气相燃烧区域。火焰是可燃物在气相状态下发生燃烧的外部表现。

2）火焰的构成

对于固体和液体可燃物而言，其燃烧时形成的火焰由焰心、内焰、外焰三部分构成，如图1-14所示。焰心是指最内层亮度较暗的圆锥体部分，由可燃物受热蒸发或分解产生的气态可燃物构成。由于内层氧气浓度较低，所以燃烧不完全，温度较低。内焰是指包围在焰心外部较明亮的圆锥体部分。内焰中气态可燃物进一步分解，因氧气供应不足，燃烧不是很完全，但温度较焰心高，亮度也比焰心强。外焰是指包围在内焰外面亮度较暗的圆锥体。外焰中，氧气供给充足，因此燃烧完全，燃烧温度最高。由于外焰燃烧的往往是一氧化碳和氢气，炽热的炭粒很少，因此，外焰几乎没有光亮。对于气体可燃物而言，其燃烧形成的火焰只有内焰和外焰两个区域，而没有焰心区域，这是由于气体的燃烧一般无相变过程。

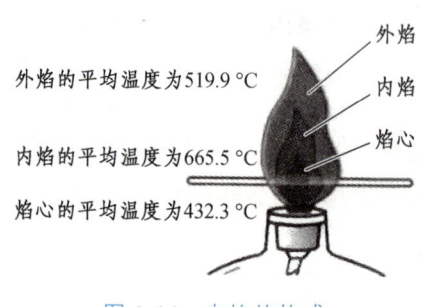

外焰的平均温度为519.9 ℃
内焰的平均温度为665.5 ℃
焰心的平均温度为432.3 ℃

图1-14　火焰的构成

3）火焰的特征

火焰具有以下基本特征：

（1）火焰具有放热性。

由于燃烧反应伴有大量的热释放，所以火焰区的气体会被加热到很高的温度（一般大于926 ℃），火焰区的热能主要通过辐射、传导和对流方式向周围环境释放。火焰温度越高，辐射强度越高，对周围可燃物和人员的威胁越大。

（2）火焰具有颜色和发光性。

火焰的颜色取决于燃烧物质的化学成分和助燃物的供应强度。大部分物质燃烧时火焰是橙红色的，但有些物质燃烧时火焰具有特殊的颜色，如硫黄燃烧的火焰是蓝色的，磷和钠燃烧的火焰是黄色的。此外，火焰的颜色还与燃烧温度有关，燃烧温度越高，火焰就越明亮，颜色越接近蓝白色。火焰有显光（光亮）和不显光（或发蓝光）两种类型，而显光火焰又分为有熏烟和无熏烟两种。含氧量达到50%以上的可燃物燃烧时，火焰几乎无光。含氧量在50%以下的可燃物燃烧时，发出显光（光亮或发黄光）火焰。如果燃烧物的含碳量达到60%以上，火焰则发出显光，而且带有大量黑烟。因此，根据火焰的颜色和发光特性，可以认定起火部位和范围，判定燃烧的物质。此外，掌握不显光火焰的特征，可防止火势扩大和灼伤人员。

（3）火焰具有电离特性。

一般在碳氢化合物燃料和空气的燃烧火焰中，气体具有较高的电离度。

（4）火焰具有自行传播的特征。

火焰一旦形成，就不断地向相邻未燃气体传播，直到整个系统反应终止。因此，根据火焰大小与流动方向，可以判定其燃烧速度和火势蔓延方向。

2. 燃烧热

燃烧热是指物质与氧气进行完全燃烧反应时放出的热量。它一般用单位物质的量、单位质量或单位体积的燃料燃烧释放出的能量计量。燃烧反应通常是烃类在氧气中燃烧生成二氧化碳、水并放热的反应。燃烧热可以用弹式量热计测量，也可以直接查表获得反应物、产物的生成焓再相减求得。

> 扩展阅读：在25℃，100 kPa时，1 mol纯物质完全燃烧生成稳定的化合物时所放出的热量，叫做该物质的燃烧热，单位为kJ/mol。

3. 燃烧温度

燃烧温度是指燃烧产物被加热的温度。不同可燃物质在同样条件下燃烧时，燃烧速度快的比燃烧速度慢的燃烧温度高。在同样大小的火焰下，燃烧温度越高，向周围辐射出的热量就越多，火灾蔓延的速度就越快。

随堂一练

一、选择题

1. 燃烧是一种发光、发热、剧烈的（　　）。
   A. 化学反应　　　B. 物理反应　　　C. 燃烧反应　　　D. 内热反应
2. 下列不是可燃物的是（　　）。
   A. 木材　　　　　B. 棉花　　　　　C. 酒精　　　　　D. 水泥
3. 下列不属于燃烧三角形的是（　　）。
   A. 可燃物　　　　B. 助燃剂　　　　C. 引火源　　　　D. 爆轰阶段
4. 灭火的方式不包括（　　）。
   A. 窒息　　　　　B. 冷却　　　　　C. 抑制　　　　　D. 助燃
5. 下列不包括火焰的特性是（　　）。
   A. 发光性　　　　B. 电离性　　　　C. 放热性　　　　D. 辐射性

二、简答题

1. 固定灭火系统的分类。

项目 2 火灾的定义和分类

知识目标
- 了解火灾的危害。
- 理解火灾的定义。
- 掌握火灾的分类。

能力目标
- 具备描述火灾的能力。
- 具备评判火灾严重程度的能力。
- 具备简述火灾危害的能力。

素养目标
- 通过学习火灾危害的认识培养学生维护社会稳定的素养。
- 通过学习火灾应急措施强化学生处事冷静的品质。
- 通过了解火灾对人民生命的威胁提升学生以人为本生命至上的责任感。

任务导航
- 任务 1 火灾定义的认知
- 任务 2 火灾分类的判定
- 任务 3 火灾危害的处理

任务 1 火灾定义的认知

【重难点】
- 火灾的定义。

【案例导入】

根据材料理解火灾的定义。

【案例分析】

2022 年 4 月 3 日，据应急管理部消防救援局通报：一季度，全国共接报火灾 21.9 万起，共有 625 人因火灾死亡、397 人受伤，直接经济损失 15.2 亿元。与去年同期相比，火灾起数、伤人和损失分别下降 11.6%、8.5% 和 20.5%，死亡人数上升 4.9%；其中，较大火灾 29 起，较去年同期增加 6 起。

火给人类带来文明进步、光明和温暖。但是，有时它是人类的朋友，有时亦是人类的敌人。失去控制的火，就会给人类造成灾难。

【知识链接】

> 知识点　火灾的定义

火灾是指在时间或空间上失去控制的燃烧所造成的灾害。新的标准中，将火灾定义为在时间或空间上失去控制的燃烧。

微课：火灾定义

在各种灾害中，火灾是最经常、最普遍的威胁公众安全和社会发展的主要灾害之一。

1. 火灾应急措施

（1）遇到火灾保持镇静，迅速判断危险地点和安全地点，逃生时不可蜂拥而出或留恋财物。

（2）必须穿过火区时，应尽量用浸湿的衣物披裹身体，捂住口鼻，贴近地面。身上着火，千万别奔跑，可就地打滚，将身上的火苗压灭，或跳入就近的水池、水缸、小河等。

（3）身处楼上，寻找逃生路时一般向下不向上。进入楼梯间后，确定楼下未着火时再向下逃生。楼梯或门口被大火封堵，楼层不高时，可利用布匹、床单、地毯、窗帘等制成绳索，通过窗口、阳台、下水管等滑下逃生。楼层高，其他出路被封堵，应退到室内，关闭通往着火区的门、窗，有条件的用湿布料、毛巾等封堵着火区方向的门窗，并用水不断地浇湿，同时靠近没有火的一方的门窗呼救。

（4）晚上可用摆动手电筒、白布发出求救信号，绝不可乘坐电梯，也不可贸然跳楼。

2. 遇到灾害如何做

（1）听从统一指挥。

（2）采用各种方式求救，如：电话求救，声音求救（喊声、哨子声、击打声）；利用反光求救（利用手电筒、镜子、玻璃片）；抛物求救（抛掷软物，如枕头、塑料瓶）；烟火求救；地面标志求救（SOS）。自救同时可以互救，受灾时对于弱势群体要给予更多帮助，铭记生命安全是第一位的，快速脱离危险区域最重要。

（3）牢记求救电话：

110（公安报警电话：遇到无法解决的紧急情况，寻求警察帮助。）

119（消防报警电话：火灾报警。）

120（医疗急救电话：提供紧急医疗救助服务。）

任务 2　火灾分类的判定

【重难点】

- 可燃物类型的分类。
- 燃烧特性的分类。
- 引发火灾直接原因的内容。

【案例导入】

某住宅区发生一起火灾，试分析火灾的可燃物类型。

【案例分析】

2023 年 3 月 12 日上午，某一住宅发生火灾。现将有关情况通报如下：

当日 9 时 46 分，当地消防救援支队指挥中心接到群众报警称：该小区 8 栋 2 单元 3 008 号住宅发生火灾。接警后，市消防救援支队立即调当地消防救援大队后冲路消防救援站前往救援，同时调派附近微型消防站先期到场处置，同步调派相邻消防救援站共计 5 车 27 人前往增援。

9 时 47 分 13 秒，后冲路消防救援站接到调派警情后立即出动，到达起火建筑直线距离最近的小区市政干道南路，随即乘坐消防电梯到达火灾现场，第一时间展开救援行动。小区内消防环形车道畅通，能达到消防车辆通行标准，救援过程中均使用室内消火栓进行灭火，水压正常、水量充足。现场救出 1 名被困人员（女性），120 救护车立即将被困人员就近送至当地第四人民医院进行急救，后经抢救无效死亡。

【知识链接】

知识点 1　按照可燃物的类型和燃烧特性分类

微课：火灾分类

按照可燃物的类型和燃烧特性，将火灾划分为以下六个类别（图 1-15）：

（1）A 类火灾：A 类火灾是指固体物质火灾。这种物质通常具有有机物性质，一般在燃烧时能产生灼热的余烬。例如，木材及木制品、棉、毛、麻、纸张、粮食等物质火灾。

（2）B 类火灾：B 类火灾是指液体或可熔化的固体物质火灾。例如，汽油、煤油、原油、甲醇、乙醇、沥青、石蜡等物质火灾。

（3）C 类火灾：C 类火灾是指气体火灾。例如，煤气、天然气、甲烷、乙烷、氢气、乙炔等气体燃烧或爆炸发生的火灾。

（4）D 类火灾：D 类火灾是指金属火灾。例如，钾、钠、镁、钛、锆、锂、铝镁合金等金属火灾。

（5）E 类火灾：E 类火灾是指带电火灾，即物体带电燃烧的火灾。例如，变压器、家用电器、电热设备等电气设备以及电线电缆等带电燃烧的火灾。

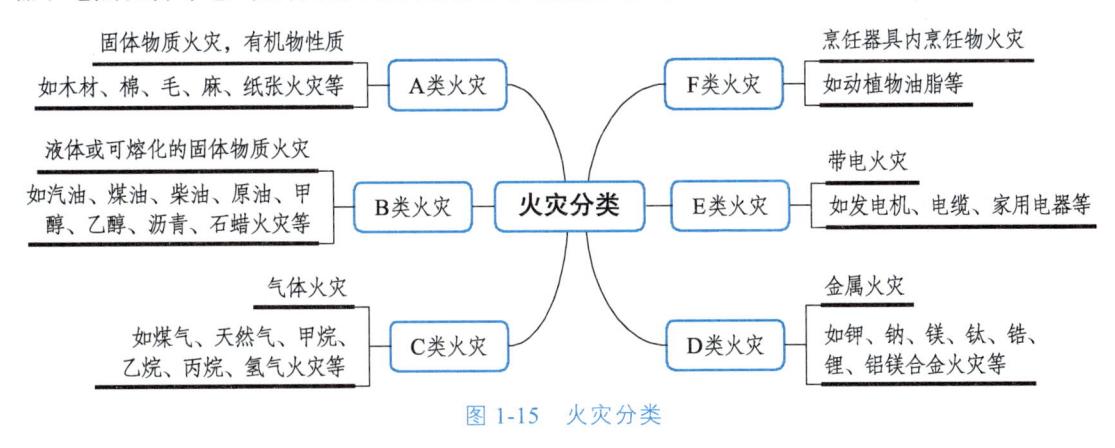

图 1-15　火灾分类

（6）F类火灾：F类火灾是指烹饪器具内的烹饪物火灾。例如，烹饪器具内的动物油脂或植物油脂燃烧的火灾。

知识点 2　按照火灾损失严重程度分类

火灾损失是指火灾导致的直接经济损失和人身伤亡。火灾直接经济损失包括火灾直接财产损失、火灾现场处置费用、人身伤亡所支出的费用。火灾直接财产损失包括建筑类损失、装置装备及设备类损失、家庭物品类损失、汽车类损失、产品类损失、商品类损失、文物建筑等保护类财产损失和贵重物品等其他财产损失。火灾现场处置费用包括灭火救援费（含灭火剂等消耗材料费、水带等消防器材损耗费、消防装备损坏损毁费、现场清障调用大型设备及人力费）及灾后现场清理费。人身伤亡包括在火灾扑灭之日起 7 日内，人员因火灾或灭火救援中的烧灼、烟熏、砸压、辐射、碰撞、坠落、爆炸、触电等原因导致的死亡、重伤和轻伤。依据《生产安全事故报告和调查处理条例》（国务院令第 493 号）规定的生产安全事故等级标准，在相关职能部门下发的《关于调整火灾等级标准的通知》中按照火灾事故所造成的损失严重程度不同，将火灾划分为特别重大火灾、重大火灾、较大火灾和一般火灾四个等级。

（1）特别重大火灾：指造成 30 人以上死亡，或者 100 人以上重伤，或者 1 亿元以上直接经济损失的火灾。

（2）重大火灾：指造成 10 人以上 30 人以下死亡，或者 50 人以上 100 人以下重伤，或者 5 000 万元以上 1 亿元以下直接经济损失的火灾。

（3）较大火灾：指造成 3 人以上 10 人以下死亡，或者 10 人以上 50 人以下重伤，或者 1 000 万元以上 5 000 万元以下直接经济损失的火灾。

（4）一般火灾：指造成 3 人以下死亡，或者 10 人以下重伤，或者 1 000 万元以下直接经济损失的火灾。

上述所称的"以上"包括本数，"以下"不包括本数。具体如表 1-16 所示。

表 1-16　火灾等级标准

火灾损失严重程度	死亡人数	重伤人数	直接经济损失
一般火灾	3 人以下	10 人以下	1 000 万以下
较大火灾	3~10 人	10~50 人	1 000~5 000 万
重大火灾	10~30 人	50~100 人	5 000 万~1 亿
特别重大火灾	30 人以上	100 人以上	1 亿以上

知识点 3　按照引发火灾的直接原因分类

我国在火灾统计工作中按照引发火灾的直接原因不同，将火灾分为电气、生产作业不慎、生活用火不慎、吸烟、玩火、自燃、静电、雷击、放火、其他、原因不明等 11 种火灾类型。图 1-16，为 2018 年全国发生的 23.7 万起火灾的起火直接原因起数比例，其中，电气引发的火灾占全年火灾起数的 34.6%，生产作业不慎引发的火灾占全年火灾起数的 4.1%，生活中因用火不慎引发的火灾占全年火灾起数的 21.5%，吸烟引发的火灾占全年火灾起数的 7.3%，玩火引发的火灾占全年火灾起数的 2.9%，自燃引发的火灾占全年火灾起数的 4.8%，静电、雷击引发的火灾占全年火灾起数的 0.1%，放火引发的火灾占全年火灾起数的 1.3%，原因不明引发的火灾占全年火灾起数的 4.2%，其他原因引发的火灾占全年火灾起数的 17.1%，起火原因仍在调查的火灾占全年火灾起数的 2.1%。

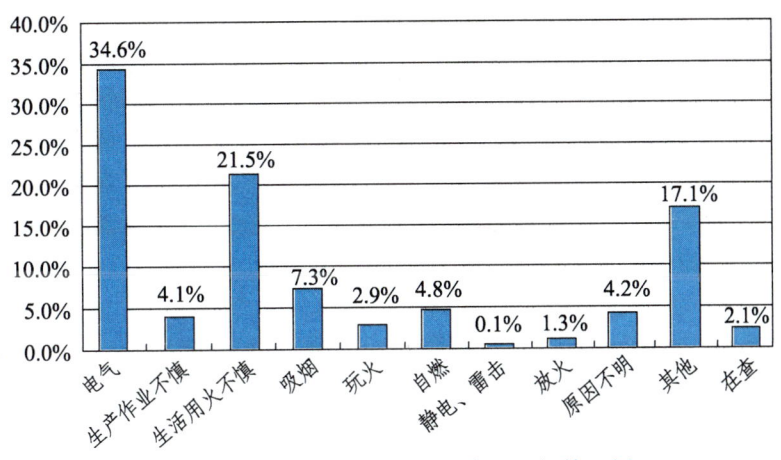

图 1-16 2018 年全国火灾直接原因起数比例

1. 电气引发的火灾

随着社会电气化程度不断提高，电气设备使用范围越来越广，安全隐患也逐渐增多，导致近年来电气火灾事故发生越来越频繁，始终居于各种类型火灾的首位。根据《中国消防年鉴》统计（表 1-17），2009—2018 年的 10 年间全国共发生电气火灾 77 万起，每年电气火灾起数及伤亡损失均占全国火灾总起数及伤亡损失的 30%以上。电气火灾按其发生在电力系统的位置不同，分为三类：一是变配电场所火灾，主要包括变压器及变配电所内其他电气设备火灾；二是电气线路火灾，主要包括架空线路、进户线和室内敷设线路火灾；三是电气设备火灾，主要包括家用电器火灾、照明灯具火灾、电热设备火灾以及电气设备火灾等。通过对近年来电气火灾事故分析发现，发生电气火灾的主要原因是电线短路故障、过负荷用电、接触不良、电气设备老化或故障等。

表 1-17 2009—2018 年全国因电气引发火灾的情况统计

年度	2009	2010	2011	2012	2013	2014	2015	2016	2017	2018
电气火灾/起	39 102	41 237	37 960	49 043	115 599	108 282	104 534	94 848	100 317	82 002
所占比例	30.2%	31.1%	30.3%	32.2%	29.7%	27.4%	30.2%	30.4%	35.7%	34.6%

> 扩展阅读：2022 年 8 月 16 日，某食品有限公司厂房发生重大火灾事故，共造成 18 人死亡、13 人受伤，4 000m² 主厂房及主厂房内生产设备被损毁，火灾直接经济损失达 2 666.2 万元。经火灾事故调查认定，火灾的直接原因是北厂区制冷系统供电线路敷设不规范、系统超负荷运转、线路老化，致使 8 号恒温库内沿西墙敷设的冷风机供电线路接头处过热短路，引燃墙面聚氨酯泡沫保温材料。

2. 生产作业不慎引发的火灾

生产作业不慎引发的火灾主要是指生产作业人员违反生产安全制度及操作规程引起的火

灾。例如，在焊接、切割等作业过程中未采取有效防火措施，产生的高温金属火花或金属熔渣（据测试一般焊接火花的喷溅颗粒温度为 1 100～1 200 ℃）引燃可燃物发生火灾或爆炸事故；在易燃易爆的车间内动用明火，引起爆炸起火；将性质相抵触的物品混存在一起，引起燃烧爆炸；操作错误、忽视安全、忽视警告（未经许可开动、关停、移动机器，开关未锁紧，造成意外转动、通电或泄漏等），引起火灾；拆除了安全装置、调整的错误等造成安全装置失效，引起火灾；物体（指成品、半成品、材料、工具和生产用品等）存放不当，引起火灾；化工生产设备失修，出现易燃可燃液体或气体跑、冒、滴、漏现象，遇到明火引起燃烧或爆炸。生产作业不慎引发的火灾时有发生，见表 1-18 为 2009—2018 年全国因生产作业不慎引发火灾的情况统计，造成了严重的人员伤害和经济损失。

表 1-18　2009—2018 年全国因生产作业不慎引发火灾的情况统计

年度	2009	2010	2011	2012	2013	2014	2015	2016	2017	2018
生产作业不慎火灾/起	6 636	7 722	6 742	6 291	13 046	11 712	10 091	8 736	11 240	9 717
所占比例	5.1%	5.8%	5.4%	4.1%	3.4%	3.0%	2.9%	2.8%	4.0%	4.1%

> 扩展阅读：2017 年 2 月 25 日，某休闲会所发生重大火灾事故，造成 10 人死亡、13 人受伤，过火面积约 1 500 m²，火灾直接经济损失达 2 778 万元。经火灾事故调查认定，火灾的直接原因为会所改建装修施工人员使用气切割枪在施工现场违法进行金属切割作业，切割产生的高温金属熔渣溅落在工作平台下方，引燃废弃沙发。

3. 生活用火不慎引发的火灾

生活用火不慎引发的火灾，主要包括照明不慎引发火灾，烘烤不慎引发火灾，敬神祭祖引发火灾，炊事用火不慎引发火灾，使用蚊香不慎引发火灾，焚烧纸张、杂物引发火灾，炉具故障及使用不当引发火灾，烟囱本体引发火灾（原因主要有烟囱起火、烟囱烤燃可燃物、金属烟囱热辐射引燃可燃物、烟囱安装不当、民用烟囱改作生产用火烟囱等），油烟道引发火灾（原因主要有油烟道引燃可燃装修材料、油烟道内油垢受热燃烧、油烟道起火、烟道过热蹿火与飞火）等。表 1-19 为 2009—2018 年全国因生活用火不慎引发火灾的情况统计。

表 1-19　2009—2018 年全国因生活用火不慎引发火灾的情况统计

年度	2009	2010	2011	2012	2013	2014	2015	2016	2017	2018
生活用火不慎引发生火灾/起	27 202	25 878	22 248	27 293	69 080	71 318	61 089	54 600	61 820	50 955
所占比例	21.0%	19.5%	17.7%	17.9%	17.8%	18.1%	17.6%	17.5%	22.0%	21.5%

> 扩展阅读：2023 年 12 月 15 日，某歌厅发生一起重大火灾事故，过火面积 123 m²，造成 12 人死亡、28 人受伤，火灾直接经济损失达 957.64 万元。经火灾事故调查认定，该起火灾的直接原因是歌厅吧台内使用的硅晶电热膜对流式电暖器，近距离高温烘烤违规大量放置的具有易燃易爆危险性的罐装空气清新剂，导致空气清新剂爆炸燃烧，引发火灾。

4. 吸烟引发的火灾

吸烟引发的火灾，主要包括三类：一是乱扔烟头、卧床吸烟引发火灾。点燃的烟头表面温度为 200～300 ℃，中心部位温度可达 700～800 ℃，而一般可燃物（如纸张、棉花、布匹、松木、麦草等）的燃点大多低于烟头表面温度。因此，当将未熄灭的烟头随意丢弃，扔在纸张等可燃物上，或躺在床上吸烟，烟头放到裤子等燃物上，由于烟头表面作用发生热分解、炭化、并蓄存热量从阴燃发展成为有焰燃烧。试验表明，在自然通风的条件下，燃着的烟头扔进深度为 5 cm 的锯末中，经过 75～90 min 阴燃便现火苗。扔进深度为 5～10 cm 的刨花中，有 25%的机会经过 60～100 min 开始燃烧。二是点烟后乱扔火柴杆引发火灾。若吸烟者用火柴点燃香烟，将未熄灭的火柴杆乱扔，落到棉纺织品、纸张、柴草、刨花上，具有引燃的危险性。试验表明，点燃的火柴从 1.5 m 的高处向下扔落到地面可燃物上，有 20%的火柴并不熄灭，只需 10 s 就可以将棉纺织品、柴草类物质引燃。三是违章吸烟引发火灾。如在商场、石油化工厂、汽车加油（加气）站等具有火灾、爆炸危险的场所吸烟，易引起火灾爆炸事故。中国消防年鉴统计显示，我国每年因吸烟造成的火灾占全国火灾总起数的比例较大，且损失相当严重。表 1-20 为 2009—2018 年全国因吸烟引发火灾的情况统计。

表 1-20　2009—2018 年全国因吸烟引发火灾的情况统计

年度	2009	2010	2011	2012	2013	2014	2015	2016	2017	2018
吸烟引发火灾/起	9 073	7 586	7 091	9 492	26 226	23 701	19 503	16 224	22 480	17 301
所占比例	7.0%	5.7%	5.7%	6.2%	6.7%	6.0%	5.6%	5.2%	8.0%	7.3%

> 扩展阅读：2022 年 7 月 15 日，某商厦发生火灾，造成 54 人死亡、70 人受伤，火灾直接经济损失达 426 万元。经火灾事故调查组认定，火灾的直接原因是该商厦雇员于某某不慎将吸剩的烟头掉落在仓库地面上，并在未确认烟头被踩灭的情况下离开了仓库，烟头引燃了仓库内的可燃物。

5. 玩火引发的火灾

玩火引发的火灾在我国每年都占有一定的比例，主要包括两类：一是小孩玩火引发火灾。有关资料显示，小孩玩火取乐是玩火造成火灾的常见原因之一；二是燃放烟花爆竹引发火灾。据统计每年春节期间火灾频繁，其中 70%～80%的火灾是由燃放烟花爆竹所引起的。表 1-21 为 2009—2018 年全国因玩火引发火灾的情况统计。

表 1-21　2009—2018 年全国因玩火引发火灾的情况统计

年度	2009	2010	2011	2012	2013	2014	2015	2016	2017	2018
玩火引发火灾/起	9 336	7 094	8 247	5 771	12 982	16 639	11 478	9 048	8 430	6 873
所占比例	7.2%	5.4%	6.6%	3.8%	3.3%	4.2%	3.3%	2.9%	3.0%	2.9%

> 扩展阅读：2022年2月5日，某小商品批发城发生火灾事故，过火面积约3 800 m²，造成17人死亡，2名群众、4名消防队员受伤，火灾直接经济损失达1 173万元。经火灾事故调查认定，火灾的直接原因是一名儿童用打火机点燃了堆放在四楼商铺门口消防通道边的可燃物。

6. 自燃引发的火灾

自燃性物质处于闷热、潮湿的环境中，经过发热、积（蓄）热、升温等过程，由于体系内部产生的热量大于向外部散失的热量，在无任何外来火源作用的情况下最终发生自燃。在我国，因自燃引发的火灾每年都占火灾总起数的一定比例，表1-22为2009—2018年全国因自燃引发火灾的情况统计。

表1-22 2009—2018年全国因自燃引发火灾的情况统计

年度	2009	2010	2011	2012	2013	2014	2015	2016	2017	2018
自然火灾/起	3 072	3 504	3 533	4 610	11 547	10 613	10 116	9 984	12 926	11 376
所占比例	2.4%	2.6%	2.8%	3.0%	3.0%	2.7%	2.9%	3.2%	4.6%	4.8%

7. 静电引发的火灾

静电引发火灾是指由静电放电火花作为引火源导致可燃物起火。静电是一种处于静止状态的电荷，静电荷积累过多形成高电位后，产生放电火花。气候干燥的秋冬季节最容易产生静电。产生静电的常见作业与活动有以下方面：一是石油、化工、粮食加工、粉末加工、纺织企业用管道输送气体、液体、粉尘、纤维的作业；二是气体、液体、粉尘的喷射（冲洗、喷漆、压力容器、管道泄漏等）；三是造纸、印染、塑料加工中传送纸、布、塑料等；四是军工、化工生产中的碾压、上光；五是物料的混合、搅拌、过滤、过筛等；六是板型有机物料的剥离、快速开卷等；七是高速行驶的交通工具；八是人体在地毯上行走、离开化纤座椅、脱衣、梳理毛发、用有机溶剂洗衣、拖地板等活动。通常具备下列情形时，可以认定为静电火灾：一是具有产生和积累静电的条件；二是具有足够的静电能量和放电条件；三是放电点周围存在爆炸性混合物；四是放电能量足以引燃爆炸性混合物；五是可以排除其他起火原因。在我国，因静电引发的火灾每年都有一定的比例。

> 扩展阅读：2017年12月9日，某科技有限公司间二氯苯装置发生爆炸事故，造成10人死亡、1人轻伤，火灾直接经济损失达4 875万元。经火灾事故调查认定，该起事故的直接原因是尾气处理系统的氮氧化合物（夹带硫酸）进入1号保温釜，与加入回收残液中的那间硝基氯苯、1,3-二氯苯、1,2,4-三氯苯、1,3,5-三氯苯和硫酸根离子等形成混酸，在绝热高温下，与釜内物料发生化学反应，持续放热升温，并释放氮氧化物气体（冒黄烟）。使用压缩空气压料时，高温物料与空气接触，反应加剧（超量程），紧急卸压放空时，遇静电火花燃烧，釜内压力聚升，物料大量喷出，与釜外空气形成爆炸性混合物，遇燃烧火源发生爆炸。

8. 雷击引发的火灾

雷电是大气中的放电现象。雷电通常分为直击雷、感应雷、雷电波侵入和球雷等。雷击能在短时间内将电能转变成机械能、热能并产生各种物理效应，对建筑物、用电设备等具有巨大的破坏作用，并易引起火灾和爆炸事故。例如，雷击时产生数万至数十万伏电压，足以烧毁电力系统的发电机、变压器、断路器等设备，造成绝缘击穿而发生短路，引起火灾或爆炸事故；雷击产生巨大的热量，可以使金属熔化，混凝土构件、砖石表层熔化，使可燃物起火；雷电温度高，能量巨大，物体中的水分瞬间爆炸后汽化，导致树木劈裂，燃烧起火。在我国，雷击引发的火灾每年占火灾总起数的一定比例。

> 扩展阅读：2019年3月30日，某海拔约3 800 m处发生森林火灾，火场总过火面积约20公顷，造成27名森林消防指战员和3名地方扑火人员共30人遇难。经调查，该起森林火灾为雷击导致。

9. 放火引发的火灾

放火是指蓄意制造火灾的行为。常见的放火动机有报复、获取经济利益、掩盖罪行、寻求精神刺激、对社会和政府不满、精神病患者放火、自焚等。在我国，因放火引发的火灾每年时有发生。

> 扩展阅读：2019年7月18日，某动画工作室突然出现爆炸，随之发生火灾，致使工作室从1层到3层完全烧毁，过火建筑面积690 m^2，大火燃烧了约5 h，共造成35人死亡、34人受伤。消防救援机构发言人称，火灾系一名男子故意泼洒汽油并点燃放火所致。

任务3　火灾危害的处理

【重难点】
- 火灾四个危害的分类。
- 火灾导致人员伤亡四项指标的内容。

【案例导入】

原来火灾对我们的生活危害有这么大。

【案例分析】

火灾是自然与社会灾害中发生概率高、突发性强、破坏性大的一种灾害。据国际消防技术委员会对全球火灾调查统计显示，近年来在世界范围内，每年发生的火灾起数高达600万~700万起，每年有6万~7万人在火灾中丧生。当今，火灾是世界各国所面临的一个共同的灾难性问题，对人类社会的发展和人的生命及公私财产安全已构成了十分严重的危害。

【知识链接】

知识点 1　导致人员伤亡

据中国消防年鉴统计，2009—2018 年全国发生火灾总起数为 249.9 万起，造成 12 187 人死亡、8 132 受伤，见表 1-23。由此表明，火灾给人类的生命安全构成了严重危害。

表 1-23　2009—2018 年全国火灾四项指标统计

年份	火灾起数/万起	死亡人数/人	受伤人数/人	直接财产损失/亿元
2009	12.9	1 236	651	16.24
2010	13.2	1 205	624	19.59
2011	12.5	1 108	571	20.57
2012	15.2	1 028	575	21.77
2013	38.9	2 113	1 637	48.47
2014	39.5	1 817	1 493	47.02
2015	34.7	1 742	1 112	43.59
2016	31.2	1 582	1 065	37.20
2017	28.1	1 390	881	36.00
2018	23.7	1 407	798	36.75
合计	249.9	12 187	8 132	327.2

知识点 2　毁坏物质财富

俗话说，水火无情。火灾，能烧掉人类经过辛勤劳动创造的物质财富，使城镇、乡村、工厂、仓库、建筑物和大量的生产、生活物资化为灰烬；火灾，能将成千上万个温馨的家园变成废墟；火灾，能吞噬掉茂密的森林和广袤的草原，使宝贵的自然资源化为乌有；火灾，能烧掉大量文物、古建筑等稀世瑰宝，使珍贵的历史文化遗产毁于一旦，将人类文明成果付之一炬。另外，火灾所造成的间接财产损失往往比直接财产损失更为严重，这包括受灾单位自身的停工、停产、停业，以及相关单位生产、工作、运输、通信的停滞和灾后的救济、抚恤、医疗、重建等工作带来的更大的投入与花费。至于文物、古建筑火灾和森林火灾对社会经济的发展的损失不可估量。创业千日功、火烧一日穷。随着社会经济的发展，财富日益增加，火灾中的财产损失越来越大。表 1-23 统计显示，我国 2009—2018 年共发生 249.9 万起火灾，造成的直接财产损失达 327.2 亿元，年均火灾直接财产损失达 32.72 亿元，是 21 世纪前五年间的年均火灾直接财产损失（15.5 亿元）的 2.1 倍。

知识点 3　破坏生态环境

火灾的危害不仅表现在残害人类生命、毁坏物质财富，而且还会严重影响和破坏人类生存和发展的大气、海洋、土地、矿藏、森林、草原、野生生物、自然遗迹、人文遗迹、自然保护区、风景名胜区、城市和乡村等生态环境，使水资源和土地资源遭受污染，森林和草地资源减少，大量植物和动物灭绝，干旱少雨、风暴增多、气候异常，生物多样性减少，生态环境恶化。由于生态平衡遭到破坏，导致生态系统的结构和功能严重失调，从而严重威胁人类的生存和发展。

> 扩展阅读：2022 年 11 月 13 日，某石化公司双苯厂硝基苯精馏塔发生爆炸，除造成 8 人死亡、60 人受伤，直接经济损失 6 908 万元外，还导致了附近江水污染。该江水污染事件的直接原因是双苯厂没有在事故状态下防止受污染的"清净水"流入该江的措施，爆炸事故发生后，未能及时采取有效措施，防止泄漏出来的部分物料和循环水及抢救事故现场消防水与残余物料的混合物流入江中，致使苯、苯胺和硝基苯等 98 t 残余物料通过清净废水排水系统流入江中，引发特别重大水污染事件。为此，该江沿岸市政府发出临时停水 4 天的公告，市民们经历了一场前所未有的水荒大考验，这种整个城市停水的现象在历史上还是第一次。

知识点 4　影响社会和谐稳定

公众聚集场所、医院及养老院、学校和幼儿园、劳动密集型企业、宗教活动场所等人员密集场所如果发生群死群伤火灾事故，或者涉及能源、粮食、资源等国计民生的行业发生大火时，往往还会严重影响人民正常的生活、生产、工作、学习等秩序，形成一定程度的负面效应，扰乱社会的和谐稳定，破坏人民的安居乐业和国家的长治久安。

随堂一练

一、选择题

1. 按照可燃物的类型和燃烧特性，下列不属于火灾类别的是（　　）。
   A. 金属火灾　　　　　　　　B. 气体火灾
   C. 固体火灾　　　　　　　　D. 爆炸火灾

2. 某地区化工厂发生一起火灾，共造成 6 人死亡，23 人受伤，经济损失达 2 300 万元，根据所学内容判断此次火灾属于（　　）。
   A. 重大火灾　　　　　　　　B. 一般火灾
   C. 较大火灾　　　　　　　　D. 特别重大火灾

3. 火灾应急措施不包括（　　）。
   A. 穿过火区时，应尽量用浸湿的衣物披裹身体，捂住口鼻，贴近地面
   B. 保持镇静，迅速判断危险地点和安全地点
   C. 在高层建筑中，可乘坐电梯，如若情况危急可以跳楼
   D. 在高层建筑中，其他出路被封堵，应退到室内，关闭通往着火区的门、窗

4. 下列哪个不是求救电话（　　）。
   A. 119　　　　B. 113　　　　C. 120　　　　D. 110
5. 下列不是引发火灾的直接原因的是（　　）。
   A. 电气　　　　B. 吸烟　　　　C. 自燃　　　　D. 他人放火

二、简答题

1. 火灾有几种类别？分别是哪些？
2. 火灾的四个危害是哪些？

项目 3　建筑火灾发展过程

知识目标
- 了解建筑火灾蔓延途径。
- 熟悉建筑火灾蔓延方式。
- 掌握建筑火灾发生过程。

能力目标
- 具备描述建筑火灾发生过程的能力。
- 具备简述建筑火灾蔓延方式的能力。
- 具备编写火灾蔓延途径路线的能力。

素养目标
- 通过火灾征兆的学习培养学生未雨绸缪的素养。
- 通过建筑内部火灾蔓延途径的多元性强化学生集思广益的能力。
- 通过掌握火灾蔓延路径编写技能提升学生人人皆可出彩的自信心。

任务导航
- 任务1　建筑火灾发展过程的认知
- 任务2　建筑火灾蔓延途径的分类
- 任务3　建筑火灾蔓延方式的判定

任务 1　建筑火灾发展过程的认知

【重难点】

- 建筑火灾四个发展阶段的内容。
- 轰燃形成的原因。
- 回燃的定义。

【案例导入】

试分析此次火灾的四个发展阶段。

【案例分析】

2022年12月24日下午某市消防救援支队指挥中心接警,本市一街道发生火灾,消防支队迅速开展火灾扑救和现场救援。业主介绍刚开始是由于家中"小太阳"取暖器使用时间过长将床上用品引燃,业主准备用水进行灭火处理,冷静思考后发现未断电,正准备断电时不知家中空气开关的位置,火越来越大整个卧室全部被黑烟笼罩,业主打开房开始准备逃生,门一开听见一声巨响。邻居拨打"119"消防报警电话,事故进一步调查中。

【知识链接】

建筑火灾的发生和发展过程与其他类型火灾一样,都有一定的规律性。通常情况下,都有一个由小到大、由发展到熄灭的过程。最初是发生在室内某个房间或某个部位,然后由此蔓延到相邻的房间或区域,以及整个楼层,最后蔓延到整个建筑物。这里的"室"不仅指民用建筑、工业建筑、农业建筑、文物古建筑等建筑内的房间,而是泛指所有具有顶棚、墙体和开口结构的受限空间。

微课:火灾发展过程

知识点1 建筑火灾发展的阶段

根据建筑室内火灾温度随时间的变化特点,通常将建筑火灾发展过程分为四个阶段,即火灾初起阶段、火灾成长发展阶段、火灾猛烈燃烧阶段和火灾衰减熄灭阶段,如图1-17所示。

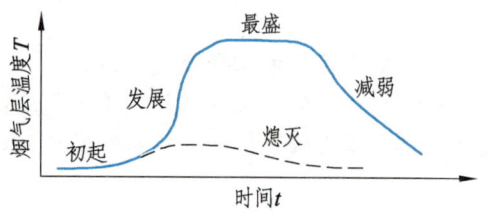

图1-17 建筑火灾发展的阶段

1. 火灾初起阶段

建筑物发生火灾后,最初阶段只是起火部位及其周围可燃物着火燃烧,这时火灾燃烧好像在敞开的空间里进行一样。在火灾局部燃烧形成之后,可能会出现下列三种情况之一:一是最初着火的可燃物燃尽而终止;二是通风不足,火灾可能自行熄灭,或受到通风供氧条件的支配,以缓慢的燃烧速度继续燃烧;三是存在足够的可燃物,而且具有良好的通风条件,火灾迅速成长发展。火灾初起阶段的特点是:燃烧面积不大,仅限于初始起火点附近;在燃烧区域及附近存在高温,室内平均温度低,室内温差大;火灾发展速度较慢,供氧相对充足,火势不够稳定;火灾持续时间取决于引火源的类型、可燃物性质和分布、通风条件等,其长短差别较大。

由此可见,火灾初起阶段燃烧面积小,用少量的灭火剂或灭火设备就可以把火扑灭,该阶段是灭火的最佳时机,应争取及早发现,把火灾消灭在起火点。为此,在建筑物内设置火灾自动报警系统和自动灭火系统、配备适量的消防器材是十分必要的。同时,火灾初起阶段也是人员应急疏散的有利时机,火场被困人员若在这一阶段不能及时安全疏散出房间,就有危险了。初起阶段时间持续越长,就有更多的机会发现火灾和灭火,更有利于人员安全疏散撤离。

2. 火灾成长发展阶段

在火灾初起阶段后期，火灾燃烧面积迅速扩大，室内温度不断升高，热对流和热辐射显著增强。当发生火灾的房间温度达到一定值时，聚集在房间内的可燃物分解产生的可燃气体突然起火，整个房间都充满了火焰，房间内所有可燃物表面部分都卷入火灾之中，使火灾转化为一种极为猛烈的燃烧，即产生了轰燃。

轰燃是一般室内火灾最显著的特征和非常重要的现象，是火灾发展的重要转折点，它标志着室内火灾从成长发展阶段进入猛烈燃烧阶段，即火灾发展到了不可控制的程度。若在轰燃之前火场被困人员仍未从室内逃出，就会有生命危险。

3. 火灾猛烈燃烧阶段

轰燃发生后，室内所有可燃物都在猛烈燃烧，放热速度很快，因而室内温度急剧上升，并出现持续性高温，最高温度可达 800～1 100 ℃。这个阶段是火灾最盛期。火灾进入猛烈燃烧阶段的特点是：室内可燃物已被引燃，且燃烧速度急剧加快，火灾以辐射、对流、传导方式进行扩散蔓延，高温火从房间的门、窗等开口处向外大量喷出，使火灾蔓延到建筑物的其他部位，使邻近区域受到火势的威胁。火灾猛烈燃烧阶段的破坏力极强，门窗玻璃破碎，室内高温还对建筑构件产生热作用，使建筑构件的承载能力下降，混凝土和石材墙柱等构件可能产生爆裂，甚至造成建筑物局部或整体倒塌破坏。

针对火灾猛烈燃烧阶段的特点，为了减少人员伤亡和火灾损失，防止火灾向相邻建筑蔓延，在建筑防火中应采取的主要措施是：在建筑物内划分一定的防火分区，设置具有一定耐火性能的防火分隔物，把火灾控制在一定的范围之内，防止火灾大面积蔓延；选用耐火极限较高的建筑构件作为建筑物的承重体系，确保建筑物发生火灾时不倒塌破坏，为火灾时人员疏散、消防救援人员扑灭火灾，以及建筑物灾后修复使用创造条件。

4. 火灾衰减熄灭阶段

经过猛烈燃烧之后，室内可燃物大都被烧尽，随着室内可燃物的挥发物质不断减少，火灾燃烧速度递减，室内温度逐渐下降，燃烧向着自行熄灭的方向发展。一般来说，室内平均温度降到温度最高值的 80% 时，则认为火灾进入衰减熄灭阶段。该阶段前期，燃烧仍十分猛烈，火灾温度仍很高。火场的余热还能维持一段时间的高温，为 200～300 ℃。衰减熄灭阶段温度下降速度是比较慢的，当可燃物全部烧光之后，室内外温度趋于一致，火势即趋于熄灭。

针对火灾衰减熄灭阶段的特点，灭火救援时除防复燃外，还应注意防止建筑构件因较长时间受高温作用和灭火射水的冷却作用而出现裂缝、下沉、倾斜或倒塌破坏，确保消防救援人员的人身安全。

由此可见，建筑火灾在初起阶段容易控制和扑灭，如果发展到猛烈燃烧阶段，不仅需要动用大量的人力和物力进行扑救，而且可能会造成严重的人员伤亡和财产损失。

知识点 2　建筑火灾发展的特殊现象

建筑火灾发展过程中会出现以下三种特殊现象：

1. 轰 燃

1）轰燃的定义

某一空间内，所有可燃物的表面全部卷入燃烧的瞬变过程，称为轰燃，如图1-18所示。

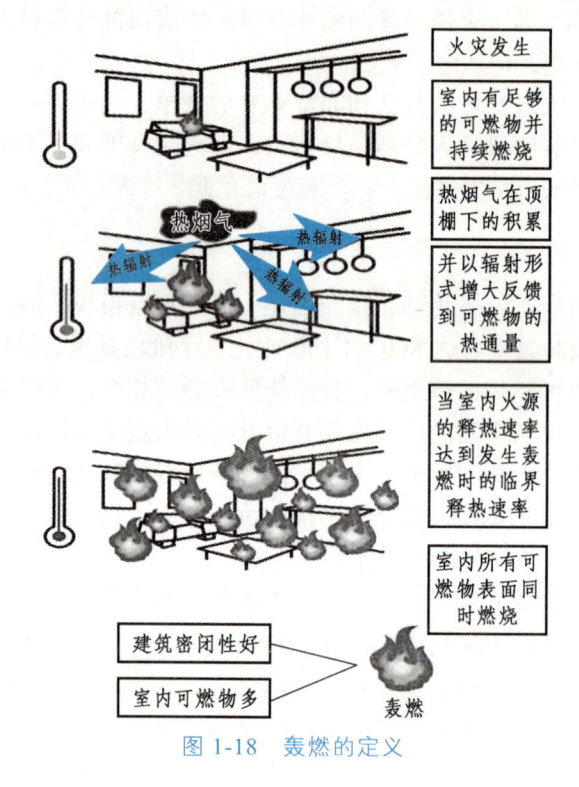

图 1-18 轰燃的定义

2）轰燃的形成原因

轰燃的出现是燃烧释放的热量在室内逐渐累积与对外散热共同作用、燃烧速率急剧增大的结果。轰燃是一种瞬态过程，其中包含室内温度、燃烧范围、气体浓度等参数的剧烈变化。

3）轰燃的典型征兆

大量火场实践表明，建筑火灾即将发生轰燃之前可能会出现以下征兆：一是室内顶棚的热烟气层开始出现火焰；二是热烟气从门窗口上部喷出，并出现滚燃现象；三是热烟气层突然下降且距离地面很近；四是室内温度突然上升。如图1-19所示。

4）轰燃的危害性

轰燃的危害性主要体现在以下方面：一是易加速火势蔓延。轰燃发生后，喷出的火焰是造成建筑物层间及建筑与建筑之间火势蔓延的主要驱动力，不仅直接危害着火房间以上的楼层，而且严重威胁毗邻建筑的安全。二是能导致建筑坍塌。轰燃发生后，建筑的承重结构会受到火势侵袭，使承重能力降低，导致建筑倾斜或倒塌破坏。三是对人员疏散逃生危害大。轰燃发生后，室内氧气的浓度只有3%左右，在缺氧的条件下人会失去活动能力，从而导致来不及逃离火场就中毒窒息致死。四是增加了火灾扑灭难度。轰燃的发生标志着建筑火灾的失控，室内可燃物出现全面燃烧，室温急剧上升，火焰和高温烟气在火风压的作用下从房间的门窗、孔洞等处大量涌出，沿走廊、吊顶迅速向水平方向蔓延扩散。同时由于烟囱效应的作用，火势会通过竖井、共享空间等向上蔓延，形成全面立体燃烧，给消防救援人员扑灭火灾带来很大困难。

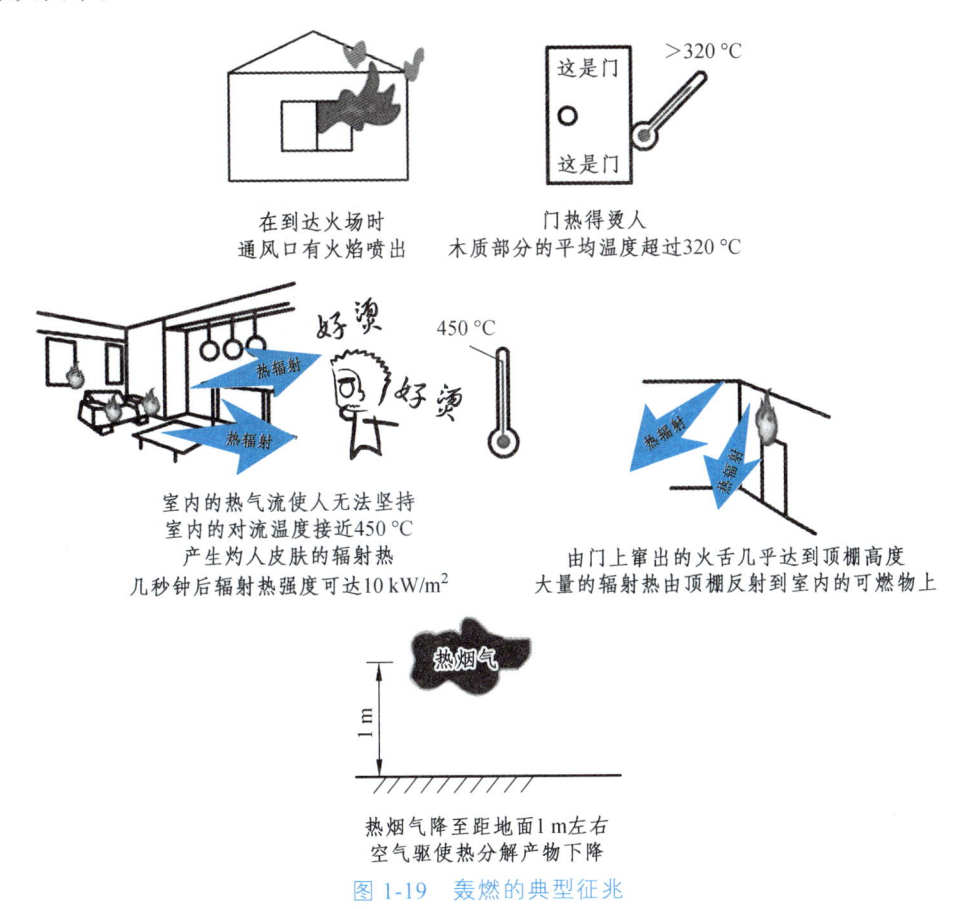

图 1-19 轰燃的典型征兆

2. 回 燃

1）回燃的定义

当室内通风不良、燃烧处于缺氧状态时，由于氧气的引入导致热烟气发生的爆炸性或快速的燃烧现象，称为回燃，如图 1-20 所示。

2）回燃的形成原因

回燃通常发生在通风不良的室内火灾门窗被打开或者破坏时。在通风不良的室内环境中，长时间燃烧后聚集了大量具有可燃性的不完全燃烧产物和热解产物，它们组成了可燃气相混合物。由于室内通风不良、供氧不足，氧气的浓度低于可燃气相混合物爆炸的临界氧浓度，因此，不会发生爆炸。然而，当房间的门窗被突然打开，或者因火场环境受到破坏，大量空气随之涌入，室内氧气浓度迅速升高，使可燃气相混合物达到爆炸极限范围，从而发生爆炸性或快速的燃烧。

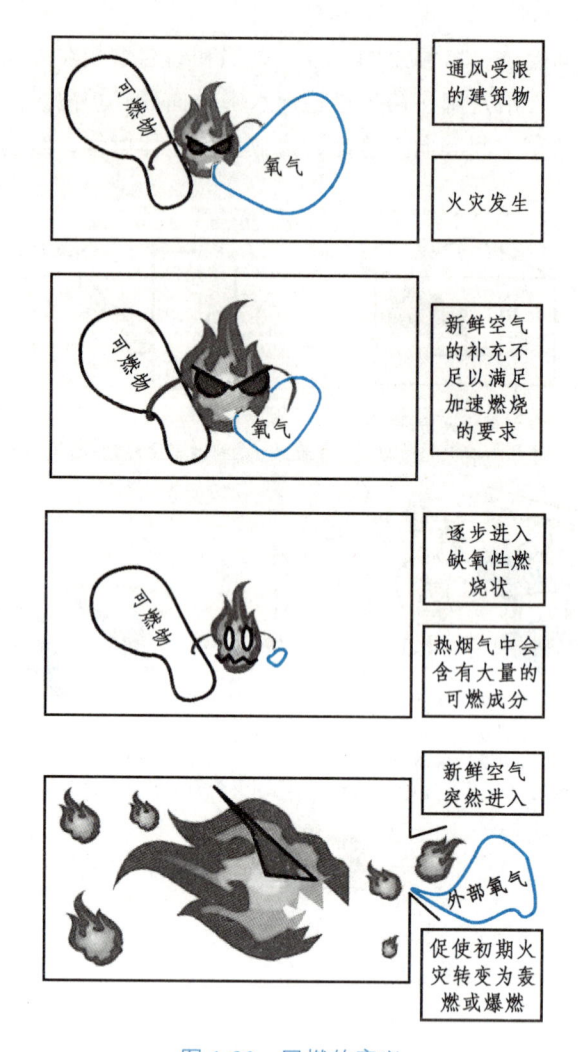

图 1-20 回燃的定义

3）回燃的典型征兆

如果身处室外，可能观察到的征兆包括：一是着火房间开口较少，通风不良，蓄积大量烟气；二是着火房间的门或窗户上有油状沉积物；三是门、窗及其把手温度高；四是开口处流出脉动式热烟气；五是有烟气被倒吸入室内的现象。如图 1-21 所示。

如果身处室内，或向室内看去，可能观察到的征兆包括：一是室内热烟气层中出现蓝色火焰；二是听到吸气声或呼啸声。

4）回燃的危害性

回燃是建筑火灾过程中发生的具有爆炸性的特殊现象。回燃发生时，室内燃烧气体受热膨胀从开口溢出，在高压冲击波的作用下形成喷出火球。回燃产生的高温高压和喷出火球不仅会对人身安全产生极大威胁，而且会对建筑结构本身造成较强破坏。因此，在灭火救援过程中，如果出现回燃征兆，在未做好充分的灭火和防护准备前，不要轻易打开门窗，以免新鲜空气流入导致回燃的发生。

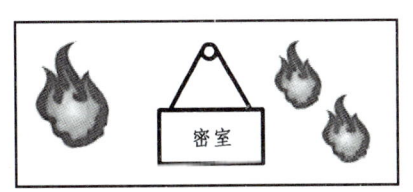

火灾发生在有限通风的受限空间

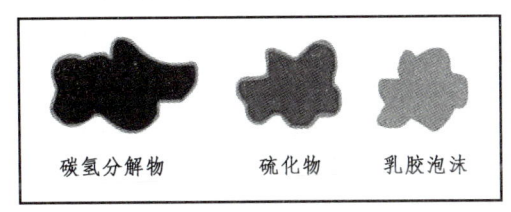

有普通碳氢物质热分解的黑色浓烟
硫化物和腈化物热解浓重的黄色烟
或乳胶泡沫阴燃产生的白色烟云等

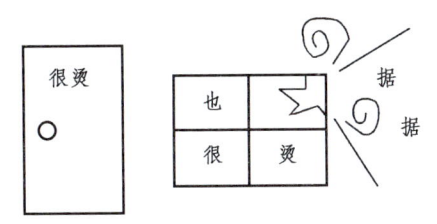

门窗发热，表明可燃烧气体过热
空气快速涌入火场，从火场方向传来哨响

室内产生局部真空将烟气吸入烟气
从门缝涌入室内或者烟气往复扰动等

图 1-21　回燃的典型征兆

3. 爆　燃

1）爆燃的定义

以亚音速传播的爆炸称为爆燃。爆燃是炸药迅速燃烧的现象，其反应区向未反应物质中推进速度小于未反应物质中的声速，如图 1-22 所示。就是炉膛中积存的可燃混合物瞬间同时燃烧，从而使炉膛烟气侧压力突然升高的现象。严重时，爆燃产生的压力，可超过设计结构的允许值而造成水冷壁、刚性梁及炉顶、炉墙破坏。

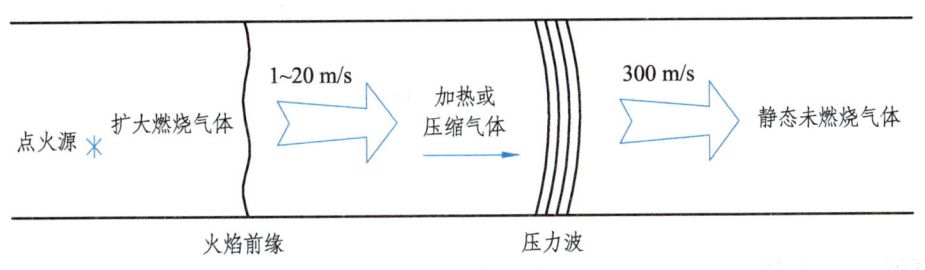

图 1-22　爆燃的定义

2）爆燃产生的条件

爆燃的产生必须有三个条件（即爆燃三要素），缺一不可。一是有燃料和助燃空气的积存；二是燃料和空气混合物达到了爆燃的浓度；三是有足够的点火能源。锅炉在启动、运行、停运中，避免燃料和助燃空气积存就是杜绝炉膛爆燃的关键所在。由于爆燃发生在瞬间，加上火焰传播速度非常快，达每秒数百米至数千米，火焰的球状向四方传播，在百分之几秒至十分之几秒内燃尽，这就等于燃料同时被点燃，烟气容积突然增大，这样造成的烟气阻力也非常大，来不及泄出而发生爆炸。

任务 2　建筑火灾蔓延途径的分类

【重难点】

- 建筑火灾蔓延方式的内容。
- 热传导的定义。
- 热对流的定义。

【案例导入】

根据现场情况试分析此次火灾的蔓延方式是什么？

【案例分析】

2023 年 2 月 19 日，某市消防救援支队"119"消防报警指挥中心接报某工业区 13 栋 3 楼 H 区电子产品仓库发生火情，立即调派消防救援力量到场处置。

当消防人员到达现场后，着火层东侧的厂房也开始被引燃，消防人员立即展开灭火救援工作，火很快就得到了控制。

【知识链接】

知识点 1　蔓延方式

建筑火灾蔓延是通过热的传播进行的，传热是火灾中的一个重要因素，它对火灾的引燃、扩大、传播、衰退和熄灭都有影响。在起火的建筑物内，火由起火房间转移到其他房间再蔓延到毗邻建筑的过程，主要是靠可燃构件的直接燃烧、热传导、热辐射和热对流的方式实现的。

微课：火灾蔓延

1. 热传导

热传导是指物体一端受热，通过物体内部的分子热运动，把热量从温度较高一端传递到温度较低一端的过程。热传导是固体物质被部分加热时内部的传热形式，是起火的一个重要因素，也是火灾蔓延的重要因素之一。通过金属壁面或沿着金属管道、金属梁传导的热量能够引起与受热金属接触的可燃物起火。通过金属紧固物，如钉子、铁板或螺栓传导的热量能够导致火灾蔓延或使结构构件失效。传热速率与温差以及材料的物理性质有关。温差越大，导热方向的距离越近，传导的热量就越多。火灾现场燃烧区温度越高，传导出的热量就越多。

在起火房间燃烧产生的热量,通过热传导的方式蔓延扩大的火灾,有两个比较明显的特点:一是热量必须经导热性能好的建筑构件或建筑设备,如金属构件、金属设备或薄壁隔墙等的传导,使火灾蔓延到相邻上下层房间;二是蔓延的距离较近,一般只能是相邻的建筑空间。可见,通过热传导蔓延扩大的火灾,其规模是有限的,有的防火间距便可以一定程度上避免发生,如图1-23所示。

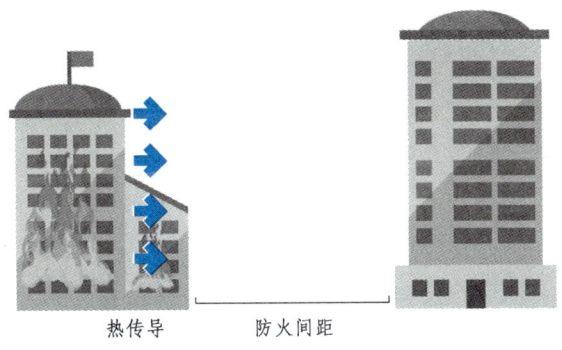

图 1-23　热传导防火间距

2. 热辐射

热辐射是指物体以电磁波形式传递热能的现象。其有以下特点:一是热辐射不需要通过任何介质,不受气流、风速、风向的影响,通过真空也能进行热传播;二是固体、液体、气体都能把热以电磁波的形式辐射出去,也能吸收别的物体辐射出来的热能,使物体温度渐趋平衡;三是当有两物体并存时,温度较高的物体将向温度较低的物体辐射热能,直至两物体温度渐趋平衡。

热辐射是起火房间内部燃烧蔓延的主要方式之一,同时也是相邻建筑之间火灾蔓延的主要方式。在火场上,起火建筑能将距离较近的相邻建筑燃烧,这就是热辐射的作用,如图1-24所示。因此,建筑物之间保持一定的防火间距,主要是预防着火建筑热辐射在一定时间内引燃相邻建筑而设置的间隔距离。

3. 热对流

热对流是指流体各部分之间发生的相对位移,冷热流体相互掺混引起热量传递的现象,如图1-25所示。根据引起热对流的原因和流动介质不同,热对流分为以下几种。

图 1-24　热辐射引燃相邻建筑示意　　　图 1-25　热对流示意

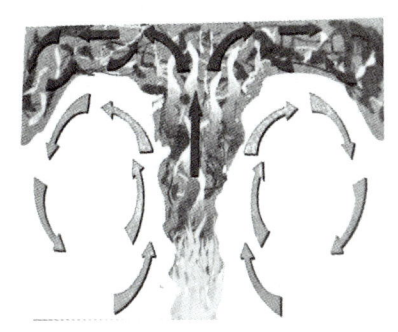

1）自然对流

自然对流中流体的运动是由自然力所引起的，也就是因流体各部分的密度不同而引起的。如高温设备附近空气受热膨胀向上流动及火灾中高温热烟的上升流动，而冷（新鲜）空气则向相反方向流动。

2）强制对流

强制对流中流体微团的空间移动是由机械力引起的。如通过鼓风机、压缩机、水泵等，使气体、液体产生强制对流。火灾发生时，若通风机械还在运行，就会成为火势蔓延的途径。使用防烟、排烟等强制对流设施，就能抑制烟气扩散和自然对流。地下建筑发生火灾，用强制对流改变风流或烟气流的方向，可有效地控制火势的发展，为最终扑灭火灾创造有利条件。

3）气体对流

气体对流对火灾发展蔓延有极其重要的影响，燃烧引起了对流，对流助长了燃烧。燃烧越猛烈，它所引起的对流作用越强；对流作用越强，燃烧越猛烈。室内发生火灾时，气体对流的结果是在房间上部、顶棚下面形成一个热气层。由于热气体聚集在房间上部，如果顶棚或者屋顶是可燃结构，就有可能起火燃烧；如果屋顶是钢结构，就有可能在热烟气流的加热作用下强度逐渐减弱甚至垮塌。

热对流是建筑内火灾蔓延的一种主要方式，它可以使火灾区域内的高温燃烧产物与火灾区域外的冷空气发生强烈流动，将火焰、毒气或燃烧产生的有害产物传播到较远处，造成火势扩大。室内火灾初期热气体从起火点向房间上部和建筑物各处流动。这时对流传热起着主要作用。随着房间温度上升达到轰燃，对流将继续，但是辐射作用迅速增大，成为主要传热方式。建筑物发生轰燃后，火灾可能从起火房间烧毁门窗。门窗破坏，形成了良好的通风条件，使燃烧更加剧烈，升温更快，此时，房间内外的压差更大，因而流入走廊、喷出窗外的烟火喷流速度更快，数量更多。烟火进入走廊后，在更大范围内进行热对流，除了在水平方向对流蔓延外，在竖井也是以热对流方式蔓延的。因此，为了防止火势通过热对流发展蔓延，在火场中应设法控制通风口，冷却热气流或把热气流导向没有可燃物或火灾危险较小的方向。

任务 3　建筑火灾蔓延途径的判定

【重难点】

- 火灾在水平方向蔓延的途径。
- 火灾在垂直方向蔓延的途径。

【案例导入】

某小区高层住宅冒烟，试分析此次建筑火灾的蔓延途径。

【案例分析】

某市消防救援支队 2022 年 12 月 1 日通报称当日 13 时 21 分，当地消防救援支队指挥中心接群众报警：某小区高层住宅冒烟，指挥中心立即调派 18 车 76 人赶赴现场处置。13 时 32 分，辖区消防救援站到场，经侦查了解，该小区 6 号楼一楼大厅、过道、楼梯间杂物着火，现场浓烟较大并顺着楼道蔓延至楼上。13 时 50 分，现场明火被扑灭，参战力量继续逐层逐户排查疏散人员，营救被困人员 8 人，其中 5 人抢救无效死亡，另外 3 人生命体征平稳。初步估计过火面积约 25 m²，起火原因正在调查之中。

【知识链接】

建筑物内某一房间发生火灾，当发展到轰燃之后，火势猛烈，就会突破该房间的限制向其他空间蔓延。建筑火灾的蔓延途径包括水平方向和竖直方向。

知识点 1　火灾在水平方向的蔓延途径

建筑火灾沿水平方向蔓延的途径主要包括：

1. 通过内墙门蔓延

建筑物内发生火灾，开始时燃烧的房间往往只有一个，而火灾最后蔓延至整个建筑物，其原因大多数是内墙的门没能把火挡住，火烧穿内墙门，蹿到走廊，再通过相邻房间敞开的门进入邻间。如果相邻房间的门关得很严，走廊内没有可燃物，火灾蔓延的速度就会大大减慢。内墙门多数为木板门和胶合板门，是房间外壳阻火的薄弱环节，是火灾突破外壳到其他房间的重要途径。因此，内墙门的防火问题非常重要。

2. 通过隔墙蔓延

当房间隔墙采用木板等可燃材料制作时，火就很容易穿过木板缝，蹿到隔墙的另一面；当隔墙为板条抹灰墙时，一旦受热，内部首先自燃，直到背火面的抹灰层破裂火才能够蔓延过去；当隔墙为非燃烧体制作但耐火性能较差时，在火灾高温作用下易被烧坏，失去隔火作用，使火灾蔓延到相邻房间或区域。

3. 通过吊顶蔓延

有不少装设吊顶的建筑，房间与房间、房间与走廊之间的分隔墙直到吊顶底部吊顶上部仍为连通空间，一旦起火极易在吊顶内部空间蔓延，且难以及时发现，导致灾情扩大。如果没有装设吊顶，隔墙如不砌到结构底部，留有孔洞或连通空间，也会成为火灾蔓延和烟气扩散的途径。

知识点 2　火灾在竖直方向的蔓延途径

建筑火灾沿竖直方向蔓延的途径主要包括：

1. 通过楼梯间蔓延

建筑的楼梯间，若未按防火要求进行分隔处理，则在火灾时犹如烟囱一般，烟火会很快由此向上蔓延。

2. 通过电梯井蔓延

若电梯间未设防烟前室及防火门分隔，发生火灾时则会抽拔烟火，导致火灾沿电梯井迅速向上蔓延。

3. 通过空调系统管道蔓延

建筑通风空调系统未按规定设防火阀，采用可燃材料风管或采用可燃材料做保温层等，都容易造成火灾蔓延。通风空调管道蔓延火灾一般有两种方式：一是通风管道本身起火并向连通的空间（房间、吊顶、内部、机房等）蔓延；二是通风管道把起火房间的烟火送到其他空间，在远离火场的其他空间再喷吐出来。因此，在通风管道穿通防火分区处，一定要设置具有自动关闭功能的防火阀门。

4. 通过其他竖井和孔洞蔓延

由于建筑功能的需要，建筑物内除设置楼梯间、电梯井、通风竖井外，还设有管道井、电缆井、排烟井等各种竖井，这些竖井和开口部位常贯穿整个建筑，若未进行周密完善的防火分隔和封堵，会使井道形成一座座竖向"烟囱"，一旦发生火灾，烟火就会通过竖井和孔洞迅速蔓延到建筑的其他楼层，引起立体燃烧。

5. 通过窗口向上层蔓延

在现代建筑中，当房间起火，室内温度升高达到 250 ℃ 左右时，窗玻璃就会膨胀、变形，受窗框的限制，玻璃会自行破碎，火焰蹿出窗口，向外蔓延。从起火房间窗口喷出的烟气和火焰，往往会沿窗间墙及上层窗口向上蹿越，烧毁上层窗户，引燃房间内的可燃物，使火灾蔓延到上部楼层。若建筑物采用带形窗，火灾房间喷出的火焰被吸附在建筑物表面，甚至会卷入上层窗户内部。这样逐层向上蔓延，导致整个建筑物起火。

由此可见，做好防火分隔，设置防火间距，对于阻止火势蔓延和保证人员安全，减少火灾损失，具有重要的作用。

> 扩展阅读：2011年2月3日0时13分，某大厦发生火灾。火灾烧毁建筑B座幕墙保温系统；烧毁A座幕墙保温系统南立面，东立面约1/2及西立面约4/5；B座地上11层至37层以及A座地上10层至45层的室内装修、家具不同程度被烧毁。B座过火面积9 814 m²，A座过火面积1 025 m²，合计过火面积10 839 m²，直接财产损失9 384万元，火灾未造成人员伤亡。经调查，发生火灾的直接原因是：该大厦A座住宿人员李某等2人当日零时，在大厦B座室外南侧停车场西南角处燃放烟花，引燃了B座11层1 109房间南侧室外平台地面塑料草坪，随后引燃铝塑板结合处可燃胶条、泡沫棒、挤塑板，火势迅速蔓延、扩大，致使建筑外窗破碎，引燃室内可燃物，进而形成大面积立体燃烧。发生火灾的间接原因：一是建筑外墙或幕墙使用铝塑板和保温材料的燃烧性能低；二是外保温系统无防火封堵、防护层等防火保护措施；三是A座与B座之间的防火间距不足。

随堂一练

一、选择题

1. 火灾燃烧面积迅速扩大，室内温度不断升高，热对流和热辐射显著增强是火灾燃烧的第（　　）阶段。

　　A. 一　　　　　　B. 二　　　　　　C. 三　　　　　　D. 四

2. 下列不是轰燃现象的是（　　　）。
   A. 室内顶棚的热烟气层开始出现火焰
   B. 着火房间开口较少，通风不良，蓄积大量烟气
   C. 热烟气从门窗口上部喷出，并出现滚燃现象
   D. 室内温度突然上升
3. 火灾的蔓延方式不包括（　　　）。
   A. 热散播　　　　　　　　　　B. 热传导
   C. 热对流　　　　　　　　　　D. 热辐射
4. 火灾在垂直方向的蔓延途径不包括（　　　）。
   A. 楼梯间蔓延　　　　　　　　B. 窗口向上层蔓延
   C. 房间内交叉蔓延　　　　　　D. 空调系统管道蔓延
5. 在火灾局部燃烧形成之后，不会出现的情况是（　　　）。
   A. 最初着火的可燃物燃尽而终止
   B. 具有良好的通风条件，火灾立刻停止发展　C. 具有良好的通风条件，火灾迅速成长发展
   D. 通风不足，火灾可能自行熄灭

二、简答题

1. 建筑火灾发展有几个阶段？分别是哪些？
2. 简述轰燃和回燃的危害性有哪些。

项目 4　防火和灭火的基本原理

知识目标
- 了解防火灭火的基本的原理。
- 熟悉灭火控制可燃物的方法。
- 掌握防火与灭火的方法与措施。

能力目标
- 具备简述防火及灭火的基本原理的能力。
- 具备防火措施方法选择的能力。
- 具备灭火措施方法选择的能力。

素养目标
- 通过学习防火基本知识培养学生防火的意识。
- 通过防火措施的学习强化学生自我保护意识。
- 通过灭火措施技术的学习提升匠心独运的创造性。

任务导航
- 任务 1　防火原理的认知
- 任务 2　灭火方法的选择

任务 1　防火原理的认知

【重难点】
- 防火的基本方法与措施。

【案例导入】

某村庄发生一起火灾,试分析此次火灾得出的防火基本原理。

【案例分析】

2023 年 3 月 7 日中午,某村山岗头突发一起火灾。由于期间天干物燥,山间枯草遇到明火瞬间引燃,火苗迅速蔓延。火情发生后,周边四个村的消防队和村民迅速集结,开展灭火行动。

村民围绕火灾蔓延的方向前方用镰刀砍出一条隔离带,有效地控制了火灾的蔓延,同时组织村民使用水泵将水池的水吸起将余火全部浇灭,起火原因进一步调查中。

【知识链接】

根据燃烧条件理论,防火的基本原理为限制燃烧必要条件和充分条件的形成,只要防止形成燃烧条件,或避免燃烧条件同时存在并相互结合作用,就可以达到预防火灾的目的。技术层面上的方法可归纳为图1-26。

微课：防火原理

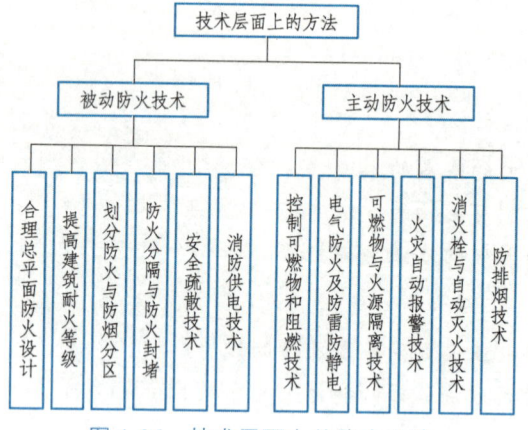

图 1-26 技术层面上的防火方法

知识点　防火的基本方法与措施

防火的基本方法和措施,见表1-24。

表1-24　防火的基本方法与措施

基本方法	措施举例
控制可燃物	（1）用不燃或难燃材料代替可燃材料 （2）用阻燃剂对可燃材料进行阻燃处理,改变其燃烧性能 （3）限制可燃物质储运量 （4）加强通风以降低可燃气体、蒸气和粉尘等可燃物质在空气中的浓度 （5）将可燃物与化学性质相抵触的其他物品隔离分开保存,并防止"跑、冒、滴、漏"等
隔绝助燃物	（1）充装惰性气体保护生产或储运有爆炸危险物品的容器、设备等 （2）密闭有可燃介质的容器、设备 （3）采用隔绝空气等特殊方法储存某些易燃易爆危险物品 （4）隔离与酸、碱、氧化剂等接触能够燃烧爆炸的可燃物和还原剂
控制和消除引火源	（1）消除和控制明火源 （2）防止撞击火星和控制摩擦生热,设置火星熄灭装置和静电消除装置 （3）防止和控制高温物体 （4）防止日光照射和聚光作用 （5）安装避雷、接地设施,防止雷击 （6）电暖器、炉火等取暖设施与可燃物之间采取防火隔热措施 （7）需要动火施工的区域与施工、营业区之间进行防火分隔
避免相互作用	（1）在建筑之间设置防火间距,建筑物内设置防火分隔设施 （2）在气体管道上安装阻火器、安全液封、水封井等 （3）在压力容器设备上安装防爆膜（片）、安全阀 （4）在能形成爆炸介质的场所,设置泄压门窗、轻质屋盖等

任务 2　灭火方法的选择

【重难点】
- 灭火基本的原理。
- 四种灭火基本的方法。
- 四种灭火基本的措施。

【案例导入】
某耕地起火,试分析此次火灾该如何正确灭火。

【案例分析】
2023 年 2 月 18 日 17 时许,某县消防救援机构接到群众求助称:在某村一处耕地起火。该所值班人员迅速赶赴现场。

到达现场后,消防员发现该处是一片已经收割完的甘蔗园,起火面积大且蔓延迅速,为防止火势蔓延至蔗园旁的树林,立刻展开扑救。

最后,在消防部门工作人员的协同努力下,成功将火势扑灭,保障了人民群众的财产安全。据了解,现场无人员伤亡。

【知识链接】

知识点 1　灭火的基本原理

根据燃烧条件理论,灭火的基本原理就是破坏已经形成的燃烧条件,即消除助燃物、降低燃烧物温度、中断燃烧链式反应、阻止火势蔓延扩散,不形成新的燃烧条件,从而使火灾熄灭,最大限度地减少火灾的危害。

微课:灭火原理

知识点 2　灭火的基本方法与措施

根据灭火的基本原理,灭火的基本方法主要有冷却灭火法、窒息灭火法、隔离灭火法和化学抑制灭火法四种,如图 1-27 所示。火灾时采用哪种灭火方法与措施,应根据燃烧物的性质、燃烧特点和消防器材性能以及火场具体情况等进行选择。

图 1-27　灭火的方法

1. 冷却灭火法与措施

冷却灭火法是指将燃烧物的温度降至物质的燃点或闪点以下,使燃烧停止,如图 1-28 所示。对于可燃固体,将其冷却到燃点以下,火灾即可被扑灭;对于可燃液体,将其冷却到闪点以下,燃烧反应就会中止。采用冷却法灭火的主要措施有:一是将直流水、开花水、喷雾水直接喷射到燃烧物上；二是向火源附近的未燃烧物不间断地喷水降温；三是对于物体带电燃烧的火灾可喷射二氧化碳灭火剂冷却降温。

图 1-28　冷却灭火法灭火

2. 窒息灭火法与措施

窒息灭火法是指通过隔绝空气，消除助燃物，使燃烧区内的可燃物质无法获得足够的氧化剂助燃，从而使燃烧停止，如图 1-29 所示。可燃物的燃烧是氧化作用，需要在最低氧浓度以上才能进行，低于最低氧浓度，燃烧不能进行，火灾即被扑灭。一般氧浓度低于 15%时，就不能维持燃烧。因此，采用窒息法灭火的主要措施有：一是用灭火毯、沙土、水泥、湿棉被等不燃或难燃物覆盖燃烧物；二是向着火的空间灌注非助燃气体，如二氧化碳、氮气、水蒸气等；三是向燃烧对象喷洒干粉、泡沫、二氧化碳等灭火剂覆盖燃烧物；四是封闭起火建筑、设备和孔洞等。

图 1-29　窒息灭火法灭火

3. 隔离灭火法与措施

隔离灭火法是指将正在燃烧的物质与火源周边未燃烧的物质进行隔离或移开，中断可燃物的供给，无法形成新的燃烧条件，阻止火势蔓延扩大，使燃烧停止，如图 1-30 所示。采用隔离法灭火的主要措施有：一是将火源周边未着火物质搬移到安全处；二是拆除与火源相连接或毗邻的建（构）筑物；三是迅速关闭流向着火区的可燃液体或可燃气体的管道阀门，切断液体或气体输送来源；四是用沙土等堵截流散的燃烧液体；五是用难燃或不燃物体遮盖受火势威胁的可燃物质等。

图 1-30　隔离灭火法示意

4. 化学抑制灭火法与措施

抑制法的灭火原理就是化学中断法，就是使灭火剂参与到燃烧反应历程中，使燃烧过程中产生的游离基消失，而形成稳定分子或低活性游离基，使燃烧反应停止，如干粉灭火剂灭气体火灾。干粉灭火剂是由灭火基料，如小苏打、碳酸铵、磷酸的铵盐等和适量润滑剂，如硬脂酸镁、云母粉、滑石粉等、少量防潮剂混合后共同研磨制成的细小颗粒，用二氧化碳作喷射动力。喷射出来的粉末，浓度密集，颗粒微细，盖在固体燃烧物上能够构成阻碍燃烧的隔离层，同时析出不可燃气体，使空气中的氧气浓度降低，火焰熄灭。8 kg 的灭火器能喷射 14～18 s，射程约 4 m，适用于扑灭油类、可燃性气体、电气设备等物品的初期火灾。干粉灭火剂，可以灌装于各种类型的手提式和固定式干粉灭火装置内，可与氟蛋白泡沫灭火剂、水成膜泡沫灭火剂联用，扑救油罐的初期火灾，能快速控制火焰发展，起到迅速灭火的作用。

化学抑制灭火法是指使灭火剂参与到燃烧反应过程中，抑制自由基的产生或降低火焰中的自由基浓度，中断燃烧的链式反应，如图 1-31 所示。其灭火措施是可往燃烧物上喷射七氟丙烷灭火剂、六氟丙烷灭火剂或干粉灭火剂，中断燃烧链式反应。

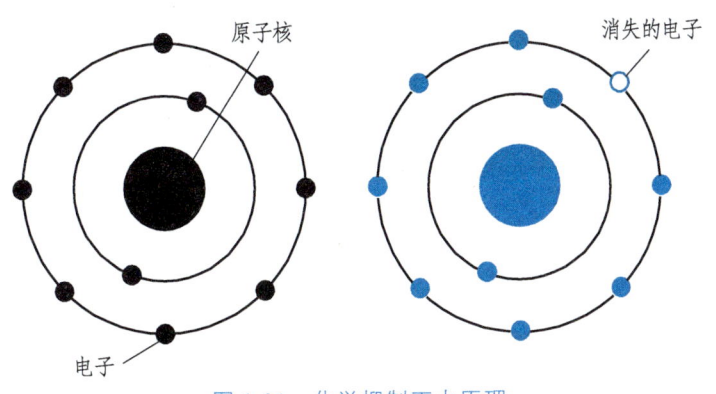

图 1-31　化学抑制灭火原理

随堂一练

一、选择题

1. 着火的方式有（　　）。
   A. 引燃　　　　　　　　　　B. 自燃
   C. 闪燃　　　　　　　　　　D. 阴燃
2. 下列不属于按燃烧的形态分类的是（　　）。
   A. 固体燃烧　　　　　　　　B. 液体燃烧
   C. 气体燃烧　　　　　　　　D. 分解燃烧
3. 下列不属于火灾的燃烧阶段的是（　　）。
   B. 初起阶段　　　　　　　　B. 发展阶段
   C. 熄灭阶段　　　　　　　　D. 爆轰阶段

二、简答题

1. 典型火灾的特点有哪些？

模块 2

建筑防火基本知识

项目 1　建筑物的定义

知识目标

- 了解建筑结构的概念。
- 熟悉建筑防火的分类。
- 掌握建筑防火的构造。

能力目标

- 具备描述建筑物的基本构造的能力。
- 具备简述建筑物分类的能力。
- 具备判定建筑构造耐火等级的能力。

素养目标

- 通过古建筑学习培养学生爱护公共建筑物的良好品德。
- 通过建筑的发展史学习强化学生弘扬中华民族优秀建筑文化的意识。
- 通过掌握建筑分类的基础技能提升学生自豪感。

任务导航

- 任务 1　建筑防火构造的认知
- 任务 2　建筑防火分类的判定

任务1 建筑防火构造的认知

【重难点】
- 建筑基本结构防火的定义。
- 建筑围护机构防火的定义。
- 建筑辅助结构防火的定义。

【案例导入】
讨论中国木结构建筑同现代结构建筑的优缺点是什么？

【案例分析】
中国早在7 000多年前的河姆渡文化中就已出现干栏式房屋，以后在这个基础上逐步发展和形成具有中国特色的穿斗式和梁架式建筑。西方也从古希腊、罗马原始木支承结构发展到后来的桁架式木屋架建筑和具有西方特色的木框架填充墙建筑。至今这两种木结构体系仍在东西方的民居中被广泛采用着。

另外，尚有以原木叠置作墙的井干式结构房屋被产木地区所采用。木材的主要优点是体积密度小、导热系数小、加工方便，有一定的强度和韧性，并且人类有亲切感；缺点是易燃、易腐、易蛀和材质不均等。

随着科学技术的发展，现代木材的防火、防腐、防蛀等药物处理技术日臻完善，木材的改性、胶合和结合技术等均有较大改进，木结构已可用于大跨度结构建筑。因此，木结构在建筑中仍占有一定的比重。

【知识链接】
建筑是指建筑物与构筑物的总称。其中，供人们学习、工作、生活，以及从事生产和各种文化、社会活动的房屋称为"建筑物"，如学校、商店、住宅、影剧院等；为了工程技术需要而设置，人们不在其中生产、生活的建筑，则称为"构筑物"，如桥梁、堤坝、水塔、纪念碑等。建筑一般由基础、墙（柱）、楼板层、地坪、楼梯、屋顶和门窗七大部分组成，如图2-1所示。

微课：建筑结构构造

知识点1 基础

基础是位于建筑最下部的承重构件，承受着建筑的全部荷载，并将这些荷载传递给地基。建筑埋在地面以下的部分称为基础。承受由基础传来荷载的土层称为地基，位于基础底面下第一层土称为持力层，在其以下土层称为下卧层。地基和基础都是地下隐蔽工程，是建筑物的根本，它们的勘查、设计和施工质量关系到整个建筑的安全和正常使用。

在建筑设计之前，必须进行建筑场地的工程地质勘查，并对地基上（岩）进行物理力学性质试验，从而对场地工程地质条件做出正确的评价，这是做好设计和施工的先决条件。因此，我国早已规定，没有勘查报告不能设计，没有设计图纸不能施工。

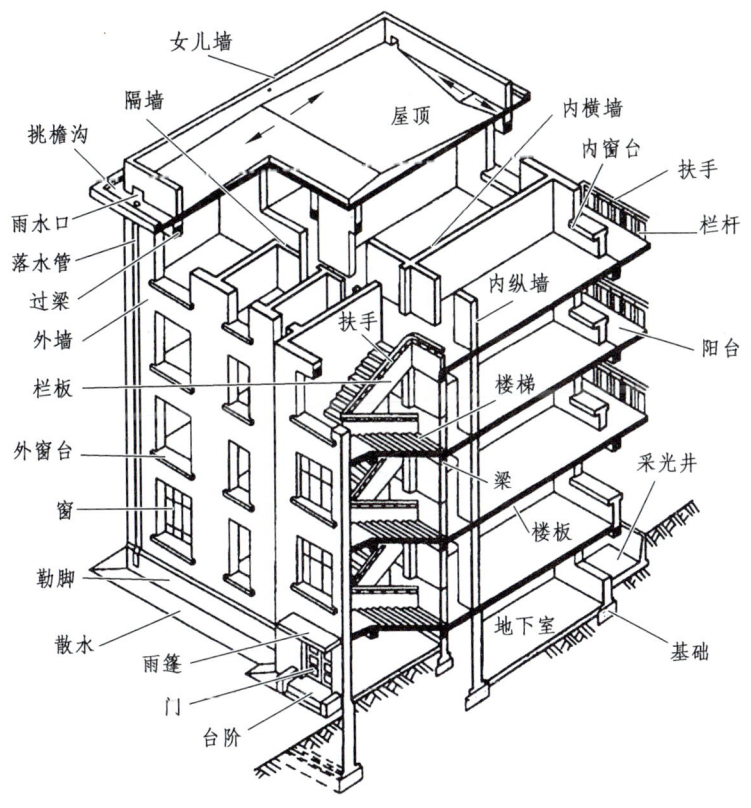

图 2-1 建筑的结构

按埋置深度划分基础可分为浅基础与深基础两大类。一般埋深小于 5 m 的为浅基础，大于 5 m 的为深基础。也可以按施工方法来划分：用普通基坑开挖和敞坑排水方法修建的基础称为浅基础，如砖混结构的墙基础、高层建筑的箱形基础（埋深可能大于 5 m）等；而用特殊施工方法将基础埋置于深层地基中的基础称为深基础，如桩基础、沉井、地下连续墙等。

知识点 2　墙（柱）

墙（柱）是建筑的竖向承重构件和围护构件。作为竖向承重构件，墙（柱）承受着建筑由屋顶或楼板层传来的荷载，并将这些荷载再传递给基础。作为围护构件，外墙起着抵御自然界各种因素对室内侵袭的作用，内墙起着分隔房间、创造室内舒适环境的作用。

对于中国古代建筑来说，墙是最重要的构成元素之一，承担着不可替代的功能，同时还具有极高的审美价值，凝聚着深厚的文化象征意义。

建筑中的墙主要分为两大类。一类墙作为附属于建筑物的局部构件而存在，与屋顶、梁柱、门窗同列，其中位于正面者称"檐墙"，位于窗下者称"槛墙"，位于侧面者称"山墙"。另一类墙是与厅堂亭廊并列的一种独立的建筑类型，以院墙、照壁、城墙等形式存在。

传说上古时期的神农、黄帝即开始修筑城墙，考古工作者在中国各地发现了新石器时期至商朝晚期的若干早期城址，大多数都有城墙、宫墙和院墙的遗迹。汉字中有类"包围"结构，从象形的角度看，"口"就像是一圈封闭的墙，而例如"园""囿""国""图""圈"这些与建筑空间有关的字，正说明它们从很早开始就是由墙围合而成的。

知识点 3　楼板层

楼板层是楼房建筑中水平方向的承重构件，按房间层高将整幢建筑沿水平方向分为若干部分。楼板层承受着家具、设备和人体的荷载以及本身自重，并将这些荷载传给墙（柱），同时，还对墙身起到水平支撑的作用。

常见楼板主要为预制板，有实心和空心两种。制作空心预制板的目的，简单地说是因为在板的空心的位置不受力，所以在空心的地方灌注混凝土就没有用，于是就可以把不受力的地方空起来，达到减轻重量和节省造价的目的。但是已经不提倡用预制空心板，楼房结构都采用现浇结构，好处是造出来的房子整体性好，也就是说更结实了。

知识点 4　地坪

地坪是底层房间与土层相接触的部分，它承受底层房间内的荷载。

知识点 5　楼梯

楼梯是楼房建筑的垂直交通设施，供人们上下楼层和安全疏散之用。

随着人类文明的发展，楼梯和台阶在有楼层的建筑中成了必备的功能条件，而我们中国是最早拥有楼梯雏形——云梯的国家，这一点毋庸置疑。

《墨子·公输》记载："公输盘为楚造云梯之械，成，将以攻宋。"楼梯（云梯）是我国土木建筑鼻祖鲁班大师最先发明的。

知识点 6　屋顶

屋顶是建筑顶部的外围护构件和承重构件。屋顶是中国建筑形式的焦点，屋顶在中国建筑中占有很重要的分量。它是中国建筑形式的焦点，我们初看一座中国建筑，马上会被它的屋顶吸引住。它不但可以遮风避雨，也具备了象征条件。当然它的构造特殊，施工也较其他部位更为困难。

各民族之建筑的屋顶因材料、气候、日照等自然地理因素而有所不同，中国建筑屋顶之形成也符合这个规律，不过中国人似乎更重视屋顶，他们把匠心都用到屋顶上了。我们从古代的甲骨文中即可看到甚多与屋顶有关的文字，西安半坡村的考古挖掘中，发现了方形及圆形建筑，它们都是有大屋顶的房子，只不过真正的形状尚无法考证出来而已。《周礼·考工记》有殷人"四阿重屋"的记载，根据河南安阳的发掘报告，四阿屋顶及人字形屋顶显然为中国最早的屋顶形式。四阿顶又称为四注顶或四面落水顶，后代称为庑殿顶，它有五条屋脊，四个屋面，由于出现得早，又流传至清代，被认为是最能代表中国风格的屋顶。

知识点 7　门窗

门和窗均属非承重构件。门主要供人们内外交通和隔离房间之用；窗主要用于采光和通风，同时也起分隔和围护作用。窗是伴随着建筑的起源而发明的。当半穴居演变成原始地面建筑，围护结构分化成墙体与屋盖两大部分时，为了排除住宅内部火产生的大量烟气，出现了在固定的屋顶上开口用以通风排烟和采光的结构式样，古代称之为"囱"。囱即"天窗"，实际上是开在屋顶上的洞口，而这种洞口就是窗的雏形了。因虽然解决了室内通风、排烟和采光的基本要求，但很难避免雨雪的侵袭。于是"牖"便出现了，即"侧窗"，是开在墙壁上的洞口。窗的产生是我国古代通风技术发展史上的一个重大突破，反映了我国古代科学技术的巨大进步。

任务 2　建筑防火分类的判定

【重难点】

- 建筑按使用性质的分类。
- 建筑按建筑高度的分类。
- 建筑按建筑的建设年代的分类。
- 建筑按建筑设计使用年限的分类。
- 工业建筑按生产和储存物品的火灾危险性分类。

【案例导入】

根据案例试分析下列建筑属于什么建筑类型。

【案例分析】

某一耐火等级为四星级的旅馆建筑，建筑高度为 128.0 m，下部设置 3 层地下室（每层层高 3.3 m）和 4 层裙房（裙房的建筑高度为 33.4 m），高层主体东侧为旅馆主入口，设置了长 12 m、宽 6 m、高 5 m 的门廊，北侧设置员工出入口。建筑主体三层（局部四层）以上外墙全部设置玻璃幕墙。旅馆客房的建筑面积为 50～96 m^2，全部为不可开启窗扇的外窗。建筑周围设置宽度为 6 m 的环形消防车道，消防车道的内边缘距离建筑外墙 6～22 m；沿建筑高层主体东侧和北侧连续设置了宽度为 15 m 的消防车登高操作场地，北侧的消防车登高操作场地距离建筑外墙 12 m，东侧距离建筑外墙 6 m。

地下一层设置总建筑面积为 7 000 m^2 的商店，总建筑面积 980 m^2 的练歌房（每间房间的建筑面积小于 50 m^2）和 1 个建筑面积为 260 m^2 的舞厅；地下二层设置变配电室（干式变压器）、常压燃油锅炉房和柴油发电机房等设备用房和汽车库；地下三层设置消防水池、消防水泵房和汽车库。在地下一层，娱乐区与商店之间采用防火墙完全分隔；练歌房区域每隔 180～200 m^2 设置了 2.00 h 耐火极限的实体墙，每间练歌房的房门均为防烟隔声门。舞厅与其他区域的分隔为 2.00 h 耐火极限的实体墙和乙级防火门；商店内的相邻防火分区之间均有一道宽度为 9 m（分隔部位长度大于 30 m）且符合规范要求的防火卷帘。

裙房的地上一、二层设置商店，三层设置商店和宝宝乐园等儿童活动场所，四层设置餐饮场所和电影院。一层的商店采用轻质墙体在吊顶下将商店隔成每间建筑面积小于 100 m^2 的多个小商铺，每间商铺的门口均通向主要疏散通道，至最近安全出口的直线距离均为 5～35 m，商铺的进深为 8 m。裙房与高层主体之间用防火墙和甲级防火门进行了分隔，裙房和建筑的地下室均按国家标准要求的建筑面积和分隔方式划分防火分区。

高层主体中的疏散楼梯间、客房、公共走道的地面均为阻燃地毯（B1 级），客房墙面贴有墙布（B2 级）；旅馆大堂和商店的墙面和地面均为大理石（A 级）装修，顶棚均为石膏板（A 级）。

建筑高层主体、裙房和地下室的疏散楼梯均按国家标准要求采用了防烟楼梯间或疏散楼梯，地下楼层的疏散楼梯在首层与地上楼层的疏散楼梯已采用符合要求的防火隔墙和防火门完全分隔。地下一层商店有 3 个防火分区，分别借用了其他防火分区 2.4 m 疏散净宽度，且均不大于需借用疏散宽度的防火分区所需疏散净宽度的 30%，每个防火分区的疏散净宽度（包括借用的疏散宽度）均符合国家标准的规定，商店区域的总疏散净宽度为 39.6 m（各防火分区的人员密度均按 0.6 人/m^2 取值）。

建筑按国家标准设置了自动喷水灭火系统、室内外消火栓系统、火灾自动报警系统、防烟系统及灭火器等，每个消火栓箱内配置消防水带、消防水枪、消防水泵接合器直接设置在高层主体北侧的外墙上，地下室、商店、酒店区的公共走道和建筑面积大于 100 m^2 的房间均按国家标准设置了机械排烟系统。

【知识链接】

知识点 1　按使用性质分类

1. 民用建筑

民用建筑是指非生产性的居住建筑和公共建筑，是由若干个大小不等的室内空间组合而成的；而其空间的形成，则又需要各种各样实体来组合，而这些实体称为建筑构配件。一般民用建筑由基础、墙或柱、楼底层、楼梯、屋顶、门窗等构配件组成，如住宅、写字楼、幼儿园、学校、食堂、影剧院、医院、旅馆、展览馆、商店和体育场馆等。

在中国建筑的发展历史上，至少有着十种经典的传统民居住宅——蒙古包、四合院、晋中大院、陕北窑洞、徽系民居、浙江民居、西藏碉楼、湘西吊脚楼、客家土楼、傣家竹楼。它们在历史长河中占据着重要地位，并流传至今。其中在现代建筑中，四合院和徽系民居因兼容性强，仍被较多使用。

微课：建筑分类规则

2. 工业建筑

工业建筑指供人民从事各类生产活动和储存的建筑物和构筑物，可分为通用工业厂房和特殊工业厂房。工业建筑在 18 世纪后期最先出现于英国，后来欧洲一些国家，也兴建了各种工业建筑。苏联在 20 世纪 20～30 年代，开始进行大规模工业建设。中国在 50 年代开始大量建造各种类型的工业建筑。

3. 农业建筑

农业建筑是指农副产业生产与存储建筑，如暖棚、粮仓、牲畜养殖建筑等。

知识点 2　按建筑高度分类

1. 单、多层建筑

单、多层建筑是指建筑高度不大于 27 m 的住宅建筑（包括设置商业服务网点的住宅建筑），建筑高度不大于 24 m（或大于 24 m 的单层）的公共建筑和工业建筑。商业服务网点是指设置在住宅建筑的首层或首层及二层，每个分隔单元建筑面积不大于 300 m^2 的商店、邮政所、储蓄所、理发店等小型营业性用房，商业服务网点如图 2-2 所示，首层平面如图 2-3 所示。

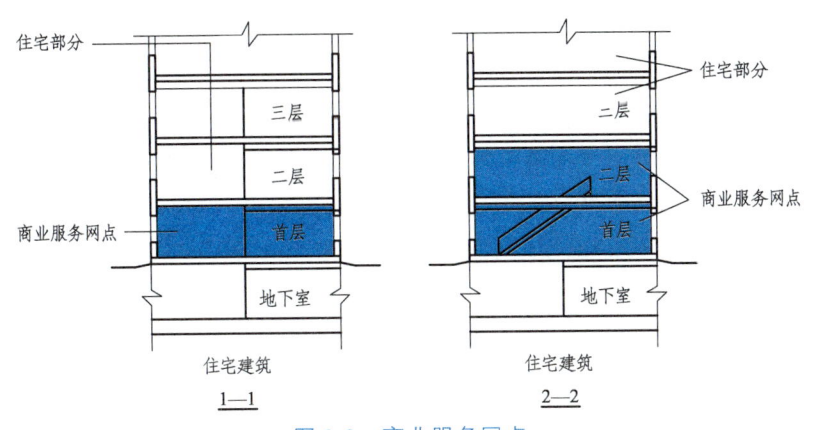

图 2-2 商业服务网点

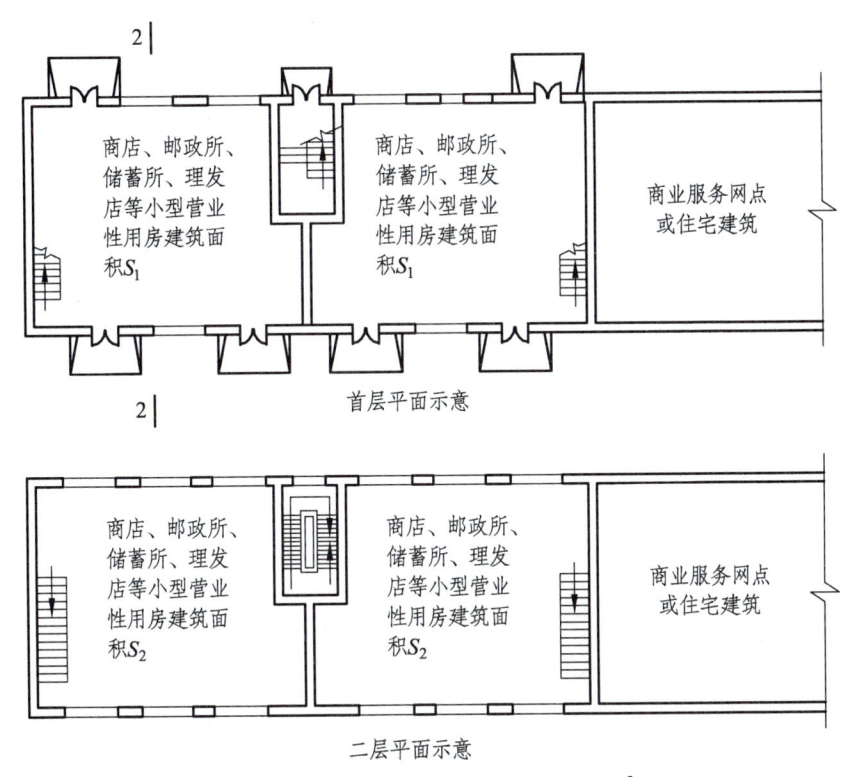

[注释] S 为每个分隔单元建筑面积，$S_1+S_2=S$，且 $S \leqslant 300 \text{ m}^2$。

图 2-3 首层平面示意

2. 高层建筑

高层建筑是指建筑高度大于 27 m 的住宅建筑和其他建筑高度大于 24 m 的非单层建筑。高层民用建筑根据其建筑高度、使用功能和楼层的建筑面积可分为一类和二类见表 2-1。建筑高度大于 100 m 的建筑称为超高层建筑，我国第一高楼上海中心大厦总建筑高度 632 m，位于上海市陆家嘴金融贸易区，图 2-4 所示。

表 2-1　高层民用建筑

名称	高层民用建筑	
	一类	二类
住宅建筑	建筑高度大于 54 cm 的住宅建筑（包括设置服务网点的住宅建筑）	建筑高度大于 27 m 但不大于 54 m 的住宅建筑（包括设置商业服务网点的住宅建筑）
公共建筑	（1）建筑高度大于 50 m 的公共建筑； （2）建筑高度 24 m 以上部分任一楼层建筑面积大于 1 000 m^2 的商店、展览、电信、邮政、财贸金融建筑和其他多种功能组合的建筑； （3）医疗建筑、重要公共建筑、独立建筑的老年人照料设施； （4）省级及以上的广播电视和防灾指挥调度建筑、网局级和省级电力调度建筑； （5）藏书超过 100 万册的图书馆、书库	除一类高层公共建筑外的其他高层公共建筑

注：表中未列入的建筑，其类别应根据本表类比确定。

图 2-4　上海中心大厦

3. 地下室

地下室是指房间地面低于室外设计地面且平均高度大于该房间平均净高 1/2 的建筑，如图 2-5 所示。

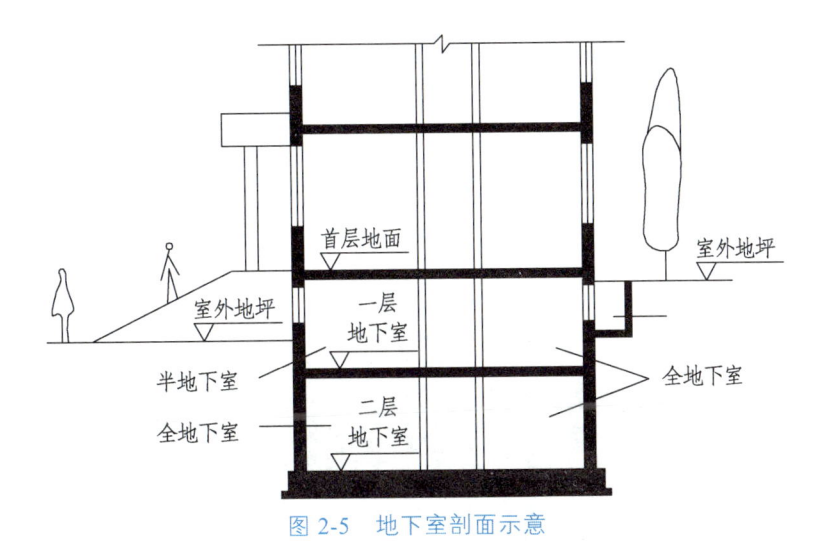

图 2-5　地下室剖面示意

4. 半地下室

半地下室是指房间地面低于室外设计地面且平均高度大于该房间平均净高的 1/3，而不大于 1/2 的建筑，如图 2-6 所示。

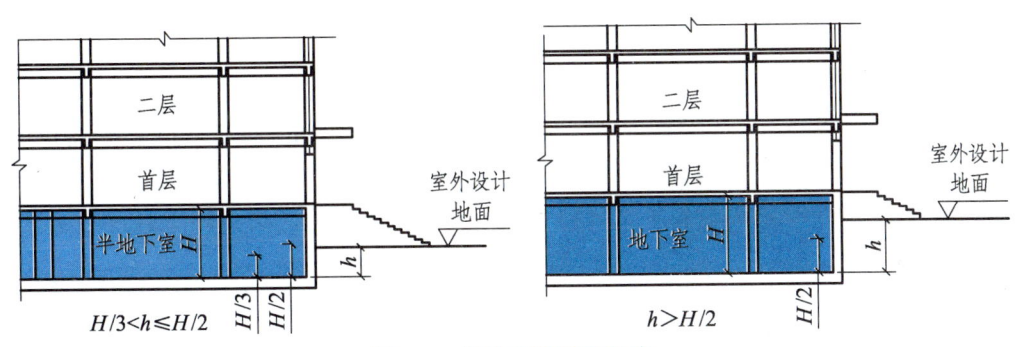

图 2-6　半地下室剖面示意

知识点 3　按建筑主要承重结构的材料分类

1. 木结构建筑

中国是最早应用木结构的国家之一。根据实践经验采用梁、柱式的木构架，扬木材受压和受弯之长，避受拉和受剪之短，并具有良好的抗震性能；建于辽朝（1056 年）的山西省应县木塔（图 2-7），充分体现了结构自重轻、能建造高耸结构的特点。在木结构的细部制作方面，采用干燥的木材制作结构，并使结构的关键部位外露于空气之中，可防潮而免遭腐朽；在木柱下面设置础石，既避免木柱与地面接触受潮，又防止白蚁顺木柱上爬危害结构；在木材表面用较厚的油灰打底，然后油漆，除美化环境外，兼有防腐、防虫和防火的功能。

中国的木结构建筑在唐朝已形成一套严整的制作方法，但见诸文献的是北宋李诫主编的《营造法式》，是中国也是世界上第一部木结构房屋建筑的设计、施工、材料以及工料定额的法规。对房屋设计规定"凡构屋之制，皆以材为祖。材有八等，度屋之大小，因而用之"。即将构件截面分为八种，根据跨度的大小选用。使用材料力学原理核算，当时木构件截面与跨度的关系符合等强度原则,说明中国宋代已能通过比例关系选材,体现出梁抗弯强度的原理。木结构是以木材为主制作的结构,与梁、柱式的木构架融为一体的中国木结构建筑艺术别具一格,并在宫殿和园林建筑的亭、台、廊、榭中得到进一步发扬,是中华民族灿烂文化的组成部分。

图 2-7　木结构建筑

2. 砖木结构建筑

砖木结构,是指竖向承重结构的墙、柱等采用砖或砌块砌筑,楼板、屋架等采用木结构的建筑结构。由于力学与工程强度的限制,砖木结构一般是平层(1-3层)。

砖木结构,这种结构建造简单,材料容易准备,费用较低。通常用于农村的屋舍、庙宇等。

例如,1990 年《商丘地区建筑志》:"袁家山(袁可立别业),大殿面阔三间,接大殿后为仙人洞,洞两侧有砖砌台阶,顺台阶而上则登八仙亭,八仙亭为带回廊的砖木结构。"

砖木结构的房屋在我国中小城市非常普遍。它的空间分隔较方便,自重轻,并且施工工艺简单,材料也比较单一。不过,它的耐用年限短,设施不完备,而且占地多,建筑面积小,不利于解决城市人多地少的矛盾。

各种结构房屋的耐用年限及残值率见表 2-2。

表 2-2　各种结构房屋的耐用年限及残值率

房屋结构类型	简易结构	砖木结构	砖混结构	钢混结构	钢结构
非生产性房屋	10 年	40 年	50 年	60 年	80 年
生产性房屋 (车间、厂房)	10 年	30 年	40 年	50 年	70 年
受腐蚀的生产性房屋	10 年	20 年	30 年	35 年	50 年
残值率	0	砖木一等6% 砖木二等4% 砖木三等3%	砖混一等2% 砖混一等2%	0	

3. 砖混结构

砖混结构是指建筑物中竖向承重结构的墙采用砖或者砌块砌筑，构造柱以及横向承重的梁、楼板、屋面板等采用钢筋混凝土结构，如图2-8所示，也就是说砖混结构是以小部分钢筋混凝土及大部分砖墙承重的结构。

砖混结构是混合结构的一种，是采用砖墙来承重，钢筋混凝土梁柱板等构件构成的混合结构体系。适合开间进深较小，房间面积小，多层或低层的建筑，对于砖混结构承重墙体不能改动，而框架结构则对墙体大部可以改动。总体来说砖混结构使用寿命和抗震等级要低些。如今砖混结构建筑已经改为框架结构和钢筋混凝土结构。

19世纪中叶以后，随着水泥、混凝土和钢筋混凝土的应用，砖混结构建筑迅速兴起。高强度砖和砂浆的应用，推动了高层砖承重建筑的发展。19世纪末叶美国芝加哥建成16层的砖承重墙大楼。1958年瑞士用600号多孔砖建造19层塔式公寓，墙厚仅为380毫米。世界各国都很重视用来砌筑墙体的砌块材料的生产。砌块材料有砖、普通混凝土砌块、轻混凝土砌块等。当前，黏土砖仍是砌筑墙体的一种基本材料。

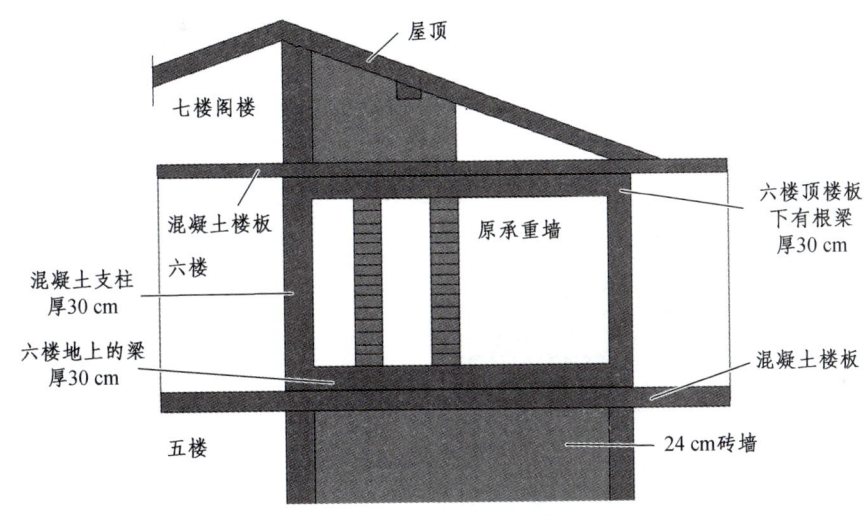

图2-8 砖混结构

4. 钢筋混凝土结构建筑

钢筋混凝土结构建筑是指用钢筋混凝土做柱、梁、楼板及屋顶等主要承重构件，砖或其他轻质材料做墙体等围护构件的建筑。

5. 钢结构建筑

钢结构建筑是指主要承重构件全部采用钢材的建筑。

6. 钢与钢筋混凝土混合结构（钢混结构）建筑

钢与钢筋混凝土混合结构（钢混结构）建筑是指屋顶采用钢结构，其他主要承重构件采用钢筋混凝土结构的建筑。

7. 其他结构建筑

其他结构建筑是指除上述各类结构的建筑，如生土建筑、塑料建筑等。

知识点 4　按建筑承重构件的制作方法、传力方式及使用的材料分类

1. 砌体结构建筑

砌体结构是指由块体和砂浆砌筑而成的墙、柱作为建筑主要受力构件的结构，是砖砌体、砌块砌体、石砌体和配筋砌体结构的统称。

2. 框架结构建筑

框架结构是指由梁和柱以刚接或铰接相连接成承重体系的房屋建筑结构。承重部分构件通常采用钢筋混凝土或钢板制作的梁、柱、楼板形成骨架，墙体不承重而只起围护和分隔作用。

我国古代建筑主要是木构架结构，即采用木柱、木梁构成房屋的框架，屋顶与房檐的重量通过梁架传递到立柱上，墙壁只起隔断的作用，而不是承担房屋重量的结构部分。"墙倒屋不塌"这句古老的谚语，概括地指出了中国建筑这种框架结构最重要的特点。这种结构，可以使房屋在不同气候条件下，满足生活和生产所提出的千变万化的功能要求。同时，由于房屋的墙壁不负荷重量，门窗设置有极大的灵活性。此外，由这种框架式木结构形成了过去宫殿、寺庙及其他高级建筑才有的一种独特构件，即屋檐下的一束束的"斗拱"（图 2-9）。它是由斗形木块和弓形的横木组成，纵横交错，逐层向外挑出，形成上大下小的托座。这种构件既有支承荷载梁架的作用，又有装饰作用。只是到了明清以后，由于结构简化（将梁直接放在柱上），斗拱的结构作用几乎完全消失，几乎变成了纯粹的装饰品。

图 2-9　木构架结构"斗拱"

3. 剪力墙结构建筑

剪力墙结构建筑是指由剪力墙组成的能承受竖向和水平作用的结构建筑。

4. 框架-剪力墙结构建筑

框架-剪力墙结构建筑是指由框架和剪力墙共同承受竖向和水平作用的结构建筑。

5. 板柱-剪力墙结构建筑

板柱-剪力墙结构建筑是指由无梁楼板和柱组成的板柱框架与剪力墙共同承受竖向和水平作用的结构建筑。

6. 框架-支撑结构建筑

框架-支撑结构建筑是指由框架和支撑共同承受竖向和水平作用的结构建筑。

7. 特种结构建筑

特种结构建筑是指承重构件采用网架、悬索、拱或壳体等形式的建筑。

知识点5　按建筑的建设年代分类

中国建筑可依据建设年代分为古代建筑、近代建筑和现代建筑。

1. 古代建筑

古代建筑是指从距今六七千年的原始社会开始，直到1840年第一次鸦片战争爆发为止建设的建筑，如北京故宫博物院（图2-10）等。

图2-10　故宫博物院

北京故宫于明成祖永乐四年（1406年）开始建设，以南京故宫为蓝本营建，到永乐十八年（1420年）建成，成为明清两朝二十四位皇帝的皇宫。1925年10月10日，故宫博物院正式成立开幕。北京故宫南北长961 m，东西宽753 m，四面围有高10 m的城墙，城外有宽52 m的护城河。紫禁城有四座城门，南面为午门，北面为神武门，东面为东华门，西面为西华门。城墙的四角，各有一座风姿绰约的角楼，民间有九梁十八柱七十二条脊之说，形容其结构的复杂。

北京故宫内的建筑分为外朝和内廷两部分。外朝的中心为太和殿、中和殿、保和殿，统称三大殿，是国家举行大典礼的地方。三大殿左右两翼辅以文华殿、武英殿两组建筑。内廷的中心是乾清宫、交泰殿、坤宁宫，统称后三宫，是皇帝和皇后居住的正宫。其后为御花园。后三宫两侧排列着东、西六宫，是后妃们居住休息的地方。东六宫东侧是天穹宝殿等佛堂建筑，西六宫西侧是中正殿等佛堂建筑。外朝、内廷之外还有外东路、外西路两部分建筑。

北京故宫是世界上现存规模最大、保存最为完整的木质结构古建筑群之一，是国家

AAAAA 级旅游景区，1961 年被列为第一批全国重点文物保护单位；1987 年被列为世界文化遗产。

2. 近代建筑

近代建筑是指 1840 年第一次鸦片战争之后至 1949 年中华人民共和国成立期间建设的建筑，如上海外滩的洋行等。

3. 现代建筑

现代建筑是指自 1949 年中华人民共和国成立至今建设的建筑，如各种现代高层、超高层建筑等。

知识点 6　按建筑设计使用年限分类

建筑的使用寿命有赖于结构的牢固程度，其设计使用年限是指设计规定的结构或结构构件不需进行大修即可按其预定目的使用的时间。

结构或结构构件按照国家标准《建筑结构可靠性设计统一标准》（GB 50068）规定分为临时性建筑结构、易于替换的结构构件、普通房屋和构筑物、标志性建筑和特别重要的建筑结构。建筑钢结构的设计使用年限分类见表 2-3。

表 2-3　建筑按结构的设计使用年限分类

类别	设计使用年限/年
临时性建筑	5
易于替换结构构件的建筑	25
普通房屋和构筑物	50
标志性建筑和特别重要建筑	100

知识点 7　工业建筑按生产和储存物品的火灾危险性分类

生产的火灾危险性根据生产中使用或产生的物质性质及其数量等因素划分为甲、乙、丙、丁、戊类，具体见表 2-4。

表 2-4　生产的火灾危险性分类

生产的火灾危险性类别	使用或产生下列物质产生的火灾危险性特征
甲	（1）闪点小于 28 ℃ 的液体 （2）爆炸下限小于 10% 的气体 （3）常温下能自行分解或在空气中氧化能导致迅速自燃或爆炸的物质 （4）常温下受到水或空气中水蒸气的作用，能产生可燃气体并引起燃烧或爆炸的物质 （5）遇酸、受热、撞击、摩擦、催化以及遇有机物或硫黄等易燃的无机物，极易引起燃烧或爆炸的强氧化剂 （6）受撞击、摩擦或与氧化剂、有机物接触时能引起燃烧或爆炸的物质 （7）在密闭设备内操作温度不小于物质本身自燃点的生产

续表

生产的火灾危险性类别	使用或产生下列物质产生的火灾危险性特征
乙	（1）闪点不小于 28 ℃，但小于 60 ℃ 的液体 （2）爆炸下限不小于 10% 的气体 （3）不属于甲类的氧化剂 （4）不属于甲类的易燃固体 （5）助燃气体 （6）能与空气形成爆炸性混合物的浮游状态的粉尘、纤维、闪点不小于 60 ℃ 的液体雾滴
丙	（1）闪点不小于 60 ℃ 的液体 （2）可燃固体
丁	（1）对不燃烧物质进行加工，并在高温或熔化状态下经常产生强辐射加热、火花或火焰的生产 （2）利用气体、液体、固体作为燃料或将气体、液体进行燃烧作用的各种生产 （3）常温下使用或加工难燃烧物质的生产
戊	常温下使用或加工不燃烧物质的生产

同一座厂房或厂房的任一防火分区内有不同火灾危险性生产时，厂房或防火分区内的生产火灾危险性类别应按火灾危险性较大的部分确定；当生产过程中使用或产生易燃、可燃物的量较少，不足以构成爆炸或火灾危险时，可按实际情况确定；当符合下述条件之一时，可按火灾危险性较小的部分确定：

（1）火灾危险性较大的生产部分占本层或本防火分区建筑面积的比例小于 5% 或丁、戊类厂房内的油漆工段小于 10%，且发生火灾事故时不足以蔓延至其他部位或火灾危险性较大的生产部分采取了有效的防火措施。

（2）丁、戊类厂房内的油漆工段，当采用封闭喷漆工艺，封闭喷漆空间内保持负压、油漆工段设置可燃气体探测报警系统或自动抑爆系统，且油漆工段占所在防火分区建筑面积的比例不大于 20%。

（3）储存物品的火灾危险性根据储存物品的性质和储存物品中的可燃物数量等因素划分为甲、乙、丙、丁、戊类，具体见表 2-5。

表 2-5 储存物品的火灾危险性分类

储存物品的火灾危险性类别	储存物品的火灾危险性特征
甲	（1）闪点小于 28 ℃ 的液体 （2）爆炸下限小于 10% 的气体，受到水或空气中水蒸气的作用能产生爆炸下限小于 10% 气体的固体物质 （3）常温下能自行分解或在空气中氧化能导致迅速自燃或爆炸的物质 （4）常温下受到水或空气中水蒸气的作用，能产生可燃气体并引起燃烧或爆炸的物质 （5）遇酸、受热、撞击、摩擦以及遇有机物或硫黄等易燃的无机物，极易引起燃烧或爆炸的强氧化剂 （6）受撞击、摩擦或与氧化剂、有机物接触时能引起燃烧或爆炸的物质

续表

储存物品的火灾危险性类别	储存物品的火灾危险性特征
乙	（1）闪点大于 28 ℃，小于 60 ℃ 的液体 （2）爆炸下限大于 10% 的气体 （3）不属于甲类的氧化剂 （4）不属于甲类的易燃固体 （5）助燃气体 （6）常温下与空气接触能缓慢氧化，积热不散引起自燃的物品
丙	（1）闪点不小于 60 ℃ 的液体 （2）可燃固体
丁	难燃烧物品
戊	不燃烧物品

同一座仓库或仓库的任一防火分区内储存不同火灾危险性物品时，仓库或防火分区的火灾危险性应按火灾危险性最大的物品确定。

对于丁、戊类储存物品仓库的火灾危险性，当可燃包装质量大于物品本身质量的 1/4 或可燃包装体积大于物品本身体积的 1/2 时，应按丙类确定。

随堂一练

一、选择题

1. 下列不属于建筑构造的是（　　）。
   B. 墙　　　　　B. 木质地板　　　　　C. 楼梯　　　　　D. 屋顶
2. 单、多层建筑是指建筑高度不大于（　　）的住宅建筑。
   A. 19 m　　　　B. 28 m　　　　C. 27 m　　　　D. 24 m
3. 某建筑高 76 m，其一楼为 1 600 m² 商场，二楼为省级图书馆，馆内藏书 120 万册，根据所学知识，该建筑应为（　　）。
   C. 一类高层公共建筑　　　　　B. 二类高层公共建筑
   C. 一类高层住宅建筑　　　　　D. 二类高层住宅建筑
4. 建筑高度大于 100 m，适用于民用的建筑称为（　　）。
   C. 高层建筑　　　　　　　　　B. 高级民用建筑
   C. 中、低层建筑　　　　　　　D. 超高层建筑
5. 地下室是指房间地面低于室外设计地面的平均高度大于该房间平均净高（　　）的建筑。
   A. 1/3　　　　B. 1/2　　　　C. 2/3　　　　D. 1/4

二、简答题

1. 建筑的构造一般由几部分组成？
2. 建筑的构造分别是什么？

项目 2　建筑材料的燃烧性能

知识目标
- 了解建筑材料燃烧性能的原理。
- 理解建筑材料燃烧性能的分级。
- 掌握建筑构件燃烧性能的分级。

能力目标
- 具备描述建筑材料的燃烧性能原理的能力。
- 具备简述建筑材料燃烧性能分级的能力。
- 具备判定建筑构件燃烧性能分级的能力。

素养目标
- 通过建筑燃烧性能含义学习培养刻苦学习的精神。
- 通过建筑材料的分级强化学生做事创新的意识。
- 通过掌握判定建筑构件燃烧性能的技能提升学生的工匠精神。

任务导航
- 任务 1　建筑材料燃烧性能含义的认知
- 任务 2　建筑材料燃烧性能分级的判定
- 任务 3　建筑材料燃烧性能分级的判定

任务 1　建筑材料燃烧性能含义的认知

【重难点】
- 建筑材料燃烧性能的定义。

【案例导入】
试分析事故中引火源与可燃物之间的评价关系是什么？

【案例分析】
2021 年 8 月 27 日，某大厦 B 座 19 层 1910 室发生火灾，火灾主要原因是电动平衡车充电器电源插头接触不良发热引燃周围木质衣柜等可燃物而引发火灾，火灾初期未及时处理，后引发成大的火灾。

【知识链接】

知识点　建筑材料燃烧性能的含义

建筑材料的燃烧性能是指当材料燃烧或遇火时所发生的一切物理和（或）化学变化。建筑材料的燃烧性能依据在明火或高温作用下，材料表面的着火性和火焰传播性、发烟、炭化、失重以及毒性生化物的产生等特性来衡量，它是评价材料防火性能的一项重要指标。

微课：建筑燃烧性能定义

任务 2　建筑材料燃烧性能分级的判定

【重难点】

- A 级材料的分类。
- B1 级材料的分类。
- B2 级材料的分类。
- B3 级材料的分类。

【知识链接】

知识点　建筑材料燃烧性能分级

依据国家标准《建筑材料及制品燃烧性能分级》(GB 8624)，我国建筑材料及制品燃烧性能分为 A、B1、B2、B3 四个等级，见表 2-6。

微课：建筑材料燃烧性能划分

表 2-6　建筑材料及制品的燃烧性能等级

燃烧性能等级	名称
A	不燃材料（制品）
B1	难燃材料（制品）
B2	可燃材料（制品）
B3	易燃材料（制品）

1. A 级材料

A 级材料是指不燃材料（制品），在空气中遇明火或高温作用下不起火、不微燃、不炭化，如大理石、玻璃、钢材、混凝土石膏板、铝塑板、金属复合板等。

2. B1 级材料

B1 级材料是指难燃材料（制品），在空气中遇明火或高温作用下难起火、难微燃、难碳化，如水泥刨花板、矿棉板、难燃木材、难燃胶合板、难燃聚氯乙烯塑料、硬 PVC 塑料地板等。

3. B2 级材料

B2 级材料是指普通可燃材料（制品），在空气中遇明火或高温作用下会立即起火或发生微燃，火源移开后继续保持燃烧或微燃，如天然木材、胶合板、人造革、墙布、半硬质 PVC 塑料地板等。

4. B3 级材料

B3 级材料是指易燃材料（制品），在空气中很容易被低能量的火源或电焊渣等点燃，火焰传播速度极快。

任务 3　建筑构件燃烧性能分级的判定

【重难点】
- 不燃性构件的分类。
- 难燃性构件的分类。
- 可燃性构件的分类。

【案例导入】
根据下列案例试分析车间材料燃烧级别分别是什么？

【案例分析】
2023 年某家具厂发生较大火灾事故，经调查，认定事故主要原因为木材加工车间为单层砖结构，墙面采用聚苯乙烯板、外墙采用聚苯乙烯夹心钢板，火灾造成人员死亡的主要原因是工作人员吸入大量的有害气体，事故原因正在进一步调查。

【知识链接】

> 知识点：建筑构件燃烧性能分级

1. 不燃性构件

不燃性构件是指用不燃材料做成的构件，如混凝土柱、混凝土楼板、砖墙、混凝土楼梯等。

2. 难燃性构件

难燃性构件是指用难燃材料做成的构件或用可燃材料做成而用非燃烧性材料做保护层的构件，如水泥刨花复合板隔墙、木龙骨两面钉石膏板隔墙等。

3. 可燃性构件

可燃性构件是指用可燃材料做成的构件，如木柱、木楼板、竹制吊顶等。

随堂一练

一、选择题

1. 建筑材料燃烧性能的定义不包括（　　）。
   A. 表面的着火性　　　　　　　B. 炭化
   C. 火焰的传播性　　　　　　　D. 可攻击性

2. 某装修公司采用胶合板为装修主材料，胶合板属于（　　）级材料。
   A. A
   B. B1
   C. B2
   D. B3
3. A级材料是（　　）。
   A. 普通可燃材料
   B. 难燃材料
   C. 不燃材料
   D. 易燃材料
4. 根据建筑材料的燃烧性能不同，下列不属于建筑材料的燃烧性能的是（　　）。
   A. 难燃性构件
   B. 普通燃烧性材料
   C. 不燃性构件
   D. 可燃性构件
5. A级材料是指不燃材料（制品），在空气中遇明火或高温作用下不起火、不微燃、不炭化，下列不属于不燃材料的是（　　）。
   A. 大理石
   B. 铝塑板
   C. 金属复合板
   D. 木板

二、简答题

1. 建筑材料燃烧性能等级分为几种？每种建筑材料分别举一个例子。
2. 建筑构件的燃烧性能分级有几种？

项目 3　建筑构件的耐火极限

知识目标
- 了解耐火极限的基本知识。
- 熟悉耐火极限判定的条件。
- 掌握影响耐火极限的因素。

能力目标
- 具备描述耐火极限原理的能力。
- 具备简述耐火极限判定条件的能力。
- 具备判定影响耐火极限因素的能力。

素养目标
- 通过耐火极限原理学习培养学生吃苦耐劳的职业素养。
- 通过耐火极限小实验强化学生精益求精的工匠精神。
- 通过掌握耐火极限影响因素提升学生实事求是的科学精神。

任务导航
- 任务 1　构件耐火极限的判定
- 任务 2　耐火极限影响的因素

任务 1　构件耐火极限的判定

【重难点】
- 耐火极限的定义。
- 耐火极限判定的要求。

【案例导入】

根据案例分析试火对墙的影响过程。

【案例导入】

某消防单位进行建筑结构耐火极限实验，试验开始前确定采用喷火枪对防火隔墙体的加热方式进行实验，在对墙加热 0.5 h 时，防火隔墙背夹出现明显的变黑，加热到 1.5 h 时出现开裂，加热到 2 h 时开口变大，可见明显火光，实验停止。

【 知识链接 】

知识点 1　耐火极限的定义

耐火极限是指在标准耐火试验条件下,建筑构件、配件或结构从受到火的作用时起,至失去承载能力、完整性或隔热性时止所用的时间,用小时(h)表示。耐火极限是衡量建筑构件耐火性能的主要指标,需要通过符合国家标准规定的耐火试验来确定。

微课:耐火极限

知识点 2　耐火极限的判定

1. 耐火稳定性

耐火稳定性是指在标准耐火试验条件下,承重建筑构件在一定时间内抵抗坍塌的能力,判定构件在耐火试验期间能够持续保持其承受能力的参数是构件的变形量和变形速率。耐火稳定性曲线如图 2-11。

微课:耐火极限小实验

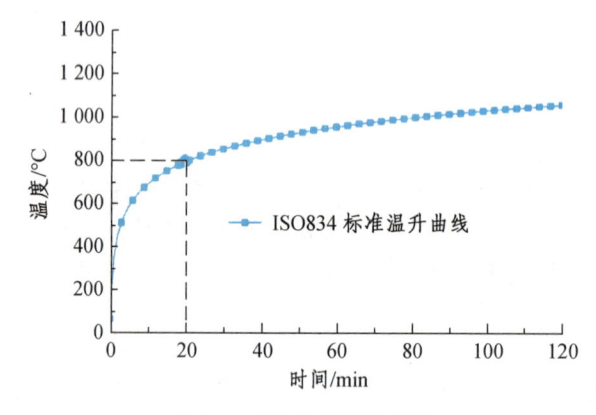

图 2-11　耐火稳定性曲线

2. 耐火完整性

耐火完整性是指在标准耐火试验(图 2-12)条件下,当建筑分隔构件一面受火时,在一定时间内防止火焰和烟气穿透或在背火面出现火焰的能力。

图 2-12　耐火试验

构件发生以下任一限定情况即认为丧失完整性：
（1）依据标准耐火试验，棉垫被点燃；
（2）依据标准耐火试验，缝隙探棒可以穿过；
（3）背火面出现火焰且持续时间超过 10 s。

3. 耐火隔热性

耐火隔热性是指在标准耐火试验条件下，当建筑分隔构件一面受火时，在一定时间内防止其背火面温度超过规定值的能力。

构件背火面温升出现以下任一限定情况即认为丧失隔热性：
（1）平均温升超过初始平均温度 140 ℃；
（2）任一位置的温升超过初始温度 180 ℃。初始温度应是试验开始时背火面的初始平均温度。

初承重构件（如梁、柱、屋架等）不具备隔断火焰和阻隔热传导的功能，所以失去稳定性即达到其耐火极限；承重分隔构件（如承重墙、防火墙、楼板、屋面板等）具有承重和分隔双重功能，所以当构件在试验中失去稳定性或完整性或隔热性时，构件即达到其耐火极限；对于特别规定的建筑构件（如防火门、防火卷帘等），隔热防火门在规定时间内要满足耐火完整性和隔热性，非隔热防火门在规定时间内只要满足耐火完整性即可。

任务 2　耐火极限影响的因素

【重难点】

- 影响耐火等级 6 个因素的内容。

【案例导入】

根据案例材料试分析材料本身的燃烧性能影响因素有哪些？

【案例分析】

某食品有限公司发生重大火灾事故，造成 18 人死亡，13 人受伤，过火面积约 4 000 m²，直接经济损失 4 000 余万元。

经调查，认定该起事故的原因为：保鲜恒温库内的冷风机供电线路接头处过热短路，引燃墙面聚氨酯泡沫保温材料所致。起火的保鲜恒温库为单层砖混结构，吊顶和墙面均采用聚苯乙烯板，在聚苯乙烯板外表面直接喷涂聚氨酯泡沫。毗邻保鲜恒温库搭建的简易生产车间采用单层钢屋架结构，外围护采用聚苯乙烯夹心彩钢板，吊顶为木龙骨和 PVC 板。车间按照国家标准配置了灭火器材，无应急照明和疏散指示标志，部分疏散门采用卷帘门。起火时，南侧的安全出口被锁闭。着火当日，车间流水线南北两侧共有 122 人在进行装箱作业。保鲜库起火后，火势及有毒烟气迅速蔓延至整个车间。由于无人组织灭火和疏散，有 12 名员工在走道尽头的冰池处遇难。逃出车间的员工向领导报告了火情，10 分钟后领导才拨打"119"报火警，有 8 名受伤员工在冰池处被救出。

经查，该企业消防安全管理制度不健全，单位消防安全管理人员曾接受过消防安全专门培训，但由于单位生产季节性强，员工流动性大，未组织员工进行消防安全培训和疏散演练。当日值班人员对用火、用电和消防设施、器材情况进行了一次巡查后离开了车间。

【知识链接】

知识点 1　影响耐火等级的因素

影响建筑构件耐火性能的因素较多，主要有以下方面：

1. 材料本身的燃烧性能

材料本身的燃烧性能是构件耐火极限主要的内在影响因素。若组成建筑构件的材料本身是可燃材料，构件就会被引燃并传播蔓延火灾，构件的完整性被破坏，失去隔热能力，逐步丧失承载能力而失去稳定性，构件的耐火极限相对较低。材料的燃烧性能好、构件的耐火极限就低。木质楼板就比钢筋混凝土楼板的耐火极限低。

2. 材料的高温力学性能和导热性能

在高温下力学性能较好和导热性能较差的材料组成的构件，其耐火极限较高；反之，则耐火极限较低。

如相同受力条件的钢筋混凝土柱的耐火极限就比钢柱的耐火极限高得多。与混凝土结构相比，钢结构自重轻、强度高、抗震性能好，便于工业化生产，施工速度快。但钢结构的耐火性能很差，其原因主要有两个方面：一是钢材热传导系数大，火灾下钢结构升温快；二是钢材强度随温度升高而迅速降低。无防火保护的钢结构的耐火时间通常仅为 15～20 min，故在火灾作用下极易被破坏，往往在起火初期即变形倒塌。

3. 建筑构件的截面尺寸

相同受力条件、相同材料组成的构件，截面尺寸越大，耐火极限就越高。

4. 构件的制作方法

相同材料、相同截面尺寸、不同制作工艺生产的构件，其耐火极限也不同。如预应力钢筋混凝土构件的耐火极限远低于现浇钢筋混凝土构件。

5. 构件间的构造方式

在其他条件一定时，构件间不同的连接方式影响构件的耐火极限，尤其是对节点的处理方式，如焊接、螺钉连接、简支、现浇等方式。相同条件下，现浇钢筋混凝土梁板比简支钢筋混凝土梁板的耐火极限高。

6. 保护层的厚度

构件保护层厚度越大，其耐火极限就越高。为提高钢构件的耐火极限，通常采取涂刷防火涂料或包覆不燃烧材料的方法进行防火保护，增加保护层的厚度可以提高构件的耐火极限。

随堂一练

一、选择题

1. 下列属于影响材料燃烧性能的主要因素是（　　）。
　　A. 建筑构件　　　B. 配件　　　　C. 结构　　　　D. 隔热性

2. 在模拟火灾实验中,在标准耐火试验条件下,当建筑分隔构件一面受火时,在一定时间内防止其背火面温度超过规定值的能力,称为(　　)。
   A. 耐火隔热性　　　　　　　　B. 耐火完整性
   C. 耐火稳定性　　　　　　　　D. 耐火攻击性
3. 相同受力条件、相同材料组成的构件,截面尺寸越(　　),耐火极限就越(　　)。
   A. 大;低　　　　　　　　　　B. 大;高
   C. 小;低　　　　　　　　　　D. 小;高
4. 如何增强建筑的耐火等级(　　)。
   A. 降低保护层厚度
   B. 减少建筑构件的截面尺寸
   C. 使用导热性能好的建筑材料组成的构件
   D. 使用高温环境下力学性能较好的建筑材料组成的构件
5. 为提高钢构件的耐火极限,通常采取涂刷防火涂料或包覆不燃烧材料的方法进行(　　),增加保护层的厚度可以提高构件的耐火极限。
   A. 灭火保护　　　　　　　　　B. 耐火保护
   C. 防火保护　　　　　　　　　D. 燃烧保护

二、简答题

1. 影响耐火等级的因素有几种?分别是哪些?
2. 如若你是建造师,在设计房屋建筑时,如何设计房屋内的耐火构造呢?

项目 4　建筑的耐火等级

知识目标
- 了解建筑耐火等级的应用。
- 熟悉划分耐火等级的意义。
- 掌握建筑耐火等级的定义。

能力目标
- 具备描述耐火等级应用的能力。
- 具备简述建筑构件耐火等级划分意义的能力。
- 具备判定耐火等级的能力。

素养目标
- 通过学习建筑耐火等级的学习培养学生刻苦学习精神。
- 通过学习建筑耐火等级的划分强化学生精益求精的工匠精神。
- 通过掌握建筑耐火等级的划分技能提升学生自信心。

任务导航
- 任务 1　建筑耐火极限定义的认知
- 任务 2　建筑耐火极限等级的判定
- 任务 3　耐火极限影响因素的判定

任务 1　建筑耐火极限定义的认知

【重难点】
- 建筑耐火等级的内容。
- 建筑耐火等级的定义。

【案例导入】

某居民楼发生火灾，试分析以下居民楼是否要划分耐火等级。

【案例分析】

2021 年 10 月 30 日下午 5 时，某居民楼起火，起火房屋为居民楼下一洗浴中心的员工宿舍，火灾致 3 人死亡。

经消防部门调查因电动自行车电瓶室内充电引发的火灾，造成 3 人死亡。起火建筑为 5 层居民楼，其中，4、5 层为复式结构。起火点为 3 层房间。发生火情后，火势迅速从 3 层蔓延至楼上，被烧居民家中几乎成为废墟，场面骇人。

【知识链接】

知识点 1　建筑耐火等级的定义

建筑耐火等级是指根据建筑中墙、柱、梁、楼板、吊顶等各类构件不同的耐火极限，对建筑物的整体耐火性能进行的等级划分。建筑耐火等级是衡量建筑抵抗火灾能力大小的标准，由建筑构件的燃烧性能和耐火极限中的最低者决定。

影响建筑耐火等级选定的因素主要有建筑的重要性、使用性质、火灾危险性、建筑的高度和面积、火灾荷载的大小等。

微课：防火材料耐火等级划分

知识点 2　划分建筑耐火等级的意义

划分建筑耐火等级的目的在于，根据建筑的不同用途提出不同的耐火等级要求，做到既有利于安全，又有利于节约基本建设投资。根据建筑的使用性质合理确定其相应的耐火等级，既可以保证发生火灾时建筑在一定时间内不被破坏，不传播火灾，延缓和阻止火灾的蔓延，为安全疏散和救援提供必要的时间，又可以为消防人员扑灭火灾及火灾后重新修复使用创造有利条件。

知识点 3　建筑耐火等级的划分

我国将建筑的耐火等级划分为以下四级。

1. 一级耐火等级建筑

一级耐火等级建筑是指主要建筑构件全部为不燃烧体且满足相应耐火极限要求的建筑。地下或半地下建筑、一类高层建筑的耐火等级不低于一级。如医疗建筑、重要公共建筑、高度大于 54 m 的住宅等。

2. 二级耐火等级建筑

二级耐火等级建筑是指主要建筑构件除吊顶为难燃烧体，其余构件为不燃烧体。且满足相应耐火极限要求的建筑。单、多层重要公共建筑和二类高层建筑的耐火等级不低于二级，如建筑高度大于 27 m，但不大于 54 m 的住宅。

3. 三级耐火等级建筑

三级耐火等级建筑是指主要构件除吊顶（包括吊顶格栅）和房间隔墙可采用难燃烧体外，其余构件均为不燃烧体且满足相应耐火极限要求的建筑，如木结构屋顶的砖木结构建筑。

4. 四级耐火等级建筑

四级耐火等级建筑是指主要构件除防火墙采用不燃烧体外，其余构件为难燃烧体和可燃烧体且满足相应耐火极限要求的建筑，如以木柱、木屋架承重的建筑。

任务2　建筑耐火等级的判定

【重难点】
- 建筑耐火等级判定的条件。

【案例导入】
试分析该建筑耐火等级是否符合要求。

【案例分析】
南充某商场高度 54 m，每层面积 2 000 m² 共 18 层，每层层高 3 m，建筑初设计师设计柱子的耐火极限不低于 3 h，梁的耐火极限不低于 2 h，楼板采用预应力钢筋混凝土的楼板，其耐火极限为 1 h，所有材料为不燃材料，后判定该建筑耐火为二级。

微课：建筑耐火等级定义

【知识链接】
应根据建筑的重要性、建筑的高度和使用中的火灾危险性来确定建筑耐火等级，具体依据现行国家标准《建筑防火通用规范》（GB 55037）和其他相关规范建筑构件的燃烧性能和耐火极限应依据建筑的耐火等级确定。根据国家标准《建筑防火通用规范》（GB 55037），不同耐火等级民用建筑相应构件的燃烧性能和耐火极限见表2-7，不同耐火等级工业建筑相应构件的燃烧性能和耐火极限见表2-8。

表2-7　不同耐火等级民用建筑相应构件的燃烧性能和耐火极限　　　单位：h

结构名称		耐火等级			
		一级	二级	三级	四级
墙	防火墙	不燃烧 3.00	不燃烧 3.00	不燃烧 3.00	不燃烧 3.00
	承重墙	不燃性 3.00	不燃性 2.50	不燃性 2.00	难燃烧 0.50
	非承重外墙	不燃烧 1.00	不燃烧 1.00	不燃烧 0.50	可燃性
	楼梯间、前室的墙，电梯井的墙，住宅建筑单元之间的墙和分户墙	不燃性 2.00	不燃性 2.00	不燃烧性 1.50	难燃性 0.50
	疏散走道两侧的隔墙	不燃性 1.00	不燃性 1.00	不燃性 0.50	难燃性 0.25
	房间隔墙	不燃性 0.75	不燃性 0.50	不燃性 0.50	难燃性 0.25
柱		不燃性 3.00	不燃性 2.50	不燃性 2.00	难燃性 0.50
梁		不燃性 2.00	不燃性 1.50	不燃性 1.00	难燃性
楼板		不燃性 1.50	不燃性 1.00	不燃性 0.50	可燃性
屋顶承重结构		不燃性 1.50	不燃性 1.00	可燃性	可燃性
疏散楼梯		不燃性 1.5	不燃性 1.00	不燃性 0.50	可燃性

注：1. 除另有规定外，以木柱承重且墙体采用不燃材料的建筑，其耐火等级应按四级确定。
　　2. 住宅建筑构件的耐火极限和燃烧性能可按现行国家标准《住宅建筑规范》（GB 50368）的规定执行。

表 2-8　不同耐火等级工业建筑相应构件的燃烧性能和耐火极限　　　　　单位：h

结构名称		耐火等级			
		一级	二级	三级	四级
墙	防火墙	不燃性 3.00	不燃性 3.00	不燃性 3.00	不燃性 3.00
	承重墙	不燃性 3.00	不燃性 2.50	不燃性 2.00	难燃性 0.50
	楼梯间、前室的墙，电梯井的墙	不燃性 2.00	不燃性 2.00	不燃性 1.50	难燃性 0.50
	疏散走道两侧的隔墙	不燃性 1.00	不燃性 0.50	不燃性 0.50	难燃性 0.25
	非承重外墙房间隔墙	不燃性 0.75	不燃性 0.50	难燃性 0.50	难燃性 0.25
柱		不燃性 3.00	不燃性 2.50	不燃性 2.00	难燃性 0.25
梁		不燃性 2.00	不燃性 1.50	不燃性 1.00	难燃性 0.50
楼板		不燃性 1.50	不燃性 1.00	不燃性 0.75	难燃性 050
屋顶承重结构		不燃性 1.50	不燃性 1.00	难燃性 0.78	可燃性
疏散楼梯		不燃性 1.50	不燃性 1.00	不燃性 0.75	可燃性
吊顶（包括吊顶格栅）		不燃性 0.25	难燃性 0.25	难燃性 0.15	可燃性

注：二级耐火等级建筑内采用不燃材料的吊顶，其耐火极限不限。

随堂一练

一、选择题

1. 划分耐火等级的意义不包括（　　）。
   A. 建筑构件　　B. 配件　　C. 火焰的传播性　　D. 结构

2. 100 m 的住宅其耐火等级为（　　）。
   A. 一级　　B. 二级　　C. 三级　　D. 四级

3. 防火墙的耐火极限不低于（　　）。
   A. 2 h　　B. 2.5 h　　C. 3 h　　D. 1 h

4. 如何增强建筑的耐火等级（　　）。
   A. 降低保护层厚度
   B. 减少建筑构件的截面尺寸
   C. 使用导热性能好的建筑材料组成的构件
   D. 使用高温环境下力学性能较好的建筑材料组成的构件

5. 为提高钢构件的耐火极限，通常采取涂刷防火涂料或包覆不燃烧材料的方法进行（　　），增加保护层的厚度可以提高构件的耐火极限。
   A. 灭火保护　　B. 耐火保护　　C. 防火保护　　D. 燃烧保护

二、简答题

1. 简述建筑耐火等级划分？
2. 某一高度为 27 m 共 6 层的木材加工车间，其柱、梁、楼板的耐火极限分别是多少？

项目 5　建筑的防火和防烟分区

知识目标
- 了解防烟分区和防火分区的意义。
- 理解防烟分区和防火分区建设的基本条件。
- 掌握防烟分区和防火分区基本知识。

能力目标
- 具备描述防火防烟分区意义的能力。
- 具备划分防火分区的能力。
- 具备划分防烟分区的能力。

素养目标
- 通过防火案例的学习培养学生遵章守纪的职业精神。
- 通过掌握防火防烟分区的划分技能提升学生一丝不苟的职业精神。

任务导航
- 任务1　防火分区的划分
- 任务2　防烟分区的划分

任务1　防火分区的划分

【重难点】
- 防火分区的定义。
- 防火分区的分类。
- 防火分区的划分。
- 防火分隔设施的分类。

【案例导入】

根据案例分析承租方正在对三层部分商场（约 6 000 m²）进行重新装修并拟改为儿童游乐场所是否合理？

【案例分析】

某购物中心地上6层，地下3层，总建筑面积 126 000 m²，建筑高度 35.0 m。地上一至五层为商场，六层为餐饮，地下一层为超市、汽车库，地下二层为发电机房、消防水泵房、空调机房、排烟风机房等设备用房和汽车库、地下三层为汽车库。

2017年6月5日，当地公安消防机构对购物中心进行消防监督检查，购物中心消防安全管理人首先汇报了自己履职情况，主要有：实施和组织落实① 拟定年度消防工作计划，组织实施日常消防安全管理工作；② 组织制订消防安全制度和保障消防安全的操作规程并检查督促其落实；③ 组织实施防火检查工作；④ 组织实施单位消防设施、灭火器材和消防安全标志的维护保养，确保其完好有效；⑤ 组织管理志愿消防队；⑥ 在员工中组织开展消防知识、技能的宣传教育和培训，组织灭火和应急疏散预案的实施和演练。

检查组对该购物中心进行了实地检查。在检查中发现：个别防火卷帘无法手动起降或防火卷帘下堆放商品；个别消火栓被遮挡；部分疏散指示标志损坏；少数灭火器压力不足；承租方正在对三层部分商场（约6 000 m²）进行重新装修并拟改为儿童游乐场所，未向当地公安消防机构申请消防设计审核。

【知识链接】

微课：防火分区

知识点1 防火分区的定义

建筑某个空间发生火灾后，火势会通过热对流、热辐射和热传导作用向周围区域传播。火灾产生的烟气也会从楼板、墙壁的烧损处和门窗洞口向其他空间蔓延，严重影响人员安全疏散和消防扑救。因此，对规模、面积大或层数多的建筑而言，有效地阻止火势及烟气在建筑的水平及竖直方向蔓延，将火灾限制在一定范围之内，是十分必要的。

防火分区是指用防火墙、楼板、防火门或防火卷帘分隔的区域，可以将火灾限制在一定的局部区域内（在一定时间内），不使火势蔓延，当然防火分区的隔断同样也对烟气起了隔断作用。在建筑物内采用划分防火分区这一措施，可以在建筑物一旦发生火灾时，有效地把火势控制在一定的范围内，减少火灾损失，同时可以为人员安全疏散、消防扑救提供有利条件，如图2-13所示。

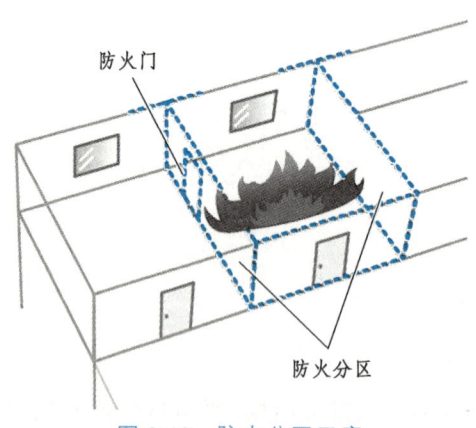

图 2-13 防火分区示意

知识点2 防火分区的分类

建筑防火分区分水平防火分区和竖向防火分区（图2-14）。

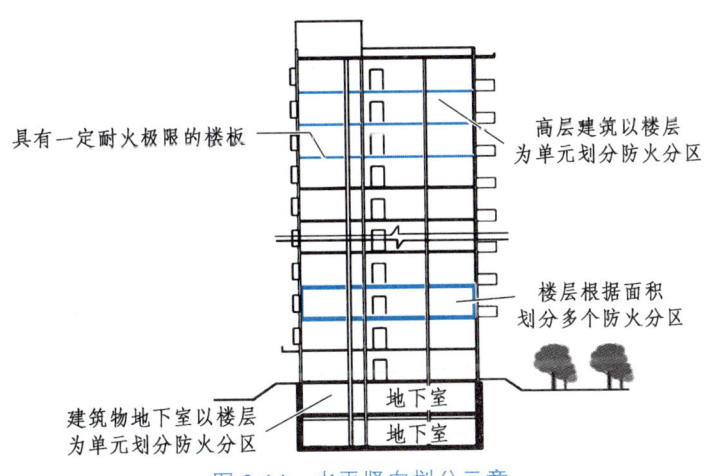

图 2-14 水平竖向划分示意

1. 水平防火分区

水平防火分区是指建筑某一楼层内采用具有一定耐火能力的防火分隔物（如防火墙、防火门、防火窗和防火卷帘等），按规定的建筑面积标准分隔的防火单元。由于水平防火分区是按照建筑面积划分的，因此也称为面积防火分区。

水平防火分区可采用防火墙、防火卷帘进行分隔；对于采用防火墙进行分隔的，防火墙上确需开设门、窗、洞口时应为甲级防火门、窗；对于采用防火卷帘进行分隔的，防火卷帘的设置应满足规范要求，其主要用于大型商场、大型超市、大型展馆、厂房、仓库等。

2. 竖向防火分区

竖向防火分区是指采用具有一定耐火能力的楼板和窗间墙将建筑上下层隔开。对于建筑中庭、自动扶梯、楼梯间、管道井、窗槛墙等上下连通的空间，一般采用防火卷帘、防火门、防火封堵等方式对上下楼层进行防火分隔。

知识点 3　防火分区的划分

防火分区的划分不应仅考虑面积大小要求，还应综合考虑建筑的使用性质、火灾危险性及耐火等级、建筑高度、消防扑救能力、建筑投资等因素。国家标准《建筑防火通用规范》（GB 55037）及其他相关规范均对建筑的防火分区面积作了明确的规定。民用建筑根据建筑类型、耐火等级、建筑高度或层数规定了防火分区的最大允许建筑面积，见表 2-9。

表 2-9　民用建筑允许建筑高度或层数、防火分区最大允许建筑面积

名称	耐火等级	允许建筑高度或层数	防火分区的最大允许建筑面积/m²	备注
高层民用建筑	一、二级	按规范确定	1 500	对于体育馆、剧场的观众厅，防火分区的最大允许建筑面积可适当增加
单、多层民用建筑	一、二级	按规范确定	2 500	
	三级	5 层	1 200	—
	四级	2 层	600	—

续表

名称	耐火等级	允许建筑高度或层数	防火分区的最大允许建筑面积/m²	备注
地下或半地下建筑（室）	一级	—	500	设备用房的防火分区最大允许建筑面积不应大于 1 000 m²

注：1. 表中规定的防火分区最大允许建筑面积，当建筑内设置自动灭火系统时，可按本表的规定增加1.0倍；局部设置时，防火分区的增加面积可按该局部面积的1.0倍计算。
2. 裙房与高层建筑主体之间设置防火墙时，裙房的防火分区可按单、多层建筑的要求确定，如图2-15所示。

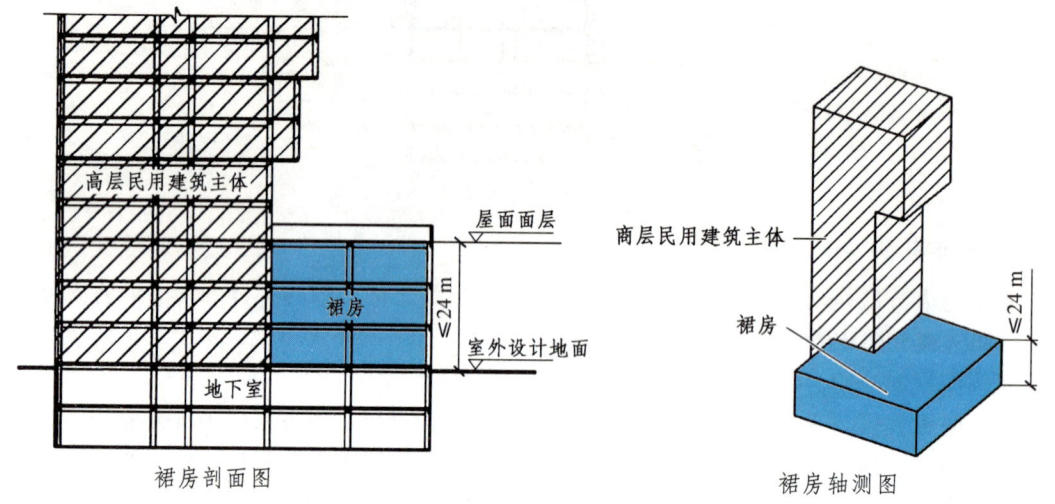

图 2-15 裙房

厂房根据火灾危险性类别、耐火等级、层数规定了防火分区的最大允许建筑面积，见表2-10。

表 2-10　厂房的层数和每个防火分区的最大允许建筑面积　　　　　单位：m²

产生的火灾危险性类别	厂房的耐火等级	最多允许层数	每个防火分区的最大允许建筑面积			
			单层厂房	多层厂房	高层厂房	地下或半地下厂房（包括地下或半地下室）
甲	一级	宜采用单层	4 000	3 000	—	—
	二级		3 000	2000	—	—
乙	一级	不限	5 000	4 000	2000	—
	二级	6	4 000	3 000	1 500	—
丙	一级	不限	不限	6 000	3 000	500
	二级	不限	8 000	4 000	2000	500
	三级	2	3 000	2000	—	—
丁	一级	不限	不限	不限	4 000	1 000
	二级	不限	4 000	2000	—	—
	三级	3	1 000	—	—	—
	四级	1	—	—	—	—
戊	一级	不限	不限	不限	6 000	1 000
	二级	不限	5 000	3 000	—	—
	三级	3	1 500	—	—	—
	四级	1	—	—	—	—

注：仓库内设置自动灭火系统时，除冷库的防火分区外，每座仓库的最大允许占地面积和每个防火分区的最大允许建筑面积可按表中的规定增加1.0倍。

知识点 4 防火分隔设施

防火分隔设施是指能在一定时间内阻止火势蔓延,能把建筑内部空间分隔成若干较小防火空间的物体。防火分隔设施分为水平分隔设施和竖向分隔设施,包括防火墙、防火隔墙、楼板、防火门、防火卷帘、防火窗、防火阀等。

1. 防火墙

防火墙是防止火灾蔓延至相邻建筑或相邻水平防火分区且耐火极限不低于 3.00 h 的不燃性墙体,是建筑水平防火分区的主要防火分隔物,由不燃烧材料构成,如图 2-16 所示。其中甲、乙类厂房和甲、乙、丙类仓库内的防火墙,其耐火极限不应低于 4.00 h。上不应开设门、窗、洞口,确需开设时,应设置不可开启或火灾时能自动关闭的甲级防火门、窗。

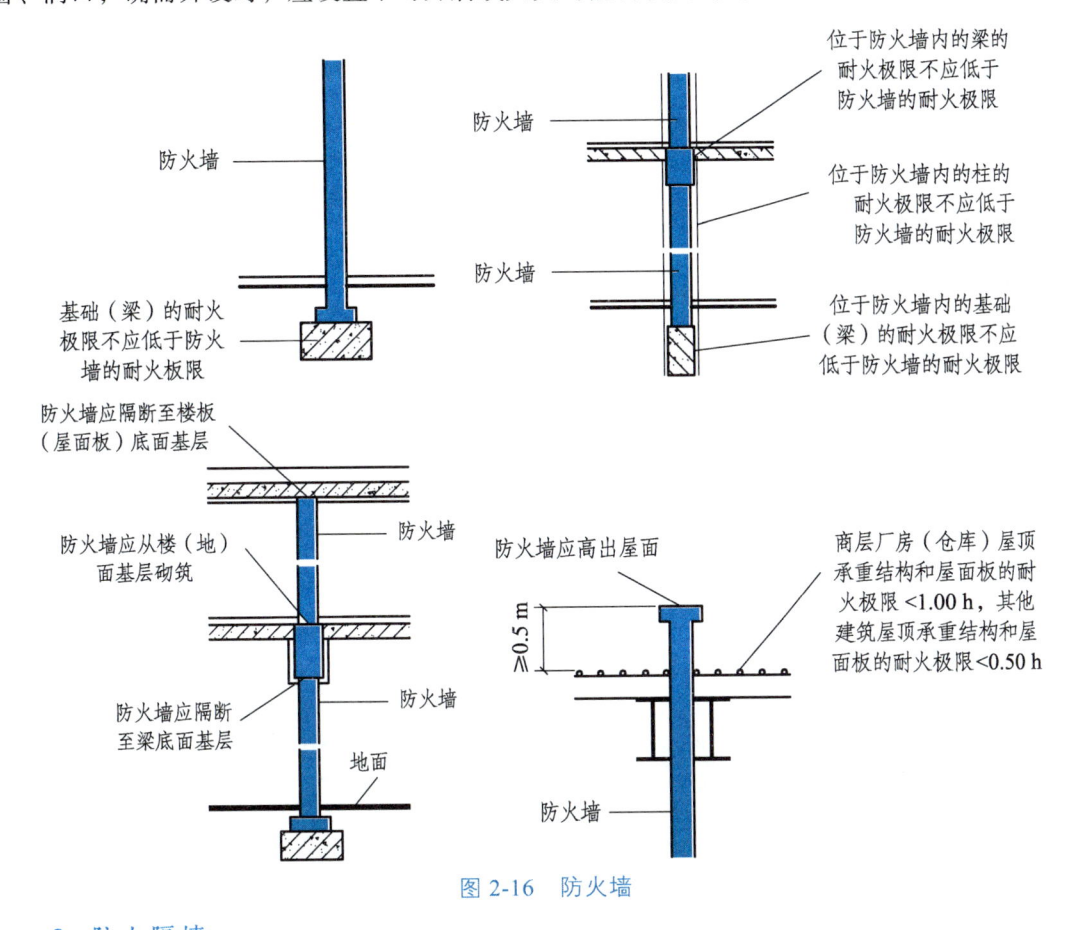

图 2-16 防火墙

2. 防火隔墙

防火隔墙是建筑内防止火灾蔓延至相邻区域且耐火极限不低于规定要求的不燃性墙体,是建筑功能区域分隔和设备用房分隔的特殊墙体,如图 2-17 所示。如民用建筑内的剧院、电影院、礼堂与其他区域分隔,应采用耐火极限不低于 2.00 h 的防火隔墙;附设在建筑内的消防控制室、灭火设备室、消防水泵房和通风空气调节机房、变配电室等,应采用耐火极限不低于 2.00 h 的防火隔墙;锅炉房、柴油发电机房内设置储油间时,应采用耐火极限不低于 3.00 h 的防火隔墙与储油间分隔。

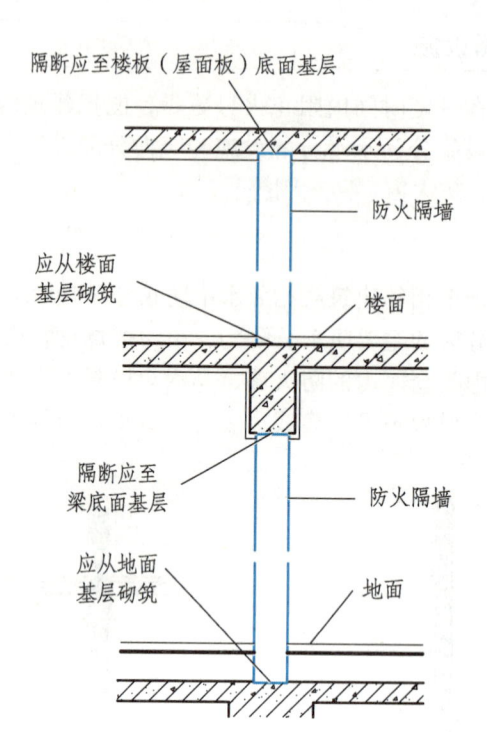

图 2-17 防火隔墙

3. 其他防火分隔设施

防火分隔设施有防火墙、防火门、防火窗、防火卷帘、防火阀、阻火圈、防火水幕带等，如图 2-18 所示。防火分隔设施一般指的是在一定时间能把火势控制在一定空间，阻止其蔓延扩大的一系列分隔设施。

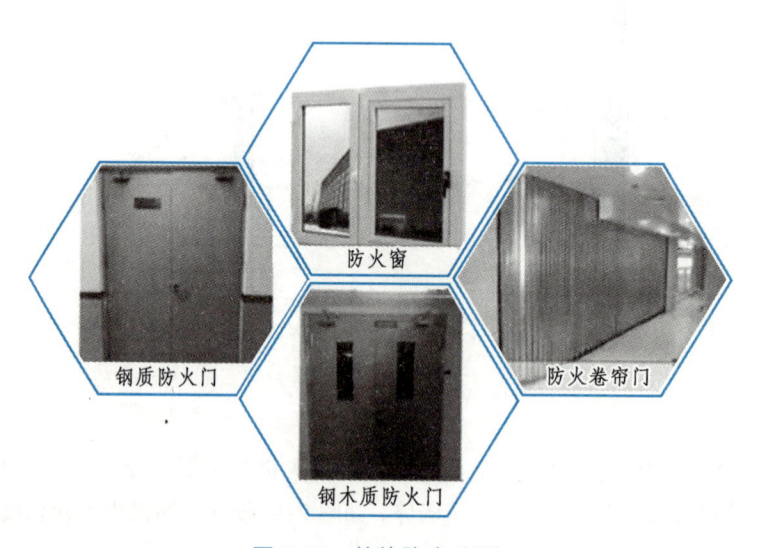

图 2-18 其他防火分隔

防火门通常用在防火分隔墙、楼梯间、管道井等位置，按照材质可分为木质防火门、钢质防火门等类型，按照耐火时间划分，可分为甲级、乙级、丙级等种类。

防火卷帘通常用在自动扶梯、中庭等开口位置，起到隔火、隔热作用，按照材质可分为钢质防火卷帘、无机防火卷帘等种类，按照耐火时间可分为普通型、复合型等类型。

防火窗通常安装在防火墙或防火门上，按照安装方式可以分为固定防火窗、活动防火窗等种类，主要起到阻隔火势蔓延和采光通风的作用。

任务 2　防烟分区的划分

【重难点】
- 防烟分区的定义。
- 防烟分区的划分。
- 防烟分区的划分。

【案例导入】

试分析该建筑地上每层划分几个防烟分区。

【案例分析】

某商业建筑 2019 年竣工并投入使用，地上 5 层，地下 2 层，层高 5.4 m，每层建筑面积为 5 000 m²。地下一层和地下二层为汽车库、设备用房。地上一层和地上二层局部为超市，设有自动扶梯连通，其上下层面积相同，每层建筑面积为 1 900 m²。超市一层用固定和活动挡烟垂壁划分为 2 个防烟分区，分别为防烟分区一和防烟分区二。地上三层和地上四层为商场，地上五层为餐饮场所。该建筑设置集中空调系统和机械排烟系统。排烟系统，排烟风机设在地上五层屋面的排烟风机房内，补风风机设置在地面上，负担地下一层和地下二层的补风，排烟阀由联动控制器和控制模块联动打开，也可以手动打开。商业建筑每层划分多个防烟分区，并设置 4 部防烟楼梯间（1~4），其中 1~3 防烟楼梯间及其前室采用机械加压送风系统防烟，4 防烟楼梯间及其前室采用自然通风方式排烟，机械加压送风风机设在五层屋面。超市重新装修，装设网格通透性吊顶（开孔率为 20%）。吊顶下净空高度为 4.5 m。

某消防技术服务机构制订了该建筑防烟排烟系统的维护保养方案，定期对该建筑的防烟排烟系统开展检查测试，对机械加压送风机、排烟风机、排烟防火阀、排烟阀等进行检查测试时，地下一层 1 个防烟分区内的所有排烟阀无法联动开启。

对排烟系统进行联动试验检测时，在地上三层 1 楼梯间所在的防火分区触发两个独立感烟火灾探测器，加压送风风机联动运行正常，排烟风机未启动。排除故障后，排烟风机运行稳定，测试末端排烟口（阀）处风速偏小，经换算排烟量不足。

【知识链接】

知识点 1　防烟分区的定义

防烟分区是指在建筑内部采用挡烟设施分隔而成，能在一定时间内防止火灾烟气向同一防火分区的其余部分蔓延的局部空间，如图 2-19 所示。

微课：防烟分区

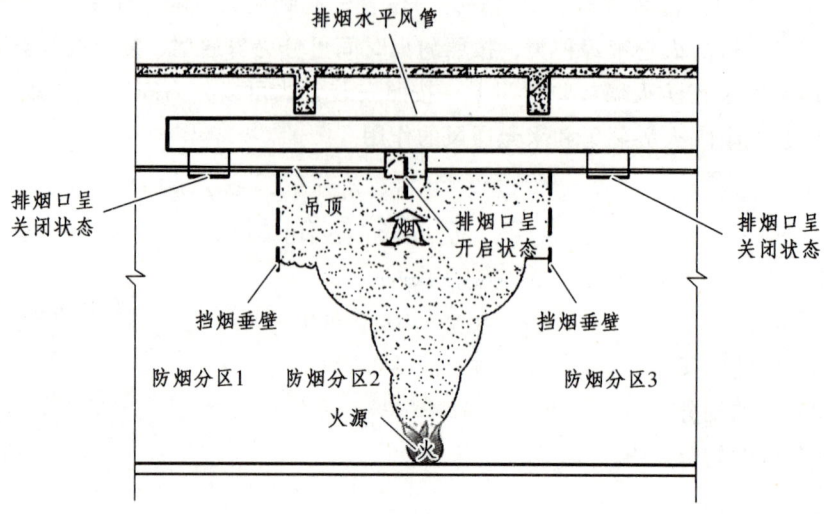

图 2-19 防烟分区

知识点 2 防烟分区的划分

设置排烟系统的场所或部位应划分防烟分区,防烟分区不应跨越防火分区。防烟分区面积过大时,烟气水平射流扩散会卷吸大量冷空气而沉降,不利于烟气及时排出;防烟分区面积过小时,储烟能力减弱,烟气易蔓延至相邻防烟分区。

防烟分区的划分应综合考虑建筑类型、建筑面积和高度、顶棚高度、储烟仓形状等因素,国家标准《建筑防烟排烟系统技术标准》(GB 51 251)给出了公共建筑、工业建筑防烟分区的最大允许面积及其长边最大允许长度,见表 2-11。

表 2-11 公共建筑、工业建筑防烟分区的最大允许面积及其长边最大允许长度

空间净高 H/m	最大允许面积/m²	长边最大允许长度/m
$H \leqslant 3.0$	500	24
$3.0 < H \leqslant 6.0$	1 000	36
$H > 6.0$	2 000	60 m;具有自然对流条件时,不应大于 75 m

注:1. 公共建筑、工业建筑中的走道宽度不大于 2.5 m 时,其防烟分区的长边长度不应大于 60 m。
2. 当空间净高度大于 9 m 时,防烟分区之间可不设置挡烟设施。
3. 汽车库防烟分区的划分及其排烟量应符合现行国家标准《汽车库、修车库、停车场设计防火规范》(GB 50067)的相关规定。

知识点 3 防烟分区的划分构件

划分防烟分区的构件主要有挡烟垂壁、隔墙、防火卷帘、建筑横梁等。其中,隔墙是指只起分隔作用的墙体;挡烟垂壁是指用不燃材料制成,垂直安装在建筑顶棚、横梁或吊顶下,能在火灾时形成一定蓄烟空间的挡烟分隔设施;当建筑横梁的高度超过 50 cm 时,该横梁可作为挡烟设施使用。

随堂一练

一、选择题

1. 下列不属于防火分区的作用是（　　）。
   A. 隔断烟气 B. 控制火势
   C. 疏散人员 D. 灭火作用

2. 高层民用建筑防火分区最大允许建筑面积为（　　）m²。
   A. 1 500 B. 2 500
   C. 1 000 D. 600

3. 耐火等级为三级的单、多层民用建筑建筑高度应为（　　）层，防火分区的最大允许建筑面积为（　　）m²。
   A. 5；1 500 B. 5；1 200
   C. 2；1 200 D. 2；1 500

4. 防烟分区的构件中，只起分隔作用的是（　　）。
   A. 挡烟垂壁 B. 隔墙
   C. 防火卷帘 D. 建筑横梁

5. 当空间净高度大于（　　），防烟分区之间可以不设置挡烟设施。
   A. 8 m B. 7 m
   C. 9 m D. 10 m

二、简答题

1. 防烟分区的主要构件有哪些？它们分别有什么作用？
2. 主要防火分隔设施有哪三种？它们分别适用于安装在什么地方？

项目 6　建筑的总平面布局和平面布置

知识目标
- 了解建筑防火间距调整条件。
- 掌握建筑平面布局和布置的基本知识。
- 理解建筑平面布局和布置的基本操作。

能力目标
- 具备判定建筑平面布局的能力。
- 具备布置正确进行建筑平面布置的能力。
- 具备指导消防工程防火设计布置的能力。

素养目标
- 通过建筑总平面布置的学习培养大局意识。
- 通过消防车道设计标准的学习强化学生工程思维。
- 通过掌握建筑平面布局技能提升学生的劳模精神。

任务导航
- 任务 1　建筑总平面布局设计的要求
- 任务 2　建筑平面布置与设计的判定

任务 1　建筑总平面布局设计的要求

【重难点】
- 防火间距设计的要求。
- 消防车道设计的要求。
- 消防救援场地设计的要求。
- 消防水源设计的要求。

【案例导入】
试分析厂区建筑总平面布局是否合理？

【案例分析】
根据图 2-20 分析该厂区的总平面而言是否合理。

微课：建筑防火
总平面布置

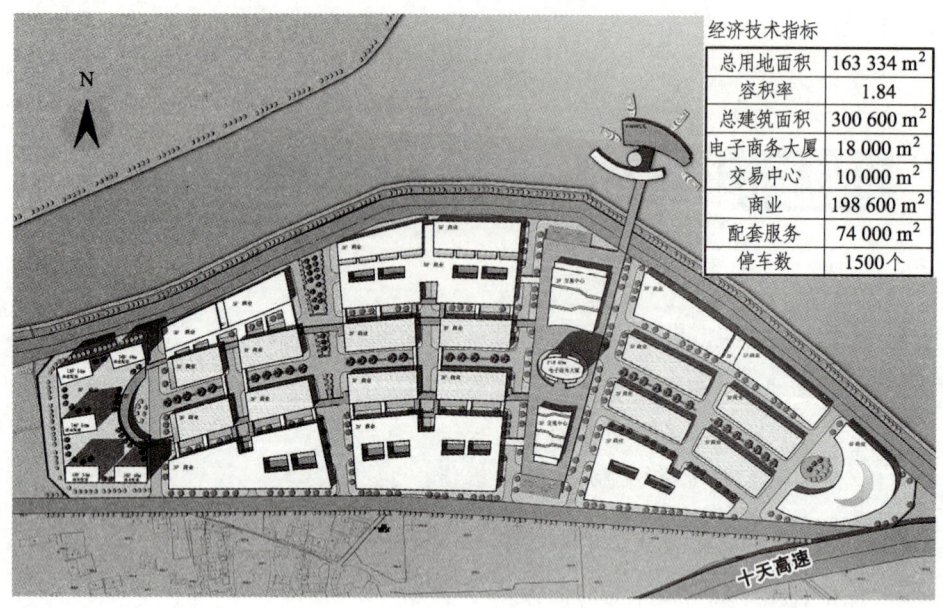

图 2-20　某厂区总平面布局

【知识链接】

建筑总平面布局及平面布置应满足城市规划和消防安全的要求。建筑总平面布局和平面布置不仅影响周围环境和人们的生活，而且对建筑自身及相邻建筑的使用功能和安全都有较大的影响。

建筑总平面布局应综合考虑建筑的使用性质、生产经营规模、火灾危险性及所处的环境、地形、风向等因素，合理确定建筑之间防火间距、消防车道、消防救援场地和入口、消防水源等。

知识点 1　防火间距

1. 防火间距的定义

防火间距是防止着火建筑的辐射热在一定时间内引燃相邻建筑，且便于消防扑救的间隔距离，如图 2-21 所示。合理的防火间距设置，可以防止火灾蔓延，保障灭火救援场地需要，并有利于节约土地资源。

微课：防火间距设计原则

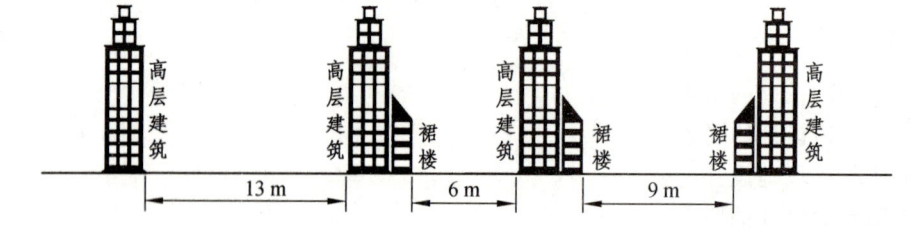

图 2-21　高层民用建筑之间防火间距

2. 防火间距的确定

对于不同建筑间的防火间距，国家标准《建筑防火通用规范》（GB 55037—2022）、《建筑防火通用规范》（GB 55037）、《汽车库、修车库、停车场设计防火规范》（GB 50067）等作出了具体的规定。

（1）民用建筑之间的防火间距不应小于相关规范的规定，具体值见表2-12及图2-22。

表2-12 民用建筑之间的防火间距　　　　　　　　　　　　　　单位：m

建筑类别		高层民用建筑	裙房和其他民用建筑		
		一、二级	一、二级	三级	四级
高层民用建筑	一、二级	13	9	11	14
裙房和其他民用建筑	一、二级	9	6	7	9
	三级	11	7	8	10
	四级	14	9	10	12

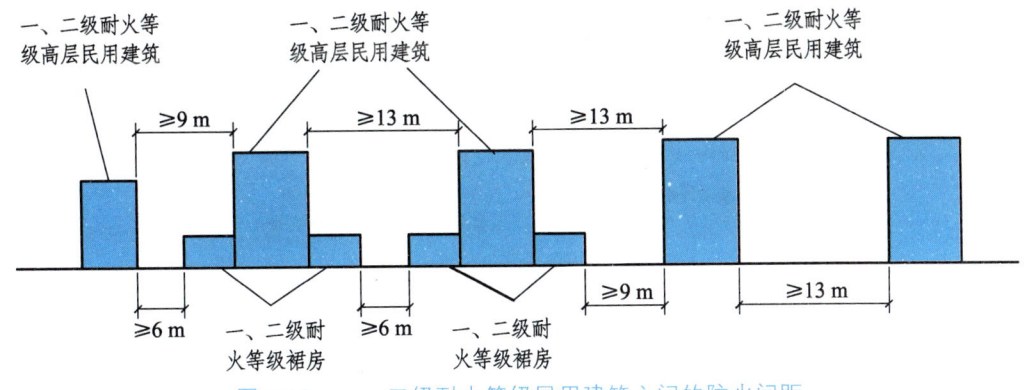

图2-22 一、二级耐火等级民用建筑之间的防火间距

扩展阅读：

① 相邻两座单、多层建筑，当相邻外墙为不燃性墙体且无外露的可燃性屋檐，每面外墙上无防火保护的门、窗、洞口不正对开设且该门、窗、洞口的面积之和不大于外墙面积的5%时，其防火间距可按本表的规定减少25%，如图2-23所示。

② 两栋建筑相邻较高一面外墙为防火墙，或高出相邻较低一座一、二级耐火等级建筑的屋面15 m及以下范围内的外墙为防火墙时，其防火间距不限，如图2-24所示。

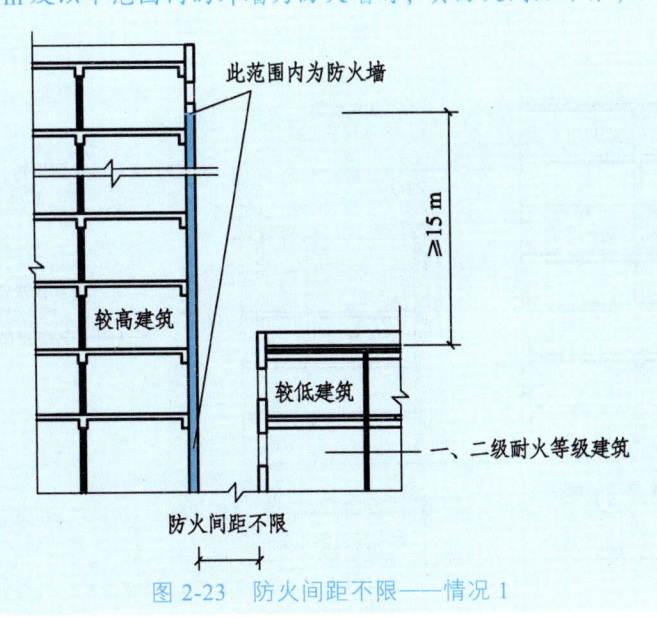

图2-23 防火间距不限——情况1

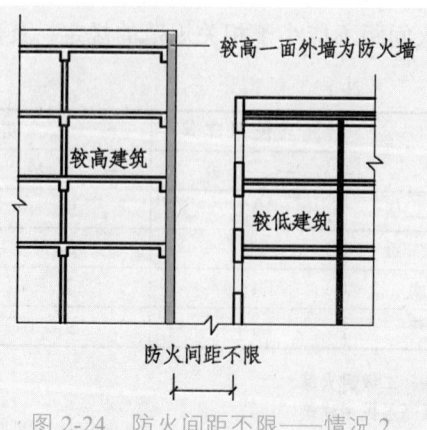

图 2-24　防火间距不限——情况 2

③ 相邻两幢高度相同的一、二级耐火等级建筑中相邻任一侧外墙为防火墙,屋顶的耐火极限不低于 1.00 h 时,其防火间距不限,如图 2-25 所示。

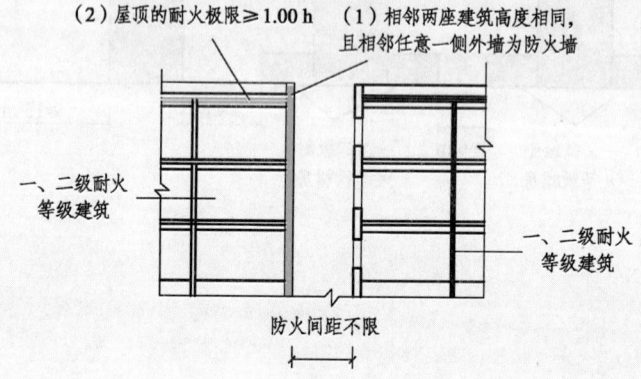

图 2-25　防火间距不限——情况 3

④ 相邻两座建筑中较低一座建筑的耐火等级不低于二级,相邻较低一面外墙为防火墙且屋顶无天窗,屋顶的耐火极限不低于 1.00 h 时,其防火间距不应小于 3.5 m;对于高层建筑,不应小于 4 m,如图 2-26 所示。

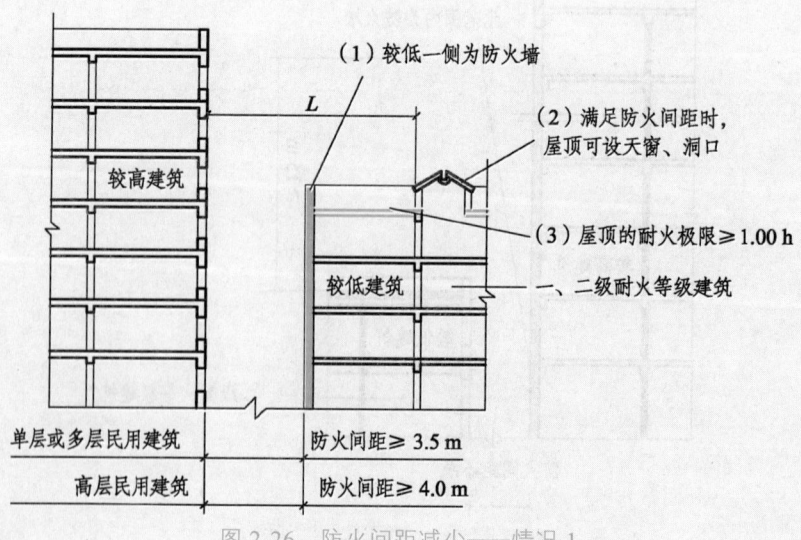

图 2-26　防火间距减少——情况 1

⑤ 相邻两座建筑中较低一座建筑的耐火等级不低于二级且屋顶无天窗，相邻较高一面外墙高出较低一座建筑的屋面 15 m 及以下范围内的开口部位设置甲级防火门、窗，或设置符合现行国家标准《自动喷水灭火系统设计规范》（GB 50084）规定的防火分隔水幕或国家标准《建筑防火通用规范》（GB 55037）规定的防火卷帘时，其防火间距不应小于 3.5 m；对于高层建筑，不应小于 4 m，如图 2-27 所示。

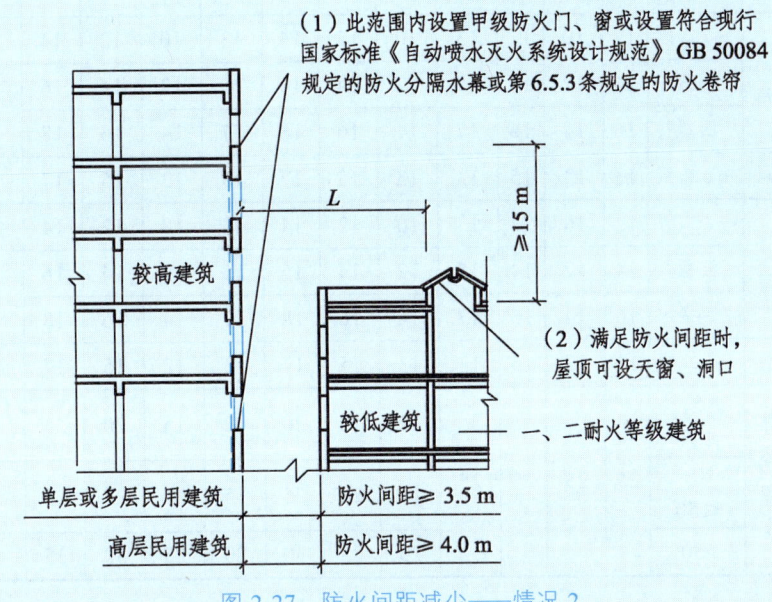

图 2-27 防火间距减少——情况 2

⑥ 相邻建筑通过连廊、天桥或底部的建筑物等连接时，其间距不应小于表 2-12 的规定。

⑦ 耐火等级低于四级的既有建筑，其耐火等级可按四级确定。

（2）厂房之间及与乙、丙、丁、戊类仓库、民用建筑的防火间距不应小于相应规范的规定，具体值见表 2-13。

表 2-13 厂房之间及与乙、丙、丁、戊类仓库、民用建筑的防火间距　　单位：m

名称		甲类厂房	乙类厂房（仓库）			丙、丁、戊类厂房（仓库）			民用建筑			
		单、多层	单、多层		高层	单、多层		高层	裙房，单、多层			高层
		一、二级	一、二级	三级	一、二级	一、二级	三级	四级	一、二级	一、二级	三级	四级	一类	二类
甲类厂房	单、多层	一、二级	12	12	14	13	12	14	16	13	25			50
乙类厂房	单、多层	一、二级	12	10	12	13	10	12	14	13	25			50
		三级	14	12	14	15	12	14	16	15				
	高层	一、二级	13	13	15	13	13	15	17	13				

续表

名称			甲类厂房 单、多层 一、二级	乙类厂房(仓库) 单、多层 一、二级	乙类厂房(仓库) 单、多层 三级	乙类厂房(仓库) 高层 一、二级	丙、丁、戊类厂房(仓库) 单、多层 一、二级	丙、丁、戊类厂房(仓库) 单、多层 三级	丙、丁、戊类厂房(仓库) 单、多层 四级	丙、丁、戊类厂房(仓库) 高层 一、二级	民用建筑 裙房,单、多层 一、二级	民用建筑 裙房,单、多层 三级	民用建筑 裙房,单、多层 四级	民用建筑 高层 一类	民用建筑 高层 二类
丙类厂房	单、多层	一、二级	12	10	12	13	10	12	14	13	10	12	14	20	15
		三级	14	12	14	15	12	14	16	15	12	14	16	25	20
		四级	16	14	16	17	14	16	18	17	14	16	18	25	20
	高层	一、二级	13	13	15	13	13	15	17	13	13	15	17	20	15
丁、戊类厂房	单、多层	一、二级	12	10	12	13	10	12	14	13	10	12	14	15	13
		三级	14	12	14	15	12	14	16	15	12	14	16	18	15
		四级	16	14	16	17	14	16	18	17	14	16	18	18	15
	高层	一、二级	13	13	15	13	13	15	17	13	13	15	17	15	13
室外变、配电站	变压器总油量(t)	≥5,≤10	25	25	25	25	12	15	20	12	15	20	25	20	20
		>10,≤50	25	25	25	25	15	20	25	15	20	25	30	25	25
		>50	25	25	25	25	20	25	30	20	25	30	35	30	30

扩展阅读：

① 乙类厂房与重要公共建筑的防火间距不宜小于50 m；与明火或散发火花地点的防火间距不宜小于30 m，单、多层戊类厂房之间及与戊类仓库的防火间距可按本表的规定减少2 m。为丙、丁、戊类厂房服务而单独设置的生活用房应按民用建筑确定，与所属厂房的防火间距不应小于6 m。

② 两栋厂房相邻较高一面外墙为防火墙时，或相邻两栋高度相同的一、二级耐火等级建筑中相邻任一侧外墙为防火墙且屋顶的耐火极限不低于1.00 h时，其防火间距不限，但甲类厂房之间不应小于4 m。两座丙、丁、戊类厂房相邻两面外墙均为不燃性墙体，当无外露的可燃性屋檐，每面外墙上的门、窗、洞口面积之和各不大于该外墙面积的5%，且门、窗、洞口不正对开设时，其防火间距可按表中的规定减少25%。

③ 两座一、二级耐火等级的厂房，当相邻较低一面外墙为防火墙且较低一座厂房的屋顶耐火极限不低于1.00 h，或相邻较高一面外墙的门、窗等开口部位设置甲级防火门、窗或防火分隔水幕或按国家标准《建筑防火通用规范》(GB 55037)的规定设置防火卷帘时，甲、乙类厂房之间的防火间距不应小于6 m；丙、丁、戊类厂房之间的防火间距不应小于4 m。

④ 发电厂内的主变压器，其油量可按单台确定。

⑤ 耐火等级低于四级的既有厂房，其耐火等级可按四级确定。

⑥ 当丙、丁、戊类厂房与丙、丁、戊类仓库相邻时，应符合以上第②、③条的规定。

（3）甲类仓库之间及与其他建筑、明火或散发火花地点、铁路、道路等防火间距不应小于表 2-14 的规定；乙、丙、丁、戊类仓库之间及与民用建筑的防火间距不应小于相应规范的规定，具体值见表 2-15。

表 2-14 甲类仓库之间及与其他建筑、明火或散发火花地点、铁路、道路等的防火间距　　单位：m

名称			甲类仓库（储量，t）			
			甲类储存物品第 3、4 项		甲类储存物品第 1、2、5、6 项	
			≤5	>5	≤10	>10
高层民用建筑、重要公共建筑			50			
裙房、其他民用建筑、明火或散发火花地点			30	40	25	30
甲类仓库			20	20	20	20
厂房和乙、丙、丁、戊类仓库		一、二级	15	20	12	15
		三级	20	25	15	20
		四级	25	30	20	25
电力系统电压为 35～500 kV 且每台变压器容量不小于 10 MV·A 的室外变、配电站，工业企业的变压器总油量大于 5 t 的室外降压变电站			30	40	25	30
厂外铁路线中心线			40			
厂内铁路线中心线			30			
厂外道路路边			20			
厂内道路路边		主要	10			
		次要	5			

注：甲类仓库之间的防火间距，当第 3、4 项物品储量不大于 2 t，第 1、2、5、6 项物品储量不大于 5 t 时，不应小于 12 m。甲类仓库与高层仓库的防火间距不应小于 13 m。

表 2-15　乙、丙、丁、戊类仓库之间及与民用建筑的防火间距　　单位：m

名称			乙类仓库			丙类仓库				丁、戊类仓库			
			单、多层		高层	单、多层			高层	单、多层			高层
			一、二级	三级	一、二级	一、二级	三级	四级	一、二级	一、二级	三级	四级	一、二级
乙、丙、丁、戊类仓库	单、多层	一、二级	10	12	13	10	12	14	13	10	12	14	13
		三级	12	14	15	12	14	16	15	12	14	16	15
		四级	14	16	17	14	16	18	17	14	16	18	17
	高层	一、二级	13	15	13	13	15	17	13	13	15	17	13
民用建筑	裙房，单、多层	一、二级	25			10	12	14	13	10	12	14	13
		三级	25			12	14	16	15	12	14	16	15
		四级	25			14	16	18	17	14	16	18	17
	高层	一类	50			20	25	25	20	15	18	18	15
		二类	50			15	20	20	15	13	15	15	13

扩展阅读：

① 单层、多层戊类仓库之间的防火间距，可按表2-15减少2 m。

② 两座仓库的相邻外墙均为防火墙时，防火间距可以减小，但丙类不应小于6 m；丁、戊类不应小于4 m。两座仓库相邻较高一面外墙为防火墙，或相邻两座高度相同的一、二级耐火等级建筑中相邻任一侧外墙为防火墙且屋顶的耐火极限不低于1.00 h，且总占地面积不大于国家标准《建筑防火通用规范》（GB 55037）一号仓库的最大允许占地面积规定时，其防火间距不限。

③ 除乙类第6项物品外的乙类仓库，与民用建筑之间的防火间距不宜小于25 m，与重要公共建筑的防火间距不应小于50 m，与铁路、道路等的防火间距不宜小于表2-14中甲类仓库与铁路、道路等的防火间距。

④ 储罐之间的防火间距为相邻两储罐外壁的最近水平距离。储罐与堆场的防火间距为储罐外壁至堆场中相邻堆垛外缘的最近水平距离。

⑤ 堆场之间的防火间距为两堆场中相邻堆垛外缘的最近水平距离。

⑥ 变压器之间的防火间距为相邻变压器外壁的最近水平距离。变压器与建筑、储罐或堆场的防火间距，为变压器外壁至建筑外墙、储罐外壁或相邻堆垛外缘的最近水平距离。

⑦ 建筑、储罐或堆场与道路、铁路的防火间距，为建筑外墙、储罐外壁或相邻堆垛外缘距道路最近一侧路边或铁路中心线的最小水平距离。

3. 防火间距的测量

对防火间距进行实地测量时，沿建筑周围选择相对较近处测量间距，如图2-28。具体方法是：建筑之间的防火间距按相邻建筑外墙的最近水平距离计算，当外墙有凸出的可燃或难燃构件时，从其凸出部分外缘算起。建筑与储罐、堆场的防火间距，为建筑外墙至储罐外壁或堆场中相邻堆垛外缘的最近水平距离。

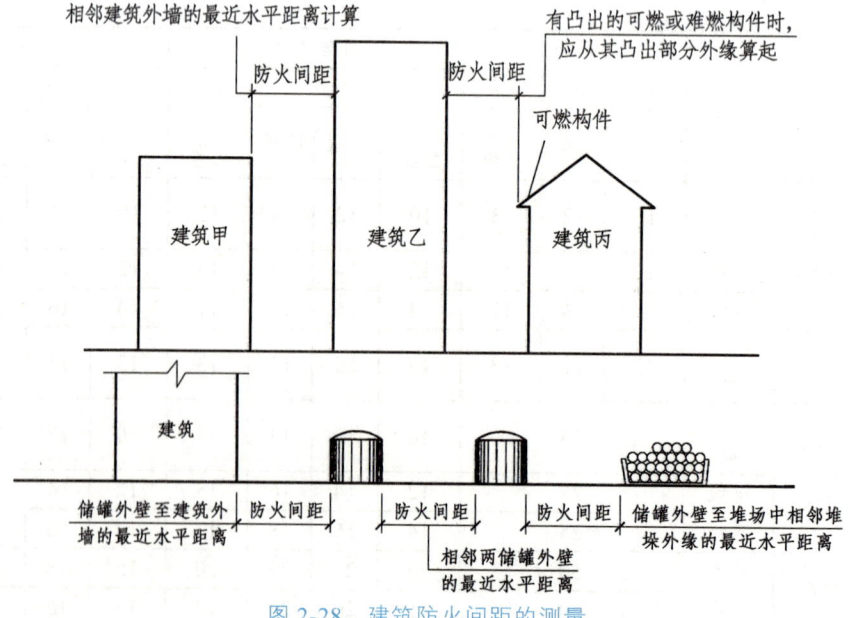

图 2-28 建筑防火间距的测量

4. 防火间距不足时应采取的措施

防火间距由于场地等原因，难以满足国家规范的要求时，可根据建筑的实际情况采取以下措施：

（1）改变建筑的生产和使用性质，尽量降低建筑的火灾危险性；改变房屋部分结构的耐火性能，提高建筑的耐火等级。

（2）调整生产厂房的部分工艺流程，限制库房内储存物品的数量，提高部分构件的耐火性能和燃烧性能。

（3）将建筑的普通外墙改造为防火墙或减小相邻建筑的开口面积。

（4）拆除部分耐火等级低、占地面积小、存在价值低且与新建筑相邻的原有陈旧建筑。

（5）设置独立的室外防火墙。

知识点 2　消防车道

1. 消防车道的定义

消防车道是指满足消防车通行和作业等要求，在紧急情况下供消防救援队专用，使消防员和消防车等装备能到达或进入建筑的通道。

设置消防车道的目的在于，发生火灾时确保消防车畅通无阻，迅速到达火场，为及时扑灭火灾创造条件。因此，设置无人缴费系统等交通装置的区域不应影响消防车道的正常使用。

2. 消防车道的设置要求

消防车道可分为环形消防车道、穿过建筑的消防车道、尽头式消防车道以及消防水源地消防车道等。消防车道的设置应满足以下要求：

（1）车道的净宽度和净空高度均不应小于 4.0 m。

（2）转弯半径应满足消防车转弯的要求。

（3）消防车道与建筑之间不应设置妨碍消防车操作的树木、架空管线等障碍物。

（4）消防车道靠建筑外墙一侧的边缘距离建筑外墙不宜小于 5 m。

（5）消防车道的坡度不宜大于 10%。

（6）消防车道的路面应能承受重型消防车的压力。

消防车道设计要求如图 2-29 和图 2-30 所示。

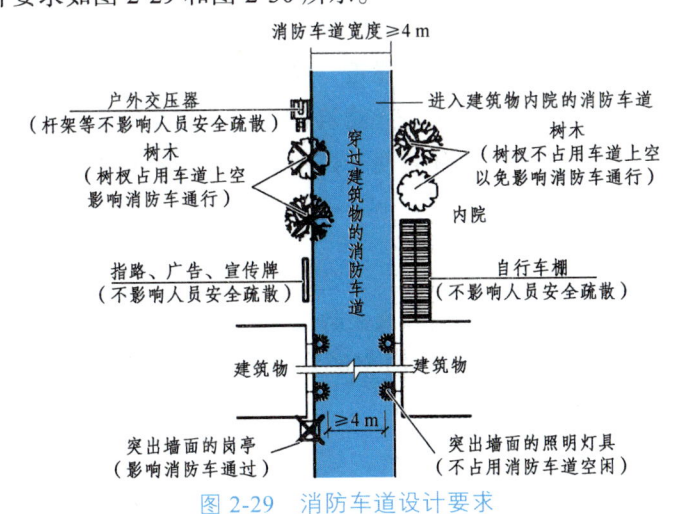

图 2-29　消防车道设计要求

图 2-30 消防车道设置

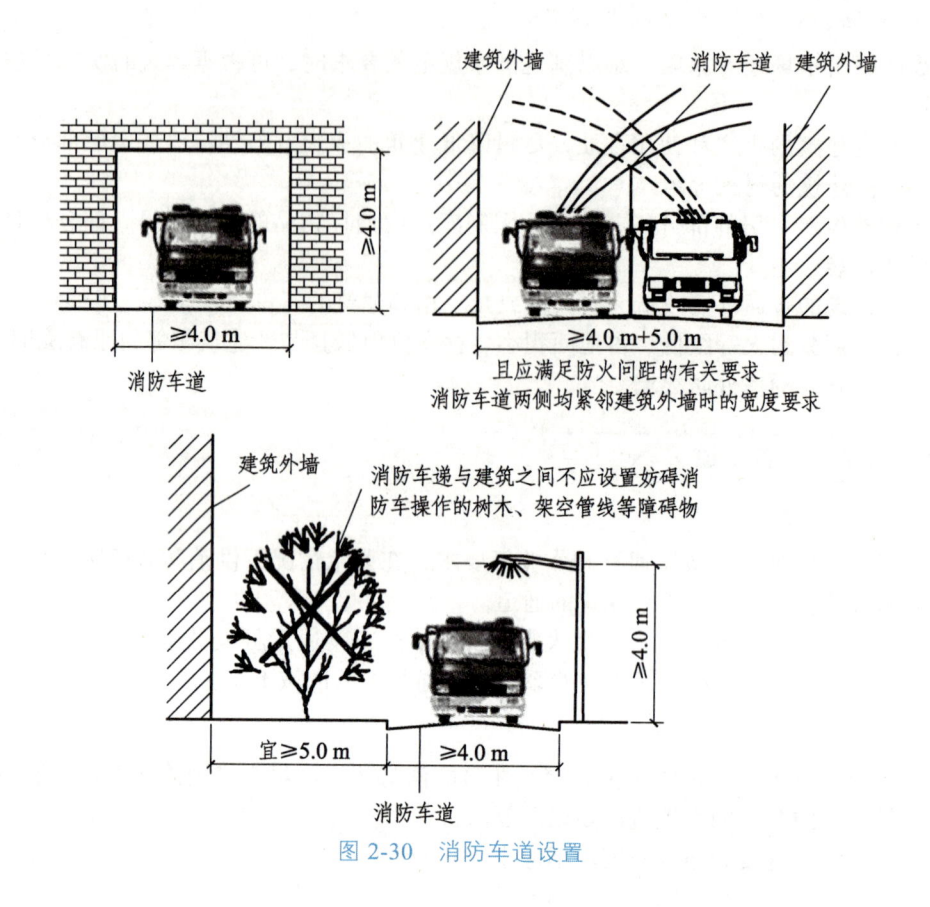

知识点 3　消防救援场地和入口

1. 消防救援场地和入口的作用

消防救援场地和入口主要是指消防车登高操作场地、消防登高面和灭火救援窗,其中,消防车登高操作场地是指满足登高消防车靠近、停留、展开安全作业的场地。对应消防车登高操作场地的建筑外墙,是便于消防员进入建筑内部进行救人和灭火的建筑立面,称为消防登高面。供消防人员快速进入建筑主体且便于识别的灭火救援窗口称为灭火救援窗。消防救援场地设置如图 2-31 所示。

2. 消防救援场地和入口的设置要求

消防车登高操作场地、消防登高面和灭火救援窗是开展灭火救援行动的重要条件,应严格按照国家标准《建筑防火通用规范》(GB 55037)的相关规定进行设置。消防救援窗设置如图 2-32 所示。

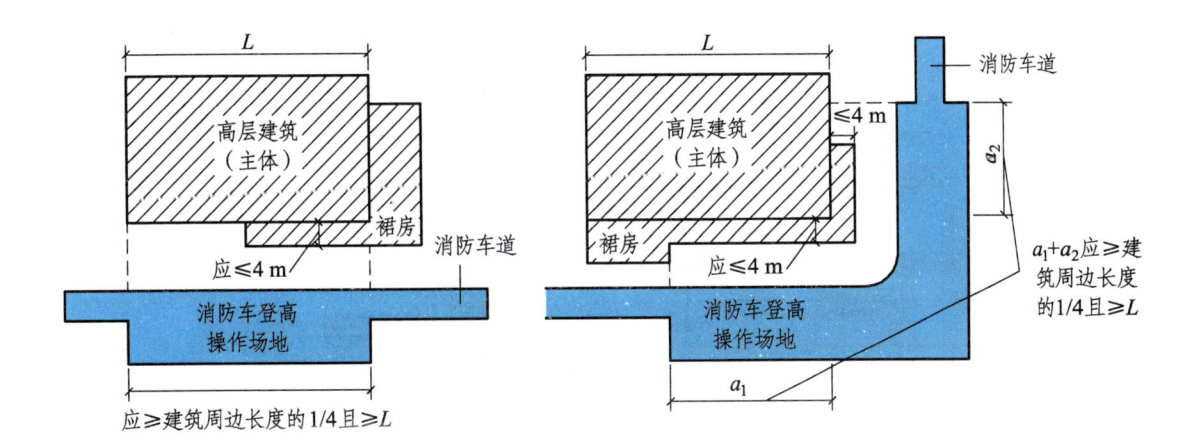

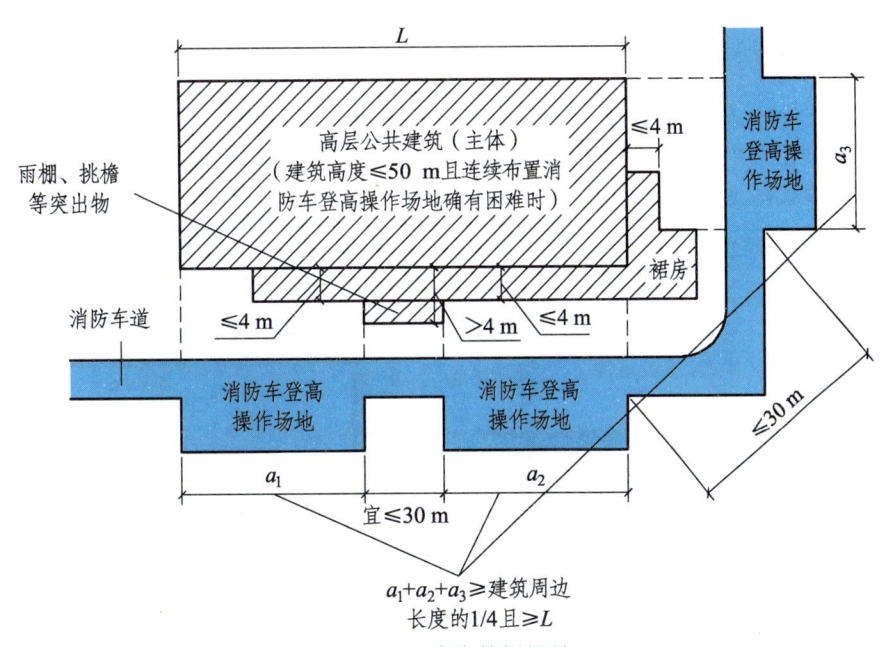

图 2-31 消防救援场地

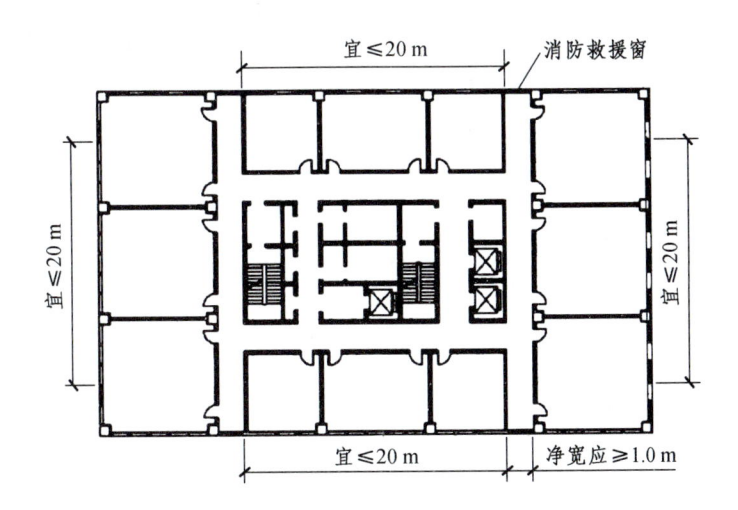

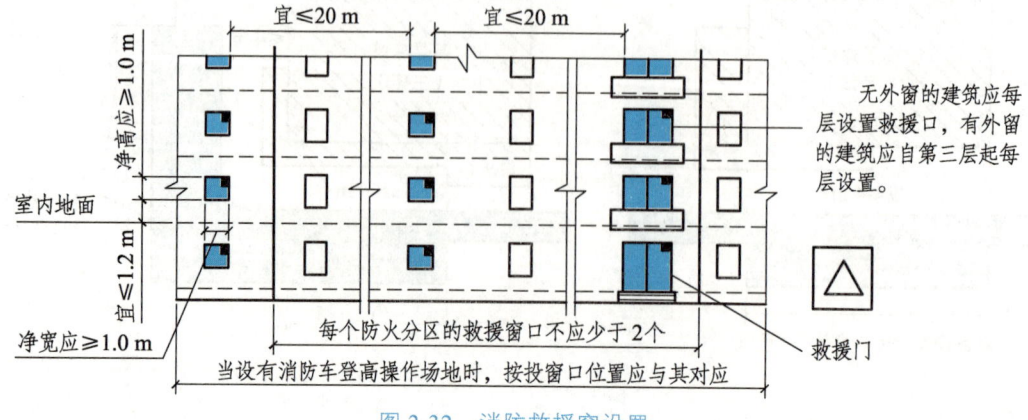

图 2-32 消防救援窗设置

知识点 4　消防水源

消防水源是指开展消防工作时所需要的水源，一般有天然水源和人工水源两种。消防车取水口设置要求如图 2-33 所示。

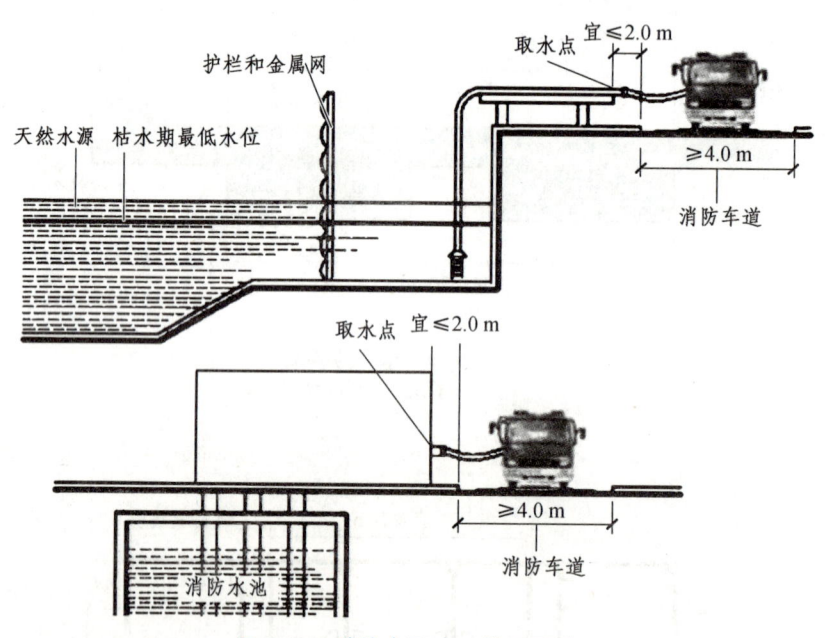

图 2-33　消防车取水口设置要求

任务 2　建筑平面布置与设计的判定

【重难点】

- 设备用房的布置。
- 公共聚集场所的布置。

- 儿童活动场所的布置。
- 医院住院部分的布置。

【案例导入】

高层建筑地下平面布置是否合理。

【案例分析】

某高层建筑，设计建筑高度为 68.0 m，总建筑面积为 91 200 m²。标准层的建筑面积为 2 176 m²，每层划分为 1 个防火分区；一至二层为上、下连通的大堂；三层设置会议室和多功能厅；四层以上用于办公。建筑的耐火等级设计为二级，其楼板、梁和柱的耐火极限分别为 1.00 h、2.00 h 和 3.00 h。高层主体建筑附建了 3 层裙房，并采用防火墙及甲级防火门与高层主体建筑进行分隔。高层主体建筑和裙房的下部设置了 3 层地下室。

高层建筑地下一层设置餐饮、超市和设备室；地下二层为人防工程和汽车库、消防水泵房、消防水池、燃油锅炉房、变配电室（干式）等；地下三层为汽车库。地下各层均按标准要求划分了防火分区；其中，人防工程区的建筑面积为 3 310 m²，设置了歌厅、洗浴桑拿房、健身用房及影院，并划分为歌厅、洗浴桑拿与健身、影院三个防火分区，建筑面积分别为 820 m²、1 110 m² 和 1 380 m²。

【知识链接】

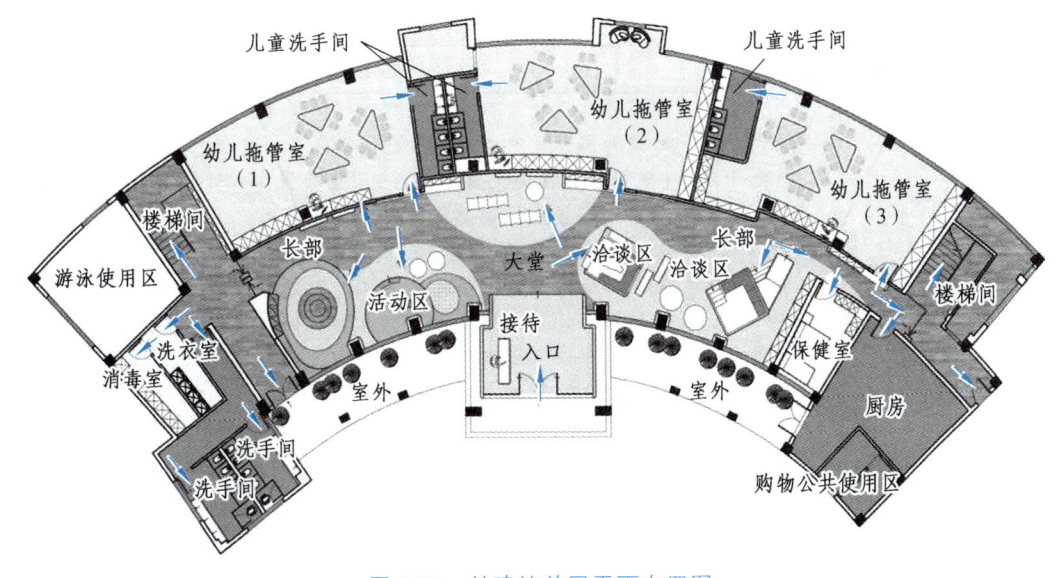

一座建筑在建设时，除了应考虑城市的规划和在城市中的设置位置外，还应根据某些重点部位的火灾危险性、使用性质、人员密集场所人员快捷疏散和消防成功扑救等因素，对建筑内部空间进行合理布置，以防止火灾和烟气在建筑内部蔓延扩大，确保火灾时的人员生命安全，减少财产损失。如图 2-34 和图 2-35 所示为某建筑首层和标准层的平面布置图。

微课：建筑防火平面布置原则

图 2-34 某建筑首层平面布置图

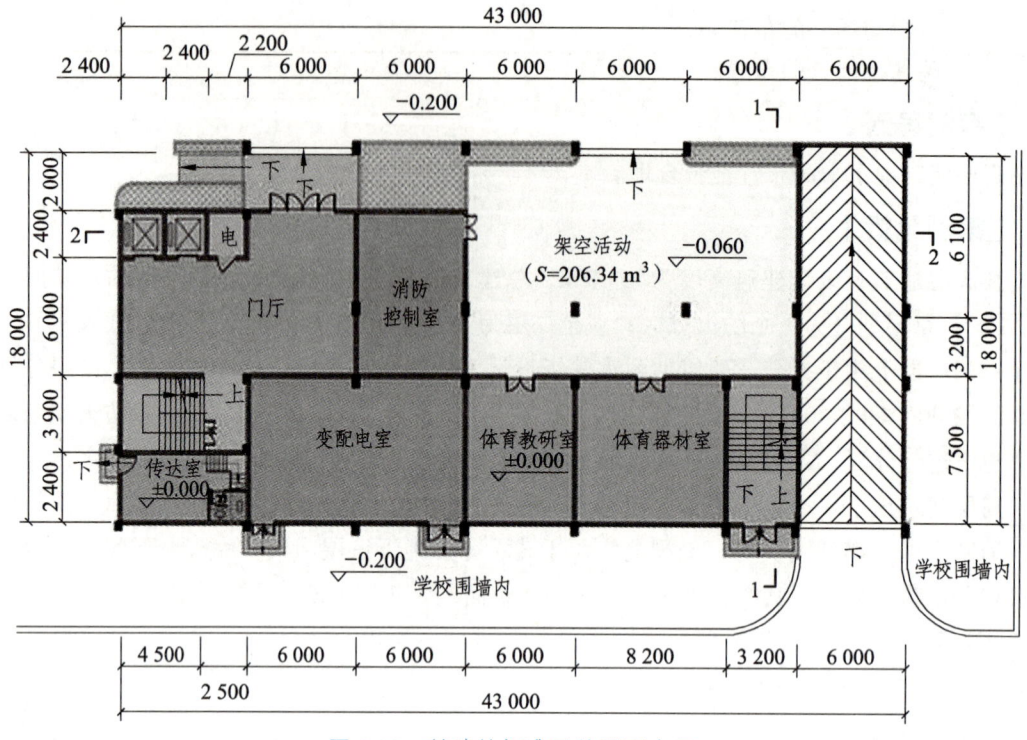

图 2-35 某建筑标准层的平面布置

知识点 1 设备用房

建筑内设备用房在建筑使用过程中具有重要作用，消防系统设备用房在建筑发生火灾事故时需继续工作，因此设备用房的平面布置防火尤为重要。设备用房的平面布置的防火要求应符合相应规范的相关要求，具体设置要求见表 2-16。

表 2-16 设备用房的平面布置

设备用房	设置层数及要求
燃油或燃气、锅炉房、油浸变压器室	宜设置在建筑外的专用房间内；确需贴邻民用建筑布置时，应采用防火墙与所贴邻的建筑分隔，且不应贴邻人员密集场所，该专用房间的耐火等级不应低于二级；确需布置在民用建筑内时，不应布置在人员密集场所的上一层、下一层或贴邻。当布置在民用建筑内时，还应满足： （1）燃油或燃气锅炉房、变压器室应设置在首层或地下一层的靠外墙部位，但常（负）压燃油或燃气锅炉可设置在地下二层或屋顶上。设置在屋顶上的常（负）压燃气锅炉，距离通向屋面的安全出口不应小于 6 m 采用相对密度（与空气密度的比值）不小于 0.75 的可燃气体为燃料的锅炉，不得设置在地下或半地下 （2）锅炉房、变压器室的疏散门均应直通室外或安全出口布置在民用建筑内时应满足：
柴油发电机房	（1）宜布置在首层或地下一、二层 （2）不应布置在人员密集场所的上一层、下一层或贴邻 （3）应采用耐火极限不低于 2.00 h 的防火隔墙和 1.50 h 的不燃性楼板与其他部位分隔，门应采用甲级防火门

设备用房	设置层数及要求
消防控制室	（1）宜在首层或地下一层靠外墙部位 （2）应采用耐火极限不低于 2.00 h 的防火隔墙和 1.50 h 的不燃性楼板与其他部位分隔，疏散门应直通室外或安全出口 （3）不应设置在电磁场干扰较强及其他可能影响消防控制设备正常工作的房间附近 （4）严禁与消防控制室无关的电气线路和管路穿过
消防水泵房	（1）独立建造的消防水泵房耐火等级不应低于二级 （2）附设在建筑内的消防水泵房，不应设置在地下三层及以下，或室内地面与室外出入口地坪高差大于 10 m 的地下楼层 （3）附设在建筑内的消防水泵房，应采用耐火极限不低于 2.00 h 的隔墙和 1.50 h 的不燃性楼板与其他部位隔开，其疏散门应直通室外或安全出口，且开向疏散走道的门应采用甲级防火门
其他机房	（1）附设在建筑内的消防设备用房，如固定灭火系统的设备室、通风空气调节机房、排烟机房等，应满足： （2）应采用耐火极限不低于 2.00 h 的防火隔墙和 1.50 h 的不燃性楼板与其他部位隔开

知识点 2　公众聚集场所

歌舞娱乐放映游艺场所、会议厅、多功能厅、剧场、电影院、礼堂等公众聚集场所，其平面布置的防火要求应符合相关规范的要求，具体设置要求见表 2-17。

表 2-17　人员密集场所设置

公众聚集场所	平面布置要求
歌舞娱乐放映游艺场所	（1）不应布置在地下二层及以下楼层 （2）宜布置在一、二级耐火等级建筑内的首层、二层或三层的靠外墙部位 （3）不宜布置在袋形走道的两侧或尽端 （4）确需布置在地下一层时，地下一层的地面与室外出入口地坪的高差不应大于 10 m （5）确需布置在地下或四层及以上楼层时，一个厅、室的建筑面积不应大于 200 m²
会议厅、多功能厅	宜布置在首层、二层或三层。设置在三级耐火等级的建筑内时，不应布置在三层及以上楼层。 确需布置在一、二级耐火等级建筑的其他楼层时，应符合下列规定： （1）一个厅、室的疏散门不应少于 2 个，且建筑面积不宜大于 400 m² （2）设置在地下或半地下时，宜设置在地下一层，不应设置在地下三层及以下楼层
剧场、电影院、礼堂	宜设置在独立的建筑内；采用三级耐火等级建筑时，不应超过 2 层。确需设置在其他民用建筑内时，至少应设置 1 个独立的安全出口和疏散楼梯，并应符合下列规定： （1）应采用耐火极限不低于 2.00 h 的防火隔墙和甲级防火门与其他区域分隔 （2）设置在一、二级耐火等级的建筑内时，观众厅宜布置在首层、二层或三层；确需布置在四层及以上楼层时，一个厅、室的疏散门不应少于 2 个，且每个观众厅的建筑面积不宜大于 400 m² （3）设置在三级耐火等级的建筑内时，不应布置在三层及以上楼层 （4）设置在地下或半地下时，宜设置在地下一层，不应设置在地下三层及以下楼层

知识点 3　老年人建筑及儿童活动场所

老年人及儿童在火灾时难以进行适当的自救和安全逃生，因此宜将老年人建筑及托儿所、幼儿园的儿童用房和儿童游乐厅等儿童活动场所设置在独立的建筑内，并应符合相关规范的要求，具体设置要求见表 2-18。

表 2-18　老年人建筑及儿童活动场所的平面布置

场所	平面布置要求
老年人建筑	（1）老年人照料设施宜独立设置。独立建造的一、二级耐火等级老年人照料设施的建筑高度不宜大于 32 m，不应大于 54 m；独立建造的三级耐火等级老年人照料设施，不应超过 2 层 （2）当老年人照料设施与其他建筑上、下组合时，老年人照料设施宜设置在建筑的下部 （3）当老年人照料设施中的老年人公共活动用房、康复与医疗用房设置在地下、半地下时，应设置在地下一层，每间用房的建筑面积不应大于 200 m² 且使用人数不应大于 30 人 （4）老年人照料设施中的老年人公共活动用房、康复与医疗用房设置在地上四层及以上时，每间用房的建筑面积不应大于 200 m² 且使用人数不应大于 30 人
儿童活动场所	宜设置在独立的建筑内，且不应设置在地下或半地下；当采用一、二级耐火等级的建筑时，不应超过 3 层；采用三级耐火等级的建筑时，不应超过 2 层；采用四级耐火等级的建筑时，应为单层。确需设置在其他民用建筑内时，应符合下列规定： （1）设置在一、二级耐火等级的建筑内时，应布置在首层、二层或三层 （2）设置在三级耐火等级的建筑内时，应布置在首层或二层 （3）设置在四级耐火等级的建筑内时，应布置在首层 （4）设置在高层建筑内时，应设置独立的安全出口和疏散楼梯 （5）设置在单、多层建筑内时，宜设置独立的安全出口和疏散楼梯

知识点 4　医院和疗养院的住院部分

医院和疗养院的住院部分不应设置在地下或半地下。医院和疗养院的住院部分采用三级耐火等级建筑时，不应超过 2 层；采用四级耐火等级建筑时，应为单层；设置在三级耐火等级的建筑内时，应布置在首层或二层；设置在四级耐火等级的建筑内时，应布置在首层。

知识点 5　消防电梯

消防电梯是火灾情况下运送消防器材和消防人员的专用消防设施。

1. 消防电梯的设置场所

建筑高度大于 33 m 的住宅建筑，一类高层公共建筑和建筑高度大于 32 m 的二类高层公共建筑、5 层及以上且总建筑面积大于 3 000 m²（包括设置在其他建筑内五层及以上楼层）的老年人照料设施，均应设置消防电梯。

2. 消防电梯的设置要求

（1）消防电梯应分别设置在不同防火分区内，且每个防火分区不应少于 1 台。地下或半地下建筑（室）相邻两个防火分区可共用 1 台消防电梯。

（2）建筑高度大于 32 m 且设置电梯的高层厂房（仓库），每个防火分区内宜设置 1 台消防电梯。

（3）电梯从首层至顶层的运行时间不宜大于 60 s，在首层的消防电梯入口处应设置供消防员专用的操作按钮。

（4）电梯轿厢的内部设置专用消防对讲电话，装修应采用不燃材料。

知识点 6　直升机停机坪

直升机停机坪（图 2-36）是发生火灾时，供直升机救援屋顶平台上的避难人员时停靠的设施。建筑高度超过 250 m 的工业与民用建筑，应在屋顶设置直升机停机坪。

图 2-36　直升机停机坪

随堂一练

一、选择题

1. 防火间距是防止着火建筑的（　　）在一定时间内引燃相邻建筑，且便于消防扑救的间隔距离。
   A. 热对流　　　B. 热打击　　　C. 辐射热　　　D. 热性能

2. 高层民用建筑，三级裙房的防火间距为（　　）m。
   A. 10　　　　　B. 11　　　　　C. 12　　　　　D. 13

3. 乙类厂房与重要公共建筑的防火间距不宜小于（　　），与明火或散发火花地点的防火间距不宜小于（　　）。
   A. 50；50　　　B. 50；30　　　C. 30；50　　　D. 30；30

4. 以下不属于消防车道设置要求的是（　　）。
   A. 车道净宽度和净空高度均不应小于 0.4 m
   B. 路面需能承受重型消防车的压力
   C. 坡度不应大于 8%
   D. 靠建筑外墙一侧的边缘距离建筑外墙不宜小于 0.5 m

5. 消防电梯设置场所不包括（　　）。
   A. 建筑高度大于 33 m 的住宅建筑
   B. 一类高层公共建筑
   C. 建筑高度大于 32 m 的二类高层公共建筑
   D. 3 层及以上且总建筑面积大于 3 000 平方米的老年人照料设施

二、简答题

1. 消防控制室和水泵房隔墙和楼板耐火时间应为多少？消防控制室和水泵房在建筑中应该如何设置？
2. 歌舞厅、会议厅、电影院分别应设置在哪个楼层？

项目 7　安全疏散

知识目标
- 了解安全疏散的基本概念。
- 理解安全疏散的基件。
- 掌握安全疏散指标和特殊疏散场所要求。

能力目标
- 具备描述消防安全疏散技术指标的能力。
- 具备判定消防安全疏散设计参数对错的能力。
- 具备完成消防安全疏散辅助设计的能力。

素养目标
- 通过安全疏散定义的学习培养学生以人为本安全第一的意识。
- 通过掌握消防安全疏散宽度的计算强化学生求真务实的精神。
- 通过掌握安全疏散设计的技能提升学生"匠意、匠思、匠智"的精神。

任务导航
- 任务1　安全疏散与出口设计的判定
- 任务2　安全疏散和设施设计的判定

任务 1　安全疏散与出口设计的判定

【重难点】
- 安全疏散的相关概念的理解。
- 疏散宽度的计算。
- 疏散距离的计算。

【案例导入】

根据下列案例试分析安全疏散存在哪些问题？

【案例分析】

某餐饮建筑，2020 年竣工并投入使用，地上 5 层，地下 3 层，每层层高 4.8 m，每层建筑面积 4 000 m²。建筑四周设置了宽度为 7 m 的环形消防车道，消防车道靠外墙一侧的边缘距离餐饮建筑 5 m。餐饮建筑外墙采用玻璃幕墙，室内设置空调系统。该建筑地上一～五层使用功能均为餐厅和餐厅包房，餐厅包房均具有练歌功能。地下一层使用功能为厨房，并设有消防控制室、消防水泵房等设备用房，上述房间的隔墙均采用 120 mm 厚普通黏土砖墙，地下二层和地下三层为汽车库。厨房操作间靠近顶板处设置 93 ℃ 自动喷水灭火系统洒水喷头。厨房灶具使用管道天然气做燃料，天然气管道由室外地下直接穿墙进入厨房。该建筑内设有 3 部客用电梯由地下三层通至各层，疏散楼梯均采用封闭楼梯间。该建筑设置了室内外消火栓系统，湿式自动喷水灭火系统，排烟系统，消防应急照明和疏散指示系统及灭火器。

【知识链接】

知识点 1　安全疏散的相关概念

安全疏散是指火灾时人员由危险区域向安全区域撤离的过程。安全疏散是建筑发生火灾后确保人员生命财产安全的有效措施，是建筑防火的一项重要内容。

微课：消防安全疏散设计原则

1. 安全区域

当建筑发生火灾时，凡能够确保避难人员安全的场所都是安全区域。通常，建筑的室外地坪以及类似的空旷场所、封闭楼梯间和防烟楼梯间、建筑屋顶平台、高层建筑中的避难层和避难间可视为安全区域。

2. 允许安全疏散时间

允许安全疏散时间是指建筑发生火灾时，建筑发生失稳破坏或人员遭受火灾烟气影响且达到不可忍受状态的时间。

3. 安全疏散宽度

为了尽快地进行安全疏散，建筑除需要设置足够数量的安全出口外，还应合理设置各安全出口、疏散走道、疏散楼梯的宽度，该宽度又称为安全疏散宽度。

4. 安全疏散距离

安全疏散距离包括房间内最远点到房门的疏散距离和从房门至最近安全出口的直线距离。

知识点 2　疏散宽度指标

1. 高层民用建筑

高层民用建筑的疏散外门、走道和楼梯的各自总宽度，应按通过人数每 100 人不小于 1 m 计算确定。公共建筑内安全出口和疏散门的净宽度不应小于 0.8 m，疏散走道和疏散楼梯的净宽度不应小于 1.1 m。高层住宅建筑疏散走道的净宽度不应小于 1.20 m。

高层公共建筑内楼梯间的首层疏散门、首层疏散外门、疏散走道和疏散楼梯的最小净宽度不应小于相关规范的要求，具体值见表 2-19。

表2-19 高层公共建筑内楼梯间的首层疏散门、首层疏散外门、疏散走道和
疏散楼梯的最小净宽度　　　　　　　　　　　单位：m/百人

建筑类别	楼梯间的首层疏散门、首层疏散外门	疏散走道		疏散楼梯
		单面布房	双面布房	
高层医疗建筑	1.30	1.40	1.50	1.30
其他高层公共建筑	1.20	1.30	1.40	1.20

2. 其他民用建筑

除剧场、电影院、礼堂、体育馆外的其他公共建筑的房间疏散门、安全出口、疏散走道和疏散楼梯的各自总宽度，应按相关规范的要求计算确定，具体值见表2-20。

例如，办公建筑的门洞口宽度不应小于1.00 m，高度不应小于2.10 m。

当建筑使用人数不多，其安全出口的宽度经计算数值又很小时，为便于人员疏散，首层疏散外门、楼梯和走道应满足最小宽度的要求。

（1）建筑内疏散走道和楼梯的净宽度不应小于1.1 m，安全出口和疏散出口的净宽度不应小于0.9 m。不超过6层的单元式住宅一侧设有栏杆的疏散楼梯，其最小宽度可不小于1 m。

表2-20 其他公共建筑中房间疏散门、安全出口、疏散走道和
疏散楼梯的每百人所需最小疏散净宽度　　　　　单位：m/百人

建筑层数		建筑耐火等级		
		一、二级	三级	四级
地上楼层	1~2层	0.65	0.75	1.00
	3层	0.75	1.00	—
	≥4层	1.00	1.25	—
地下楼层	与地面出入口地面的高差≤10 m	0.75	—	—
	与地面出入口地面的高差>10 m	1.00	—	—

（2）人员密集的公共场所，其疏散门的净宽度不应小于1.4 m，室外疏散小巷的净宽度不应小于3.0 m。

同时，国家标准《建筑防火通用规范》（GB 55037）也对剧场、电影院、礼堂、体育馆等场所的安全疏散作了具体要求应严格执行。

知识点3　疏散距离指标

影响安全疏散距离的因素很多，如建筑的使用性质、人员密集程度、人员本身活动的能力等，因此，应根据建筑的使用性质、规模、火灾危险性等因素，合理设置安全疏散距离，确保人员疏散安全。以公共建筑为例，公共建筑直通疏散走道的房间疏散门至最近安全出口的直线距离见表2-21。

表 2-21　公共建筑直通疏散走道的房间疏散门至最近安全出口的直线距离

名称			位于两个安全出口之间的疏散门			位于袋形走道两侧或尽端的疏散门		
			耐火等级			耐火等级		
			一、二级	三级	四级	一、二级	三级	四级
托儿所、幼儿园、老年人照料设施			25	20	15	20	15	10
歌舞娱乐放映游艺场所			25	20	15	9	—	—
医疗建筑	单、多层		35	30	25	20	15	10
	高层	病房部分	24	—	—	12	—	—
		其他部分	30	—	—	15	—	—
教学建筑	单、多层		35	30	25	22	20	10
	高层		30	—	—	15	—	—
高层旅馆、展览建筑			30	—	—	15	—	—
其他建筑	单、多层		40	35	25	22	20	15
	高层		40	—	—	20	—	—

扩展阅读：

① 建筑内开向敞开式外廊的房间疏散门至最近安全出口的直线距离可按表 2-21 的规定增加 5 m，如图 2-37 所示。

位于两个安全出口之间的疏散门至最近安全出口的直线距离 $\leq x+5$（$\leq 1.25x+5$）

位于袋形走道两侧或尽端的疏散门至最近安全出口的直线距离 $\leq y+5$（$\leq 1.25y+5$）

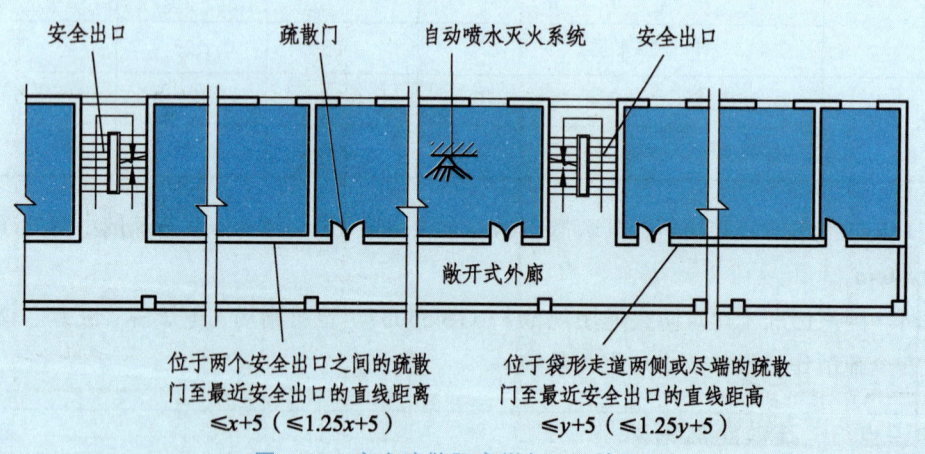

图 2-37　安全疏散距离增加——情况 1

② 直通疏散走道的房间疏散门至最近敞开楼梯间的直线距离，当房间位于两个楼梯间之间时，应按表 2-21 的规定减少 5 m；当房间位于袋形走道两侧或尽端时，应按表 2-21 的规定减少 2 m，如图 2-38 所示。

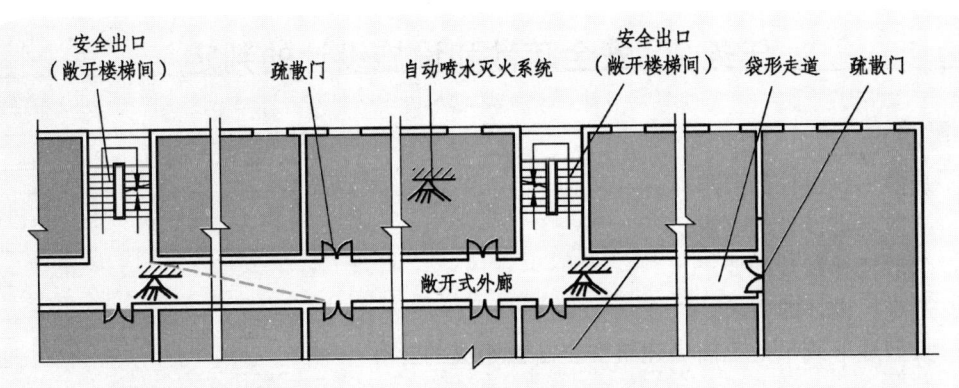

图中标注：
- 安全出口（敞开楼梯间）
- 疏散门
- 自动喷水灭火系统
- 安全出口（敞开楼梯间）
- 袋形走道
- 疏散门
- 敞开式外廊

位于两个安全出口之间的疏散门至最近安全出口的直线距离
$\leqslant x-5$（$\leqslant 1.25x-5$）

位于袋形走道两侧或尽端的疏散门至最近安全出口的直线距离
$\leqslant y-2$（$\leqslant 1.25y-2$）

图 2-38 安全疏散距离减少

③ 建筑内全部设置自动喷水灭火系统时，其安全疏散距离可按表 2-21 的规定增加 25%，如图 2-39 所示。

公共建筑房间内任一点至房间直通疏散走道的疏散门的直线距离，不应大于表 2-21 规定的袋形走道两侧或尽端的疏散门至最近安全出口的直线距离。其中，一、二级耐火等级建筑内疏散门或安全出口不少于 2 个的观众厅、展览厅、多功能厅、餐厅、营业厅等，其室内任一点至最近疏散门或安全出口的直线距离不应大于 30 m；当疏散门不能直通室外地面或疏散楼梯间时，应采用长度不大于 10 m 的疏散走道通至最近的安全出口。当该场所设置自动喷水灭火系统时，室内任一点至最近安全出口的安全疏散距离可增加 25%。

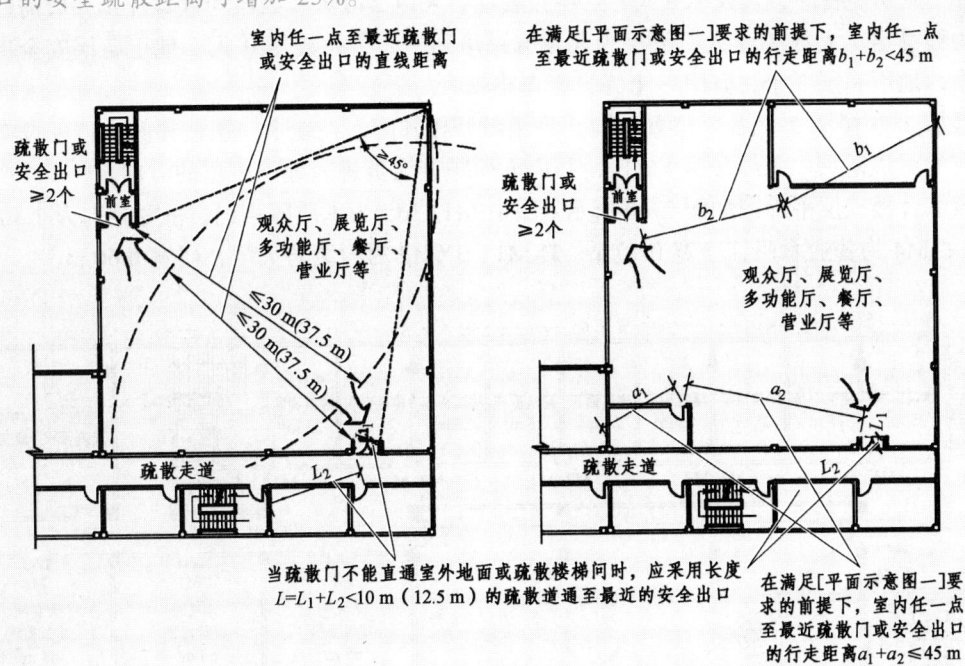

平面示意图（一）标注：
- 室内任一点至最近疏散门或安全出口的直线距离
- 疏散门或安全出口 ≥2个
- 前室
- 观众厅、展览厅、多功能厅、餐厅、营业厅等
- ≥45°
- ≤30 m(37.5 m)
- ≤30 m(37.5 m)
- 疏散走道
- L_2
- 当疏散门不能直通室外地面或疏散楼梯间时，应采用长度 $L=L_1+L_2<10$ m（12.5 m）的疏散通道通至最近的安全出口
- 一、二级耐火等级公共建筑平面示意图（一）

平面示意图（二）标注：
- 在满足[平面示意图一]要求的前提下，室内任一点至最近疏散门或安全出口的行走距离 $b_1+b_2<45$ m
- 疏散门或安全出口 ≥2个
- 前室
- b_1
- b_2
- 观众厅、展览厅、多功能厅、餐厅、营业厅等
- a_1
- a_2
- 疏散走道
- L_2
- 在满足[平面示意图一]要求的前提下，室内任一点至最近疏散门或安全出口的行走距离 $a_1+a_2 \leqslant 45$ m
- 一、二级耐火等级公共建筑平面示意图（二）

图 2-39 安全疏散距离增加——情况 2

任务2　安全疏散和设施设计的判定

【重难点】

- 疏散出口设计的要求。
- 疏散走道设计的要求。
- 疏散楼梯设计的要求。
- 避难层设计的要求。
- 大型地下或半地下商店建筑安全疏散距离的计算。

【案例导入】

案例中综合楼三层建筑平面图（图2-40）安全疏散是否符合要求。

【案例分析】

某综合楼，地下1层，地上5层，局部6层。一层室内地坪标高为±0.000 m，室外地坪标高为－0.600 m，屋顶为平屋面。该楼为钢筋混凝土现浇框架结构，柱的耐火极限为5.00 h，梁、楼板、疏散楼梯的耐火极限为2.50 h。防火墙、楼梯间的墙和电梯井的墙均采用加气混凝土砌块墙，耐火极限均为5.00 h。疏散走道两侧的隔墙和房间隔墙均采用钢龙骨两面钉耐火纸面石膏板（中间填100 mm厚隔声玻璃丝棉），耐火极限均为1.50 h。以上构件燃烧性能均为不燃性。吊顶采用木吊搁栅钉10 mm厚纸面石膏板，耐火极限为0.25 h。

该综合楼除地上一层层高4.2 m外，其余各层层高均为3.9 m，建筑面积均为960 m²，顶层建筑面积100 m²。各层用途及人数为：地下一层为设备用房和自行车库，人数30人；一层为门厅、厨房、餐厅，人数100人；二层为餐厅，人数240人；三层为歌舞厅（人数需计算）；四层为健身房，人数100人；五层为儿童舞蹈培训中心，人数120人。地上各层安全出口均为2个，地下一层3个，其中一个为自行车出口。

楼梯1和楼梯2在各层位置相同，采用敞开楼梯间。在地下一层楼梯间入口处设有净宽1.50 m的甲级防火门（编号为FM1），开启方向顺着人员进入地下一层的方向。

该综合楼三层平面图如图2-40所示。图中M1、M2为木质隔声门，净宽分别为1.30 m和0.90 m；M4为普通木门，净宽0.90 m；JXM1、JXM2为丙级防火门，门宽0.60 m。

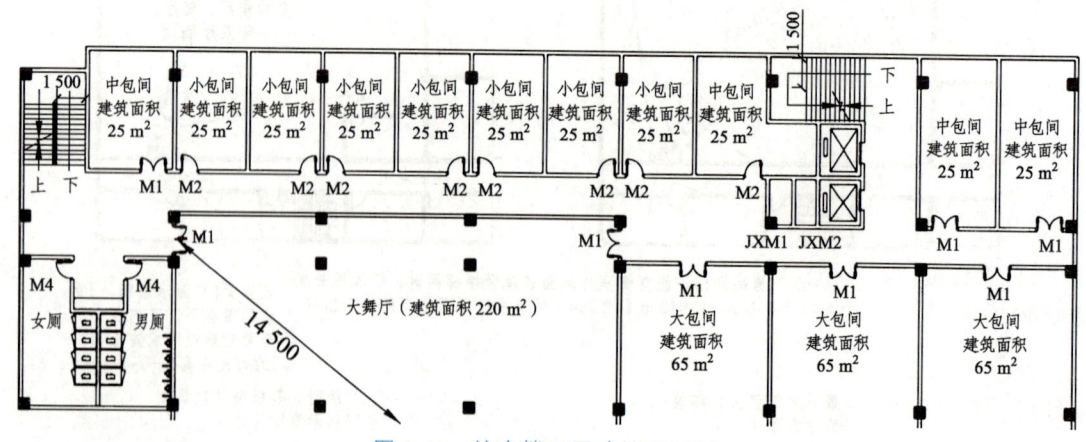

图2-40　综合楼三层建筑平面图

【知识链接】

建筑应根据其建筑高度、规模、使用功能和耐火等级等因素合理设置安全疏散和避难设施。安全疏散和避难设施包括疏散出口、疏散走道、疏散楼梯（间）、疏散指示标志、避难层（间）等。

微课：消防避难场所设计要求

知识点 1　疏散出口

疏散出口包括疏散门和安全出口。建筑内的疏散门和安全出口应分散布置，并应符合双向疏散的要求。

1. 疏散门

疏散门是直接通向疏散走道的房间门、直接开向疏散楼梯间的门或室外的门，不包括套间内的隔间门或住宅套内的房间门，如图 2-41 所示。除另有规定外，公共建筑内各房间疏散门的数量应计算确定且不应少于 2 个，疏散门的净宽度不应小于 0.8 m，每个房间相邻 2 个疏散门最近边缘之间的水平距离不应小于 5 m；民用建筑及厂房的疏散门应采用平开门，向疏散方向开启，不应采用推拉门、卷帘门、吊门、转门和折叠门。

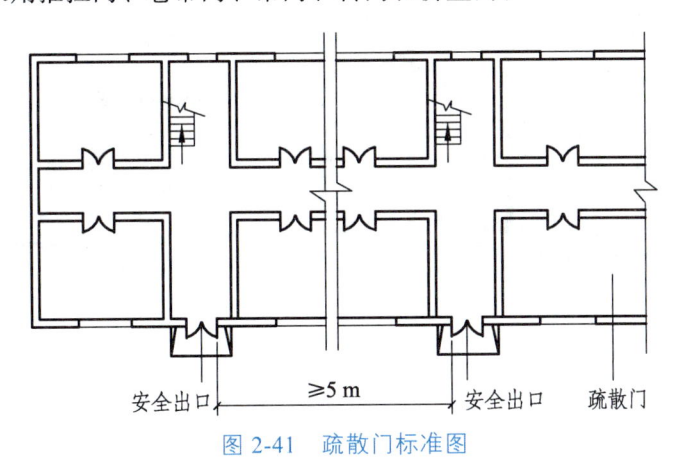

图 2-41　疏散门标准图

2. 安全出口

安全出口是指供人员安全疏散用的楼梯间和室外楼梯的出入口或直通室内外安全区域的出口。公共建筑内的每个防火分区或一个防火分区的每个楼层，其安全出口数量应经计算确定，且不应少于 2 个，安全出口最近边缘之间的水平距离不应小于 5.0 m，安全出口的净宽度不应小于 1.10 m，且净高度不小于 2.1 m。

其中，符合下列条件之一的公共建筑，可设置一个安全出口：

（1）除托儿所、幼儿园外，建筑面积不大于 200 m² 且人数不超过 50 人的单层建筑或多层建筑的首层。

（2）除医疗建筑，老年人照料设施，托儿所、幼儿园的儿童用房和儿童游乐厅等儿童活动场所，歌舞娱乐放映游艺场所外，符合表 2-22 规定的建筑。

安全出口标准图见图 2-42。

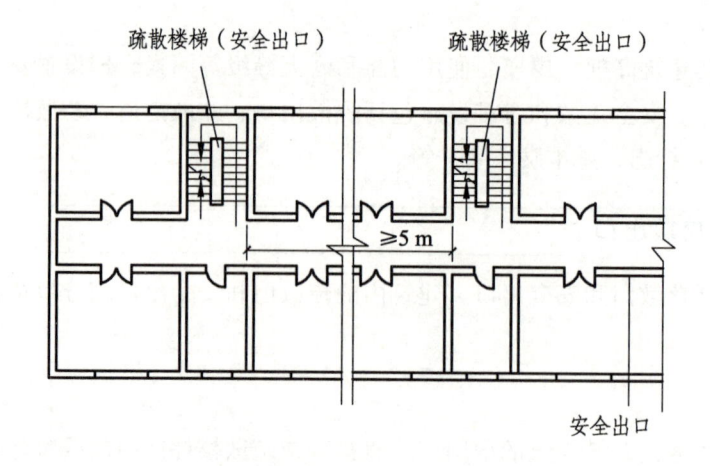

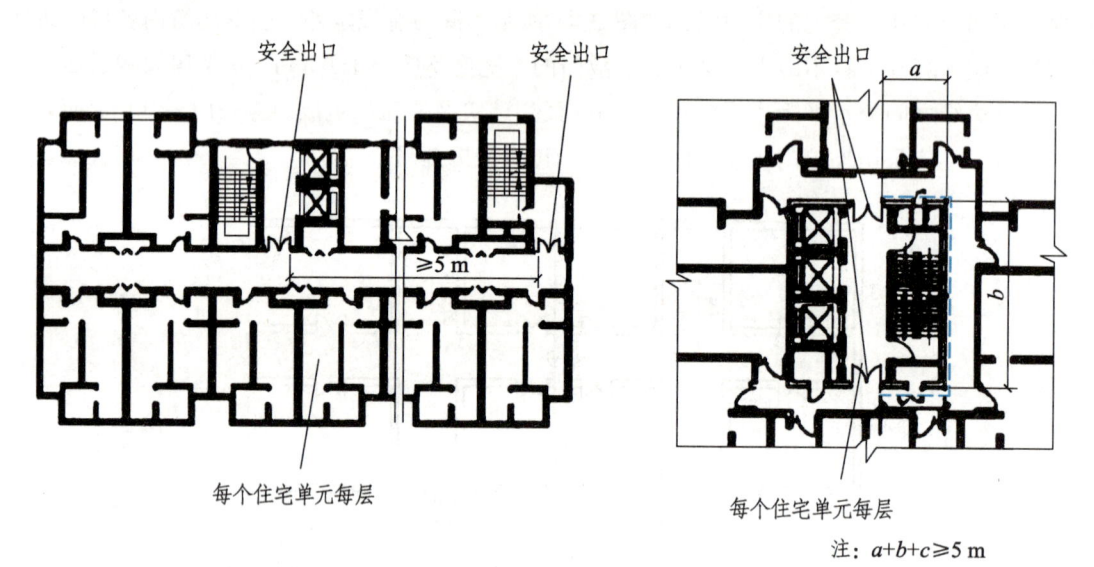

图 2-42　安全出口标准图

表 2-22　设置一个安全出口

耐火等级	最多层数	每层最大建筑面积/ m²	人数
一、二级	3层	200	第2层和第3层的人数之和不超过50人
三级	3层	200	第2层和第3层的人数之和不超过25人
四级	2层	200	第2层人数不超过15人

（3）一、二级耐火等级公共建筑，当设置不少于 2 部疏散楼梯且顶层局部升高层数不超过 2 层、人数之和不超过 50 人、每层建筑面积不大于 200 m² 时，该局部高出部位可设置一部与下部主体建筑楼梯间直接连通的疏散楼梯，但至少应另设置一个直通主体建筑上人平屋面的安全出口。设一部疏散楼梯的情况如图 2-43 所示。

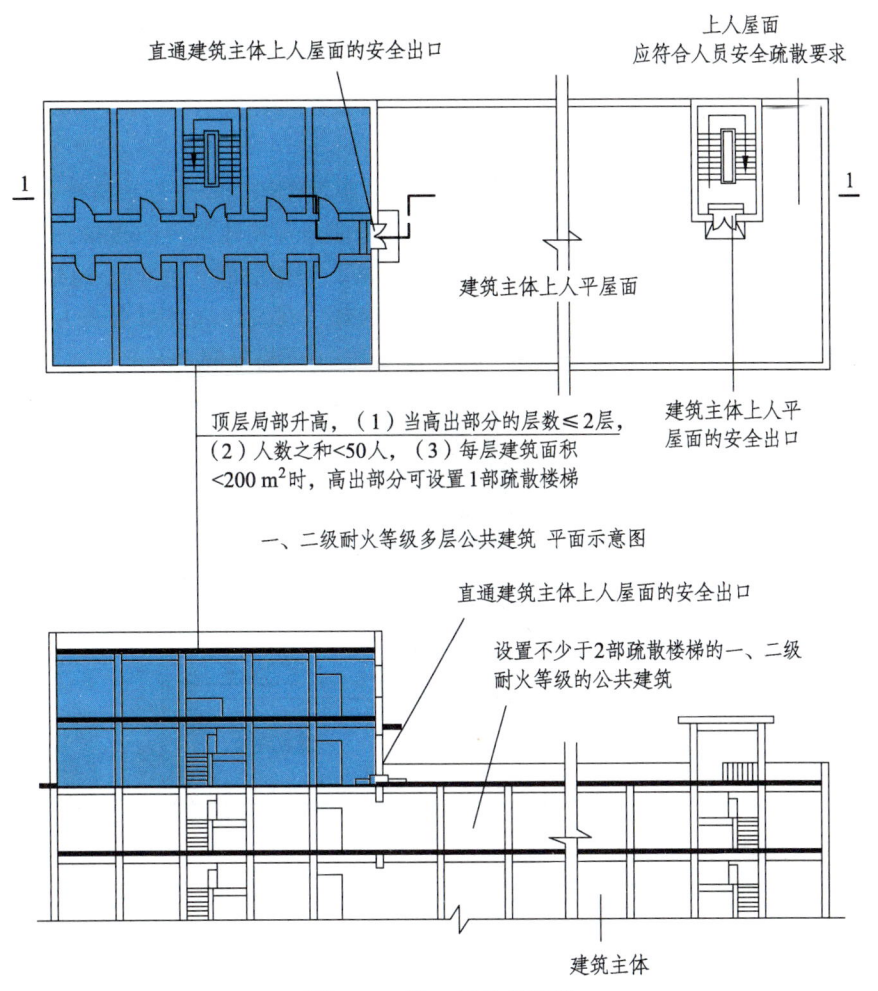

图 2-43 设一部疏散楼梯

知识点 2　疏散走道

疏散走道是指发生火灾时，建筑内人员从火灾现场逃往安全场所的通道。疏散走道的布置应简明直接，设置尽量避免曲折和袋形走道，并按规定设置疏散指示标志和诱导灯。

厂房内疏散走道的净宽度不宜小于 1.4 m，公共建筑内疏散走道的净宽度不应小于 1.10 m，且净高度不小于 2.1 m。

知识点 3　疏散楼梯（间）

疏散楼梯（间）是建筑中主要竖向交通设施，是安全疏散的重要通道。

1. 一般要求

（1）楼梯间应能天然采光和自然通风，并宜靠外墙设置。

（2）楼梯间应在标准层或防火分区的两端布置，便于双向疏散，并应满足安全疏散距离的要求，尽量避免袋形走道。

（3）楼梯间内不应有影响疏散的凸出物或其他障碍物。楼梯间及前室不应设置烧水间、可燃材料储藏室、垃圾道，不应设置可燃气体和甲、乙、丙类液体管道。

（4）除通向避难层错位的疏散楼梯外，建筑内的疏散楼梯间在各层的平面位置不应改变。

2. 分　类

疏散楼梯（间）分为敞开楼梯间、封闭楼梯间、防烟楼梯间和室外疏散楼梯四种形式。

（1）敞开楼梯间。敞开楼梯间是指与走廊或大厅都敞开在建筑内的楼梯，又称普通楼梯间，如图 2-44 所示。敞开楼梯间由于使用方便、经济，在楼层低、危险性小的建筑中经常被采用。但敞开楼梯间由于缺少围护，安全可靠程度极低，在发生火灾时会成为火灾或烟气向其他楼层蔓延的主要通道，在建筑疏散楼梯使用中进行了严格限制。

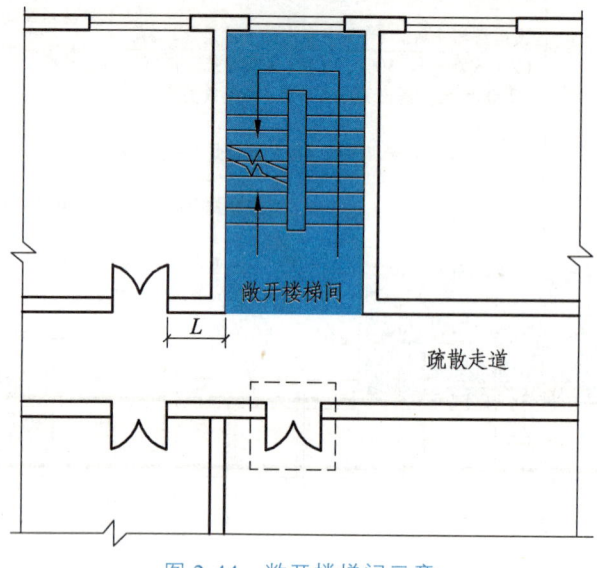

图 2-44　敞开楼梯间示意

（2）封闭楼梯间。封闭楼梯间是指在楼梯间入口处设置门，以防止火灾的烟气和热气进入的楼梯间，如图 2-45 所示。

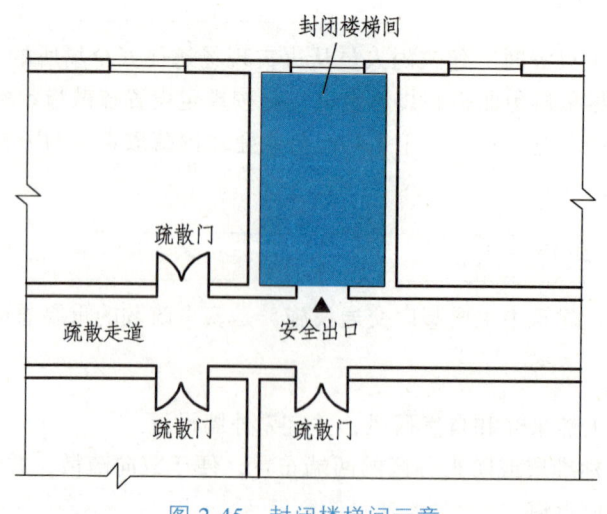

图 2-45　封闭楼梯间示意

封闭楼梯间有墙和门与走道分隔，安全性较高，当楼梯间不能天然采光和自然通风时，应按防烟楼梯间的要求设置。在多层公共建筑中，医疗建筑、旅馆及类似使用功能的建筑，设置歌舞娱乐放映游艺场所的建筑，商店、图书馆、展览建筑、会议中心及类似使用功能的建筑和 6 层及以上的其他建筑，其疏散楼梯均应设置为封闭楼梯间。高层建筑的裙房和建筑高度不超过 32 m 的二类高层建筑，建筑高度大于 21 m 且不大于 33 m 的住宅建筑，高层厂房和甲、乙、丙类多层厂房，其疏散楼梯间也应采用封闭楼梯间。

（3）防烟楼梯间。防烟楼梯间是指在楼梯间入口处设置防烟的前室、开敞式阳台或凹廊（统称前室）等设施，且通向前室和楼梯间的门均为防火门，以防止火灾的烟气和热气进入的楼梯间，如图 2-46 所示。

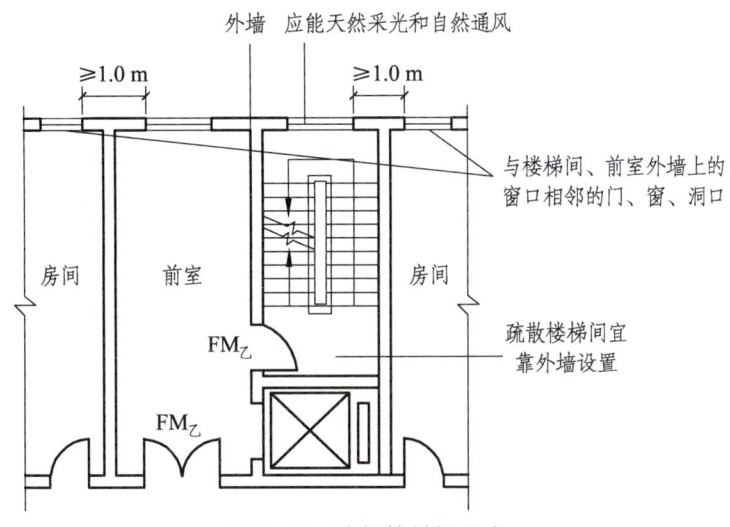

图 2-46 防烟楼梯间示意

由于防烟楼梯间设有两道防火门和防烟设施，安全性高。一类高层建筑及建筑高度大于 32 m 的二类高层建筑，建筑高度大于 33 m 的住宅建筑，建筑高度大于 32 m 且任一层人数超过 10 人的高层厂房，其疏散楼梯均应设置为防烟楼梯间。当建筑地下层数为 3 层及 3 层以上或地下室内地面与室外出入口地坪高差大于 10 m 时，疏散楼梯也应设置为防烟楼梯间。

（4）室外疏散楼梯。室外疏散楼梯是指在建筑的外墙上设置的全部敞开的楼梯，如图 2-47 所示。室外疏散楼梯由于不在建筑内部，不易受烟火的威胁，防烟效果和经济性都较好，适用于甲、乙、丙类厂房和建筑高度大于 32 m 且任一层人数超过 10 人的厂房，也可以辅助防烟楼梯使用。

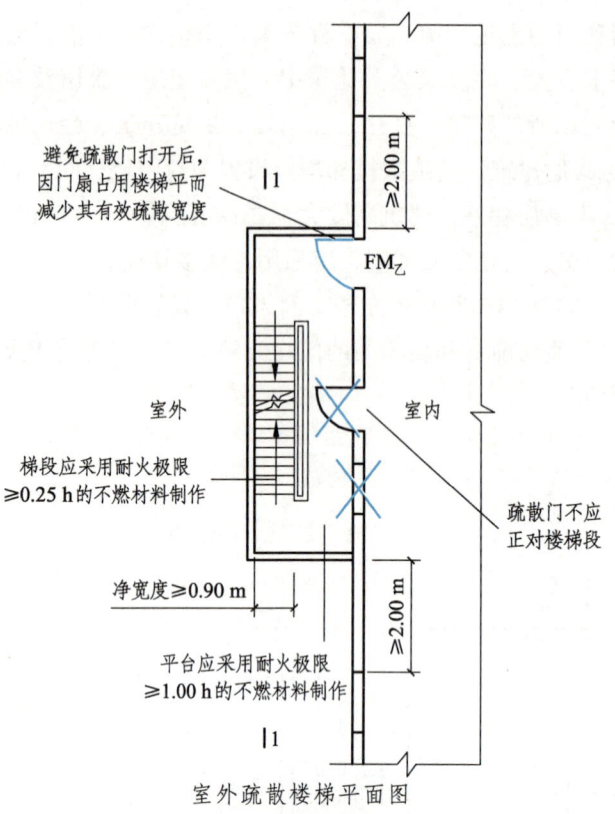

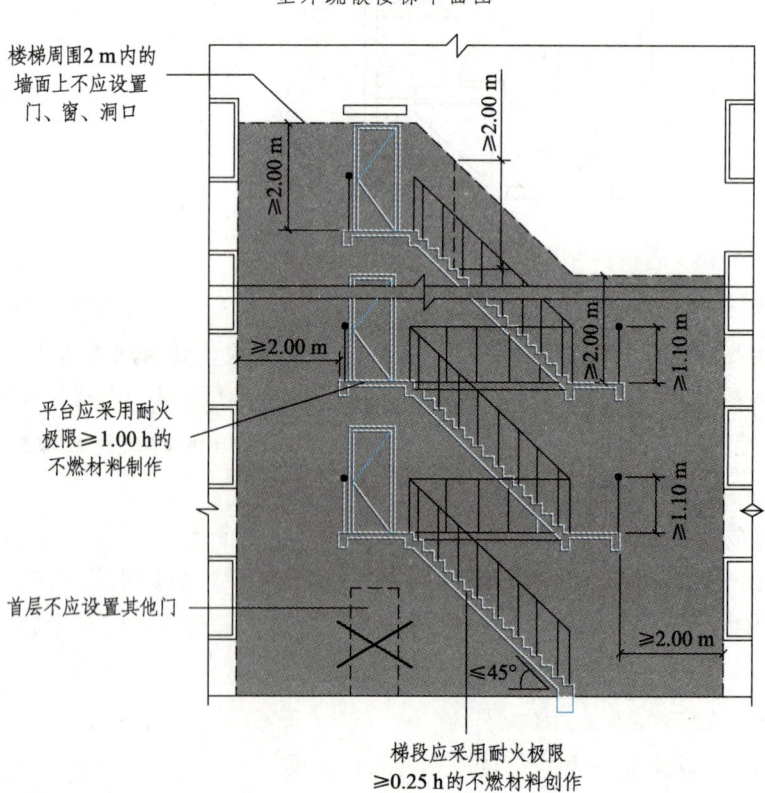

图 2-47 疏散楼梯

知识点 4　避难层（间）

避难层（图 2-47）是建筑高度超过 100 m 的公共建筑和住宅建筑中发生火灾时供人员临时避难使用的楼层，而避难间则是建筑中设置的供火灾时人员临时避难使用的房间。

避难层的设置如图 2-48 所示，并应满足下列要求：
（1）从首层到第一个避难层之间及两个避难层之间的高度不应大于 50 m。
（2）通向避难层的疏散楼梯应在避难层分隔、同层错位或上下层断开，人员必须经避难层才能上下。
（3）避难层的净面积应能满足设计避难人数避难的要求，宜按 5 人/m^2 计算。
（4）避难层可与设备层结合布置，但设备管道应集中布置。
（5）避难层应设置消防电梯出口。
（6）避难层应设置消火栓和消防软管卷盘、直接对外的可开启窗口或独立的机械防烟设施、消防专线电话和应急广播。

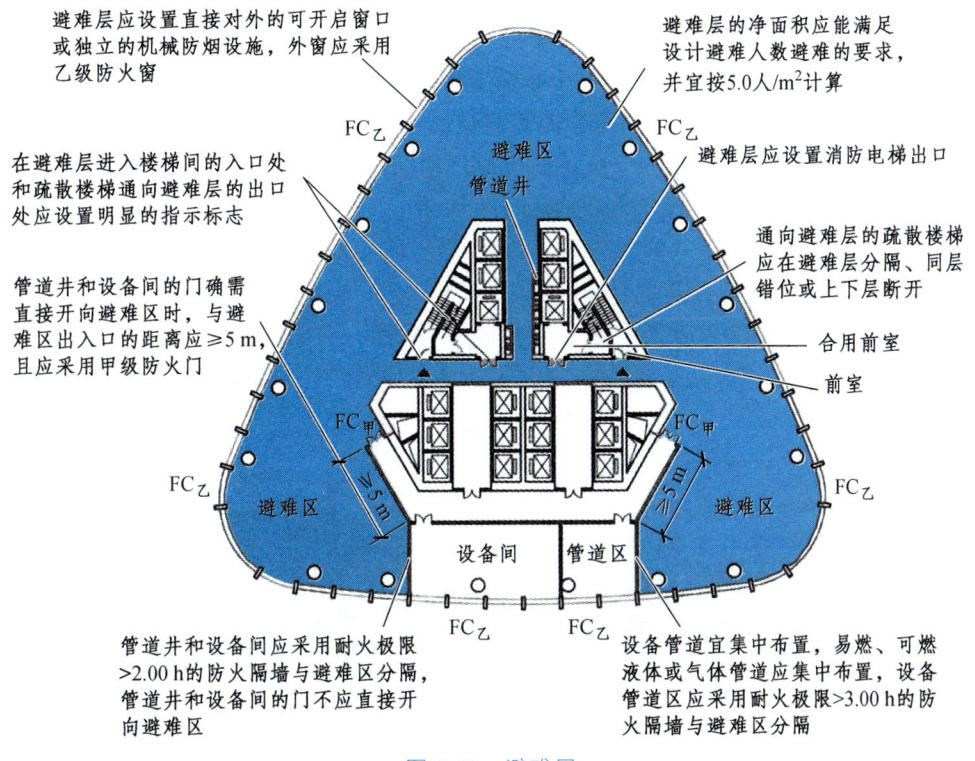

图 2-48　避难层

知识点 5　大型地下或半地下商店建筑的安全疏散

总建筑面积大于 20 000 m^2 的地下或半地下商店（图 2-49），应采用无门、窗、洞口的防火墙和耐火极限不低于 2.00 h 的楼板分隔为多个建筑面积不大于 20 000 m^2 的区域。相邻区域确需局部连通时，应采用下沉式广场等室外敞开空间、防火隔间、避难走道、防烟楼梯间等方式进行连通。

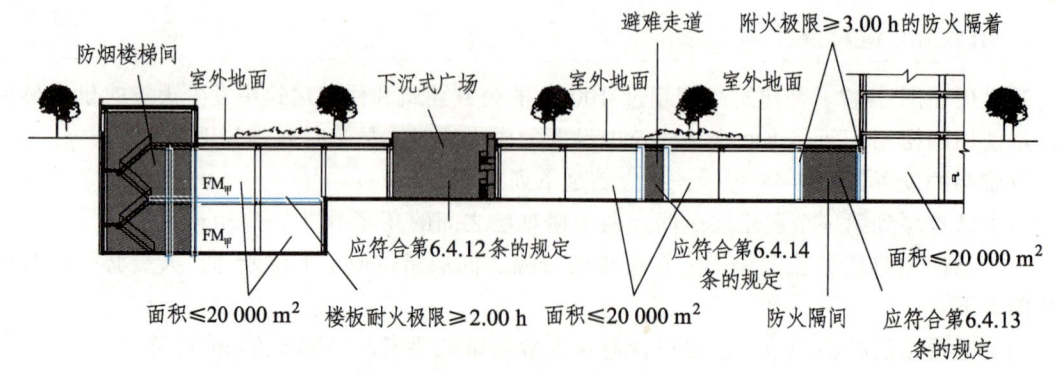

图 2-49 总建筑面积大于 20 000 m² 的地下或半地下商店

1. 避难走道

避难走道（图 2-50）是指设置防烟设施且两侧采用防火墙分隔，用于人员安全通行至室外的走道。避难走道的设置应符合下列规定：

（1）避难走道防火隔墙的耐火极限不应低于 3.00 h，楼板的耐火极限不应低于 1.50 h。

（2）避难走道直通地面的出口不应少于 2 个，并应设置在不同方向；当避难走道仅与一个防火分区相通且该防火分区至少有 1 个直通室外的安全出口时，可设置 1 个直通地面的出口。任一防火分区通向避难走道的门至该避难走道最近直通地面的出口的距离不应大于 60 m。

（3）避难走道的净宽度不应小于任一防火分区通向该避难走道的设计疏散总净宽度。

（4）避难走道内部装修材料的燃烧性能应为 A 级。

（5）防火分区至避难走道入口处应设置防烟前室，前室的使用面积不应小于 6.0 m²，开向前室的门应采用甲级防火门，前室开向避难走道的门应采用乙级防火门。

（6）避难走道内应设置消火栓、消防应急照明、应急广播和消防专线电话。

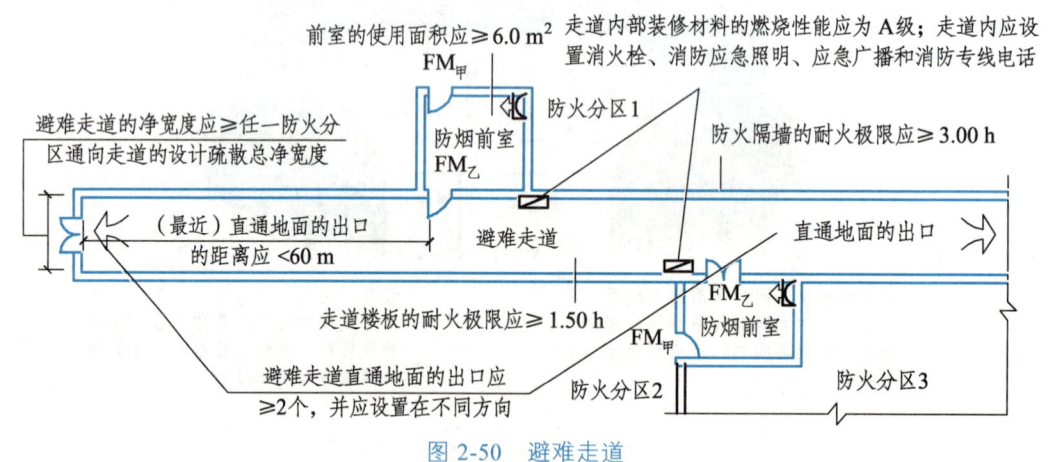

图 2-50 避难走道

2. 防火隔间

防火隔间（图 2-51）只能用于相邻两个独立使用场所的人员相互通行，其设置应符合下列规定：

（1）防火隔间的建筑面积不应小于 6.0 m²。

（2）防火隔间的门应采用甲级防火门。

微课：防火隔间定义

（3）不同防火分区通向防火隔间的门不应计入安全出口，门的最小间距不应小于 4 m。

（4）防火隔间内部装修材料的燃烧性能应为 A 级。

（5）不应用于除人员通行外的其他用途。

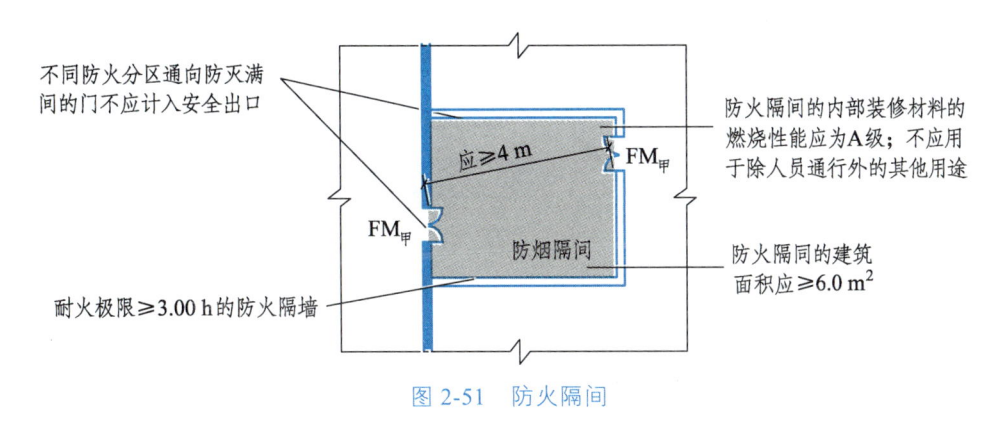

图 2-51 防火隔间

3. 下沉式广场

下沉式广场（图 2-52）是指用于防火分隔的室外开敞空间，其设置应符合下列规定：

（1）分隔后的不同区域通向下沉式广场等室外敞开空间的开口最近边缘之间的水平距离不应小于 13 m。室外敞开空间除用于人员疏散外不得用于其他商业或可能导致火灾蔓延的用途，其中用于疏散的净面积不应小于 169 m²。

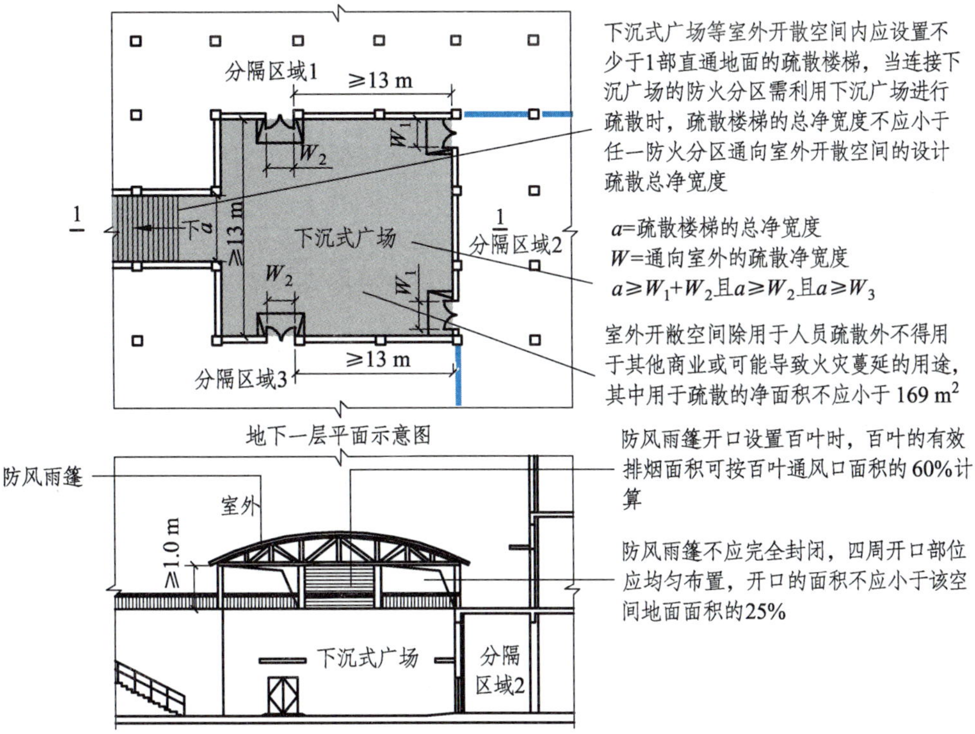

图 2-52 下沉式广场

（2）下沉式广场等室外开敞空间内应设置不少于 1 部直通地面的疏散楼梯。当连接下沉广场的防火分区需利用下沉广场进行疏散时，疏散楼梯的总净宽度不应小于任一防火分区通向室外敞开空间的设计疏散总净宽度。

（3）确需设置防风雨篷时，防风雨篷不应完全封闭，四周开口部位应均匀布置，开口的面积不应小于该空间地面面积的 25%，开口高度不应小于 1.0 m；开口设置百叶时，百叶的有效排烟面积可按百叶通风口面积的 60% 计算。

随堂一练

一、选择题

1. 安全疏散距离指的是（　　）。
   A. 篮球场上两个篮球架相对距离
   B. 房间内任意点到房门的疏散距离
   C. 房间内最远点到房门的疏散距离
   D. 教学楼五楼到一楼的距离

2. 公共建筑内安全出口和疏散门的净宽度不应小于（　　）m，疏散走道和疏散楼梯的净宽度不应小于（　　）m。
   A. 0.9；1　　　B. 0.9；1.1　　　C. 1；0.9　　　D. 1.1；0.9

3. 位于两个安全出口之间的疏散门，不符合疏散距离标准设置的是（　　）。
   A. 三级耐火等级的托儿所两个安全出口之间的疏散门距离为 20 m
   B. 四级耐火等级的歌舞厅两个安全出口之间的疏散门距离为 15 m
   C. 一级耐火等级高层医疗建筑的两个安全出口之间的疏散门距离为 25 m
   D. 一级耐火等级高层旅馆的两个安全出口之间的疏散门距离为 30 m

4. 安全疏散设施不包括（　　）。
   A. 疏散出口　　　B. 疏散走道　　　C. 疏散楼梯间　　　D. 疏散口令

5. 避难层的作用是（　　）。
   A. 供人员长期生活居住　　　B. 供人员日常娱乐活动
   C. 供人员临时避难　　　D. 供人员堆放杂物

二、简答题

1. 下沉式广场应如何设置避难设施？

2. 某住宅建筑高度为 38 m，建筑地下层数为 5 层，需要设置疏散楼梯间，请问哪种楼梯间适用？它的优点是什么？

项目 8　建筑内外装修防火基本要求

> **知识目标**
> - 了解建筑内外装修防火的基本知识。
> - 熟悉建筑内外装修防火的基件。
> - 掌握建筑内外装修防火的类型。
>
> **能力目标**
> - 具备描述建筑内外装修防火材料定义的能力。
> - 具备简述不同建筑内外墙防火装修材料耐火等级的能力。
> - 具备处理建筑防火设计内外保温材料不符合规范的能力。
>
> **素养目标**
> - 通过学习建筑防火材料的学习培养防火意识,养成防患于未然的习惯。
> - 通过装修材料耐火等级的划分学习强化学生明辨是非的能力。
> - 通过掌握防火材料判定技能提升学生的工匠精神,养成"精益求精"精神。
>
> **任务导航**
> - 任务 1　装修材料的分类的认知
> - 任务 2　建筑内装修防火的判定
> - 任务 3　保温和外墙防火的判定

任务 1　装修材料的分类的认知

【重难点】
- 装修材料的分类。
- 装修材料燃烧的性能。

【案例导入】
根据案例试分析建筑内部装修材料的燃烧性能。

【案例分析】
某一面积为 1 000 m² 的酒吧装修时,主要经营人为了美观地面采用木质地砖,墙面采用墙布,顶棚采用印刷木纹人造板,为装修美观顶棚喷头全部采用隐蔽式喷头。

微课:建筑材料分类原则

【知识链接】

知识点　装修材料分类及防火等级

装修材料按其使用部位和功能，可划分为顶棚装修材料、墙面装修材料、地面装修材料、隔断装修材料、固定家具、装饰织物、其他装修装饰材料七类。其他装修装饰材料是指楼梯扶手、挂镜线、踢脚板、窗帘盒、暖气罩等。

按国家标准《建筑材料及制品燃烧性能分级》（GB 8624），将内部装修材料的燃烧性能分为四级，并应符合表2-23的规定。

表2-23　建筑材料及制品燃烧性能分级

等　　级	装修材料燃烧性能
A	不燃性
B1	难燃性
B2	可燃性
B3	易燃性

A级：不燃性建筑材料：几乎不发生燃烧的材料。

B1级：难燃性建筑材料难燃类材料有较好的阻燃作用。其在空气中遇明火或在高温作用下难起火不易很快发生蔓延，且当火源移开后燃烧立即停止。

B2级：可燃性建筑材料：可燃类材料有一定的阻燃作用。在空气中遇明火或在高温作用下会立即起火燃烧，易导致火灾的蔓延，如木柱、木屋架、木梁、木楼梯等。

B3级：易燃性建筑材料：无任何阻燃效果，极易燃烧，火灾危险性很大。

常用建筑内部装修材料燃烧性能等级划分举例见表2-24。

表2-24　常用建筑内部装修材料燃烧性能等级划分举例

材料类别	级别	材料举例
各部位材料	A	花岗石、大理石、水磨石、水泥制品、混凝土制品、石膏板、石灰制品、黏土制品、玻璃、瓷砖、马赛克、钢铁、铝、铜合金等
顶棚材料	B1	纸面石膏板、纤维石膏板、水泥刨花板、矿棉装饰吸声板、玻璃棉装饰吸声板、珍珠岩装饰吸声板、难燃胶合板、难燃中密度纤维板、岩棉装饰板、难燃木材、铝箔复合材料、难燃酚醛胶合板、铝箔玻璃钢复合材料等
墙面材料	B1	纸面石膏板、纤维石膏板、水泥刨花板、矿棉板、玻璃棉板、珍珠岩、难燃胶合板、难燃中密度纤维板、防火塑料装饰板、难燃双面刨花板、多彩涂料、难燃墙纸、难燃墙布、难燃仿花岗岩装饰板、氯氧镁水泥装配式墙板、难燃玻璃钢平板、难燃PVC塑料护墙板、阻燃模压木质复合板材、彩色阻燃人造板等
墙面材料	B2	各类天然木材、木制人造板、竹材、纸制装饰板、装饰微薄木贴面板、印刷木纹人造板、塑料贴面装饰板、聚酯装饰板、复塑装饰板、塑纤板、胶合板、塑料壁纸、无纺贴墙布、墙布、复合壁纸、天然材料壁纸、人造革等
地面材料	B1	硬PVC塑料地板、水泥刨花板、水泥木丝板、氯丁橡胶地板等
地面材料	B2	半硬质PVC塑料地板、PVC卷材地板、木地板氯纶地毯
装饰织物	B1	经阻燃处理的各类难燃织物等
装饰织物	B2	纯毛装饰布、经阻燃处理的其他织物等
其他装修装饰材料	B1	难燃聚氯乙烯塑料、难燃酚醛塑料、聚四氟乙烯塑料、难燃脲醛塑料、硅树脂塑料装饰型材、经阻燃处理的各类织物等
其他装修装饰材料	B2	经阻燃处理的聚乙烯、聚丙烯、聚氨酯、聚苯乙烯、玻璃钢、化纤织物、木制品等

任务 2　建筑内装修防火的判定

【重难点】
- 特殊场所装修防火的要求。
- 民用建筑装修防火的要求。
- 高层民用建筑装修防火的要求。
- 地下民用建筑装修防火的要求。

【知识链接】

建筑内部装修设计应尽可能采用不燃材料和难燃材料，避免采用燃烧时产生大量浓烟或有毒气体的材料，同时采取有效的防火措施。

知识点 1　特殊场所装修防火要求

1. 歌舞娱乐放映游艺场所

歌舞厅、练歌房（含具有练歌房功能的餐厅）、夜总会、录像厅、放映厅、桑拿浴室（除洗浴部分外）、游艺厅（含电子游艺厅）、网吧等歌舞娱乐放映游艺场所屡屡发生重大火灾事故，其中一个重要原因是这类场所装修采用了大量可燃材料。

此类场所设置在一、二级耐火等级建筑的四层及四层以上时，室内装修的顶棚材料应采用 A 级装修材料，其他部位应采用不低于 B1 级的装修材料；当设置在地下一层时，室内装修的顶棚、地面材料应采用 A 级装修材料，其他部位应采用不低于 B1 级的装修材料。

2. 共享空间

建筑设有上下层连通的中庭、走马廊、敞开楼梯、自动扶梯时，其连通部位的顶棚、墙面应采用 A 级装修材料，其他部位应采用不低于 B1 级的装修材料。

3. 无窗房间

地上房间发生火灾时，室内的烟气和毒气不易排出，不利于人员疏散，也不利于消防救援人员对火情的侦查与施救。故地上无窗房间内部装修材料的燃烧性能等级应在原规定的基础上提高一级（A 级除外）。

4. 图书室、资料室、档案室和存放文物的房间

图书、资料、档案等本身为易燃物，一旦发生火灾，火势发展迅速。因此，要求此类场所的顶棚、墙面应采用 A 级装修材料，地面应使用不低于 B1 级的装修材料。

5. 设备机房

消防水泵房、排烟机房、固定灭火系统钢瓶间、配电室、变压器室、通风和空调等设备机房在建筑中起到主控正常及安全的作用，其内部装修应全部采用 A 级装修材料。

6. 建筑内的厨房

厨房内明火较多，故建筑厨房内顶棚、墙面和地面应采用 A 级装修材料。

7. 使用明火的餐厅和科研实验室

使用明火的餐厅是指设有明火灶具的餐厅、宴会厅、包间等，实验室内往往存放一些易燃易爆试剂、材料等。因此，其内部装修材料的燃烧性能等级应比同类建筑的要求提高一级（A级除外）。

8. 消防设施、疏散指示标志

建筑内部装修不应擅自减少、改动、拆除、遮挡消防设施、疏散指示标志、安全出口、疏散出口、疏散走道和防火分区、防烟分区等。

知识点2　单、多层民用建筑装修防火要求

单、多层民用建筑内部各部位装修材料的燃烧性能等级不应低于表2-25的规定。

表2-25　常用单、多层民用建筑内部各部位装修材料的燃烧性能

序号	建筑物及场所	建筑规模、性质	装修材料燃烧性能等级							
			顶棚	墙面	地面	隔断	固定家具	装饰织物		其他装饰材料
								窗帘	帷幕	
1	候机楼的候机大厅、贵宾候机室、售票厅、商店、餐饮场所等	—	A	A	B1	B1	B1	B1	—	B1
2	汽车站、火车站、轮船客运的候车（船）室、商店、餐饮场所等	建筑面积>10 000 m²	A	A	B1	B1	B1	B1	—	B2
		建筑面积≤10 000 m²	A	B1	B1	B1	B1	B1	—	B2
3	观众厅、会议厅、多功能厅、等候厅等	每个厅建筑面积>400 m²	A	A	B1	B1	B1	B1	B1	B1
		每个厅建筑面积≤400 m²	A	B1	B1	B1	B2	B1	B2	B2
4	体育馆	>3 000座位	A	A	B1	B1	B1	B1	B2	B2
		≤3 000座位	A	B1	B1	B2	B2	B1	B2	B2
5	商店的营业厅	每层建筑面积>1 500 m²或总面积>3 000 m²	A	B1	B1	B1	B1	B1	—	B2
		每层建筑面积≤1 500 m²或总面积≤3 000 m²	A	B1	B1	B1	B2	B1	—	B2

知识点3　高层民用建筑装修防火要求

高层民用建筑内部各部位装修材料的燃烧性能等级不应低于表2-26的规定。

表 2-26 常见高层民用建筑内部各部位装修材料的燃烧性能

序号	建筑物及场所	建筑规模、性质	装修材料燃烧性能等级					装饰织物				其他装修装饰材料
			顶棚	墙面	地面	隔断	固定家具	窗帘	帷幕	床罩	家具包布	
1	候机楼的候机大厅、贵宾候机室、售票厅、商店、餐饮场所等	—	A	A	B1	B1	B1	B1	—	—	—	B1
2	汽车站、火车站、轮船客运站的候车(船)室、餐饮场所等	建筑面积>10 000 m²	A	A	B1	B1	B1	B1	—	—	—	B2
		建筑面积≤10 000 m²	A	B1	B1	B1	B1	B1	—	—	—	B2
3	观众厅、会议厅、多功能厅、等候厅等	每个厅建筑面积>400 m²	A	A	B1	B1	B1	B1	B1	—	B1	B1
		每个厅建筑面积≤400 m²	A	B1	B1	B2	B1	B1	—	—	B1	B1

室外疏散楼梯应采用不燃烧材料制作,楼梯的最小净宽不小于 0.9 m,倾斜角度不大于 45°,栏杆扶手的高度不小于 1.1 m;在楼梯周围 2.0 m 内的墙面上不开设其他门。

知识点 4　地下民用建筑装修防火要求

地下民用建筑内部各部位装修材料的燃烧性能等级不应低于表 2-27 的规定。

表 2-27 地下民用建筑内部各部位装修材料的燃烧性能等级

序号	建筑及场所	装修材料燃烧性能等级						
		顶棚	墙面	地面	隔断	固定家具	装饰织物	其他装修装饰材料
1	观众厅、会议厅、多功能厅、等候厅等,商店的营业厅	A	A	A	B1	B1	B1	B2
2	宾馆、饭店的客房及公共活动用房等	A	B1	B1	B1	B1	B1	B2
3	医院的诊疗区、手术区	A	B1	B1	B1	B1	B1	B2
4	教学场所、教学实验场所	A	A	B1	B2	B2	B1	B2
5	纪念馆、展览馆、博物馆、图书馆、档案馆、资料馆等公众活动场所	A	A	B1	B1	B1	B1	B1
6	存放文物、纪念展览物品、重要图书、档案、资料的场所	A	A	A	A	A	B1	B1
7	歌舞娱乐放映游艺场所	A	A	B1	B1	B1	B1	B1
8	A、B级电子信息系统机房及装有重要机械器、仪器的房间	A	A	B1	B1	B1	B1	B1
9	餐饮场所	A	A	A	B1	B1	B1	B2
10	办公场所	A	B1	B1	B1	B2	B2	B2
11	其他办公场所	A	B1	B1	B2	B2	B2	B2
12	汽车库、修车库	A	A	B1	A	A	—	—

任务 3　保温和外墙防火的判定

【重难点】

- 建筑保温材料的分类。
- 建筑外墙内保温材料防火等级的要求。
- 建筑外墙外保温防火等级的要求。
- 屋面层保温防火等级的要求。
- 建筑外墙装饰防火等级的要求。

【案例导入】

根据案例试分析建筑的保温材料是否符合要求。

【案例分析】

某综合大楼高度 100 m，该建筑内保温采用 A 级保温材料，外墙保温材料为珍珠岩棉，2023 年 7 月 30 日该楼中间楼层发生火灾，火通过外窗引燃建筑的外墙，30 分钟后整栋大楼外墙全面燃烧，接到群众报警后消防救援机构展开灭火。经调查该建筑未经相关部门合格验收，私自开业且未办理营业前相关手续，该综合楼法人及安全责任人均被控制接受调查。

【知识链接】

知识点 1　建筑保温材料的分类

微课：保温材料分类定义

建筑外墙的保温材料（图 2-53）可以分为三大类：一是以矿棉和岩棉为代表的无机保温材料，通常被认定为不燃材料；二是以胶粉聚苯颗粒保温浆料为代表的有机—无机复合型保温材料，通常被认定为难燃材料；三是以聚苯乙烯泡沫塑料（包括 EPS 板和 XPS 板）、硬泡沫聚氨酯和改性酚醛树脂为代表的有机保温材料，通常被认定为可燃材料。

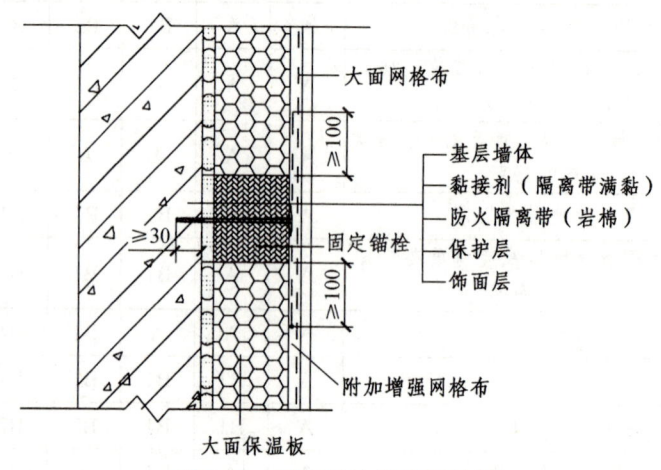

图 2-53　建筑外墙的保温材料

常见建筑保温材料的导热系数及燃烧性能等级见表 2-28。

表 2-28　常见建筑保温材料的导热系数及燃烧性能等级

材料名称	导热系数/[W/(m·K)]	燃烧性能等级	材料名称	导热系数/[W/(m·K)]	燃烧性能等级	材料名称	导热系数/[W/(m·K)]	燃烧性能等级
胶粉聚苯颗粒保温浆料	0.06	B1	聚氨酯	0.025	B2	泡沫玻璃	9 900	A
EPS 板	0.041	B2	岩棉	0.036~0.041	A	加气混凝土	0.116~0.212	A
XPS 板	0.030	B2	矿棉	0.053	A			

知识点 2　建筑外墙内保温

对于人员密集场所，用火、燃油、燃气等具有火灾危险的场所以及各类建筑内的疏散楼梯间、避难走道、避难间、避难层等场所或部位，应采用燃烧性能为 A 级的保温材料；对于其他场所，应采用低烟、低毒且燃烧性能不低于 B1 级的保温材料。

外墙内保温系统应采用不燃材料做防护层，当保温材料的燃烧性能为 B1 级时，防护层的厚度不应小于 10 mm。

知识点 3　建筑外墙外保温

建筑外墙外保温系统的技术要求见表 2-29。

表 2-29　建筑外墙外保温系统的技术要求

建筑及场所	保温系统	建筑高度/H	A 级保温材料	B1 级保温材料	B2 级保温材料
人员密集场所	—	—	应采用	不允许	不允许
住宅建筑	与基层墙体、装饰层之间无空腔	H>100 m	应采用	不允许	不允许
住宅建筑	与基层墙体、装饰层之间无空腔	27 m<H≤100 m	宜采用	可采用：（1）每层设置防火隔离带；（2）建筑外墙上门、窗的耐火完整性不应低于 0.50 h	不允许
住宅建筑	与基层墙体、装饰层之间无空腔	H≤27 m	宜采用	可采用，每层设置防火隔离带	可采用：（1）每层设防火隔离带；（2）建筑外墙上门、窗的耐火完整性不应低于 0.50 h
住宅建筑	有空腔	H>24 m	应采用	不允许	不允许
住宅建筑	有空腔	H≤24 m	宜采用	可采用，每层设置防火隔离带	不允许

续表

建筑及场所	保温系统	建筑高度/H	A级保温材料	B1级保温材料	B2级保温材料
除住宅建筑和设置在人员密集场所的建筑外的其他建筑	与基层墙体、装饰层之间无空腔	H>50 m	应采用	不允许	不允许
		24 m<H≤50 m	宜采用	可采用： （1）每层设置防火隔离带； （2）建筑外墙上门、窗的耐火完整性不应低于0.50 h	不允许
		H≤24 m	宜采用	可采用，每层设置防火隔离带	可采用： （1）每层设置防火隔离带； （2）建筑外墙上门、窗的耐火完整性不应低于0.50 h
	有空腔	H>24 m	应采用	不允许	不允许
		H≤24 m	宜采用	可采用，每层设置防火隔离带	不允许

知识点4 屋面层保温防火

建筑的屋面外保温系统，当屋面板的耐火极限不低于1.00 h时，保温材料的燃烧性能不应低于B2级；当屋面板的耐火极限低于1.00 h时，保温材料的燃烧性能不应低于B1级。采用B1、B2级保温材料的保温系统应采用不燃材料作为防护层，防护层的厚度不应小于10 mm。

当建筑的屋面和外墙外保温系统均采用B1、B2级保温材料时，屋面与外墙之间应采用宽度不小于500 mm的不燃材料设置防火隔离带进行分隔。

知识点5 建筑外墙装饰防火

建筑外墙的装饰层应采用燃烧性能为A级的材料，但建筑高度不大于50 m时，可采用B1级材料。

随堂一练

一、选择题

1. 建筑材料火灾危险性从大到小依次排序正确的是（　　）。
   A. B3>B2>B1>A　　　　　　　　B. A>B1>B2>B3
   C. B2>B3>A>B1　　　　　　　　D. B1>B2>B3>A

2. 下列建筑内部装修材料使用，错误的是（　　）。
   A. 顶棚采用B1难燃木材　　　　　B. 墙面采用B2天然木材
   C. 地面采用B1水泥刨花板　　　　D. 装饰采用B3普通针织物

3. 某一级耐火等级建筑计划设置一歌舞厅，如若设置在地下一层时，室内顶棚材料应采用（　　）级，如若设置在建筑六层，室内顶棚材料应采用（　　）级。

  A. A；B3   B. A；B2

  C. A；A   D. B3；B1

4. 某民用建筑地下设置了会议厅、医院手术房及档案存放室，其内部隔断装修材料性能等级分别为（　　）。

  A. B1；B2；A   B. A；B2；B3

  C. B1；B1；A   D. B2；A；B3

5. 下列不属于公共建筑的是（　　）。

  A. 住宅楼   B. 教学办公楼

  C. 商场   D. 员工宿舍

二、简答题

1. 建筑外墙内保温的设置及要求有哪些？
2. 建筑高度的分类有哪些？

模块 3

初期火灾处置基本知识

项目 1　常用灭火剂与灭火器使用方法

知识目标
- 了解常用灭火剂的基本知识。
- 熟悉灭火器使用的方法。
- 掌握灭火器的类型。

能力目标
- 具备描述不同灭火剂原理的能力。
- 具备简述不同场所灭火器类型选择的能力。
- 具备正确使用灭火器的能力。

素养目标
- 通过灭火剂原理的学习培养学生崇尚科学的素养。
- 通过不同火灾种类的学习强化学生有过硬的心理素质。
- 通过操作灭火器提升学生临危不乱的精神。

任务导航
- 任务 1　常用灭火剂的认识
- 任务 2　常用灭火器的操作

任务 1　常用灭火剂的认识

【重难点】
- 水系灭火剂灭火的原理。
- 泡沫灭火剂灭火的原理。
- 气体灭火剂灭火的原理。

- 干粉灭火剂灭火的原理。
- 7150 灭火剂灭火的原理。

【案例导入】

根据下面生活小常识描述下面粉和食盐的灭火原理。

【案例分析】

在家庭生活中，发生火灾概率最高的两个地方，一个是家用电器过载使用，一个就是厨房，特别是厨房，着火的概率占到 70% 以上。

人在做饭的时候，如果接个电话说件事情，10 多分钟就过去。也许就是这个 10 多分钟，厨房就着火了，因为起火只是 2 分钟左右的事情。前一阵子，一个饭馆发生爆炸，原因就是炒菜锅起火了，没有采用正确的灭火方式。

其实，在厨房起火初期，有很多方法可以将小火扑灭。有条件的可在厨房内备一袋干粉，或者轻便灭火器材，一旦起火就可以派上用场。如果没有配备灭火器材，就要利用厨房内的现有物品灭火，比如食盐就是紧急情况下可以选择的一种家用灭火剂。

食盐，在日常生活中使用相当普遍，它既是不可缺少的调味品，又是一种扑救初期火灾行之有效的灭火剂。食盐的主要成分是氯化钠（NaCl），在高温火源下，可迅速分解为氢氧化钠，通过化学作用，吸收燃烧环节中的自由基，抑制燃烧的进行。当灭火用的食盐数量足够时，被消耗的自由基多于燃烧分解出来的自由基，便可导致燃烧反应中断。颗粒盐是灭灶膛火和固体阴燃火有效的灭火剂。颗粒盐因为颗粒大，含水量较多，在高温下吸热膨胀快，破坏了火苗的形态，同时发生吸热反应，稀释燃烧区的氧气浓度，所以使火很快熄灭。食盐这一灭火特性，即使在灭油火时也能派上用场。

微课：灭火剂分类原理

【知识链接】

灭火剂是指能够有效地破坏燃烧条件，终止燃烧的物质。常用灭火剂主要有水系灭火剂、泡沫灭火剂、气体灭火剂和干粉灭火剂等类型，如图 3-1 所示。

FP-AR-氟蛋白抗溶泡沫灭火剂

AFFF/AR 水成膜泡沫灭火剂

AFFF-水成膜泡沫灭火剂

S-合成泡沫灭火剂

25 kg 200 kg 1 000 kg

S/AR-合成抗溶泡沫灭火剂

S-AR-10-AB-XF-水系灭火剂

S-3-AB-XF-水系灭火剂

MJABP-A 类泡沫灭火剂

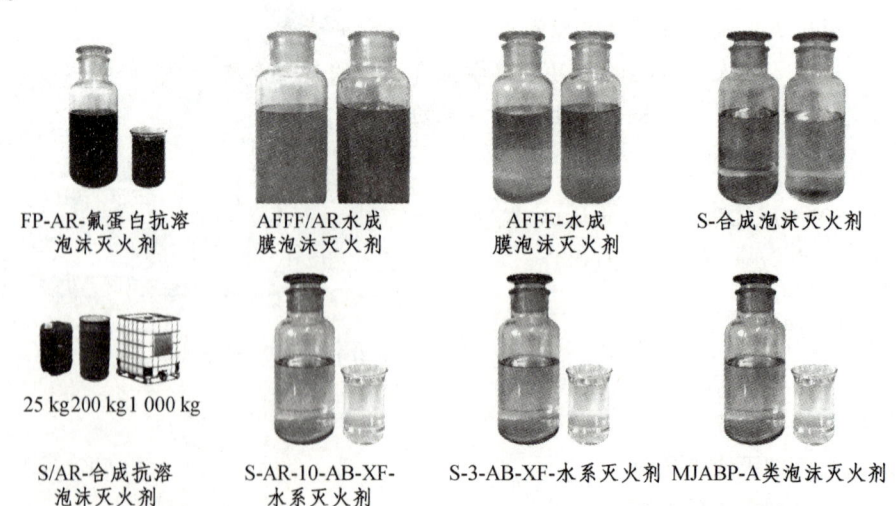

图 3-1　常用灭火剂

知识点 1　水系灭火剂

水系灭火剂是指由水、渗透剂、阻燃剂以及其他添加剂组成，一般以液滴或以液滴和泡沫混合的形式灭火的液体灭火剂。

1. 灭火原理

水系灭火剂的灭火原理主要体现在以下几个方面。一是冷却。由于水的比热容大，汽化热高，而且水具有较好的导热性，因而当水与燃烧物接触或流经燃烧区时，将被加热或汽化，吸收热量，使燃烧区温度降低，致使燃烧中止。二是窒息。水汽化后在燃烧区产生大量水蒸气占据燃烧区，降低燃烧区氧的浓度，使可燃物得不到氧的补充，导致燃烧强度减弱直至中止。三是稀释。水是一种良好的溶剂，可以溶解水溶性甲、乙、丙类液体，当此类物质起火后，可用水稀释，以降低可燃液体的浓度。四是对非水溶性可燃液体的乳化。非水溶性可燃液体的初期火灾，在未形成热波之前，以较强的水雾射流或滴状射流灭火，可在液体表面形成"油包水"型乳液，重质油品甚至可以形成含水油泡沫。水的乳化作用可使液体表面受到冷却，使可燃蒸汽产生的速率降低，致使燃烧中止。综上所述，用水灭火时往往是以上几种作用的共同结果，但冷却发挥着主要作用。

2. 类型划分

水系灭火剂按性能分为以下两类：一是非抗醇性水系灭火剂（S），即适用于扑灭 A 类火灾和 B 类火灾（水溶性和非水溶性液体燃料）的水系灭火剂；二是抗醇性水系灭火剂（S/AR），即适用于扑灭 A 类火灾或 A、B 类火灾（非水溶性液体燃料）的水系灭火剂。

3. 适用范围

（1）用直流水或开花水可扑救一般固体物质的表面火灾及闪点在 120 ℃ 以上的重油火灾。

（2）用雾状水可扑救易燃物质火灾、可燃粉尘火灾、电气设备火灾。

（3）用水蒸气可以扑救封闭空间内（如船舱）的火灾。

凡遇水能发生燃烧和爆炸的物质，不能用水进行扑救。

知识点 2　泡沫灭火剂

泡沫灭火剂是指泡沫液与水混溶，并通过机械方法或化学反应产生的灭火泡沫。

1. 灭火原理

泡沫灭火剂是通过冷却、窒息、遮断、淹没等综合作用实现灭火的，如图 3-2 所示。

2. 类型划分

泡沫灭火剂按发泡倍数不同，分为低倍泡沫灭火剂、中倍泡沫灭火剂和高倍泡沫灭火剂；按构成成分不同，分为蛋白泡沫灭火剂、氟蛋白泡沫灭火剂、水成膜泡沫灭火剂、成膜氟蛋白泡沫灭火剂、合成泡沫灭火剂、抗溶性泡沫灭火剂和 A 类泡沫灭火剂等类型。

图 3-2 泡沫灭火剂使用

（1）低倍泡沫灭火剂：发泡倍数低于 20 的灭火泡沫。低倍泡沫灭火剂主要用于甲、乙、丙类液体的生产、储存、运输和使用场所，如石油化工企业、炼油厂储油罐区、飞机库、车库、为铁路油槽车装卸油的鹤管栈桥、码头、飞机库、机场以及燃油锅炉房等。

（2）中倍泡沫灭火剂。发泡倍数介于 20~200 的灭火泡沫，一般用于控制或扑灭易燃、可燃液体、固体表面火灾及固体深位阴燃火灾。其稳定性较低倍泡沫灭火剂差，在一定程度上会受风的影响，抗复燃能力较低，因此使用时需要增加供给的强度。

（3）高倍泡沫灭火剂：发泡倍数高于 200 的灭火泡沫。它以合成表面活性剂为基料，通过高倍数泡沫产生器可产生气泡直径在 10 mm 以上的泡沫，通过产生的泡沫迅速充满淹没被保护区域和空间，隔绝空气实施灭火；同时，泡沫受热后产生大量水蒸气，降低燃烧区域温度，稀释空气，阻止热量传递，防止火势蔓延。

（4）蛋白泡沫灭火剂：泡沫灭火剂中最基本的一种，由含蛋白的原料经部分水解制成，是一种黑褐色的黏稠液体，具有天然蛋白质分解后的臭味。蛋白泡沫灭火剂具有原料易得、生产工艺简单、成本低、泡沫稳定性好、对水质要求不高、储存性能较好等优点，主要用于扑救油类液体火灾。但蛋白泡沫灭火剂的流动性能较差，抵抗油质污染的能力较弱，不能用于液下喷射灭火，也不能与干粉灭火剂联用。

（5）氟蛋白泡沫灭火剂：在蛋白泡沫液中加入氟碳表面活性剂、碳氢表面活性剂等制成。由于氟碳表面活性剂的表面张力较低，并具有较好的疏油性，使其性能得到改善。与蛋白泡沫液相比，氟蛋白泡沫的流动性能较好，疏油性强，可以用于液下喷射灭火，也可以与干粉灭火剂联用，提高整体灭火效率。

（6）水成膜泡沫灭火剂（又称"轻水"泡沫灭火剂，英文简称 AFFF）：指以碳氢表面活性剂和氟碳表面活性剂为基料，可在某些烃类表面上形成一层水膜的泡沫灭火剂。其特点是可在某些烃类表面形成一层能够抑制油品蒸发的水膜，靠泡沫和水膜的双重作用灭火，灭火速度最快，具有流动性好、可液下喷射、可与干粉联用、可预混等特点；但与蛋白泡沫液相比，泡沫不够稳定，防复燃隔热性能差，而且成本较高。

（7）成膜氟蛋白泡沫灭火剂（英文简称 FFFP）：由碳氢表面活性剂、氟碳表面活性剂、干燥剂、助剂、极性成膜剂、稳定剂、抗冻剂、防腐剂等配制而成，可在某些烃类表面形成一层水膜的氟蛋白泡沫，主要用于扑救油类火灾和极性溶剂火灾。成膜氟蛋白泡沫灭火剂的灭火性能和抗复燃性能与水成膜泡沫火火剂相当，是一种多功能泡沫灭火剂。

（8）抗溶性泡沫灭火剂：指所产生的泡沫释放到醇类或其他极性溶剂表面时，可抵抗其对泡沫破坏性的泡沫灭火剂，又称为抗醇泡沫灭火剂。抗溶性泡沫灭火剂有金属皂型、凝胶型、氟蛋白型、硅酮表面活性剂型等多种类型，用于扑救水溶性甲、乙、丙类液体火灾。

（9）A 类泡沫灭火剂：主要适用于扑救 A 类火灾的泡沫灭火剂。A 类泡沫灭火剂按产品性能分为以下两类：一是适用于扑救 A 类火灾及隔热防护的 A 类泡沫灭火剂，代号为 MJAP；二是适用于扑救 A 类火灾、非水溶性液体燃料火灾及隔热防护的 A 类泡沫灭火剂、代号为 MJABP。

特别指出，我国作为联合国环境规划署《关于持久性有机污染物的斯德哥尔摩公约》的缔约方，已经批准将持久性有机污染物（POPS）列入受控清单。全氟辛基磺酸及其盐类和全氟辛基磺酰氟（PFOS 类物质）是典型的 POPS，主要作为泡沫灭火剂的表面活性剂。我国现在生产、销售的 PFOS 类灭火剂，是利用前期生产未销售完的 PFOS 类物质来配制的，PFOS 类灭火剂产量只会越来越少，不久将退出市场，PFOS 类灭火剂的淘汰与替代工作正在加快推进。

知识点 3　气体灭火剂

气体灭火剂是指以气体状态进行灭火的灭火剂。其包括以下类型：

1. 二氧化碳灭火剂

1）灭火原理

二氧化碳灭火剂在常温常压下是一种无色、无味的气体。当储存于密封高压气瓶中，低于临界温度 31.4 ℃时，以气、液两相共存。在灭火过程中，二氧化碳从储存气瓶中释放出来，压力骤然下降，使二氧化碳由液态转变成气态，分布于燃烧物的周围，稀释空气中的氧含量，氧含量降低会使燃烧时热的产生率减小，而当热产生率减小到低于热散失率的程度时燃烧就会停止，这是二氧化碳所产生的窒息作用；另外，二氧化碳释放时又因焓减的关系温度急剧下降，形成细微的固体干冰粒子，干冰吸取其周围的热量而升华，即能产生冷却燃烧物的作用。因此，二氧化碳灭火剂灭火作用主要在于窒息，其次是冷却。

2）适用范围

二氧化碳灭火剂可以扑救灭火前可切断气源的气体火灾，液体火灾或石蜡、沥青等可熔化的固体火灾，固体表面火灾及棉毛、织物、纸张等部分固体深位火灾，电气火灾。二氧化碳灭火剂不得用于扑救硝化纤维、火药等含氧化剂的化学制品火灾，钾、钠、镁、钛、锆等活泼金属火灾，氢化钾、氢化钠等金属氢化物火灾。

2. 卤代烷灭火剂

1）含　义

具有灭火作用的卤代碳氢化合物统称卤代烷灭火剂。

2）种　类

卤代烷灭火剂分为二氟一氯一溴甲烷灭火剂（简称为 1 211 灭火剂）和三氟一溴甲烷灭火剂（简称为 1 301 灭火剂）两种，国际上通称为 Halon，是迄今灭火效果最好的灭火剂。该类灭火剂在常温常压下为无色气体，加压压缩后变成液态予以储存。

3）灭火原理及适用范围

卤代烷灭火剂主要通过抑制燃烧的化学反应过程，使燃烧的链式反应中断，达到灭火的目的。该类灭火剂灭火后不留痕迹，适用于扑救可燃气体火灾，甲、乙、丙类液体火灾，可燃固体的表面火灾和电气火灾。研究发现，卤代烷灭火剂对大气臭氧层具有破坏作用，因此在非必要场所应限制使用。

3. 七氟丙烷灭火剂（FM-200 气体灭火剂）

1）含　义

七氟丙烷灭火剂是一种无色无味、低毒性、不导电的洁净气体灭火剂，其密度大约是空气密度的 6 倍，可在一定压力下呈液态储存。释放后无残余物，对环境的不良影响小，大气臭氧层的耗损潜能值（ODP）为零，毒性较低，不会污染环境和保护对象，是目前卤代烷 1 211、1 301 最理想的替代品。

2）灭火原理

当七氟丙烷灭火剂喷射到保护区或对象后，液态灭火剂迅速转变成气态，吸收大量热量，使保护区和火焰周围的温度显著降低；另外，七氟丙烷灭火剂在化学反应过程中释放游离基，能最终阻止燃烧的链式反应，从而使火灾扑灭。

3）适用范围

七氟丙烷灭火剂适用于扑救甲、乙、丙类液体火灾，可燃气体火灾，电气设备火灾，可燃固体物质的表面火灾。

4. 六氟丙烷灭火剂（HFC-236 fa）

依照国际通用卤代烷命名法，六氟丙烷灭火剂称为 HFC-236 fa。具体含义为：HFC 代表氢氟烃；2 代表碳原子个数减 1（即 3 个碳原子）；3 代表氢原子个数加 1（即 2 个氢原子）；6 代表氟原子个数（即 6 个氟原子）；f 表示中间碳原子的取代基形式为 "-CH2-"；a 表示两端碳原子的取代原子量之和的差为最小，即最对称。六氟丙烷灭火剂的灭火原理和适用范围与七氟丙烷灭火剂相同。

5. 惰性气体灭火剂

1）含义及类型

惰性气体灭火剂指由氮气、氩气和二氧化碳气按一定质量比混合而成的灭火剂。惰性气体灭火剂又分为 IG-01 惰性气体灭火剂（由氩气单独组成的气体灭火剂）、IG-100 惰性气体灭火剂（由氮气单独组成的气体灭火剂）、IG-55 惰性气体灭火剂（由氩气和氮气按一定质量比混合而成的灭火剂）和 IG-541 惰性气体灭火剂（由氩气、氮气和二氧化碳按一定质量比混合而成的灭火剂）四种类型。该类灭火剂主要通过降低防护对象周围的氧浓度以致窒息进行灭火。

2）灭火原理

惰性气体灭火剂属于物理灭火剂，当混合气体释放后，通过降低防护区中的氧气浓度，使其不能维持燃烧而达到灭火的目的。

3）适用范围

惰性气体灭火剂的适用范围与二氧化碳灭火剂相同。

6. 气溶胶灭火剂

1）含义及类型

气溶胶是指以气体为分散介质，液体或固体为被分散介质所形成的溶胶状物质。气溶胶灭火剂是通过燃烧或其他方式产生具有灭火效能气溶胶的灭火剂。气溶胶灭火剂按其产生方式分为热气溶胶灭火剂和冷气溶胶灭火剂两种。热气溶胶灭火剂是指由固体化学混合物（热气溶胶发生剂）经化学反应生成的具有灭火性质的气溶胶，包括 S 型热气溶胶、K 型热气溶胶和其他型热气溶胶。湿气溶胶灭火剂是一种特别研制加工的超细磷铵干粉，其粒径须在 10 μm 以下，用惰性气体使其从容器中喷射出来后在空气中形成气溶胶形态。

2）灭火原理

以湿气溶胶灭火剂为例，其灭火原理如下：一是吸热降温灭火，即热气溶胶灭火剂在高温下吸收大量的热，发生热熔、汽化等物理吸热过程，火焰温度被降低，进而辐射到可燃烧物燃烧面用于汽化可燃物分子和将已汽化的可燃物分子裂解成自由基的热量就会减少，燃烧反应速度得到一定抑制；二是化学抑制灭火，即在热作用下，灭火气溶胶中分解的汽化金属离子或失去电子的阳离子可以与燃烧中的活性基团发生亲和反应，反复大量消耗活性基团，减少燃烧自由基；三是降低氧浓度，即灭火气溶胶中的氮气、二氧化碳可降低燃烧中的氧浓度，但其速度是缓慢的，灭火作用远远小于吸热降温、化学抑制。

3）适用范围

气溶胶灭火剂适用于扑救固体表面火灾，以及通信机房、电子计算机房、电缆隧道（夹层、井）及自备发电机房等防护区火灾。

知识点 4　干粉灭火剂

微课：干粉灭火剂灭火原理

1. 含义及类型

干粉灭火剂是指用于灭火的干燥、易于流动的细微粉末。干粉灭火剂是由灭火基料（如小苏打、磷酸铵盐等）和适量的流动助剂（硬脂酸镁、云母粉、滑石粉等）以及防潮剂（硅油）在一定工艺条件下研磨、混配制成的固体粉末灭火剂。干粉灭火剂有以下类型。

（1）普通干粉灭火剂，又称为 BC 干粉灭火剂。这类灭火剂可扑救 B 类、C 类、E 类火灾。

（2）多用途干粉灭火剂，又称为 ABC 干粉灭火剂。这类灭火剂可扑救 A 类、B 类、C 类、E 类火灾。

（3）超细干粉灭火剂，超细干粉灭火剂是指 90%粒径小于或等于 20 μm 的固体粉末灭火剂。该类灭火剂按其灭火性能分为 BC 超细干粉灭火剂和 ABC 超细干粉灭火剂两类。

（4）D 类干粉灭火剂，即能扑灭 D 类火灾的干粉灭火剂。D 类干粉灭火剂按可扑救的金属材料对象分为单一型和复合型两类。

2．灭火机理

干粉在灭火过程中，粉雾与火焰接触、混合后发生一系列物理和化学作用，其灭火原理如下。

1）化学抑制作用

当干粉灭火剂加入燃烧区与火焰混合后，干粉粉末与火焰中的自由基接触时，捕获"·OH"和"H·"，自由基被瞬时吸附在粉末表面，使自由基数量急剧减少，致使燃烧反应链中断，最终使火焰熄灭。

2）冷却与窒息作用

干粉灭火剂的基料在火焰高温作用下，将会发生一系列分解反应，如钠盐干粉在燃烧区吸收部分热量，并放出水蒸气和二氧化碳气体，起到冷却和稀释可燃气体的作用；磷酸盐等化合物还具有导致炭化的作用，它附着于着火固体表面可炭化，炭化物是热的不良导体，可使燃烧过程变得缓慢，使火焰的温度降低。

3）隔离作用

干粉灭火剂覆盖在燃烧物表面，构成阻碍燃烧的隔离层；当粉末覆盖达到一定厚度时，还可以起到防止复燃的作用。

有关研究认为，干粉灭火剂灭火原理较复杂，主要是通过化学抑制作用灭火。

3．适用范围及注意事项

磷酸铵盐干粉灭火剂适用于扑灭 A 类、B 类、C 类和 E 类火灾；碳酸氢钠干粉灭火剂适用于扑灭 B 类、C 类和 E 类火灾；B 类、C 类超细干粉灭火剂适用于扑灭 B 类、C 类火灾，A 类、B 类、C 类超细干粉灭火剂适用于扑灭 A 类、B 类、C 类火灾；D 类干粉灭火剂适用于扑灭 D 类火灾。特别指出，B 类、C 类干粉灭火剂与 A 类、B 类、C 类干粉灭火剂不兼容，B 类、C 类干粉灭火剂与蛋白泡沫灭火剂不兼容，因为干粉灭火剂中的防潮剂对蛋白泡沫有较大的破坏作用。对于一些扩散性很强的气体，如氢气、乙炔气体，干粉喷射后难以稀释整个空间的气体，在精密仪器、仪表上会留下残渣，所以不适宜用干粉灭火剂灭火。

知识点 5　7 150 灭火剂

7 150 灭火剂是特种灭火剂的一种，适用于扑救 D 类火灾。7 150 灭火剂是一种无色透明液体，它的化学名称为三甲氧基硼氧六环。7 150 灭火剂热稳定性较差，同时本身又是可燃物。

当它以雾状被喷到炽热燃烧的轻金属上面时，会发生化学反应，所生成的物质在轻金属燃烧的高温下熔化为玻璃状液体，流散于金属表面及其缝隙中，在金属表面形成一层隔膜，使金属与大气（氧气）隔绝，从而使燃烧窒息；同时在 7150 发生燃烧反应时，还需消耗金属表面附近的大量氧气，这就能够降低轻金属的燃烧强度。

各种灭火剂的性质见表 3-1，适用场景见表 3-2。

表 3-1　各种灭火剂的性质

类别	原理	可灭	不可灭	
干粉	由具有灭火效能的无机盐和少量的添加剂经干燥、粉碎、混合而成微细固体粉末组成。利用压缩的二氧化碳或氮气吹出干粉（主要含有碳酸氢钠）来灭火	A 类、B 类、C 类	不能扑救 D 类金属燃烧火灾	去掉铅封，逆时针旋转开启手轮；不要逆风使用；保管温度为 10～41 ℃
泡沫	能喷射出大量二氧化碳及泡沫，它们能黏附在可燃物上，使可燃物与空气隔绝，达到灭火的目的	适用于扑救一般 B 类火灾，如油制品、油脂等火灾，也可适用于 A 类火灾	不能扑救 B 类火灾中的水溶性可燃、易燃液体的火灾，如醇、醋、醚、酮等物质火灾；也不能扑救带电设备及 C 类和 D 类火灾	不能与水同用，因水可使泡沫失去覆盖作用
7150	主要成分为偏硼酸三甲酯	适用于扑救 D 类火灾	—	—
二氧化碳	主要依靠窒息作用和部分冷却作用灭火	A 类、B 类、C 类。贵重设备、档案资料、仪器仪表、600 伏以下电气设备及油类的初期火灾，适宜扑救家用电器火灾	不适用于金属火灾	不宜在室外刮大风时使用；在窄小和密闭的空间使用后，要及时通风或人员撤离现场，以防窒息
酸碱	利用灭火器内两种灭火剂混合后喷出的水溶液扑灭火灾	适用于扑救竹、木、棉、毛、草、纸等一般可燃物质的初期火灾	不宜用于扑救油类、忌水和忌酸物质及带电设备的火灾	使用前上下摇晃几下
1211	主要成分为二氟一氯一溴甲烷的代号，利用装在筒内的氮气压力将 1211 灭火剂喷射出灭火，它属于储压式一类	B 类、C 类、D 类、E 类	—	由于该灭火剂对臭氧层破坏力强，我国已于 2005 年停止生产 1211 灭火剂。

表 3-2　各种灭火器的适用场景

灭火器种类		A 类火灾 含碳固体火灾	B 类火灾		C 类火灾 可燃性气体火灾	D 类火灾 电气设备火灾	使用温度范围/°C
			油品火灾	水溶性液体火灾			
水型	清水	适用	不适用	不适用	不适用	不适用	4～55
	酸碱						
干粉型	磷酸铵盐	适用	适用		适用	适用	−10～55
	碳酸氢钠	不适用					
化学泡沫		适用	适用	不适用	不适用	不适用	4～55
卤代烷型	1 211	适用	适用		适用	适用	−20～55
	1 301						−10～55
二氧化碳		不适用	适用		适用	适用	

任务 2　常用灭火器的操作

【重难点】

- 手提式灭火器操作使用的方法。
- 手提式灭火器操作注意事项的内容。
- 推车式灭火器操作使用的方法。
- 推车式灭火器操作注意事项的内容。

【案例导入】

发生火灾你会使用灭火器去灭初期火灾吗？

【案例分析】

一男子买了辆帕萨特轿车开了几年，其他都好，就是变速箱有点问题，而且修起来很贵，男子左思右想决定放火燃烧变速箱，然后报保险说是车子自燃，最终达到免费更换变速箱的目的。让男子没想到的是，火烧完后，就控制不住了，他赶紧拿出车载灭火器准备灭火，才发现自己不会使用灭火器，拨打"119"消防报警电话处理，5 分钟后消防员到达现场车子被烧成了一堆废铁，消防员调查后，对该男子批评教育并现场教会男子使用灭火器。

【知识链接】

知识点 1　手提式灭火器的操作使用方法和注意事项

灭火器的结构如图 3-3 所示。

微课：灭火器正确操作视频

A类火灾
指含固体可燃物如木材、棉、毛、纸张可选用清水灭火器，磷酸铵干粉灭火器（ABC干粉灭火器）

水基型灭火器包括泡沫型和清火型

C类火灾
指可燃气体如煤气、天然气、甲醇、乙炔可选用干粉灭火器（ABC干粉灭火器）

B类火灾
指甲、乙、丙类液体如汽油、煤气、甲醇、乙醇、丙醇等可选用干粉灭火器（ABC干粉灭火器）二氧化碳灭火器

D类火灾
指金属火灾如钾、纳、镁、锂、铝等可选用干粉灭火器（ABC干粉灭火器）及沙土掩埋

（a）

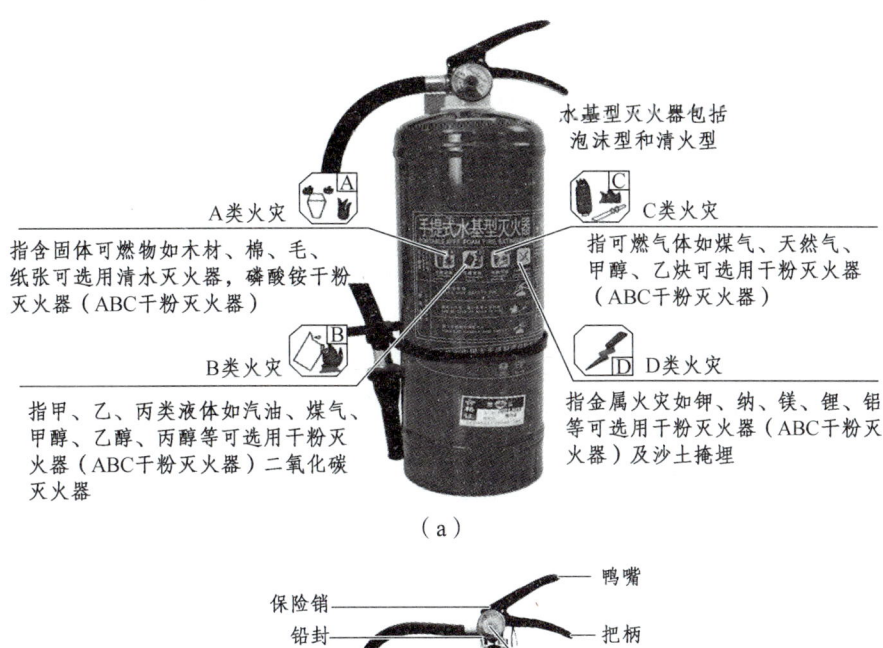

保险销 — 鸭嘴
铅封 — 把柄
— 压力表
使用说明
喷嘴 — 筒体

（b）

图 3-3 灭火器的结构

1. 操作使用方法

以干粉灭火器为例，使用灭火器灭火时，先将灭火器从设置点提至距离燃烧物 2~5 m 处，然后拔掉保险销，一手握住喷筒，另一手握住开启压把并用力压下鸭嘴，灭火剂喷出，对准火焰根部进行扫射灭火。随着灭火器喷射距离缩短，操作者应逐渐向燃烧物靠近。

手提式灭火器的操作要领归纳为"一提，二拔，三握，四压，五瞄，六射"，如图 3-4 所示。

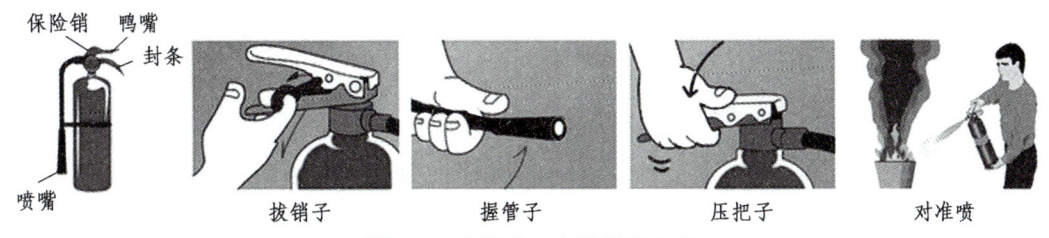

拔销子　　握管子　　压把子　　对准喷

图 3-4 手提式灭火器操作示意

2. 使用注意事项

（1）使用干粉灭火器前，要先将灭火器上下颠倒几次，使筒内干粉松动。使用过程中，灭火器应始终保持竖直状态，避免颠倒或横卧造成灭火剂无法正常喷射。有喷射软管的灭火器或贮压式灭火器在使用时，一手应始终压下压把，不能放开，否则喷射会中断。

（2）使用二氧化碳灭火器灭火时，手一定要握在喷筒木柄处，接触喷筒或金属管要戴防护手套，以防局部皮肤被冻伤。

（3）扑救可燃液体火灾时，应避免灭火剂直接冲击燃烧液面，防止可燃液体流散扩大火势。

（4）扑救火灾时，应由近及远喷射灭火剂，直至灭火。

（5）扑救电气火灾时，应先断电后灭火。

知识点 2　推车式灭火器的操作使用方法和注意事项

1. 操作使用方法

推车式干粉灭火器的结构组成如图 3-5 所示。它主要适用于扑救易燃液体、可燃液体和电器设备的初期火灾，有移动方便，操作简单，灭火效果好等优点。

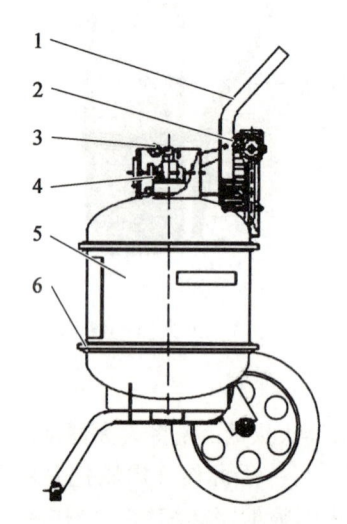

1—车架总成；2—喷筒总成；3—保险装置；
4—器头总成；5—筒体总成；6—防护圈。

图 3-5　推车式灭火器的结构组成

以推车式干粉灭火器为例，使用时一般由两人协同操作，先将灭火器推拉至现场，在上风方向距离火源约 10 m 处做好喷射准备。然后一人拔掉保险销，迅速向上扳起手柄或旋转手轮到最大开度位置打开钢瓶；另一人取下喷枪，展开喷射软管，然后一只手握住喷枪枪管行至距离燃烧物 1~2 m 处，将喷嘴对准火焰根部，另一只手开启喷枪阀门，灭火剂喷出灭火。喷射时要沿火焰根部喷扫推进，直至把火扑灭，操作步骤如图 3-6 所示。灭火后，放松手握开关压把，开关即自行关闭，喷射停止，同时关闭钢瓶上的启闭阀。

步骤 1　把干粉车拉或推到现场。

步骤 2　右手抓着喷粉枪，左手顺势展开喷粉胶管，直至平直，不能弯折或打圈。

步骤 3　除掉铅封，拔出保险销。

步骤 4　用手掌使劲按下供气阀。

步骤 5　左手把持喷粉枪管托，右手把持枪把用手指扳动喷粉开关，对准火焰喷射不断靠前左右摆动喷粉枪，把干粉笼罩住燃烧区，直至把火扑灭为止。

图 3-6　推车式灭火器操作使用示意

随堂一练

一、选择题

1. 档案室发生火灾选用灭火器的种类为（　　）。
　　A. 干粉 ABC 灭火器　　　　　　B. 干粉 BC 灭火器
　　C. 水基型灭火器　　　　　　　D. 二氧化碳灭火器

2. 下列火灾使用二氧化碳灭火器正确的是（   ）。
   A. A 类火灾　　　　　　　　　　B. B 类火灾
   C. C 类火灾　　　　　　　　　　D. D 类火灾
3. 灭火器适合扑灭下列哪个价的是火灾（   ）。
   A. 初起阶段　　　　　　　　　　B. 发展阶段
   C 熄灭阶段　　　　　　　　　　D. 爆轰阶段
4. 灭火剂的工作原理不包括（   ）。
   A. 窒息　　　　　　　　　　　　B. 冷却
   C. 抑制　　　　　　　　　　　　D. 助燃
5. 下列属于 B 类火灾的是（   ）。
   A. 制衣厂火灾　　　　　　　　　B. 制鞋厂火灾
   C. 储罐区火灾　　　　　　　　　D. 电脑机房火灾

二、简答题

1. 简述抗溶性泡沫液与非抗溶性泡沫液的区别？
2. 简述手提灭火器同推车式灭火器操作的区别？

项目 2　火灾报警

知识目标
- 了解火灾报警的基本知识。
- 熟悉火灾报警的基件。
- 掌握如何正确火灾报警。

能力目标
- 具备描述火灾报警的基本流程的能力。
- 具备简述火灾基本处理方法的能力。
- 具备启动应急预案的能力。

素养目标
- 通过对火灾报警的认知,养成助人为乐的良好品德。
- 通过报警流程处理的学习强化学生遇事科学处置的精神。
- 通过火警发布的步骤学习提升学生社会责任意识。

任务导航
- 任务1 报警对象的划分
- 任务2 报警流程的操作

任务 1　报警对象的划分

【重难点】
- 国家综合性消防救援机构的定义。
- 向单位和受火灾威胁人员报警的流程。

【案例导入】

了解中华人民共和国综合性消防救援队伍。

【案例分析】

中华人民共和国综合性消防救援队伍由中华人民共和国应急管理部管理,是由公安消防部队(中国人民武装警察部队消防部队)、中国人民武装警察部队森林部队退出现役,成建制划归应急管理部后组建成立的。国家综合性消防救援队伍建立统一高效的领导指挥体系。应急管理部设立消防救援局、森林消防局，分别作为消防救援队伍、森林消防队伍的领导指挥机关。各省、市、县级分别设消防救援总队、支队、大队，城市和乡镇根据需要按标准设立消防救援站；森林消防总队以下单位保持原建制。

2018年10月，根据中共中央《深化党和国家机构改革方案》，公安消防部队（武警消防部队）、武警森林部队退出现役，成建制划归中华人民共和国应急管理部，组建国家综合性消防救援队伍。同月，中共中央办公厅、国务院办公厅印发《组建国家综合性消防救援队伍框架方案》，就推进公安消防部队和武警森林部队转制，组建国家综合性消防救援队伍，建设中国特色应急救援主力军和国家队作出部署。该框架方案包括1个总体方案和3个子方案（职务职级序列设置、人员招录使用和退出管理、职业保障）。2018年11月9日，国家综合性消防救援队伍授旗仪式在北京人民大会堂举行，习近平总书记向国家综合性消防救援队伍授旗并致训词。

2022年10月，国家综合性消防救援队伍组建四年以来，共接警出动622万余次，营救和疏散遇险群众239万余人，出色完成了江苏响水"3·21"爆炸、河南郑州"7·20"特大暴雨、重庆地区森林火灾、四川泸定6.8级地震等重大应急救援任务。2023年1月6日上午，由应急管理部消防救援局和森林消防局整合而成的国家消防救援局正式挂牌。

【知识链接】

《中华人民共和国消防法》（简称《消防法》）规定，任何单位和个人都有维护消防安全、保护消防设施、预防火灾、报告火警的义务。任何人发现火灾都应当立即报警。任何单位、个人都应该无偿为报警提供便利，不得阻拦报警。严禁谎报火警。因此，发现火灾立即报警，是每个公民应尽的义务。及时报告火警，对于减轻火灾损失具有十分重要的作用。

知识点1　向国家综合性消防救援机构报警

国家综合性消防救援机构是负责火灾扑救的专业部门，随时待命、有警必出。及时向国家综合性消防救援机构报警，可有效缩短消防队员到达火灾现场的时间，有利于快速抢救人员生命、确保财产安全和以较小的代价扑灭火灾。

微课：消防报警处理程序

知识点2　向单位和受火灾威胁的人员报警

火灾发生后，除向消防救援机构报火警外，还应及时向单位消防安全责任人、相关职能部门负责人报告情况；单位设有消防队、微型消防站的，火灾发现人还应及时向其报告情况。同时，火灾发现人可充分利用呼叫、吹哨、鸣锣、扩音器等，向受到火势威胁的人员发出报警信息。

任务2　报警流程的操作

【重难点】

- 报警方法的分类。
- 拨打"119"消防报警电话报警主要的内容。
- 消防控制室值班人员接到火灾警报应急的程序。

【案例导入】

当你遇到火灾时如何处理？

【案例分析】

20日15时40分，某市"119"消防报警指挥中心接到报警：榆次区王杜村小公园附近垃圾堆着火。该市消防救援支队龙湖街特勤站消防员赶往现场途中，带队干部贾晓辉回拨报警电话向报警人核实火灾地点，但报警人电话一直无法打通。贾晓辉向指挥中心核实情况，接警员回复称报警人是个小孩，指令消防员仔细搜寻起火点。随后，消防员利用无人机进行空中侦察，很快确定起火点位于一座住宅楼北侧荒地上，燃烧面积有十几平方米。由于起火点周边就是荒草和林地，万一火星引燃林草，很可能引发大面积明火，指战员命令消防员尽快灭火。消防员到达现场时，站在起火点附近的6名小学生高兴地喊了起来："消防队来了！"据了解，这几个小学生来自当地中心小学校。他们平时在学校学习过消防安全知识，故未冒险扑救，而是选择拨打"119"消防报警电话报警。正好，一位同学戴着儿童电话手表，这种手表可以拨打报警电话。但因儿童电话手表只能用于预先存入的普通号码之间的通话，消防员回拨电话时便无法接通。

消防员利用铲土覆盖方式将明火彻底扑灭后，几个小学生表达了想与消防员合影的愿望。"为了鼓励孩子们一如既往重视消防安全，我就命令部分消防员摘下头盔让给孩子们，满足了他们的愿望。"消防员提供的视频可以看出，孩子们因为得到消防员夸奖，戴上头盔列队期间无一例外都把自豪写在了脸上，走起路来有的大幅甩臂，有的抿着嘴唇昂着头，脑袋左摇右晃，样子甚是可爱。中心小学校长表示，每次春秋两季开学，他们都会组织学生开展安全教育，消防安全是其中一项重要内容。当天，几个孩子之所以没有冒险扑救明火而是选择报警，正是该校坚持开展消防安全教育的体现。3月21日一早，中心小学已对杜静璇等6名学生进行了公开通报表扬。

【知识链接】

知识点1 报警方法

（1）拨打"119"消防报警电话。
（2）使用报警设施设备（如报警按钮）报警。
（3）通过应急广播系统发布火警信息和疏散指示。
（4）条件允许时，可派人至就近消防站报警。
（5）使用预先约定的信号或方法报警。

微课：消防报警标准做法

知识点2 拨打"119"消防报警电话报警的主要内容

报火警时，必须讲清以下内容。

（1）起火单位和场所的详细地址。包括单位、场所及建筑物和街道名称，门牌号码，靠近何处，并说明起火部位及附近的明显标志等。

（2）火灾基本情况。包括起火的场所和部位，着火的物质，火势的大小，是否有人员被困，火场有无化学危险源等，以便消防救援部门根据情况派出相应的灭火车辆。

（3）报警人姓名、单位及电话号码等相关信息。

知识点 3　消防控制室值班人员接到火灾警报的应急程序

消防控制室值班人员接到火灾警报的应急程序应符合下列要求。

（1）接到火灾警报后，值班人员应立即以最快方式确认。

（2）火灾确认后，值班人员应立即确认火灾报警联动控制开关处于自动状态，同时拨打"119"消防报警电话，报警时应说明着火单位地点、起火部位、着火物种类、火势大小、报警人姓名和联系电话等。

（3）值班人员应立即启动单位内部应急疏散和灭火预案，并报告单位负责人。

随堂一练

一、选择题

1. 某单位发生火灾，除向消防救援机构报火警外，还应向（　　）报告火灾情况。
   A. 应急管理部门　　　　　　　　B. 政府
   C. 单位消防安全责任人　　　　　D. 各级公安消防机构

2. 下列不属于报警方法的是（　　）。
   A. 拨打"119"消防报警电话　　　B. 在火场内寻找灭火器灭火
   C. 按报警按钮报警　　　　　　　D. 派人至就近消防站报警

3. 消防控制室值班人员接到火灾警报的应急程序不包括（　　）。
   A. 拿消防水枪灭火
   B. 立即以最快方式确认火灾情况
   C. 立即确认火灾报警联动控制开关处于自动状态
   D. 拨打"119"消防报警电话

4. 国家综合性消防救援机构是负责（　　）的专业部门。
   A. 火灾扑救　　　　　　　　　　B. 火灾报警
   C. 火灾评估　　　　　　　　　　D. 火灾鉴定

5. 消防控制室必须实行每日 24 小时专人值班制度，每班不应少于（　　）人，且每班工作时间不超过（　　）小时。
   A. 1；8　　　　B. 1；12　　　　C. 2；8　　　　D. 2；12

二、简答题

假设潆溪街道张三超市发生火灾，需要你报火警，请简述你的报警内容。

项目 3　火场应急疏散逃生

知识目标
- 了解应急疏散逃生的基本知识。
- 熟悉应急疏散逃生演练的意义。
- 掌握应急疏散逃生的组织和实施。

能力目标
- 具备描述逃生疏散预案要求的能力。
- 具备简述演练过程流程的能力。
- 具备逃生组织疏散的能力。

素养目标
- 通过逃生预案的学习培养学生居安思危的素养。
- 通过预案演练的编制强化学生谨慎做事的素养。

任务导航
- 任务 1　疏散逃生基本原则的认知
- 任务 2　应急疏散预案制定的方法
- 任务 3　应急疏散逃生组织的实施

任务 1　疏散逃生基本原则的认知

【重难点】
- 逃生基本原则的要求。
- 演练基本原则的要求。

【案例导入】

根据下列案例试分析该演练体现了哪些原则呢？

微课：火场逃生原则

【案例分析】

3 月 29 日上午，南充某县消防救援大队在县第一小学组织开展实战演练。南充某县政府副县长，县教育局、应急管理局、消防救援大队等领导出席活动并观摩演练。

按照活动预案，上午 8：00 随着一阵急促的警报声响起，全体师生快速有序地利用疏散楼梯从教学楼撤离到学校操场的安全地带。

演练假定教学楼二、三楼发生火灾，有 2 人被困，火势猛烈，如不及时处置将引起大面积燃烧。

接到警情后，大队指战员迅速集结队伍到达现场，结合现场情况对灭火救援行动进行分工。主站车成立灭火组内攻灭火，并做好警戒；抢险班成立搜救疏散组及破拆组，进入火场内部疏散和搜救被困人员；登高平台消防车利用升降梯将三楼的被困人员救出。

接到命令后，指战员迅速展开战斗。经过初期内攻救人、排烟控火，中期内外合击、阻截蔓延，后期强攻近战、全力保障，10 min 后，火灾被全部扑灭，人员被全部救出，演练取得成功。

通过这次的演练活动，不仅增强了师生们的消防安全意识和遇到火情时的逃生自救能力，也为学校的安全教育工作起到促进作用，从而提升师生在校期间的安全保障，做到警钟长鸣。

【知识链接】

知识点 1　应急疏散

应急疏散就是引导人员向安全区撤离。《消防法》规定，机关、团体、企业、事业等单位应当落实消防安全责任制，制定本单位的消防安全制度、消防安全操作规程，制定灭火和应急疏散预案；人员密集场所发生火灾，该场所的现场工作人员应当立即组织、引导在场人员疏散。由此可以看出，发生火灾后，及时组织自救，有序开展人员应急疏散，是发生火灾单位应当履行的消防安全职责。火场逃生 72 字口诀如图 3-7 所示。

图 3-7　火场逃生 72 字口诀

单位的消防安全责任人应当履行下列消防安全职责：

（1）贯彻执行消防法规，保障单位消防安全符合规定，掌握本单位的消防安全情况；

（2）将消防工作与本单位的生产、科研、经营、管理等活动统筹安排，批准实施年度消防工作计划；

（3）为本单位的消防安全提供必要的经费和组织保障；

（4）确定逐级消防安全责任，批准实施消防安全制度和保障消防安全的操作规程；

（5）组织防火检查，督促落实火灾隐患整改，及时处理涉及消防安全的重大隐患；

（6）根据消防法规的规定建立专职消防队、义务消防队；

（7）组织制定符合本单位实际的灭火和应急疏散预案，并实施演练。

知识点 2　统一指挥

（1）实施统一指挥可有效避免在疏散逃生过程中产生混乱、交叉和拥堵，提高效率。

（2）实施统一指挥应以有计划、有步骤、有方法、有秩序和有保障为前提。

（3）实施统一指挥应充分利用应急广播系统、扩音器等设施设备，统一发布火警信息，指引方向，严防自行其是。

知识点 3　有序组织

（1）组织疏散逃生应明确优先顺序，优先安排受火势威胁最严重或最危险区域内的人员疏散。

（2）组织疏散逃生通常按照先着火层、再着火层上层、最后着火层下层的顺序进行，以疏散至安全区域为主要目标。

（3）当仅有唯一疏散路径时，必须合理安排先后顺序，分别进行引导；当具备多条疏散路径和辅助安全疏散设施时，应合理分配路径和设施，在互不干扰的前提下组织疏散逃生。

知识点 4　确保安全

（1）疏散逃生过程中严禁使用普通电梯，防止因烟火蔓延侵入造成人员伤亡。

（2）疏散逃生过程中应利用安全疏散设施或开启紧急电梯抢救被困人员。

（3）疏散逃生过程中应同时组织力量利用室内消火栓、防火门、防火卷帘等设施控制初起火势，启动通风和排烟系统降低烟雾浓度，防止烟火侵入疏散通道，为疏散逃生创造安全环境。

任务 2　应急疏散预案制定的方法

【重难点】
- 灭火和应急疏散预案制订的内容。
- 灭火和应急疏散预案演练的流程。

【案例导入】

企业制订的灭火和应急疏散预案从未进行演练是否合理？

【案例分析】

某企业的食品加工厂房，厂房一层为熟食车间，设有烘烤、蒸煮、预冷等工序，二层为倒班宿舍。熟食车间炭烤炉正上方设置不锈钢材质排烟罩，炭烤时热烟气经排烟道由排风机排出屋面。

2017年11月5日6：00时，该厂房发生火灾，最先发现起火的值班人员赵某，准备报火警，被同时发现火灾的车间主任王某阻止，王某遂与赵某等人使用灭火器进行扑救，发现灭火器失效后，又使用室内消火栓进行灭火，但消火栓无水。火势越来越大，王某与现场人员撤离车间，撤离后先向副总经理汇报，再拨打"119"消防报警电话报警，因紧张未说清起火厂房的具体位置，也未留下报警人姓名，消防部门接群众报警后，迅速到达火场，2小时后大火被扑灭。

调查发现，该车间生产有季节性，高峰期有工人156人，企业总经理为法定代表人，副总经理负责消防安全管理工作；消防部门曾责令将倒班宿舍搬出厂房，拆除聚氨酯彩钢板，企业总经理拒不执行；该企业未依法建立消防组织机构，消防安全管理制度不健全，未对员工进行必要的消防安全培训；虽然制定了灭火和应急疏散预案，但从未组织过消防演练，排烟管道使用多年从未检查和清洗保养。

【知识链接】

根据《消防法》的规定，机关、团体、企业、事业等单位应制定灭火和应急疏散预案，并组织进行有针对性的消防演练。

微课：应急疏散预案制定原则

知识点1 灭火和应急疏散预案制订

1. 预案内容

消防安全重点单位制定的灭火和应急疏散预案应当包括下列内容。

（1）组织机构，包括灭火行动组、通信联络组、疏散引导组、安全防护救护组等。

（2）报警和接警处置程序。

（3）应急疏散的组织程序和措施。

（4）扑救初期火灾的程序和措施。

（5）通信联络、安全防护救护的程序和措施。

2. 预案制定要求

（1）开展单位基本情况调研，掌握与火灾扑救相关的环境、道路、水源等情况以及所涉及的生产设施设备、生产工艺流程等，详细分析火灾重点部位、火灾特点以及发生火灾后可能出现的各种情况，绘制单位总平面图、建筑平面图、重点部位图等相关图样。

（2）在分析研判的基础上，分别以单位要害部位起火、重点部位起火等假设火灾情况，部署灭火力量，确定火灾扑救程序和方法，确定任务分工和人员责任。

（3）确定火灾扑救组织机构，明确报警和火灾初起处置程序，根据假设火情绘制火情态势图、灭火力量部署图。

（4）明确安全防护和通信联络方式及要求，确保单位上下级应急通信畅通；安全防护应重点明确不同区域的最低防护等级、防护手段等，标注应急物资存储位置和种类。

（5）根据单位重点部位、人员分布以及安全疏散、避难设施等情况，确定安全疏散路径，绘制安全疏散路线图。

知识点 2　灭火和应急疏散预案演练

1. 预案演练频次

消防安全重点单位应当按照灭火和应急疏散预案，至少每半年进行一次演练，并结合实际不断完善预案。其他单位应当结合本单位实际，参照制定相应的应急方案，至少每年组织一次演练。

2. 预案演练要求

（1）根据安全疏散预案，设定演练形式和范围，确定演练时间、参演人员和方式，做好演练准备。

（2）编制演练方案，明确组织机构、任务分工、安全保障、实施程序和评估方案，确保演练安全有序。

（3）演练期间应加强过程控制，根据预案合理传递控制信息，参演人员应根据相关信息采取相应行动，演练导调人员应做好全过程记录，为后期评估和总结做好准备。

（4）演练结束后，对演练过程进行评估、总结，及时总结经验教训，制定改进措施，修订、完善安全疏散预案。

任务 3　应急疏散逃生组织的实施

【重难点】

- 发布火警的要求。
- 应急响应的内容。
- 引导疏散的原则。

【案例导入】

案例中值班人员发布火警的方法是否符合要求？

【案例分析】

某消防大队执法人员在检查消防控制室时，消防监督员对消防控制室的值班人员现场提问："接到火灾报警后，你如何处置？"值班人员回答："接到火灾报警后，通过对讲机通知安全巡场人员携带灭火器到达现场核实火情，确认发生火灾后，立即将火灾报警联动控制开关转换成自动状态，启动消防应急广播，同时拨打保安经理电话，保安经理同意后拨打"119"消防报警电话报警。报警时说明火灾地点，起火部位，着火物种类和火势大小，留下姓名和联系电话，报警后到路口迎接消防车。"

【知识链接】

知识点 1　发布火警

（1）利用应急广播系统、警铃、室内电话等设施设备以及通过喊话等方式发布火警信息。

（2）发布的信息应包含教育宣传内容，稳定人员情绪，告知最佳疏散路线、疏散方法和注意事项。

微课：发布火警方法

知识点 2　应急响应

（1）单位内部人员应预先了解应急情况下职责分工，根据统一指令迅速行动。

（2）开启消防水泵，切断电源，关闭防火分隔设备，启动通风排烟系统等。

（3）引导被困人员按预定路线向安全区域疏散或实施临时避难等待救援。

知识点 3　引导疏散

（1）疏散过程中应加强安全管理，维护疏散秩序，必要时可采取强制措施，防止拥挤、踩踏、摔伤等事故发生。

（2）在疏散路径上的转弯、岔道、交叉口等易迷失方向的部位设立引导人员指示方向。

（3）引导疏散应有组织地进行，引导被困人员按照疏散走道、疏散楼梯等设施向着火层下层疏散直至到达地面安全区域。

（4）当下行疏散路径受阻时，应注意稳定被困人员情绪，在确保安全的前提下，利用辅助疏散设施实施疏散，并开辟临时避难场所，及时联系外部救援力量等待救援。

随堂一练

一、选择题

1. 消防应急的疏散和逃生不包括（　　）。
   A. 统一指挥　　　　　　　　B. 确保安全
   C. 极限逃生　　　　　　　　D. 有序组织

2. 组织疏散逃生通常顺序是（　　）。
   A. 着火层→最后着火层下层→疏散至安全区域→着火层上层
   B. 最后着火层下层→着火层上层→疏散至安全区域→先着火层
   C. 最后着火层下层→疏散至安全区域→先着火层→着火层上层
   D. 着火层→着火层上层→最后着火层下层→疏散至安全区域

3. 疏散逃生过程中不能使用（　　）。
   A. 电梯　　　　　　　　　　B. 室内消火栓
   C. 通风排烟系统　　　　　　D. 紧急电梯

4. 在灭火和应急疏散预案制定中，不属于预案内容的是（　　）。
   A. 组织机构　　　　　　　　B. 应急疏散程序
   C. 扑救火灾的措施　　　　　D. 救援天气状况
5. 消防安全重点单位应当按照灭火和应急疏散预案，至少每（　　）进行一次演练；其他单位应当结合本单位实际，至少每（　　）组织一次演练。
   A. 半年；半年　　　　　　　B. 半年；一年
   C. 一年；半年　　　　　　　D. 一年；一年

二、简答题

应急疏散逃生的组织分为哪几步？实施步骤是什么？根据你的语言简述如何正确应急疏散逃生。

项目 4　火灾扑救及现场保护

知识目标

- 了解火灾扑救的类型。
- 熟悉火灾扑救的基本要求。
- 掌握火灾现场保护的方法。
- 掌握火灾扑救的基本知识。

能力目标

- 具备扑救初期火灾的基础能力。
- 具备火灾现场保护的基础能力。

素养目标

- 通过对火灾基本类型识别的学习培养学生实事求是的科学精神。
- 通过对火灾初期处理的学习提升学生临危不乱的职业素养。
- 通过掌握基本火灾扑救方法强化学生赴汤蹈火、竭诚为民的职业精神。

任务导航

- 任务1　扑救初期火灾程序与方法的认知
- 任务2　微型消防站器材配置要求的判定
- 任务3　初期火灾扑救及注意事项的要求
- 任务4　火灾现场保护其操作程序的实施

任务 1　扑救初期火灾程序与方法的认知

【重难点】

- 初期火灾扑救基本的程序。
- 初期火灾扑救基本的方法。

【案例导入】

下列案例中工作人员扑救初期火灾的基本程序和方法是否符合要求。

【案例分析】

2018年6月1日17时53分许，某市消防支队指挥中心接到报警，位于该市某市场发生火灾。经过消防人员持续60多个小时的奋力扑救，大火被扑灭。火灾造成1人死亡，过火面积51 100 m²、直接经济损失9 210余万元。

2018年6月1日下午5点49分许，朱某（商贸城负一楼冷库×号库租户）到×号库取货，打开×号库门后，朱某看到库内有明火并有大量的烟气，于是跑到起火部位（离门口三分之二左右的位置），对该部位香蕉堆垛顶部正在燃烧的香蕉包装纸箱进行处置，先后两次在库外接水进入3号库提水灭火，其间，17时52分17秒，×号库门口开始有烟气喷出；17时52分21秒，朱某跑离×号库；17时52分28秒，×号库门口冒出大量浓烟，随后喷出火焰。

17时53分左右，库管员陈某在办公室发现3号库有浓烟和火光冒出，立即拨打了"119"消防报警电话，库管员马某立即拨打电话通知冷藏部经理彭某着火情况，彭某让马某用消火栓进行灭火，但因当时浓烟较大，马某告诉彭某已无法靠近灭火。随后，彭某立即拨打冷库机房工作人员杨某电话，告知起火情况；冷库机房工作人员杨某和彭某得知火情后，随即切断了冷库制冷设备和液氨设备电源，并赶赴事发冷库进行灭火；消防控制室值班员曹某、万某、杨某桑通过监控发现3号库有浓烟冒出，立即携带灭火器材前往处置，但因火势较大，三人未能靠近起火冷库；保安陈某明和蒲某华在巡逻时发现火情，也试图去灭火，同样因火势发展迅猛未能靠近。

【知识链接】

发生火灾后，及时扑灭初期火灾，是减少火灾损失、防止人员伤亡的重要环节。因此，《消防法》规定，任何单位和成年人都有参加有组织的灭火工作的义务；任何单位发生火灾，必须立即组织力量扑救，邻近单位应当给予支援。

微课：火灾扑救

知识点1 基本程序

（1）发现起火后，应利用就近消火栓、灭火器等设施灭火，启动火灾报警按钮或拨打报警电话，及时通知消防控制室值班人员。

（2）火灾确认后，应及时启动灭火和应急疏散预案，迅速开启消防设施，第一时间组织力量灭火，并向相关人员通报火灾情况。

（3）组织引导人员疏散，协助有需要的人员撤离。

（4）设立警戒，阻止无关人员进入火场，维护现场秩序。

知识点2 基本方法

（1）利用室内消火栓，直接将水喷洒到燃烧物表面或燃烧区域内，利用水受热汽化原理降低燃烧现场温度，达到冷却灭火的效果。

（2）将泡沫等灭火剂喷洒到燃烧物表面形成保护层，隔绝空气终止燃烧，或转移着火区域附近的易燃易爆物品至安全区域，关阀断料，开辟防火隔离带等，以达到隔离灭火的效果。

（3）当有限空间发生火灾时，可采取封堵孔洞、门窗等方法，阻止空气进入燃烧区域，或向封闭空间内注入惰性气体降低氧含量，以达到窒息灭火的效果。

（4）将干粉等灭火剂喷洒到燃烧区域参与燃烧反应，使燃烧停止，达到抑制灭火的效果。灭火时，需将足量的灭火剂喷洒到燃烧区域内，燃烧终止后仍需要采取冷却降温措施，防止复燃。

任务 2　微型消防站器材配置要求的判定

【重难点】

- 微型消防站建立原则的要求。
- 站（房）器材配置的要求。
- 微型消防站值守联动的要求。

【案例导入】

试分析如何理解微型消防站的建设原则。

【案例分析】

2019 年 12 月 7 日 11 时 30 分，某微型消防站值班电话骤响，接群众报告，某大学校区（闲置）内发生火灾，站值班领导立即带领值班人员驾驶微型消防车开赴火灾现场，于 11 时 45 分，到达火灾现场，发现校区一废弃学生寝室有大量浓烟冒出，寝室废弃床铺已处于燃烧状态，查看完火情后，立即要求闲置校区负责人对发生火情寝室楼断电，并组织值班人员一边使用灭火器及微型消防车等消防器材对火灾进行处置。11 时 55 分，在值班人员帮助下成功将火灾扑灭。

此次处置行动充分体现了微型消防站是处理初期火灾最有力的补充力量；该微型消防站是今年 9 月设立，具有设立分散、方便取用、反应迅速、机动性强的优势，较好满足乡镇的灭火与应急救援需求，极大缓解了因交通堵，路途远而造成消防队无法快速到场处置的情况，充分发挥出多种形式消防队伍"灭早、灭小、灭初级"的重要作用。

【知识链接】

知识点 1　微型消防站建立原则

为落实单位消防安全主体责任，实现有效处置初期火灾的目标，除按照消防法规须建立专职消防队的重点单位外，其他设有消防控制室的重点单位，以救早、灭小和"3 分钟到场"扑救初期火灾为目标，依托单位志愿消防队伍，配备必要的消防器材，建立重点单位微型消防站，积极开展防火巡查和初期火灾扑救等火灾防控工作。合用消防控制室的重点单位，可联合建立微型消防站，如图 3-8 所示。

微课：微型消防站

图 3-8　微型消防站

知识点 2　站（房）器材配置

（1）微型消防站应设置人员值守、器材存放等用房，可与消防控制室合用，有条件的可单独设置。

（2）微型消防站应根据扑救初期火灾需要，配备一定数量的灭火器、水枪、水带等灭火器材，配置外线电话、手持对讲机等通信器材。有条件的站点可选配消防头盔、灭火防护服、防护靴、破拆工具等器材。

（3）微型消防站应在建筑物内部和避难层设置消防器材存放点，可根据需要在建筑之间分区域设置消防器材存放点。

（4）有条件的微型消防站可根据实际选配消防车辆。

知识点 3　值守联动要求

（1）微型消防站应建立值守制度，确保值守人员 24 小时在岗在位，做好应急准备。

（2）接到火警信息后，控制室值班员应迅速核实火情，启动灭火处置程序。消防员应按照"3 分钟到场"要求赶赴现场处置。

（3）微型消防站应纳入当地灭火救援联勤联动体系，参与周边区域灭火处置工作。

任务 3　初期火灾扑救及注意事项的要求

【重难点】
- 常见保护对象初期火灾扑救的方法。
- 火灾扑救注意事项的内容。

【案例导入】

D 类火灾采用水进行灭火扑救会有什么后果？

【案例分析】

2023 年 5 月，某高校化学学院实验室中试验员将金属钠掉落在地上，慌乱中把身旁的蒸馏水打倒，与金属钠发生剧烈反应，钠变成光亮的小球发出咝咝的响声，实验室管理员发现后使用专用 D 类灭火器将其扑灭。

【知识链接】

知识点 1　常见保护对象初期火灾扑救

1. 电气设备初期火灾扑救

电气设备发生火灾，在扑救时应遵守"先断电，后灭火"的原则。如果情况危急需带电灭火，可用干粉灭火器、二氧化碳灭火器灭火，或用灭火毯等不透气的物品将着火电器包裹，让火自行熄灭。千万不要用水或泡沫灭火器扑救，防止发生触电伤亡事故。

2. 厨房初期火灾扑救

（1）当遇有可燃气体从灶具或管道、设备泄漏时，应立即关闭气源，熄灭所有火源，同时打开门窗通风。

（2）当发现灶具有轻微的漏气着火现象时，应立即断开气源，并将少量干粉撒向火点灭火，或用湿抹布捂闷火点灭火。

（3）当油锅因温度过高发生自燃起火时，首先应迅速关闭气源熄灭灶火，然后开启手提式灭火器喷射灭火剂扑救，也可用灭火毯覆盖，或将锅盖盖上，使着火烹饪物降温、窒息灭火。切记不要用水流冲击灭火。

3. 密闭房间火灾扑救

当发现密闭房间的门缝冒烟时，切不可贸然开门。应通过手摸门把等方式，初步确认内部情况，再决定是否开门。开门时应注意自身安全，切不可直接正对门口，以防止轰燃伤人。

4. 易燃液体储罐初期火灾扑救

易燃液体储罐发生火灾时，应确保固定式水喷淋系统持续正常工作。易燃液体发生泄漏流淌时，应及时关闭上游物料管道阀门，采取必要措施减缓或制止泄漏。流散液体着火时，应正确选用灭火剂优先予以扑灭。一般情况下，非溶性液体着火可使用普通泡沫、干粉、开花或雾状水来进行火灾的扑救；可溶性液体着火应选用抗溶性泡沫、干粉、卤代烷等灭火剂来进行火灾的扑救，也可用水稀释灭火，但要视具体情况而定。

知识点 2　火灾扑救注意事项

（1）采用冷却灭火法时，不宜用水、二氧化碳等扑救活泼金属火灾和遇水分解物质火灾。镁粉、铝粉、钛粉及锆粉等金属元素的粉末着火时，所产生的高温会使水或二氧化碳分子分解，引起爆炸，加剧燃烧，可采用沙土覆盖等方法灭火；三硫化四磷、五硫化二磷等硫的磷化物遇水或潮湿空气可以分解产生易燃有毒的硫化氢气体，导致中毒危险，扑救时应注意个人安全防护。

（2）采用窒息灭火法时，应预先确定着火物性质。芳香族化合物、亚硝基类化合物和重氮盐类化合物等自反应物质着火时，不需要外部空气维持燃烧，因此不宜采用窒息灭火法扑救，可采用喷射大量的水冷却灭火。

（3）易燃液体火灾扑灭后，由于罐体温度、液体温度或其他原因极易出现复燃，使液体再次燃烧，因此，灭火后要持续冷却和用泡沫覆盖液面，同时还要防止液体蒸气挥发积聚，与空气形成爆炸性混合物，遇明火发生爆炸。

（4）搬运或疏散小包装易燃液体时，要轻拿轻放，严禁滚动、摩擦、拖拉、碰撞等不安全行为，禁止背负、肩扛，禁止使用易产生火花的铁制工具；被疏散的易燃液体不得与氧化剂或酸类物质等危险品混放在一起，避免发生更大的灾害。

（5）可燃气体发生泄漏时，应及时查找泄漏源，杜绝一切火源，采取必要措施制止泄漏，利用隔离灭火法稀释、驱散泄漏气体；泄漏气体着火时，切忌盲目灭火，防止灾情扩大。

任务 4　火灾现场保护其操作程序的实施

【重难点】

- 火灾现场保护的目的。
- 火灾现场保护的范围。
- 勘查现场保护的内容。

【案例导入】

火灾调查与火灾现场保护的紧密关系有哪些？

【案例分析】

火灾事故调查是消防救援机构的法定工作职责，任务是调查火灾原因，统计火灾损失，依法对火灾事故作出处理，总结火灾教训。

在火灾事故调查过程中，消防救援机构会对发现的违法行为进行处理，涉嫌人为放火、失火罪、消防责任事故罪等刑事犯罪的，移送公安机关依法处理；存在消防安全违法行为的，依法进行处罚；涉嫌其他违法行为的，及时移送有关主管部门调查处理。发生火灾之后，会依法追究有关人员责任，以严肃、严格的追责倒逼社会单位落实主体责任，震慑消防违法犯罪行为，从而达到法办一人、震慑一群、教育一片的效果。

火灾调查工作的难点有三，具体如下：

一是火灾现场破坏性大。一个火灾现场，往往会经过长时间的燃烧，上千度的高温将大量的可燃物燃烧殆尽，例如烟头、打火机这些关键物品很难在火灾现场保留。一些不能燃烧的物品，在高温情况下也会发生形态和性质的改变，不能保持原貌。

二是人为因素干扰较大。火灾现场并不像其他犯罪或者事故现场那样完整，除了现场勘查人员基本没有外人进入。在火灾现场扑救过程会造成现场的破坏和混乱；大量的灭火用水易将现场的重要证据冲走，使现场变得更复杂。而且这些原有的燃烧痕迹一旦经过破坏，很容易对调查人员的判断产生干扰。

三是火灾原因复杂多样。随着经济社会的发展，人们生活习惯的改变，各类用火、用电设备增加，各种生产工艺更加复杂，火灾原因从吸烟、生活用火不慎等人为因素，逐渐发展到电气线路故障、违规生产作业，还存在自燃、静电等引发火灾的原因，涉及领域广，专业性强，认定难度大。

【知识链接】

知识点　火灾现场的保护

火灾现场是指发生火灾的地点和留有与火灾原因有关痕迹物证的场所。《消防法》规定，火灾扑灭后，发生火灾的单位和相关人员应当按照消防救援机构的要求保护现场，接受事故调查，如实提供与火灾有关的情况。因此，火灾发生后，失火单位和相关人员应按照相关要求保护火灾现场。

微课：火灾现场保护的原则

1. 火灾现场保护的目的

火灾现场是火灾发生、发展和熄灭过程的真实记录，是消防救援机构调查认定火灾原因的物质载体。保护火灾现场的目的是使火灾调查人员发现、提取到客观、真实、有效的火灾痕迹、物证，确保火灾原因认定的准确性。

2. 火灾现场保护的范围

凡与火灾有关的留有痕迹物证的场所均应列入现场保护范围。火灾现场保护范围应当根据现场勘验的实际情况和进展进行调整。

遇有下列情况时，根据需要应适当扩大保护区。

1）起火点位置未确定

起火点部位不明显，初步认定的起火点与火场遗留痕迹不一致等。

2）电气故障引起的火灾

当怀疑起火原因为电气设备故障时，凡与火场用电设备有关的线路、设备，如进户线、总配电盘、开关、灯座、插座、电动机及其拖动设备和它们通过或安装的场所，都应列入保护范围。有时电器故障引起的火灾，起火点和故障点并不一致，甚至相隔很远，则保护范围应扩大到发生故障的那个场所。

3）爆炸现场

建筑物因爆炸倒塌起火的现场，不论被抛出物体飞出的距离有多远，也应把抛出物着地点列入保护范围，同时把爆炸破坏或影响的建筑物等列入现场保护区。但应注意，并不是把这个大范围全都禁锢起来，只是将有助于查明爆炸原因、分析爆炸过程及爆炸威力的有关物件圈围保护好。

保护范围确定后，禁止任何人（包括现场保护人员）进入保护区，更不得擅自移动火场中的任何物品，对火灾痕迹和物证，应采取有效措施，妥善保护。

3. 灭火中的现场保护

消防员在进行火情侦察时，应注意发现和保护起火部位和起火点。在起火部位的灭火行动中，特别是在扫残火时，尽量不实施消防破拆或变动物品的位置，以保持燃烧后的自然状态。

4. 勘查的现场保护

1) 露天现场

首先在发生火灾的地点和留有火灾痕迹、物证的一切场所的周围划定保护范围。在情况尚不清楚时，可以将保护范围适当扩大一些，待勘查工作就绪后，可酌情缩小保护区，同时布置警戒。对重要部位可绕红白相间的绳旗划警戒圈或设置屏障遮挡如果火灾发生在交通道路上，在农村可实行全部封锁或部分封锁，在重要的进出口处布置路障并派专人看守；在城市由于行人、车辆流量大，封锁范围应尽量缩小，并由公安专门人员负责治安警戒，疏导行人和车辆。

2) 室内现场

对室内现场的保护，主要是在室外门窗下布置专人看守，或者对重点部位予以查封；对现场的室外和院落也应划出一定的禁入范围。对于私人房间要做好房主的安抚工作，讲清道理，劝其不要急于清理。

3) 大型火灾现场

可利用原有的围墙、栅栏等进行封锁隔离，尽量不要影响交通和居民生活。

5. 痕迹与物证的现场保护

对于可能证明火灾蔓延方向和火灾原因的任何痕迹、物证均应严加保护。为了引起人们注意，可在留有痕迹、物证的地点做出保护标志。对室外某些痕迹、物证、尸体等应用席子、塑料布等加以遮盖。

6. 火灾现场保护基本要求

现场保护人员要服从统一指挥，遵守纪律，有组织地做好现场保护工作。不准随便进入现场，不准触摸现场物品，不准移动、拿用现场物品。现场保护人员要坚守岗位，做好工作，保护好现场的痕迹、物证，收集群众反映的情况，自始至终保护好现场。

7. 注意事项

现场保护人员的工作不仅限于布置警戒、封锁现场、保护痕迹物证，由于现场有时会出现一些紧急情况，所以现场保护人员要提高警惕，随时掌握现场动态，发现问题时负责保护现场的人员应及时采取有效措施进行处理，并及时向有关部门报告。

（1）扑灭后的火场"死灰"复燃，甚至二次成灾时，要迅速有效地实施扑救，酌情及时报警。有的火场扑灭后善后事宜未尽，现场保护人员应及时发现、积极处理，如发现易燃液体或者可燃气体泄漏应关闭阀门，发现有导线落地时应切断电源。

（2）遇有人命危急的情况，应立即设法施行急救；遇有趁火打劫或者二次放火的，思维要敏捷，处置要果断；对打听消息、反复探视、问询火场情况以及行为可疑的人要多加小心，纳入视线，必要情况下移交公安机关。

（3）危险物品发生火灾时，无关人员不要靠近，危险区域实行隔离，禁止进入，人要站在上风处，离开低洼处。对于那些一接触就可能被灼伤，以及有毒物品、放射性物品引起的火灾现场，进入现场的人员要使用隔绝式呼吸器，穿全身防护衣，暴露在放射线中的人员及装置要等待放射线主管人员到达，按其指示处理，清扫现场。

（4）被烧坏的建筑物有倒塌危险并危及他人安全时，应采取措施使其固定。如受条件限制不能使其固定时，应在其倒塌之前仔细观察并记下倒塌前的烧毁情况。采取移动措施时，尽量使现场少受破坏；若需要变动，事前应详细记录现场原貌。

随堂一练

一、选择题

1. 下列选项中，不属于灭火和应急疏散预案内容的是（　　）。
   A. 组织机构　　　　　　　　　　B. 报警和接警处置程序
   C. 应急疏散的组织程序和措施　　D. 员工的消防培训计划

2. 初期火灾扑救基本程序不包括（　　）。
   A. 利用就近消火栓、灭火器等设施灭火
   B. 向相关人员通报火灾情况
   C. 组织引导人员疏散

3. 下列不属于值守联动要求的是（　　）。
   A. 微型消防站值守人员48小时在岗在位
   B. 微型消防站值守人员24小时在岗在位
   C. 消防员应按照"3分钟到场"要求赶赴现场处置
   D. 控制室值班员应迅速核实火情，启动灭火处置程序。

4. 微型消防站配置不包括（　　）。
   A. 通信器材　　　　　　　　　　B. 消防头盔
   C. 防护服　　　　　　　　　　　D. 管道工具

5. 任何人发现火灾都应当立即报警。任何单位、个人应该（　　）为报警提供便利，不得阻拦报警。
   A. 无偿　　　　　　　　　　　　B. 有偿
   C. 自愿　　　　　　　　　　　　D. 自觉

6. 火灾扑救注意事项不包括（　　）。
   A. 活泼金属火灾不宜用水、二氧化碳扑救
   B. 重氮盐类化合物等自反应物质着火时，不宜窒息灭火法扑救
   C. 易燃液体火灾扑灭后，可使液面与空气直接接触
   D. 疏散的易燃液体不得与氧化剂或酸类物质等危险品混放在一起
   　　防止液体蒸气挥发积聚，与空气形成爆炸性混合物，遇明火发生爆炸。

二、简答题

1. 常用灭火器使用的方法有哪些？
2. 扑救初期火灾的基本方法有哪些？

模块 4

防爆技术与措施基础

项目 1　救援现场爆炸危险概述

知识目标
- 了解现场爆炸的危险类型。
- 熟悉救援现场爆炸的基件。
- 掌握救援现场爆炸的基本知识。

能力目标
- 具备描述救援现场爆炸基本常识的能力。
- 具备简述爆炸基件的能力。
- 具备处理爆炸现场的基本能力。

素养目标
- 通过对爆炸基本知识的学习培养学生积极投身救援现场的自觉性。
- 通过对爆炸处理基本技能的学习提升学生临危不乱的处事态度。
- 通过掌握爆炸现场基本知识的练习强化学生有较强的心理素质。

任务导航
- 任务 1　爆炸原因及爆炸种类的识别
- 任务 2　爆炸分类与爆炸原理的判定
- 任务 3　爆炸危害与其有害物的判定

任务 1　爆炸原因及爆炸种类的识别

【重难点】
- 爆炸现象的定义。
- 爆炸现象的要求。

【案例导入】

通过下列案例理解爆炸的定义。

【案例分析】

2015年1月31日，某人造板有限公司发生粉尘爆炸事故，引发火灾。截至2月4日，已造成6人死亡、3人受伤，生产车间厂房严重损毁。

该事故企业，主要从事中密度纤维板的生产和销售，生产纤维板的砂光（打磨）工艺所产生的木纤维粉尘为可燃性粉尘。据初步调查分析，该起事故是由除尘系统的收尘仓发生初始爆炸，导致生产车间内的粉尘发生二次爆炸，引发生产车间和库房的火灾。事故详细原因仍在调查。

【知识链接】

知识点1 爆炸定义

在较短时间和较小空间内，能量从一种形式向另一种或几种形式转化并伴有强烈机械效应的过程。普通炸药爆炸是化学能向机械能的转化，核爆炸是原子核反应的能量向机械能的转化，这时在短时间内会聚集大量的热量，使气体体积迅速膨胀，就会引起爆炸，如图4-1所示。

微课：爆炸事故现场案例

图4-1 爆炸

爆炸是一种极为迅速的物理或化学的能量释放过程。在此过程中，空间内的物质以极快的速度把其内部所含有的能量释放出来，转变成机械能、光和热等能量形态。所以一旦失控，发生爆炸事故，就会产生巨大的破坏作用。爆炸发生破坏作用的根本原因是构成爆炸的体系内存有高压气体或在爆炸瞬间生成的高温高压气体。爆炸体系和它周围的介质之间发生急剧的压力突变是爆炸的最重要特征，这种压力差的急剧变化是产生爆炸破坏作用的直接原因。

爆炸是某一物质系统在发生迅速的物理变化或化学反应时，系统本身的能量借助于气体的急剧膨胀而转化为对周围介质做机械功，通常同时伴随有强烈放热、发光和声响的现象。

爆炸的定义主要是指在爆炸发生当时产生的稳定爆轰波，也就是有一定体积的气体在短时间内以恒定的速率辐射性高速胀大（压力变化），没有指明一定要有热量或光的产生，例如一种叫熵炸药 TATP（三聚过氧丙酮炸药），其爆炸只有压力变化和气体生成而不会有热量或光的产生。而爆炸音的产生，主要是源自爆炸时所产生的气体膨胀速度高于音速所致。

空气和可燃性气体的混合气体的爆炸、空气和煤屑或面粉的混合物爆炸等，都由化学反应引起，而且都是氧化反应。但爆炸并不都与氧气有关。如氯气与氢气混合气体的爆炸，且爆炸并不都是化学反应，如蒸汽锅炉爆炸、汽车轮胎爆炸则是物理变化。

可燃性气体在空气中达到一定浓度时，遇明火都会发生爆炸。

知识点 2　爆炸现象

在自然界中存在着各种爆炸。通常把物质发生一种极为迅速的物理或化学变化，并在瞬间放出大量能量，同时产生巨大声响的现象称为爆炸。它通常借助于气体的膨胀来实现。例如乙炔罐里的乙炔与氧气混合发生爆炸时，大约在 1 s 内完成下列化学反应。

$$2C_2H_2 + 5O_2 = 4CO_2 + 2H_2O + 能量$$

反应同时放出大量的热量和二氧化碳、水蒸气等气体，使罐内压力升高 10～13 倍，其爆炸可以使罐体升空 20～30 m。

爆炸就是物质剧烈运动的一种表现。物质运动急剧加速，由一种状态迅速地转变成另一种状态，将系统蕴藏的或瞬间形成的大量能量在有限的体积和极短的时间内，骤然释放或转化。此过程中，系统的能量转化为机械功以及光和热的辐射等形式。

爆炸过程表现为两个阶段：第一阶段，物质或系统的潜在能以一定的方式转化为强烈的压缩能；第二阶段，压缩能急剧膨胀，对外做功，从而引起周围介质的变形、移动和破坏。

爆炸的破坏形式主要包括震荡作用、冲击波、碎片冲击、造成火灾等。震荡作用遍及破坏作用范围内，会造成物体的震荡和松散；爆炸产生的冲击波向四周扩散，会造成建筑物的破坏；爆炸后产生的热量，会将由爆炸引起的泄漏的可燃物点燃，引发火灾，加重危害。

一般说来，爆炸现象具有以下特征：

（1）爆炸过程进行得很快；
（2）爆炸点附近压力急剧升高；
（3）发出或大或小的响声；
（4）周围介质发生震动或邻近物质遭到破坏。

任务 2　爆炸分类与爆炸原理的判定

【重难点】

- 物理爆炸的定义。
- 受压容器爆炸的定义。
- 水蒸气爆炸的定义。
- 化学爆炸的定义。
- 核爆炸的定义。

【案例导入】

试分析下列案例属于哪类爆炸。

【案例分析】

2023 年月 18 日 4 时 24 许，某石化有限公司乙二醇装置区域发生爆炸，经了解，现场爆炸后，飞溅物导致 2 处公共管廊、1 个 10 000 m^3 的油罐和烯烃炼油管线 4 个部位同时起火，严重威胁附近各类装置、储罐，最远的 1 个火点距离爆炸点 1 km 开外。加上事故区域环境复杂、储罐种类多、管线密集交错，给作战展开和组织指挥带来了较大难度。

现场燃烧猛烈、火焰辐射热强，加之充斥着多种有毒气体混合的刺鼻气味，震耳欲聋的啸叫声，以及炎热的天气，无论是对于灭火救援行动的展开或是消防救援人员的人身安全，都是极大的挑战。

微课：可燃气体爆炸原理

【知识链接】

爆炸可以由不同的原因引起，但不管是何种原因引起的爆炸，归根结底必有一定的能量。按照能量的来源，爆炸可以分为三类：即物理爆炸、化学爆炸和核爆炸。爆炸的类型见表 4-1。

微课：爆炸分类

表 4-1　爆炸的类型

类型	反应方式	爆炸效应	应用或自然现象
核爆炸	原子核的裂变或聚变	中子辐射，光辐射、热辐射、冲击波、火球	核武器
化学爆炸	爆轰（炸药）爆燃（火药）	冲击波、火球	爆破工程，瓦斯和粉尘爆炸，爆炸加工，常规武器发射药，矿山和水利建设
电爆炸	电能转化为机械能	冲击波、火球	水下放电、雷电
物理爆炸	一种机械能转化为另一种形式的机械能	冲击波、飞散物	高压容器爆炸、火山爆发
高速碰撞	同上	冲击波、成坑、击穿、崩落	高压容器爆炸、火山爆发
激光、X 射线或其他高能粒子	粒子束能量转化为机械能	成坑、击穿、崩落	弹丸穿甲、碰甲、陨石碰撞
粒子束引起的爆炸	粒子束能量转化为机械能	成坑、击穿、崩落	激光或粒子束武器

知识点 1　物理爆炸

物理爆炸是由物理因素（如状态、温度、压力等）变化而引起的爆炸现象即系统释放物理能引起的爆炸，爆炸前后物质的性质和化学成分均不改变。

比如，当高压蒸汽锅炉内的热蒸汽压力超过锅炉能承受的极限程度时，锅炉破裂，高压蒸汽骤然释放出来形成爆炸；陨石落地、高速弹丸对目标的撞击等物体高速运动产生的动能，在碰撞点的局部区域内迅速转化为热能，使受碰撞部位的压力和温度急剧升高，碰撞部位的材料发生急剧变形，伴随巨大声响，形成爆炸现象。

这里研究的物理爆炸通常指受压容器爆炸和水蒸气爆炸。

知识点 2　受压容器爆炸

受压容器爆炸是指锅炉、压力容器、压力管道以及气瓶内部有高压气体解除壳体的约束，迅速膨胀，瞬间释放出内在能量的现象。

例如氧气瓶的物理爆炸，引起物理爆炸的主要原因有以下几方面：

（1）充装压力过高，超过规定的允许压力；

（2）气瓶充至规定压力，而后气瓶因接近热源或在太阳下暴晒，受热而温度升高，压力随之上升，直至超过耐压极限；

（3）气瓶内、外表面被腐蚀，瓶壁减薄，强度下降；

（4）气瓶在运输、搬运过程中受到摔打、撞击，产生机械损伤；

（5）气瓶材质不符合要求，或制造存在缺陷；

（6）气瓶超过使用期限，其残余变形率已超过 10%，已属于报废气瓶；

（7）气瓶充装时温度过低，使气瓶的材料产生冷脆；

（8）充装氧气或放气时，氧气阀门开启操作过急，造成流速过快，产生气流摩擦和冲击。

如锅炉发生物理爆炸的主要原因有：锅炉设计、制造、安装上存在的缺陷，质量不符合安全要求；安全装置失灵，不能正确反映水位、压力和温度等，丧失了保护作用；操作人员违规操作造成缺水、气化过猛、压力猛升引起爆炸。

知识点 3　水蒸气爆炸

水蒸气爆炸是指高温熔融金属或盐等高温物体与水接触，使水急剧沸腾，瞬间产生大量蒸汽膨胀做功引起爆炸。

例如炼油厂燃烧炉由于漏油发生火灾，消防员灭火时直流水射入炉内，水在高温下迅速汽化，体积膨胀，引起炉膛物理爆炸。

知识点 4　化学爆炸

由于物质发生剧烈的化学反应，使压力急剧上升而引起的爆炸称为化学爆炸。爆炸前后物质的性质和化学组成均发生了根本的变化。

如炸药爆炸、可燃气体（甲烷、乙炔等）爆炸。化学爆炸是通过化学反应将物质内潜在的化学能，在极短的时间内释放出来，使其化学反应处于高温、高压状态的结果。一般气体爆炸的压力可以达到 2×10^5 Pa，高能炸药爆炸时的爆轰压可达 2×10^{10} Pa 以上，二者爆炸时产物的温度可以达到 2 000～4 000 ℃，因而使爆炸产物急剧向周围膨胀，产生强冲击波，对周围物体产生毁灭性的破坏作用。化学爆炸时，参与爆炸的物质在瞬间发生分解或化合反应，生成新的爆炸产物。

1. 按爆炸时所发生的化学变化分类

气体单分解爆炸指由单一气体在一定压力下发生分解，放出热量，使气态产物膨胀而引起的爆炸现象，叫做气体单分解爆炸。这类气体在发生分解爆炸后，从设备中喷出的分解气体产物极易与空气形成爆炸性气体混合物，造成连续性的爆炸灾害。

生产中可能遇到的单分解气体有乙炔、乙烯基乙炔、甲基乙炔、乙烯、环氧乙烷、氮氧化物等。这些气体的分解爆炸都需要有一定的临界压力和分解热。所谓临界压力，就是气体发生单分解爆炸所需要的最低压力。低于该压力，气体就不能发生单分解爆炸。乙炔的临界压力是 1.3×10^5 Pa，甲基乙炔温度为 20 ℃ 时分解爆炸临界压力是 4.3×10^5 Pa，120 ℃ 时是 3.04×10^5 Pa。例如乙炔在高压下能发生单分解爆炸，反应式公式：

$$C_2H_2 = 2C + H_2 + 266.08 \text{ kJ/mol}$$

乙炔单分解爆炸的临界压力是 0.137 MPa。在生产、储存、使用中如果压力超过该临界压力，乙炔就会发生单分解爆炸，产生 226.08 kJ/mol 的分解热。假定没有热损失，爆炸温度可达 3 100 ℃，爆炸压力为初压的 9～10 倍，对环境会造成很大的危害。分解爆炸所需要的能量，随压力升高而降低；初压为 1.96×10^5 Pa 时达到最高压力的时间是 0.18 s；初压为 9.88×10^5 Pa 时，时间是 0.03 s。分解爆炸的诱导距离也与压力有关，在一定的管径里实验，压力越高，诱导距离越短。表 4-2 为乙炔分解爆炸初压与诱导距离的关系及乙炔在直径为 2.5 cm 的管内爆炸的初压及诱导距离。

表 4-2　乙炔分解爆炸初压与诱导距离

初压（绝压）/MPa	0.34	0.37	0.49	1.96
距离/m	9.1	6.7	3.7	0.9～1.0

由表 4-2 可以看出，如果压力升至 1.96 MPa，在非常短的距离内便发生爆炸。气体混合物爆炸，可燃性气体或蒸气预先按一定比例与空气（氧气）均匀混合后遇点火源即发生爆炸，这种混合物称为气体爆炸性混合物。

在一般的燃烧中，可燃气体或液体蒸气与助燃气体的混合是在燃烧过程中逐渐形成的，这时燃烧的速率取决于扩散的速率，作用比较缓慢，所发生的燃烧是扩散燃烧。若可燃气体或液体蒸气预先与空气混合并达到适当的比例，燃烧的速率就不取决于气体或蒸气扩散的速率，而取决于化学反应的速率，后者速率比前者速率大得多，这就形成爆炸，在化工生产过程中，可燃性气体或液体蒸气与空气形成爆炸性混合物的情况是很多的，如炼油厂的热油泵房，阀门或管线法兰的密封失效后，会有油气进入泵房，可能形成爆炸性混合物，遇火源便会造成爆炸事故。

从机理上来说，爆炸性混合物与火源接触，便有原子或自由基生成，成为连锁反应的作用中心。此时，热和连锁反应都向外传播，促使邻近的一层爆炸混合物发生化学反应，然后在这一层又成为热和连锁反应的源泉，而引起另一层爆炸混合物的反应。火焰以一层层同心圆球面的形式向各方面蔓延。火焰逐渐加速可达每秒数百米（爆炸）以至数千米（爆轰），若在火焰扩散的路程上有容器或建筑物等障碍物时，则由于气体温度的上升，以及由此引起的压力的急剧增加而造成极大的破坏作用。

炸药爆炸。炸药爆炸是一个化学能量急剧释放的过程。此过程中，高能物质的势能迅速地转变为热能、光能、爆炸产物对周围介质的动能，这些能量高度集聚在有限的空间内就形成了高温高压等非寻常状态，于是对附近介质施加急剧的压力突跃并导致随后的复杂运动，显示出不同寻常的移动和机械破坏效应。实验证明：炸药爆炸后的功率极高。如一个直径为 D 的 TNT 球形药块所释放的能量为 $52 \times 10 \times D$ J，功率可达 $4.72 \times 100 \times D^2$ kW。这样大的功率可以形成极强的脉冲压力、脉冲电流、磁场。

衡量炸药爆炸的五个参量分别是：爆热、爆温、爆容、爆压和爆速，依据民用爆破器材术语的有关概念，分别叙述如下。

（1）爆热。一定条件下，单位质量炸药爆炸时放出的热量。一个重要的爆炸性能参数，是炸药对外做功的能源，释放的爆炸量越多，表示对外做功的能力越大。

（2）爆温。是指炸药爆炸时放出的热量能使爆炸产物完全加热所达到的最高温度。以℃为单位来表示温度，取决于爆热和产物的组成。

（3）爆容。单位质量炸药爆炸时，生成的气体产物在标准状况下所占的体积，其值越大，做功能力越大，以 L/kg 为单位表示。

（4）爆压。爆炸时生成的热气体所产生的压力。由于爆炸过程产生的气体产物在爆炸时被加热到 2 000 ℃ 以上，压力很大，不过这个压力是不断变化，所以爆压是指爆炸反应完成瞬间爆轰波阵面上所具有的压强，以 GPa 为单位表示。

（5）爆速。指爆轰波沿炸药装药稳定传播的速度，单位为 m/s。是衡量炸药爆炸强度的重要标志，爆速越大，炸药爆炸越强烈。

常见几种炸药的爆炸参数见表 4-3。

表 4-3 常见几种炸药的爆炸参数

序号	名称	爆热	爆温/℃	爆容/（L/kg）	爆压/GPa	爆速/（m/s）
1	梯恩梯 TNT	4 435	2 587	730	19.08	7 000
2	黑索今 RDX	5 816	3 700	908	32.63	8 200
3	太安 PENT	6 067	3 816	790	30.05	8 281
4	奥克拖 HMX	5 983	3 038	782	33.4	9 110
5	硝化甘油 NG	6 210	4 000	715	26.79	7 500

2. 按爆炸的瞬时燃烧速率分类

1）爆　燃

物质爆炸时的燃烧速率为每秒数米，爆炸时无多大的破坏力，声响也不太大，如图 4-2 所示。例如，无烟火药在空气中的快速燃烧，可燃气体混合物在接近爆炸浓度上限或下限时的爆炸等，都属于此类爆炸。

图 4-2　爆　燃

2）爆　炸

物质爆炸时燃烧速度为每秒十几米至数百米，爆炸时能在爆炸点引起压力激增，有较大的破坏力，有震耳的声响。可燃气体混合物在多数情况下的爆炸，以及被压实的火药遇火源引起的爆炸等，都属于此类。

3）爆　轰

以强冲击波为特征，以超音速传播的爆炸称为爆轰，也称为爆震，如图 4-3 所示。这种爆炸时的燃烧速率可达每秒数千米以上。爆轰时的特点是突然引起压力激增并产生超音速的冲击波。由于在极短的时间内产生的燃烧产物急速膨胀像活塞一样挤压其周围气体，反应所产生的能量有一部分传给被压缩的气体层，于是形成的冲击波由其本身的能量所支持，在介质（空气、水等）中迅速传播，同时可引起该处的其他爆炸性气体混合物或炸药发生爆炸，从而产生一种"殉爆"现象，具有很大的破坏力。各种处于部分或全部封闭状态的炸药的爆炸，以及气体爆炸混合物处于特定浓度或处于高压下的爆炸均属于此类。某些可燃气体混合物的爆轰速率见表 4-4。

图 4-3　爆　轰

表 4-4　某些可燃气体混合物的爆轰速率

混合气体	混合百分比/%	爆轰速率/（m/s）	混合气体/%	混合百分比/%	爆轰速率/（m/s）
乙醇-空气	6.2	1 690	甲烷-氧气	33.3	2 146
乙烯-空气	9.1	1 734	苯-氧气	11.8	2 206
一氧化碳-氧气	6.7	1 264	乙炔-氧气	40.0	2 716
二硫化碳-氧气	25.0	1 800	氢气-氧气	66.7	2 821

为防止殉爆的发生，应保持使空气冲击波失去引起殉爆能力的距离，其安全间距按公式计算。

$$S = k\sqrt{g}$$

式中　S——引起殉爆的安全距离，m；
　　　g——爆炸物的质量，kg；
　　　k——系数，k 平均值取 1～5（有围墙取 1，无围墙取 5）。

知识点 5 核爆炸

核爆炸是核武器或核装置在几微秒的瞬间释放出大量能量的过程,如图 4-4 所示。为了便于和普通炸药比较,核武器的爆炸威力,即爆炸释放的能量,用释放相当能量的 TNT 炸药的重量表示,称为 TNT 当量。核反应释放的能量能使反应区(又称活性区)介质温度升高到数千万开尔文(K),压强增加到几十亿大气压(1 大气压等于 101 325 Pa),成为高温高压等离子体。反应区产生的高温高压等离子体辐射 X 射线,同时向外迅猛膨胀并压缩弹体,使整个弹体也变成高温高压等离子体并向外迅猛膨胀,发出光辐射,接着形成冲击波(即激波)向远处传播。

图 4-4 核爆炸

任务 3　爆炸的危害与其有害物的判定

【重难点】

- 直接破坏的原因。
- 冲击波破坏的定义。
- 导致火灾主要因素的内容。

【案例导入】

"两弹一星"精神是立德树人的生动教材。

【案例分析】

中国第一颗原子弹的爆炸时间是 1964 年 10 月 16 日,地点是新疆罗布泊,原子弹主要是利用核反应的光热辐射,冲击波和感生放射性造成杀伤和破坏作用,以及造成大面积放射性污染,阻止对方军事行动。这一成就代表我国科技达到了新高度。

【知识链接】

知识点　爆炸的危害

爆炸通常伴随发热、发光、压力上升、真空和电离等现象，具有强大的杀伤力和破坏力，破坏作用取决于爆炸物数量和性质、爆炸时的条件及位置等因素。

微课：爆炸危害定义

微课：工业爆炸的定义

1. 直接破坏

直接造成机械设备、装置、容器和建筑的毁坏和人员伤亡，爆炸后产生碎片（一般碎片在 100～500 m 内飞散），碎片击中人体则造成伤亡，飞出后会在相当大的范围内造成危害。

2. 冲击波破坏

冲击波破坏也称爆破作用。爆炸时产生的高温高压气体产物以极高的速度膨胀，像活塞一样挤压周围空气，把爆炸反应释放出的部分能量传给压缩的空气层空气受冲击波而发生扰动，这种扰动在空气中传播就成为冲击波。冲击波可以在周围环境中的固体、液体、气体介质（如金属、岩石、建筑材料、水、空气等）中传播，传播速度极快，可以对周围环境的机械设备和建筑物产生破坏作用，造成人员的伤亡。冲击波还可以在它的作用区域内产生震荡作用，使物体因震荡而松散，甚至破坏。在爆炸中心附近，空气冲击波波阵面上的超压可达几个甚至十几个大气压，在这样高的超压作用下，建筑物被摧毁，机械设备、管道等也会受到严重破坏。当冲击波大面积作用于建筑物时，波阵面超压在 0.02～0.03 MPa 内，足以使大部分砖木结构建筑物受到强烈破坏。超压在 0.1 MPa 以上时，除坚固的钢筋混凝土建筑外，其余建筑将全部破坏。

3. 导致火灾

爆炸气体产物的扩散发生在极其短促的瞬间，对一般可燃物来说，不足以造成起火燃烧，而且冲击波造成的爆炸风还有灭火作用。但爆炸产生的高温高压在建筑物内遗留大量的热或残余火苗，会把从破坏的设备内部不断流出的可燃气体、易燃或可燃液体的蒸气点燃，也可能把其他易燃物点燃引起火灾。爆炸抛出的易燃物有可能引起大面积火灾，这种情况在油罐、液化气钢瓶爆破后最易发生。正在运行的燃烧设备或高温的化工设备被破坏，其灼热的碎片可能飞出，点燃附近储存的燃料或其他可燃物，引起火灾。爆炸引起火灾，损失更为严重。

4. 中毒和环境污染

在实际生产生活中，许多物质不仅是可燃的，而且是有毒的，发生爆炸事故时，会使大量有害物质外泄，造成人员中毒和环境污染。

5. 初期火灾不易控制

爆炸猝不及防，可能仅在 1 s 内爆炸过程已经结束，而一旦起火，火势蔓延迅速，随着时间的延续，火灾面积增大，初期到场灭火力量难以控制猛烈的燃烧。

6. 易造成大量人员伤亡

个人防护要求高，防爆防护意识要求强。要时刻做好撤退准备，有一套安全措施做保证且应视情况佩戴空气呼吸器、隔热服或防毒面具等个人防护装具，并对现场进行监测。

7. 除扑救火灾、处置险情外，人员救助任务繁重

爆炸事故往往伴随有建筑倒塌事故，需要各方协同作战、统一调度指挥。

8. 现场组织协调困难

现场秩序混乱，疏散组织工作难度大。

9. 情况掌握困难

难以在第一时间掌握现场情况，需要反复侦察，多方询问。

10. 处置措施专业性高

处置措施要有针对性，专业技术要求较高，需要指挥员了解爆炸物质的理化性质，判断准确，随机应变，果断决策，还要有丰富的实战经验，掌握最佳灭火进攻时机。

随堂一练

一、选择题

1. 外部引火源（如明火、电火花、电热器具等）作用于可燃物的局部范围，使该局部受到强烈加热而开始燃烧的现象称为（　　）。
   A. 爆炸　　　　B. 自燃　　　　C. 闪燃　　　　D. 引燃
2. 下列属于有毒气体的是（　　）。
   A. 氧气　　　　B. 二氧化碳　　C. 氮气　　　　D. 一氧化碳
3. 由于物质急剧氧化或分解反应，产生温度压力增加或两者同时增加的现象称为（　　）。
   A. 燃烧　　　　B. 爆炸　　　　C. 爆燃　　　　D. 爆破
4. 爆炸是一种极为迅速的物理或化学的能量释放过程，因物质本身其化学反应，产生大量气体和热量而发生的爆炸称为（　　）。
   A. 物理爆炸　　B. 化学爆炸　　C. 炸药爆炸　　D. 核爆炸
5. 下列属于化学爆炸的是（　　）。
   A. 液化气钢瓶爆炸　　　　　　B. 炸药爆炸
   C. 蒸汽锅炉爆炸　　　　　　　D. 油桶受热爆炸

二、简答题

1. 爆炸的现象可分为哪些？
2. 爆炸的扑救方法有哪些？

项目 2　爆炸专业基础知识

知识目标

- 了解爆炸事故处置的基本知识。
- 熟悉爆炸事故处置的基件。
- 掌握爆炸事故的类型。

能力目标

- 具备描述爆炸物质的能力。
- 具备简述爆炸危险性的特点的能力。
- 具备处理爆炸过程处理程序的启动能力。

素养目标

- 通过对爆炸物质的分类学习培养学生明辨是非的素养。
- 通过对火灾危险性的学习提升学生自我奉献的精神。
- 通过掌握程序的能力强化学生赴汤蹈火的责任意识。

任务导航

- 任务　爆炸相关专业知识认知

任务　爆炸相关专业知识认知

【重难点】

- 爆炸性物质的分类。
- 爆炸品类物质五种类型的内容。
- 爆炸品的火灾危险性的判定。

【案例导入】

试分析下列案例爆炸物品与 TNT 的当量值保持的安全距离为多少米。

【案例分析】

某花炮有限公司的厂房发生爆炸。事发后，相关部门调查发现，工厂 6 月 28 日已放高温假，目前处于停产状态有三人值守。当晚 9 点左右，工人发现原材料库房着火，刚开始火势不是很大，但是库房内有硝化纤维素、木炭粉等，易燃易爆，工人随即报警，同时撤离。

"消防来之后,确定了救援策略,决定所有人员撤离到 500 米以外的地方等待爆炸结束后灭火。随即工人和周边群众都撤离到了安全地带。"柴某介绍,目前已确定不会再发生爆炸可能,消防正在灭火作业。可能是原材料受潮引发的爆炸,具体原因还待调查。

据了解,发生火灾公司的许可证有效期限为 2018 年 12 月 28 日至 2021 年 12 月 27 日;许生产范围为:烟花类、爆竹类、引火线类(含礼花弹)生产,固有风险等级为 B 级,设计生产能力为 90(万箱/年);库房面积 14 348 m² 核定储量 246 t。

【知识链接】

知识点 1　爆炸性物质分类

可燃气体是爆炸极限下限为 10%以下,或者上下限之差为 20%以上的气体如氢气、乙炔等;爆炸性物质是由于加热或撞击引起着火,爆炸的可燃性物质如硝酸酯、硝基化合物等。爆炸品类物质是以产生爆炸作用为目的的物质,火药、炸药、起爆器材等。

微课:爆炸极限定义

知识点 2　爆炸品类物质的五种类型

(1)具有整体爆炸危险的物质和物品,如爆破用电雷管、弹药用雷管、确售药(铵梯炸药)等。

(2)具有抛射危险但无整体爆炸危险的物质,如炮用发射药、起爆引信、弹药。

(3)具有燃烧危险和较小爆炸或较小抛射危险,或两者兼有但无整体爆炸危险的物质,如二亚硝基苯无烟火药、三基火药。

(4)无重大危险的爆炸物质和物品导爆索(柔性的),如烟花、爆竹、鞭炮气。

(5)非常不敏感的爆炸物质,如 B 型爆破用炸药、E 型爆破用炸药、铵梯炸药等。

知识点 3　爆炸品的火灾危险性

(1)爆炸物品都具有化学不稳定性,在一定外因的作用下,能以极快的速度发生猛烈的化学反应,产生的大量气体和热量在短时间内无法逸散,致使周围的温度迅速升高并产生巨大的压力而引起爆炸性燃烧。

(2)一般炸药的起爆温度比较低,如雷汞只要温度升高到 165 ℃ 时,就能起爆;黑火药的起爆温度虽较高,为 270~300 ℃,但遇明火极易爆炸。

(3)有些爆炸品与某些化学药品如酸、碱、盐发生化学反应,反应的生成物更容易爆炸的化学品。如雷汞遇盐酸或硝酸能分解,遇硫会爆炸。

(4)某些炸药与金属反应,生成更易爆炸的物质,特别是一些重金属(银、铜等)及其化合物的生成物,其敏感度更高。如苦味酸受铜、铁等金属的撞击,立即发生爆炸。

知识点 4　爆炸物品的相关规定

掌握爆炸物品与 TNT 的当量值,比如硝铵炸药的爆炸当量相当于 TNT 的 0.5~1 倍,其当量值随硝铵中 TNT 的比例成分而定。掌握国家相应的规范规定,如建筑存药量为 40~45 t 的铵梯炸药库,距村庄不小于 670 m;距 10 万人以上城市规划区边缘不小于 2 300 m;距 10 万人口以下的城镇边缘不小于 1 200 m。国家的相关规定对确定爆炸波及范围有所帮助。

知识点 5　熟悉演练

开展对辖区内有爆炸危险性单位的熟悉和实战演练工作，重点对本辖区内存有爆炸危险性的单位，场所和设施进行实地调研，熟悉，掌握其有爆炸危险性物品的理化性质和处置对策。制定完善灭火救援预案，并展相应的技术训练和实战模拟演练，确保一旦发生事故，快速反应，准备充分、有效处置。

知识点 6　安全防护准备

爆炸事故现场情况复杂，毒气可能很高，由于燃烧、爆炸致使同时存在高温、缺氧、断电、烟雾大而能见度低等恶劣条件。因此，安全防护准备是爆炸事故现场处置的必要条件，安全防护准备不充分，势必会影响参战人员的战斗力，影响现场处置工作的顺利进行。

根据事故处置的需要，参与事故处置的人员应准备好各种防护器材。防护器材的准备工作一般以个人防护器材为主。个人防护器材包括：对呼吸道、眼睛的防护为主的各种呼吸器具和防毒防爆面具；对全身防护的全身防护服和对局部防护的防毒防爆手套、靴套等。尽量采用卧姿或匍匐等低姿射水，消防车辆不要停靠在离爆炸物品太近的水源处。对于爆炸品类物质火灾，切忌使用沙土盖压，以此增强爆炸物爆炸时的威力。

知识点 7　时刻做好撤退的准备

前线人员发现有发生再次爆炸的危险时，应立即向现场指挥报告，现场指挥员确认确实可能发生再次爆炸的征兆或危险时应及时下达撤退命令，一线处置人员看到或听到撤退信号后，应迅速撤至安全地带，来不及撤退时，应就地卧倒。

随堂一练

一、选择题

1. 气体爆炸下限小于 10% 的火灾危险性为（　　）。
   A. 甲　　　　　B. 乙　　　　　C. 丙　　　　　D. 丁
2. 可燃液体燃烧的闪点小于 28 ℃ 的火灾危险性为（　　）。
   A. 甲　　　　　B. 乙　　　　　C. 丙　　　　　D. 丁
3. 爆炸气体采用惰性气体进行惰化时，可采用的气体是（　　）。
   A. CO　　　　　B. NH_3　　　　　C. H_2　　　　　D. N_2

二、简答题

1. 爆炸气体的抑制方法有哪些？
2. 试描述矿井中出现大量瓦斯时，作为救援人员的你所采用的处理方法是什么？

项目 3　气体爆炸及预防基础

知识目标
- 了解气体爆炸的基本知识。
- 熟悉气体爆炸的基件。
- 掌握气体爆炸的类型。

能力目标
- 具备描述气体爆炸危险源的能力。
- 具备简述预防爆炸基础措施的能力。
- 具备掌握气体爆炸危险源的能力。

素养目标
- 通过对气体爆炸危险源的学习培养预防意识，养成预防习惯。
- 通过对气体爆炸危害的学习提升学生养成纪律严明的工作作风。
- 通过掌握气体爆炸预防措施的技能强化学生顽强拼搏坚韧不拔的素养。

任务导航
- 任务 1　气体危险特性的识别
- 任务 2　气体燃爆特性的识别
- 任务 3　气体燃爆危害的识别
- 任务 4　燃爆参数特性的评定

任务 1　气体危险特性的识别

【重难点】
- 易燃气体的定义。
- 不同危险源的识别。

【案例导入】
描述天然气爆炸事故的危害。

【案例分析】
2022 年 8 月 13 日，某小区发生天然气爆炸事故，菜市场被炸毁，爆炸造成多人受困。

全国安全生产电视电话会议，对该小区燃气爆炸事故的原因作出初步分析，披露了关于事件的一些细节：事发建筑物在河道上，铺设在负一层河道中的燃气管道发生泄漏，因建筑物负一层两侧封堵不通风，泄漏天然气聚集，并向一楼二楼扩散，达到爆炸极限后，遇火源引爆。

根据模拟分析与计算结果，涉事故建筑物底部河道内参与爆炸的天然气体积约 600 m³，爆炸当量 225 kgTNT。爆炸现场以涉事故建筑物为中心向四周辐射。涉事建筑物严重损坏，一层地面楼板除东南角局部残存外，其余垮塌掉落下方河道，一层建筑隔墙四分之三倒塌，破坏程度西侧重于东侧，二层地面楼板除东侧残存外，其余楼板垮塌掉落下方河道，二层建筑隔墙三分之二倒塌，建筑西端有两层屋顶被炸穿，建筑四周墙体、门窗绝大部分向外倒塌或抛出。建筑周边建筑门窗破坏严重，波及周边商铺和 33 栋 1 678 户居民住宅。经环保部门认定，事故未造成周边环境污染。

【知识链接】

危险品（hazardous material），易燃、易爆、有强烈腐蚀性、有毒和放射性等物品的总称。危险品标识如图 4-5 所示。

微课：危化品的分类

图 4-5 危险品标识

50 ℃ 时，蒸气压力大于 300 kPa 的物质：指在 50 ℃ 时，蒸气压力大于 300 kPa 的物质或 20 ℃ 时在 101.3 kPa 标准压力下完全是气态的物质。包括压缩气体、一种或多种气体和液化气体、溶解气体和冷冻液化气、一种或多种其他类别物质的蒸气混合物、充有气体的物品和烟雾剂。

易燃气体是指在 20 ℃ 和 101.3 kPa 条件下与空气的混合物按体积分数占 13% 或更少时可点燃的气体；或不论易燃下限如何，与空气混合，燃烧范围体积分数至少为 12% 的气体。

压缩气体和液化气体的区别：压缩气体仍然是气体，只不过是高压气体，比如氢气钢瓶中的氢气，即使在 130 个大气压下，仍然是气态的。液化气体是通过加压压缩后，常压下是气体的东西变成了液体状态，比如液化石油气，在钢瓶中是液态的，打开阀门放出来就变成气体了。

（2）20 ℃ 时，在 101.3 kPa 标准压力下完全是气态的物质。

本类气体包括压缩气体、液化气体、溶解气体和冷冻液化气体、一种或多种气体与一种或多种其他类别物质的蒸气的混合物、充有气体的物品和烟雾剂。根据气体在运输中的主要危险性分为三类。

知识点 1　易燃气体

本类包括在 20 ℃ 和 101.3 kPa 条件下：

（1）易燃气体，是指在 101.3 kPa 标准压力下，在与空气的混合物中按体积占 13% 或更少时可点燃的气体或与空气混合，不论燃烧下限值如何，可燃范围至少为 12 个百分点的气体。《国际海运危险货物规则》将易燃气体列为第 2.1 类危险货物。此类气体泄漏时，遇明火、高温或光照，会发生燃烧或爆炸，如氢气、甲烷、乙炔、含易燃气体的打火机等。

（2）不论易燃下限如何，与空气混合，燃烧范围的体积分数至少为 12% 的气体。尽量采用卧姿或匍匐等低姿射水，消防车辆不要停靠在离爆炸物品太近的水源处。对于爆炸品类物质火灾，应使用沙土盖压，以此增强爆炸物品爆炸时的威力。

知识点 2　非易燃无毒气体

非易燃无毒气体，是指在压力不低于 280 kPa 的条件下运输，或以冷冻液体状态运输的具有窒息性的气体会稀释或取代通常空气中氧气的气体，或氧化性气体。一般通过提供氧气比空气更能引起或促进其他材料燃烧的气体，或不属于其他小类的气体，在 20 ℃ 时，压力不低于 280 kPa 条件下运输或以冷冻液体状态运输的气体，并且是：

（1）窒息性气体——会稀释或取代通常在空气中的氧气的气体，氧化性气体——通过提供氧气比空气更能引起或促进其他材料燃烧的气体；

（2）不属于其他类别的气体。

知识点 3　毒性气体

毒性气体常温常压下呈气态或极易挥发的有毒化学物。来源于工业污染，煤和石油的燃烧及生物燃料的腐败分解。对呼吸道有刺激作用，亦易吸入中毒。包括氨、臭氧、二氧化氮、二氧化硫、一氧化碳、硫化氢及光化学烟雾等。

知识点 4　刺激性气体

刺激性气体是指对眼和呼吸道黏膜有刺激作用的气体。它是化学工厂常遇到的有毒气体。

刺激性气体的种类甚多，最常见的有氯、氨、氮氧化物、光气（常用于杀虫剂）、氟化氢（主要用作含氟化合物的原料）、二氧化硫（用作有机溶剂及冷冻剂，并用于精制各种润滑油）、三氧化硫和硫酸二甲酯等。

知识点 5　窒息性气体

窒息性气体是指能造成机体缺氧的有毒气体。窒息性气体可分为单纯窒息性气体、血液窒息性气体和细胞窒息性气体。如氮气、甲烷、乙烷、乙烯、一氧化碳、硝基。

知识点 6　中毒反应

人在中毒时表现出来的反应，为头晕、恶心、呕吐、昏迷，也有一些毒气使人皮肤溃烂、气管黏膜溃烂。中毒状态为休克，甚至死亡。同时也被用于杀虫剂，各种药剂等领域。

（1）呼吸系统在工业生产中，呼吸道最易接触毒物，特别是刺激性毒物，一旦吸入，轻则引起呼吸困难，重则发生化学性肺炎或肺水肿。引起呼吸系统损害的毒物有氯气、氨、二氧化硫、光气、氮氧化物。

（2）急性呼吸道炎刺激性毒物可引起鼻炎、喉炎、声门水肿、气管支气管炎等，症状有流涕、喷嚏、咽痛、咯痰、胸痛、气急、呼吸困难等。

（3）化学性肺炎：肺脏发生炎症，比急性呼吸道炎更严重。患者有剧烈咳嗽、咳痰（有时痰中带血丝）、胸闷、胸痛、气急、呼吸困难、发热等。

（4）化学性肺水肿：患者肺泡内和肺泡间充满液体，多为大量吸入刺激性气体引起，是最严重的呼吸道病变，抢救不及时可造成死亡。患者有明显的呼吸困难，皮肤、黏膜青紫（发绀），剧咳，带有大量粉红色沫痰，烦躁不安等。长期低浓度吸入刺激性气体或粉尘，可引起慢性支气管炎，重的可发生肺气肿。

（5）神经系统：神经系统由中枢神经（包括脑和脊髓）和周围神经（由脑和脊髓发出，分布于全身皮肤、肌肉、内脏等处）组成。有毒物质可损害中枢神经和周围神经。主要侵犯神经系统的毒物称为"亲神经性毒物"。

（6）神经衰弱综合征：这是许多毒物慢性中毒的早期表现。患者出现头痛、头晕、乏力、情绪不稳、记忆力减退、睡眠不好、自主神经功能紊乱等。

（7）中毒性脑病：中毒性脑病多是由能引起组织缺氧的毒物和直接对神经系统有选择性毒性的毒物引起。前者如一氧化碳、硫化氢、氰化物、氮气、甲烷等；后者如铅、四乙基铅、汞、锰、二硫化碳等。急性中毒性脑病是急性中毒中最严重的病变之一，常见症状有头痛、头晕、嗜睡、视力模糊、步态蹒跚，甚至烦躁等，严重者可发生脑疝而死亡。慢性中毒性脑病可有痴呆型、精神分裂症型、帕金森病型、共济失调型等。

任务 2　气体燃爆特性的识别

【重难点】
- 气体易燃易爆的特性。
- 扩散性的含义。

微课：气体爆炸

- 可压缩性的含义。
- 带电性的含义。

【案例导入】

根据案例试分析氢气管道爆炸的危害性。

【案例分析】

2022年3月27日，某化肥厂合成车间管道突然破裂随即氢气大量泄漏。厂领导立即命令操作工关闭主阀、附阀，全厂紧急停车。大约5分钟后，正当大家在紧张讨论如何处理事故时，突然发生爆炸，在面积千余平方米的爆炸中心区，合成车间近10 m高的厂房被炸成一片废墟，附近厂房数百扇窗户上的玻璃全部震碎，爆炸致使合成车间内当场死亡3人，另有2人因势过重抢救无效死亡，26人受伤。

根据爆炸理论，可燃气体在空气中燃爆必须具备以下条件：一是可燃气体与空气形成的混合物浓度达到爆炸极限，形成爆炸性混合气体；二是有能够点燃爆炸性混合气的点火源。据调查，事发之时合成车间没有现场动火等明火火源，那么，火源从何而来，专家对氢气爆炸事故的原因进行剖析：

（1）爆炸混合气体的形成。管道破裂后，氢气大量泄漏，立即形成易燃易爆混合气体并迅速扩散。氢气在空气中爆炸极限是4%~74.1%，当氢气浓度达到爆炸极限遇点火源会发生爆炸。

（2）点火源的产生。事故发生后，事故现场一片废墟，点火源难以十分准确定位。根据事发之前现场和事故本身情况分析，点火源的产生有以下几种可能：氢气泄漏过程中产生的静电火花；高温物体表面；电气火花；人身静电火花。

① 电花：

氢气大量泄漏产生静电火花。当两种不同性质的物体相互摩擦或接触时，由于它们对电子的吸引力大小不同，在物体间发生电子转移，使其中一物体失去电子而带正电荷，另一物体获得电子带负电荷。如果产生的静电荷不能及时导入大地或静电荷泄漏的速度远小于静电荷产生的速度，就会产生静电的积聚。氢气不易导电，能保持相当大的电量。

② 身电：

据实测，人在脱毛衣时可产生2 800 V的静电压，脱混纺衣服时可产生5 000 V静电压。当一个人穿着绝缘胶鞋在环境湿度低于70%的情况下，走在橡胶地毯、塑料地板、树脂砖或大理石等高电阻的地板上时，人体静电压高达5~15 kV。

③ 火灾的形成：氢气点火能量仅需0.019 mJ。氢气和空气形成的可燃混合气遇静电火花、电气火花或500 ℃以上的热物体等点火源，就会发生燃烧爆炸；如果可燃混合气的浓度达到18.3%~59%，就会发生爆轰现象。发生爆轰时，高速燃烧反应的冲击波，在极短时间内引起的压力极高，这个压力几乎等于正常爆炸产生最大压力的20倍，对建筑物能在同一初始条件下瞬间毁灭性摧毁，具有特别大的破坏力。

【知识链接】

知识点1 易燃易爆性

在列入国家标准《危险货物分类和品名编号》（GB 6944）的压缩气体或液化气体当中，

约有 54.1%是可燃气体，有 61%的气体具有火灾危险。易燃气体的主要危险性是易燃易爆性，所有处于燃烧浓度范围之内的易燃气体，遇火源都可能发生着火或爆炸，有的易燃气体遇到极微小能量着火源的作用即可引爆。

综合易燃气体的燃烧现象，其易燃易爆性具有以下三个特点。

（1）比液体、固体易燃，且燃速快，一燃即尽。

（2）一般来说，由简单成分组成的气体比复杂成分组成的气体易燃，燃速快，火焰温度高，着火爆炸危险性大。如氢气（H_2）比甲烷（CH_4）、一氧化碳（CO）等组成复杂的易燃气体易燃，且爆炸浓度范围大。这是因为单一成分的气体不需受热分解的过程，因此无分解所消耗的热量。简单成分气体和复杂成分气体的火灾危险性比较见表 4-5。

表 4-5　简单成分气体和复杂成分气体火灾危险性比较

气体名称	化学组成	最大组成燃烧速率/（cm/s）	最高火焰温度/℃	爆炸浓度范围（体积分数/%）
氢气	H_2	210	2 130	4～75
一氧化碳	CO	39	1 680	12.74
甲烷	CH_4	33.8	1 800	5～15

（3）价键不饱和的易燃气体比相对价键饱和的易燃气体的火灾危险性大。这是因为不饱和的易燃气体的分子结构中有双键或三键存在，化学活性强，在通常即能与氯气、氧气等氧化性气体起反应而发生着火或爆炸，所以火灾危险性大。

知识点 2　扩散性

处于气体状态的任何物质都没有固定的形状和体积，且能自发地充满任何容器，由于气体的分子间距大，相互作用力小，所以非常容易扩散。压缩气体和液化气体的扩散特点主要体现在以下两方面。

（1）比空气轻的可燃气体逸散在空气中可以无限制地扩散，与空气形成爆炸性混合物，并能够顺风飘荡，迅速蔓延和扩散。

（2）比空气重的可燃气体泄漏出来时，往往漂浮于地表、沟渠、隧道、厂房死角等处，长时间聚集不散，易与空气在局部形成爆炸性混合气体，遇着火源发生着火或爆炸；同时，密度大的可燃气体一般都有较大的发热量，在火灾条件下，易于造成火势扩大。常见易燃气体的相对密度与扩散系数的关系见表 4-6。

表 4-6　常见易燃气体的相对密度与扩散系数的关系

气体名称	扩散系数/（cm²/s）	相对密度	气体名称	扩散系数/（cm²/s）	相对密度
氢	0.634	0.07	乙烯	0.130	0.97
乙炔	0.194	0.91	甲醚	0.118	1.58
甲烷	0.196	0.55	液化石油气	0.121	1.56
氨	0.198	0.60			

掌握易燃气体的相对密度及其扩散性，不仅对评价其火灾危险性的大小，而且对选择通风门的位置、确定防火间距以及采取防止火势蔓延的措施都具有实际意义。

知识点 3　可压缩性和受热膨胀性

任何物体都有热胀冷缩的性质，气体也不例外，其体积也会因温度的升高能胀缩，且胀缩的幅度比液体要大得多。压缩气体和液化气体的可压缩性和受热膨胀性特点体现在以下三方面：

（1）当压力不变时，气体的温度与体积成正比，即温度越高，体积越大。气体的相对密度随温度的升高而减小，体积却随温度的升高而增大。如压力不变时，液态丙烷 60 ℃时的体积比 10 ℃时的体积膨胀了 20%还多，其体积与温度的关系见表 4-7。

表 4-7　液态丙烷体积与温度的关系

温度/℃	−20	−10	10	15	20	30	40	50	60
相对密度	0.56	0.53	0.517	0.509	0.5	0.486	0.47	0.45	0.43
热胀率/%	91.4	96.2	98.7	100	101	104.9	109.1	113.8	119.3

（2）当温度不变时，气体的体积与压力成反比，即压力越大，体积越小。如对 100 L、质量一定的气体加压至 1 013.25 kPa 时，其体积可以缩小到 10 L。这一特性说明，气体在一定压力下可以压缩，甚至可以压缩成液态。所以，气体通常都是经压缩后存于钢瓶中的。

（3）当体积不变时，气体的温度与压力成正比，即温度越高，压力越大。这就是说，当储存在固定容积容器内的气体被加热时，温度越高，其膨胀后形成的压力越大。如果盛装压缩或液化气体的容器（钢瓶）在储运过程中受到高温、暴晒等热源作用时，容器、钢瓶内的气体就会急剧膨胀，产生比原来更大的压力。当压力超过了容器的耐压强度时，就会引起容器的膨胀，甚至爆裂，造成伤亡事故。因此，在储存、运输和使用压缩气体和液化气体的过程中，一定要采取防火、防晒、隔热等措施；在向容器、气瓶内充装时，要注意极限温度和压力，严格控制充装量。防止超装、超温、超压。

知识点 4　带电性

从静电产生的原理可知，任何物体的摩擦都会产生静电，氢气、乙烯、乙炔、天然气、液化石油气等压缩气体或液化气体从管口或破损处高速喷出时也同样能产生静电。其主要原因是气体本身剧烈运动造成分子间的相互摩擦；气体中含有固体颗粒或液体杂质在压力下高速喷出时与喷嘴产生的摩擦等。影响压缩气体和液化气体静电荷产生的主要因素有以下两方面。

（1）杂质。气体中所含的液体或固体杂质越多，多数情况下产生的静电荷也越多。

（2）流速。气体的流速越快，产生的静电荷也越多，据实验，液化石油气喷出时，产生的静电电压可达 900 kV，其放电火花足以引起燃烧。因此，压力容器内的可燃压缩气体或液化气体，在容器、管道破损时或放空速度过快时，都易产生静电，一旦放电就会引起着火或爆炸事故。带电性是评定可燃气体火灾危险性的参数之一，掌握了可燃气体的带电性，据此可以采取设备接地、控制流速等相应的防范措施。

任务 3　气体燃爆危害的识别

【重难点】
- 腐蚀性的定义。
- 毒害性的定义。
- 窒息性的定义。
- 氧化性的定义。

【案例导入】
试讨论以下案例中氢气瓶爆炸的主要问题是什么？

【案例分析】
某金属制品有限公司氢气瓶爆炸事故警示信息予以公布。

（1）事故发生经过。

11点30分左右，李某、杨某、王某等3人使用高频焊机进行作业过程中，正在使用的氢气瓶中氢气用完，3人开始更换氢气瓶实瓶。

11时40分左右，氢气瓶实瓶在更换过程中发生爆炸，导致1人死亡，2人受伤（后经抢无效死亡）。

（2）事故暴露出的主要问题。

一是企业未认真组织开展安全风险辨识，对氢气瓶使用过程中的安全风险辨识不到位。

二是企业隐患排查治理不深入、不细致，未将氢气供应企业（某气体有限公司）提供使用的气瓶纳入日常隐患排查内容。

三是企业未建立氢气瓶使用安全操作规程，对氢气瓶现场安全管理不到位。

【知识链接】

知识点 1　燃烧性

微课：工业气体爆炸

可燃气体的燃烧往往同时伴有发光、发热的激烈反应，对周围环境的破坏很大，危险性十分明显。根据燃烧条件，燃烧必须同时具备可燃物，助燃物和点火源。而对易燃气体而言，一旦泄漏，与空气接触，就已存在两个条件，如若存在点火源，则燃烧就无法避免。由此可知，要消除易燃气体的燃烧危险性，就必须严防易燃气体泄漏到空气中，同时阻止点火源引入其中，或在易燃气体容易泄漏的场所，严格控制点火源的出现。能导致易燃气体燃烧的点火源种类很多主要有：撞击、摩擦、绝热压缩、冲击波、明火、加热、高温、热辐射、电火花、电弧、静电、雷击紫外线、红外线、放射线辐射、化学反应热、催化作用等，必须处处注意、时刻防备。在国家标准《瓶装气体分类》(GB 16163)中，列入可燃气体的工业纯气品种多达四十余种，其中，以可燃性液化气体居多。液化气体的特点是沸点低，极易气化，泄压时闪蒸且扩散，与空气混合形成易燃、易爆气体，火灾危险性极大。易燃气体酿成火灾的严重后果不堪设想，人员受到直接辐射热或黏附可燃性液化气体，就会烧伤或死亡，其他可燃物会受到大量辐射热，形成大面积火灾，而且灭火以后极有可能会发生二次燃爆危险。此外，易燃气体会发生空间燃爆。

知识点 2　腐蚀性

这里所说的腐蚀性主要是指一些含氢、硫元素的气体具有腐蚀性，如硫化氢、硫化羰、氨、氢等，都能腐蚀设备，削弱设备的耐压强度，严重时可导致设备系统裂隙、漏气，引起火灾等事故。目前危险性最大的是氢，氢在高压下能渗透到碳素钢中去，使金属容器发生"氢脆"变疏。因此，对盛装这类气体的容器，要采取一定的防腐措施。如用高压合金钢并含一定量的铬、钼等稀有金属制造材料。定期检验其耐压强度等。

知识点 3　毒害性

压缩气体和液化气体中，除氧气和压缩空气外，大都具有一定的毒害性。国家标准《危险货物品名表》（GB 12268）列入管理的剧毒气体中，毒性最大的是氰化氢，当在空气中的含量达到 300 mg/m³ 时，能够使人立即死亡；达到 200 mg/m³ 时，10 min 后死亡；达到 100 mg/m³ 时，一般在 1 h 后死亡。不仅如此，氰化氢、硫化氢、硒化氢、锑化氢、二甲胺、氨、溴甲烷、二硼烷、二氯硅烷、锗烷、三氟氯乙烯等气体，除具有相当的毒害性外，还具有一定的着火爆炸性。这一点是万万忽视不得的，切忌只看有毒气体标志而忽视了其火灾危险性。

知识点 4　窒息性

除氧气和压缩空气外，其他压缩气体和液化气体都具有窒息性。一般地，压缩气体和液化气体的易燃易爆性和毒害性易引起人们的注意，而其窒息性往往被忽视，尤其是那些不燃无毒的气体，如氮气、二氧化碳及氦、氖、氩、氪、氙等惰性气体，都必须盛装在容器之内，并有一定的压力。如二氧化碳、氮气气瓶的工作压力均可达 15 MPa，设计压力有的可达 20～30 MPa。这些气体一旦泄漏于房间或大型设备及装置内时，均会使现场人员窒息死亡。

知识点 5　氧化性

除去易自燃的物质外，通常易燃性物质只有和氧化性物质作用，遇着火源时才能发生燃烧。所以，氧化性气体是燃烧得以发生的最重要的要素之一。氧化性气体主要包括两类：一类是明确列为不燃气体的，如氧气、压缩或液化空气、一氧化二氮等；另一类是列为有毒气体的，如氯气、氟气、过氯酰氟、四氟（代）肼、氯化溴、五氟化氯、亚硝酰氯、三氟化氮、二氟化氧、四氧化二氮、三氧化二氮、一氧化氮等。这些气体本身都不可燃，但氧化性很强，都是强氧化剂，与易燃气体混合时都能着火或爆炸。如氯气与乙炔气接触即可爆炸，氯气与氢气混合见光可爆炸等。因此，在实施消防安全管理时不可忽略这些气体的氧化性，尤其是列为有毒气体管理的氯气和氟气等氧化性气体，除了应注意其毒害性外，也应注意其氧化性，在储存、运输和使用时必须与易燃气体分开。

知识点 6　爆炸性

爆炸是指一个物系从一种状态转化为另一种状态，并在瞬间以机械功的形式放出大量能量的过程。爆炸有物理性爆炸和化学性爆炸两种。物理性爆炸是物质因状态和压力发生突变等物理变化而形成的。前述压缩气体及液化气体超压引起的爆炸就属于物理性爆炸，物理性爆炸前后的物质化学成分及性质均无变化。化学性爆炸是指由于物质发生极其激烈的化学反应，产生高温、高压并释放出大量的热量而引起的爆炸。化学性爆炸以后的物质性质和成分均发生变化。在工业气体生产中，可燃气体混合物爆炸、分解爆炸就属于化学爆炸。鉴于工业气体的爆炸危险性极大，在工业气体生产过程中就必须加强防爆技术措施。工业气体的爆炸危险特性主要指化学性爆炸，即由于气体发生极迅速的化学反应而产生高温、高压所引起的爆炸。对于化学性质非常活泼（主要指容易氧化、分解或聚合）的工业气体，需要特别予以注意。对于氧气瓶禁油，就是最常见的预防工业气体爆炸的一项技术措施。但工业气体的氧化特性，不应仅仅理解为氧气与其他物质的化合，应从更广义的氧化性去认识。对于氯气，同样具有氧化性，它可氧化活泼金属和氢气，生成氯化物，同时发热燃烧。含过氧基的氧化剂比氧气的氧化性更强（如环氧乙烷），遇胺、醇等多种有机物会发生强烈的氧化反应。

在工业气体中，分解爆炸的可能性比氧化爆炸小得多。发生分解反应，需要高温条件。没有高温，工业气体就不会分解。但不可忽视由于局部过热使少量气体产生分解的现象。分解反应速度很快，一旦出现分解反应，便会放出大量热量而使温度急剧升高，加快分解速度，直至发生强烈的爆炸。

对于容易发生聚合或有聚合倾向的工业气体，必须绝对避免与过氧化物接触，因为氧和过氧化物都是良好的引聚剂。聚合是一种放热反应过程，气体聚合时放热会使气体压力异常升高，造成极大的危险。聚合反应的气体质量越大，反应越猛烈，危险性就越大。

任务 4　燃爆参数特性的评定

【重难点】

- 爆炸极限的判定。
- 爆炸危险度的定义。
- 传爆能力的判定。

【案例导入】

根据案例试分析甲烷的浓度是否达到爆炸的要求。

【案例分析】

3 月 26 日 13 时 31 分，某山区一排水渠内，5 名工人在清污过程中因吸入过量甲烷，昏厥被困，当地消防救援支队特勤大队接到报警后，立刻组织救援力量赶赴现场。

在出警途中，消防部门第一时间与当地政府协调，对相关路段交通进行区域管控，同时从就近医院调派急救氧气瓶，为被困人员争取营救时间。消防救援人员抵达现场后看到，排水渠的井口长约 2.5 m，宽约 1.5 m，井口到排水渠底部的高度约 6 m，透过井口可以看到 5 名工人倒在渠底，情况危急。

消防员先利用侦检仪器对作业区域进行风险排查发现甲烷的浓度为 28%，在确保救援环境安全后，由 3 名消防员佩戴空气呼吸器，进入排水渠对被困工人逐个实施营救，其余消防员在地面向排水渠内投放空气呼吸器，利用瓶内空气对排水渠内有毒气体进行送风置换。进入排水渠的消防员发现，靠近井口处的两名工人尚有意识，但排水渠内部的 3 名工人中已有两人休克，另一人处于半昏迷状态。消防员利用携带的急救氧气瓶先后为被困工人吸氧，同时将安全腰带和安全绳绑在工人腋下。在地面救援人员的接应下，将 5 名工人依次拉回地面。5 名工人转移到地面后，消防员和医护人员立即为被困工人输氧，送上救护车。

【知识链接】

知识点 1　爆炸极限

易燃气体的爆炸极限是表征其爆炸危险性的一种主要技术参数（表 4-8），爆炸极限范围越宽，爆炸下限浓度越低，爆炸上限浓度越高，则燃烧爆炸危险性越大，如图 4-6 所示。

微课：爆炸极限

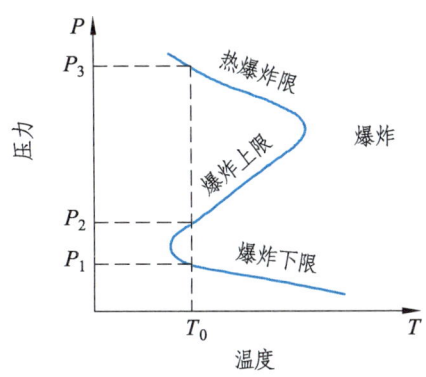

图 4-6　爆炸极限

表 4-8　易燃气体的爆炸极限

气体名称	爆炸上限（vol%）	爆炸下限（vol%）
甲烷	15	5
丙烷	9.5	2.1
丁烷	8.5	1.5
异丁烷	8.5	1.8
乙醇	19	3.5
乙烯	34	2.7
乙醚	48	1.7
氢气	75.6	4
乙炔	82	1.5

可燃物质（可燃气体、蒸气和粉尘）与空气（或氧气）必须在一定的浓度范围内均匀混合，形成预混气，遇着火源才会发生爆炸，这个浓度范围称为爆炸极限，或爆炸浓度极限。

可燃性混合物的爆炸极限有爆炸（着火）下限和爆炸（着火）上限之分，分别称为爆炸下限和爆炸上限。上限指的是可燃性混合物能够发生爆炸的高浓度。在高于爆炸上限时，空气不足,导致火焰不能蔓延,既不爆炸,也不着火。下限指的是可燃性混合物能够发生爆炸的低浓度。由于可燃物浓度不够,过量空气的冷却作用,阻止了火焰的蔓延,因此在低于爆炸下限时不爆炸也不着火。

在日常生活和化工生产中,为了降低爆炸浓度极限,可以加入惰性气体或其他不易燃的气体来降低浓度或者在排放气体前,或者以涤气器、吸附法来清除可爆的气体。

知识点 2　爆炸危险度

易燃气体或蒸气的爆炸危险性还可以用爆炸危险度来表示。爆炸危险度是爆炸浓度极限范围与爆炸下限浓度的比值。

爆炸危险度说明,气体或蒸气的爆炸浓度极限范围越宽,爆炸下限浓度越低,爆炸上限浓度越高,其爆炸危险性越大,几种典型气体的爆炸危险度见表 4-9。

表 4-9　典型气体的爆炸危险度

名称	爆炸危险度	名称	爆炸危险度
氨	0.87	汽油	5.00
甲烷	1.83	辛烷	5.32
乙烯	3.17	氢气	17.78
丁烷	3.67	乙炔	31.00
一氧化碳	4.92	二硫化碳	59.00

知识点 3　传播能力

传爆能力是爆炸性混合物传播燃烧爆炸能力的一种度量参数,用最小传爆面表示。当易燃性混合物的火焰经过两个平面间的缝隙或小直径管子时,如果其断面小到某个数值,由于游离基销毁的数量增加而破坏了燃烧条件,火焰即熄灭,这种阻断火焰传播的原理称为缝隙隔爆。爆炸性混合物的火焰尚能传播而不熄灭的最小断面称为最小传爆断面。设备内部的可燃混合气被点燃后,通过 25 mm 长的接合面,能阻止将爆炸传至外部的易燃混合气的最大间隙,称为最大试验安全隙。易燃气体或蒸汽爆炸性混合物,按照传爆能力的分级见表 4-10。

表 4-10　可燃气体或蒸气爆炸性混合物按照传爆能力的分级

级别	1	2	3	4
间隙 δ/mm	$\delta>1.0$	$0.6<\delta\leq 1.0$	$0.4<\delta\leq 0.6$	$\delta\leq 0.4$

知识点 4　爆炸压力

易燃性混合物爆炸时产生的压力称为爆炸压力,它是度量可燃性混合物将爆炸时产生的热量用于做功的能力。发生爆炸时,如果爆炸压力大于容器的极限强度,容器便发生破裂。

各种易燃气体或蒸气的爆炸性混合物，在正常条件下的爆炸压力，一般都不超过 1 MPa，但爆炸后压力的增长速度却是相当大的。

几种易燃气体或蒸气的爆炸压力及其增长速度见表 4-11。

表 4-11　几种易燃气体或蒸气的爆炸压力及其增长速度

名称	爆炸压力/MPa	爆炸压力增长速度/（MPa/s）
氢	0.62	90
甲烷	0.72	—
乙炔	0.95	80
一氧化碳	0.7	—
乙烯	0.78	55
苯	0.8	3
乙醇	0.55	
丁烷	0.62	15
氨	0.6	—

知识点 5　爆炸威力

气体爆炸的破坏性还可以用爆炸威力来表示。爆炸威力是反映爆炸对容器或建筑物冲击度的一个量，它与爆炸形成的最大压力有关，同时还与爆炸压力的上升速度有关。

测定炸药的威力，通常采用铅铸扩大法。即以一定量（10 g）的炸药，装于铅铸的圆柱形孔内爆炸，测量爆炸后圆柱形孔体积的变化，以及体积增量（单位：mL）作为炸药的爆炸威力数值。典型气体和蒸汽的爆炸威力指数见表 4-12。

表 4-12　典型气体和蒸气的爆炸威力指数

名称	威力指数	名称	威力指数
丁烷	9.30	氢气	55.80
苯	2.4	乙炔	76.00
乙烷	12.13		

知识点 6　自燃点

易燃气体的自燃点不是固定不变的数值，而是受压力、密度、容器直径、催化剂等因素的影响。一般规律为受压越高，自燃点越低；密度越大，自燃点越低，容器直径越小，自燃点越高。易燃气体在压缩过程中（例如在压缩机中）较容易发生爆炸，其原因之一就是自燃点降低的缘故，在氧气中测定时，所得自燃点数值一般较低，而在空气中测定时则较高。

知识点 7　化学活泼性

（1）易燃气体的化学活泼性越强，其火灾爆炸的危险性越大。化学活泼性强的可燃气体在通常条件下即能与氯、氧及其他氧化剂起反应，发生火灾和爆炸。

（2）气态烃类分子结构中的价键越多，化学活泼性越强，火灾爆炸的危险性越大。气体爆炸极限和自燃点是评定气体火灾爆炸危险的主要指标。气体的爆炸极限范围越大，爆炸下限越低，其火灾爆炸危险性越大；气体自燃点越高，其火灾爆炸的危险性就越小。另外，气体化学活泼性越强，发生火灾爆炸的危险性越大；气体在空气中的扩散速度越快，火灾蔓延扩展的危险性越大；相对密度大的气体易聚集不散，遇明火容易造成火灾爆炸事故；易压缩液化的气体遇热后体积膨胀，容易发生火灾爆炸事故。

知识点 8　相对密度

（1）与空气密度相近的可燃气体，容易互相均匀混合，形成爆炸性混合物。

（2）空气中的可燃气体沿着地面扩散，并易蹿入沟渠、厂房死角处，长时间聚集不散，遇火源则发生燃烧或爆炸。

（3）比空气轻的可燃气体容易扩散，而且能顺风飘动，会使燃烧火焰蔓延、扩散。

应当根据可燃气体的密度特点，正确选择通风排气口的位置，确定防火间距值以及采取防止火势蔓延的措施。

知识点 9　扩散性

气体分子由于分子之间的空隙大，分子间的作用力小，因此气体分子没有固定的形状和体积，可以在整个空间自由地无规则地运动。当气体内部，某种气体分子密度不均匀时，分子的运动就会出现气体分子从密度高的地方向密度低的地方移动，即扩散。压缩气体与液化气体也不例外，也具有这种扩散性。气体的扩散与气体对空气的相对密度和气体的扩散系数有关。一般地说，气体的扩散系数越大，其扩散速度越大，易燃气体引起的火灾蔓延、扩展的危险性就越大。相对密度小于 1 即比空气轻的易燃气体一旦大量泄漏逸散在空气中，可以迅速大面积扩散，与空气形成爆炸混合物，而且能顺风飘动，致使易燃气体着火爆炸和燃烧火焰蔓延扩展；与空气比重相近的易燃气体，容量与空气均匀混合，形成爆炸性混合物；比空气重的易燃气体泄漏出来以后，往往沿着地面扩散，并易蹿入沟渠、隧道、厂房死角等处，且长时间聚集不易驱散，遇火源则发生燃烧或爆炸。同时，密度大的易燃气体，一般发热量大，火灾危险性更大。

知识点 10　气体火灾的扑救

易燃气体总是被储存在不同的容器内，或通过管道输送，储存在较小容器内的气体压力较高，受热或受火焰熏烤容易发生爆裂，气体泄漏后遇着火源形成稳定燃烧，其发生爆炸或再次爆炸的危险性与可燃气体泄漏来源时相比要小得多。

（1）扑救气体火灾切勿盲目灭火，即使在扑救周围火势以及冷却过程中不见容器处的火焰扑灭了，在没有采取堵漏措施的情况下，也必须立即用长点火棒。

否则火源就会发生爆炸，后果将不堪设想，这样点燃，使其恢复稳定燃烧，否则，大量可燃气体泄漏出来与空气混合，遇着氧气会复燃。

（2）应先扑灭外围被火源引燃的可燃物火势，切断火势蔓延途径，控制燃烧范围，并积极抢救受伤和被困人员。

（3）如果火灾现场有压力容器或有受到火焰辐射热威胁的压力容器，能疏散的应尽量在水枪的掩护下疏散到安全地带，不能疏散的应部署足够的水枪进行冷却保护，并尽量将其中的物料转移。为防止容器爆裂伤人，进行冷却的人员应尽量采用低姿射水或利用现场坚实的掩蔽体防护。对卧式储罐，冷却人员应选择储罐四侧角作为射水阵地。

（4）如果是输气管道泄漏着火，应首先设法找到气源阀门、阀门完好时，只要关闭气体阀门，火势就会自动熄灭。

（5）储罐或管道泄漏关阀无效时，应根据火势大小判断气体压力计泄漏口的大小及其形状，准备好相应的堵漏材料（如软木塞、橡胶塞、气囊塞、黏合剂、弯管工具等）。

（6）堵漏工作准备就绪后，既可用水扑灭火势，也可用干粉、二氧化碳灭火、但仍需用水冷却烧烫的罐或管壁。火扑灭后，应立即用堵漏材料堵漏，同时用雾状水稀释和驱散泄漏出来的气体。

（7）一般情况下，完成了堵漏也就完成了灭火工作，但有时一次堵漏不一定能成功，如果一次堵漏失败、再次堵漏需一定时间，则应立即用长点火棒将泄漏处点燃，使其恢复稳定燃烧，以防止较长时间泄漏出来的大量可燃气体与空气混合后形成爆炸性混合物，从而潜伏发生爆炸的危险。

（8）如果确认泄漏口很大，根本无法堵漏，只需冷却着火容器及其周围容器和可燃物品，控制着火范围，直到燃气燃尽，火焰即自动熄灭。

（9）现场指挥应密切注意各种危险征兆，遇有明火熄灭而可燃气体仍在泄漏且较长时间未能恢复稳定燃烧等爆炸征兆，或者受热辐射的容器安全阀出口火变亮、耀眼、尖叫、晃动等爆裂征兆时，指挥员必须适时做出准确判断，及时下达撤退命令。现场人员看到或听到事先规定的撤退信号后，应迅速撤退至安地带。

（10）气体储罐或管道阀门处泄漏着火，若无法接近阀门且判断阀门还能有效关闭时，可先扑灭火势，再关闭阀门，一旦发现关闭无效，又无法堵漏时，应迅速设法安全点燃，恢复稳定燃烧。

随堂一练

一、选择题

1. 下列属于气体灭火系统的灭火机理的是（　　）。
   A. 窒息　　　　　　　　　　B. 抑制
   C. 稀释　　　　　　　　　　D. 冷却

2. 气体灭火系统的防护区保护结构及门窗的允许压强不应小于（　　）kPa。
   A. 1.1　　　　　　　　　　B. 1.2
   C. 1.3　　　　　　　　　　D. 1.4

3. 气体灭火系统的机械应急操作装置应设置在（　　）。
   A. 防护区　　　　　　　　　B. 储瓶间
   C. 管网内　　　　　　　　　D. 泄压口

4. 气体灭火系统的防护区最低环境温度不应低于（　　）℃。
   A. 5　　　　　　　　　　　　B. 0
   C. -5　　　　　　　　　　　 D. -10
5. 下列属于自燃的燃烧现象是（　　）。
   A. 白磷的燃烧　　　　　　　B. 木材的燃烧
   C. 蜡烛的燃烧　　　　　　　D. 棉麻的燃烧

二、简答题

1. 气体的危害性有哪些？
2. 如何预防气体爆炸？

项目 4　粉尘爆炸及预防基础

知识目标
- 了解粉尘爆炸的基本知识。
- 熟悉粉尘爆炸的基件。
- 掌握预防粉尘爆炸的判定要求。

能力目标
- 具备描述粉尘爆炸的基本原则的能力。
- 具备简述粉尘爆炸预防措施的能力。
- 具备处理粉尘爆炸一般危险源识别的能力。

素养目标
- 通过对粉尘爆炸原因的学习培养学生环保的意识。
- 通过对粉尘爆炸预防的学习提升学生爱护生态环境的素养。
- 通过掌握粉尘保障处理措施的能力强化学生精益求精的工匠精神。

任务导航
- 任务 1　粉尘爆炸基本特点的认知
- 任务 2　粉尘爆炸强度影响的判定
- 任务 3　粉尘场所火灾扑救的方式
- 任务 4　液体储罐爆炸预防的措施
- 任务 5　易燃液体储罐防爆的措施

任务 1　粉尘爆炸基本特点的认知

【重难点】
- 粉尘的概念。
- 粉尘发生爆炸的条件。
- 粉尘爆炸极限影响因素的内容。
- 粉尘爆炸的特点。
- 实验装置的影响

【案例导入】

原来面粉也是会爆炸的。

【案例分析】

某大学的校园里，一群大学生正在举行一场庆生活动，大家正沉浸在喜庆的氛围中，然而，一位学生向空中撒了一把面粉，面粉与蜡烛接触竟然发生了一场突如其来的爆炸，整个场景陷入混乱之中。

【知识链接】

知识点 1　粉尘的概念

微课：粉尘爆炸定义

粉尘爆炸，指可燃粉尘在受限空间内与空气混合形成的粉尘云，在点火源作用下，形成的粉尘空气混合物快速燃烧，并引起温度压力急骤升高的化学反应，如图 4-7 所示。

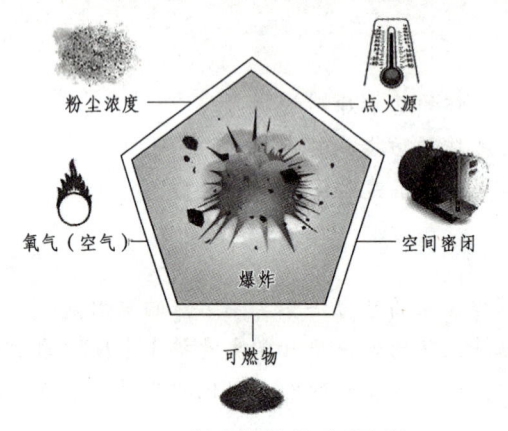

图 4-7　粉尘爆炸的形成条件

粉尘爆炸多在伴有铝粉、锌粉、铝材加工研磨粉、各种塑料粉末、有机合成药品的中间体、小麦粉、糖、木屑、染料、胶木灰、奶粉、茶叶粉末、烟草粉末、煤尘、植物纤维尘等产生的生产加工场所，如图 4-8 所示。

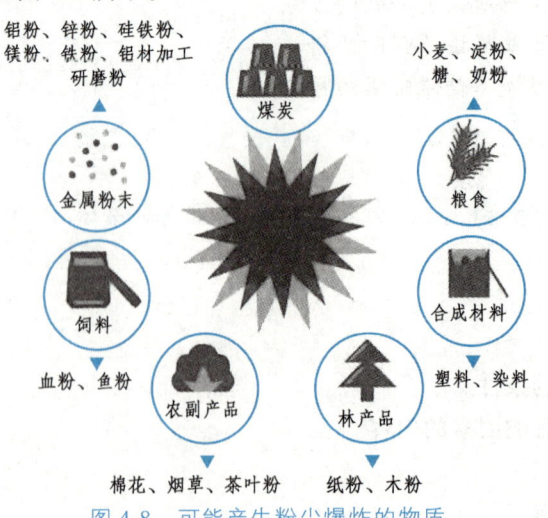

图 4-8　可能产生粉尘爆炸的物质

粉尘按所处状态，可分成粉尘层和粉尘云两类，粉尘层（或层状粉尘）是指堆积在某处的久处于静止状态的粉尘，而粉尘云（或云状粉尘）则指悬浮在空间的处于运动状态的粉尘。

在粉尘爆炸研究中，把粉尘分为可燃粉尘和不可燃粉尘（或惰性粉尘）两类，可燃粉尘是指与氧发生放热反应的粉尘。含有 C、H 元素的有机物在空气氧气中都能发生燃烧反应，生成 CO_2 或 CO 和 HO；某些金属粉尘也可与空气（氧气）发生氧化反应生成金属氧化物，并放出大量的热。不可燃粉尘或惰性粉尘是指与氧不发生反应或不发生放热反应的粉尘。

知识点 2　粉尘发生爆炸的条件

工业中所说的粉尘一般是指粒径小于 850 pm 的固体颗粒的集合。在工业历史上，粉尘爆炸事故不断发生，随着工业的迅猛发展，粉尘爆炸源越来越多，爆炸危险性越来越大，事故数量也有所增加，几乎涉及各行各业，粮食、饲料、药品肥料、煤炭、金属、塑料等粉尘爆炸都造成了巨大的人身伤亡和财产损失。粉尘爆炸与可燃气体爆炸要求的条件类似，可以说有 4 个基本条件：粉尘颗粒足够小；有合适的可燃粉尘浓度；有合适浓度的氧气；有足够能量的点火源，如图 4-9 所示。

微课：粉尘爆炸原理

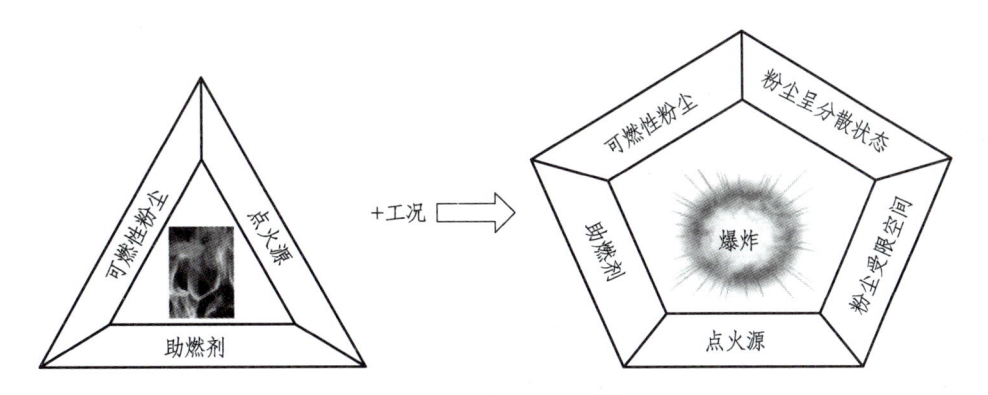

图 4-9　粉尘发生爆炸的条件

粉尘的粒度是一个很重要的参数。粉尘粒度的大小直接影响固体物料在空中是否具有足够的分散度。如果没有足够的分散度，例如空气中有一个大煤块，那是不会发生爆炸的。这是因为粉尘的表面积比同质量的整块固体表面积大几个数量级。例如，把直径为 100 mm 的球切割成直径为 0.1 mm 的球时，表面积增大了 999 倍。这就意味着氧化面积增大了 999 倍，加速了氧化反应，增强了反应活性。因此这里讲的粉尘浓度一定是以足够的分散度为前提的。对于大多数粉尘，其粉尘直径小于 0.5 mm 时，才具备了足够的分散度。粉尘的可燃性也与日常生活中的可燃性概念不同。例如，用火柴无论如何也不能把一根铝棒点燃，但它是可以把悬浮在空气中的铝粉引爆的。值得注意的是，物料处于整体块状与分散状态下的燃烧性能是有很大区别的。对一定量的物质来说，粒度越小，表面积越大，化学活性越高，氧化速率越快，燃烧越完全，爆炸下限越小，爆炸威力越大，同时，粒度越小，越容易悬浮于空气中，发生爆炸的概率也越大。可见，即使粉尘浓度相同，由于粒度不同，爆炸极限和爆炸威力也不同。

另外，粉尘的含湿量对其燃烧性能影响很大，当可燃粉尘的含湿量超过一定值后，就会成为不燃性粉尘。粉尘爆炸是多相化学反应，粉尘必须分解或挥发出可燃气才能与氧气反应，因此，单纯从反应放热来说，粉尘爆炸与气体爆炸没有什么区别，都应该按照反应方程进行计算，因而也应该有最危险浓度和爆炸极限。通常情况下，粉尘的浓度以悬浮粒子质量与空气体积之比表示。一般工业粉尘爆炸下限介于 20~60 g/m^3，爆炸上限介于 2 000~6 000 g/m^3。然而粉尘的爆炸浓度与气体爆炸浓度却有本质的差别。一方面，气体与空气很容易均匀混合，而粉尘却容易下沉。对于粉尘料仓而言，底部可能堆积有大量尘，只有上部才有粉尘悬浮于空气中，即粉尘爆炸的下限浓度只能考虑悬浮粉尘与空气之比。另一方面，由于悬浮在空气中的粉粒在重力场和外界扰动的共同作用下，其浓度随时间和空间不断地变化，即使在某一时刻，系统中大部分区域内的粉尘浓度在爆炸范围以外，但很可能在某一很小区域内的浓度进入爆炸范围。而一旦在小范围内发生爆炸，就会产生很大扰动，从而改变系统中的粉尘浓度，引起整个系统内的爆炸。因此，只要存在一定量的具有足够分散度的可燃粉尘，无论它是处于悬浮状态还是部分的（或全部的）沉积状态，都不能低估其爆炸的可能性。从这种意义上讲，粉尘爆炸不存在爆炸上限。可见，对于特定的粉尘储存空间来说，难以事先确定粉尘是否处于可爆浓度范围内。与气体爆炸相比，粉尘所需的点火能量较大，最小值为 5 MJ。影响粉尘点火能量的因素，除了温度、浓度、压力和惰性气体含量之外，还有粒度和湿度。粉尘粒度越小、湿度越小，最小点火能量越低。

知识点 3　粉尘爆炸极限的影响因素

前已述及，粉尘的爆炸极限较难确定，但就进行标准实验来说，仍是可以测得具体数值的，因为粉尘悬浮的均匀性也是相对可控的。粉尘的爆炸极限一般都用单位体积中所含粒子的质量来表示，常用单位是 g/m^3 或 mg/L。粉尘的爆炸极限，也要受到粉尘分散度、温度、湿度、挥发物含量、点火源的性质、粒度、氧含量等因素的影响，一般是分散度越高、挥发性物质含量越高、点火能越大、初始温度越高、湿度越低、惰性粉尘和灰分越少，爆炸下限越低。粉尘粒度的影响粒度越细的粉尘其单位体积的表面积越大，分散度越高，爆炸下限值越低。对于某些吸收性差的粉尘，在一定范围内，随粒度的减少其爆炸下限值降低。但当低于某一值时，随粒度的降低，其爆炸下限值反而增加。TNT 也是在粉尘粒度为 300 目时，爆炸极限达到最小值，黑索金粉尘在目数为 200~250 目时，爆炸极限达到最小值。随着粒径的继续减小，爆炸下限值反而增加。其他粉尘如面粉等呈现类似的变化规律，这可能是由于两个原因引起的。原因之一是当粉尘粒度很小时，颗粒之间的分子间力和静电引力非常大，相互之间的凝聚现象非常明显，实验过程中可以明显看到这种凝聚现象的存在，另外一个原因是细粉易发生沾现象，即粉尘在管内弥散时黏附在管壁上，使弥散在管内的粉尘实际浓度降低，从而在现象上表现为爆炸下限升高。各种粉尘的爆炸下限值见表 4-13。

表 4-13　各种粉尘的爆炸下限值

粉尘名称	爆炸下限/（g/m³）	粉尘名称	爆炸下限/（g/m³）
镁铝合金	50.0	松香	55.0
煤末	114.0	绝缘胶木	30.0
沥青	15.0	铁	120.0
有机玻璃	20.0	镁	20.0
木纤维	25.0	硅	160.0
铝粉	58.0	环氧树脂	20.0
木屑	65.0	尼龙	30.0
面粉	30.2	染料	270.0
合成橡胶	30.0	烟草末	10.1
谷仓尘末	227.0	棉花	25.2
硫黄	2.3		

知识点 4　粉尘爆炸的特点

早在风车水磨时代，就曾发生过一系列磨坊粮食粉尘爆炸事故。到了 20 世纪，随着工业的发展，粉尘爆炸事故更是屡见不鲜，爆炸粉尘的种类也越来越多几乎涉及所有的工业部门，例如农林业的粮食、饲料、食品、农药、肥料、木材、糖、咖啡等，矿冶业的煤炭、钢铁、金属、黄砖等，纺织业的棉、麻、丝绸、化纤等，轻工业的肥料、纸张、橡胶、染料、药物等，化工行业的聚乙烯、聚丙烯等，常见粉尘爆炸场所主要有通道、地沟、厂房、料仓、集尘器、除尘器、混合机、输送机、筛选机、打包机等。

同气体爆炸一样，粉尘爆炸也是助燃性气体（氧气或空气）和可燃物的快速化学反应，但是粉尘爆炸与气体爆炸的引爆过程不同，气体爆炸是分子反应，而粉尘爆炸是表面反应，因为粉尘粒子比分子大几个数量级。粉尘爆炸需经历以下过程：

（1）给予粒子表面热能，表面温度上升；

（2）粉尘粒子表面分子热分解并放出气体；

（3）放出的气体与空气混合，形成爆炸性混合气体，遇到火源发生爆炸；

（4）燃烧火焰产生的热量促进粉尘的分解，不断放出可燃性气体使火焰得以继续传播。

可见，粉尘爆炸虽然是粉尘粒子表面与氧发生的反应，但归根结底属于气相爆炸，可看作粉尘本身中储藏着可燃性气体。爆炸过程中粒子表面温度上升是条件，热传递在爆炸过程起着重要作用。这也是粉尘爆炸比气体爆炸要求的点火能量更大的原因。在空气中能够燃烧的任何固体物质，当其分裂为细粉末状时，都可能发生爆炸。为什么粉末在一定条件下会引起爆炸呢？这是因为影响化学反应速度的条件除了温度、浓度、压强（有气体参加的反应）、催化剂外，有固体参加的反应还受反应物颗粒大小的影响。粉尘颗粒越小，表面积越大。如飘浮在空气中的面粉，与空气有着相当大的接触面积，因而特别容易燃烧爆炸。一旦遇到热源，靠近火源的面粉首先受热燃烧，产生大量的热，又使附近的面粉迅速受热燃烧，产生更多的热，燃烧化学反应速率也越来越快，如图 4-10。

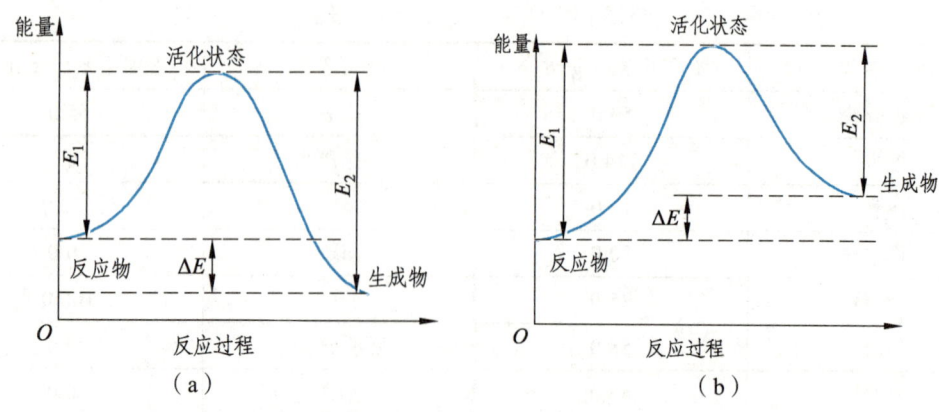

图 4-10　爆炸反应过程曲线

一般来说，燃烧的过程在毫秒级内就可以完成，同时，面粉在燃烧时，面粉中的碳、氢等元素和氧反应，生成二氧化碳气体和水蒸气。如果燃烧反应发生在密闭空间里就会产生很大的压力。在空气中不能燃烧的金属，如镁、铝等，其粉尘也能发生类似爆炸。

粉尘爆炸具有如下特点。

（1）由于粉尘重力的作用，悬浮的粉尘总要下沉，即悬浮时间总是有限的，而且沉积后，在无扰动条件下，粉尘应处于静止堆积状态，此时粉尘不会发生爆炸。只有粉尘悬浮于空气中，并达到一定浓度时，才会发生爆炸。

（2）粉尘的粒度是一个很重要的参数。对一定量的物质来说，粒度越小，表面积越大，化学活性越高，氧化速率越快，燃烧越完全，爆炸下限越小，爆炸威力越大。同时，粒度越小，越容易悬浮于空气中，发生爆炸的概率也越大。可见，即使粉尘浓度相同，由于粒度不同，爆炸威力也不同。

（3）粉尘的爆炸极限难以严格确定。从理论上讲，可以设法制造粉尘均匀悬浮于空气中的条件，从而通过实验准确测定爆炸极限。一般工业粉尘的爆炸下限介于 20～60 g/m^3 之间，爆炸上限介于 2 000～6 000 g/m^3，然而，工业生产实际粉尘浓度与气体浓度却有本质的差别。一方面，气体与空气很容易形成均匀混合气体，其浓度就是可燃组分所占的比例，而粉尘却容易下沉，对于粉尘料仓底部可能堆积有大量粉尘，只有上部才有粉尘浮于空气中，即粉尘爆炸考虑悬浮粉尘与空气之比；另一方面，一旦在某个局部发生了粉尘爆炸产生的冲击波就会扬起原本静止堆积的粉尘，从而产生二次爆炸，即静止堆积的粉尘又会参与到爆炸中去，增加了爆炸威力，从这种意义上讲，粉尘爆炸范围都难以确定，爆炸上限更是没有意义。可见，对于特定的粉尘储存空间来说，难以事先确定粉尘是否处于可爆浓度范围内。

（4）爆炸能量大，对于料仓而言，由于底部有大量堆积的粉尘，可以说可燃物供应充足，直至氧气消耗殆尽。因此爆炸释放出的总能量一般比气体爆炸大，造成的危害也大。

（5）比一次爆炸破坏力更强。堆积的可燃性粉尘通常是不会爆炸的，但由于局部的爆炸，爆炸波的传播使堆积的粉尘受到扰动而飞扬形成粉尘雾，从而会连续产生二次、三次爆炸。一系列粉尘爆炸事故结果表明，单纯悬浮粉尘爆炸产生的范围较小，而层状粉尘发生爆炸的范围往往是整个车间或整个巷道，对生命和财产造成的危害和损失巨大。

(6) 由于粉尘粒子远远大于分子,所以粉尘爆炸总是伴有不完全燃烧,会产生大量 CO,极易引起中毒。

(7) 粉尘爆炸时,若有粒子飞出,更容易伤人或引爆其他可燃物。

(8) 与气体爆炸相比,粉尘所需的点火能量较大,一般大于 5 MJ。影响粉尘点火能量的因素,除了温度、浓度、压力和惰性气体含量之外,还有粒度和湿度,粉尘粒度越小、湿度越小,最小点火能量越低。

知识点 5 实验装置的影响

实验装置如图 4-11 所示。炸药粉尘随喷粉气压的增大爆炸下限浓度降低;当喷粉气压达到某一值时,爆炸下限值不再降低而有上升的趋势。这是因为喷气不但有扬尘的作用,还有引起湍流的作用,当气流速度达到一定程度时湍流作用大于扬尘作用。

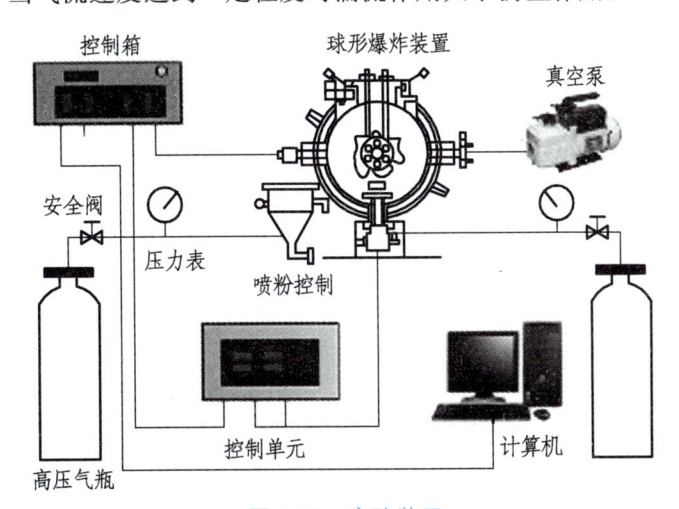

图 4-11 实验装置

此外,点火电极表面积以及电极间隙也有一定影响。

知识点 6 惰性介质的影响

对于一般工业粉尘,当氧气、氮气之比很低时,粉尘云不会发生爆炸;当氧气、氮气之比达到基本要求(极限氧浓度)之后,它对爆炸下限的影响不明显,但随着氧气、氮气之比的增大,爆炸上限迅速增大。

当加入惰性粉尘时,由于其覆盖阻隔冷却等作用,从而起到阻燃、阻爆的效果,使爆炸下限升高。

对能自身供氧的火炸药粉尘,因为它们能靠自身供氧使反应继续下去,所以空气中的氧浓度对其粉尘的爆炸极限影响不大。

知识点 7 点火能量的影响

与气体爆炸一样,火花能量、热表面面积火源与混合物的接触时间等,对爆炸极限均有影响。对于一定浓度的爆炸性混合物,都有一个引起该混合物爆炸的最低能量,点火能量越高，加热面积越大，作用时间越长，则爆炸下限越低结合点火能量实验装置如图 4-12 进行课堂小实验。

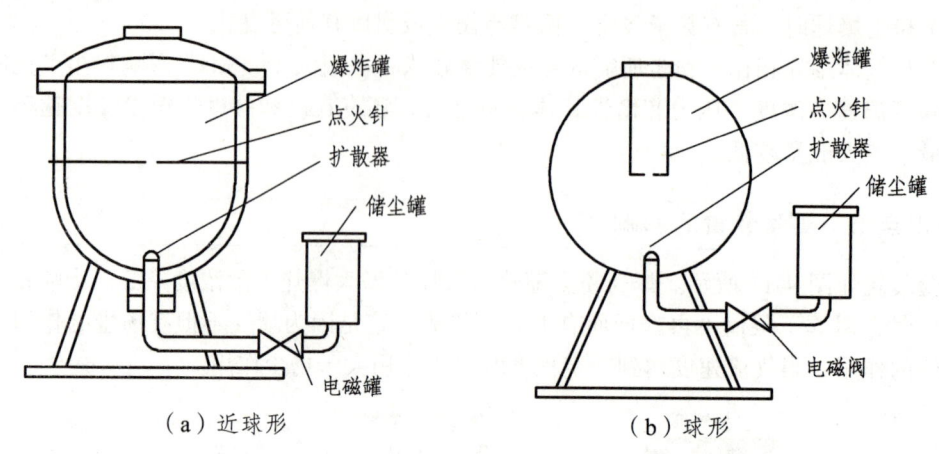

图 4-12 点火能量实验装置
（a）近球形　　（b）球形

知识点 8　含杂混合物的影响

在给定的煤尘浓度下，甲烷爆炸下限浓度测定应以 1.0%的步长改变甲烷浓度试验，如果爆炸压力值大于 0.15 MPa 应减小甲烷浓度继续试验，直到炸压力值小于 0.15 MPa。该甲烷浓度值的前一浓度值即为甲烷炸下限浓度；如果压力小于 0.15 MPa，应增加甲烷浓度继续试验，直到爆炸压力值不小于 0.15 MPa 该甲烷浓度值为甲烷爆炸下限浓度。

含杂混合物是指粉尘、空气混合物中含有可燃气或可燃蒸气。工业上由含杂混合物引发的爆炸事故很多，煤矿瓦斯爆炸大多属于这种情况。在这类爆炸事故中，可燃气或可燃蒸气的含量远远低于爆炸下限。

另外，含杂混合物的最小点火能量与含杂气体的最小点火能量相近，远低于粉尘的最小点火能量。

最小点火能是指能够引起粉尘云（或可燃气体与空气混合物）燃烧（或爆炸）的最小火花能量，亦称为最小火花引燃能或者临界点火能。

引燃源的能量低于这个临界值时，可燃混合体系一般不会被点燃。可用电火花法测定最小点火能，即在放电电极上并联一定容量的电容，设其电量为 C（F）。当电极上的火花电压为 U（V）时，放电能量 E（J）可用下式计算：

$$E = 0.5C \cdot U^2$$

判定粉尘和空气混合物（粉尘云）爆炸危险性的重要标准就是它的点火敏感性，而点火敏感性通常由最小点火能力来描述。最小点火能是在最敏感粉尘浓度下，刚好能点燃粉尘引起爆炸的最小能量，最小点火能的大小受很多因素的影响，特别是湍流度、粉尘浓度和粉尘分散状态（粉尘分散质量）对最小点火能影响很大。由于同一粉尘其湍流度、粉尘浓度和粉尘分散质量会随不同测试装置而不同，因此最小点火能测量值的大小与测试装置有关。最小点火能的理想测试条件是在最敏感粉尘浓度、低湍流度和粉尘以单个粒子均匀分布的条件下进行测量。最小点火能是在受上述诸因素综合影响下的测量结果。

粉尘分散方法以及粉尘初始湍流度的大小对粉尘分散质量影响很大，而粉尘分散质量对最小点火能测量的影响起着主导作用。在粉尘分散方法中，气流携带法（20 L 球）分散的最好，堆积法（1.2 L 哈特曼管）次之，自由下降法（振动筛落管）最差。因此，振动筛落管不适宜作为最小点火能测试装置。

20 L 球上较高的湍流度正好通过较好的粉尘分散质量与 1.2 L 哈特曼管上较低湍流度和相对较差的分散质量相平衡，也就是说，在两种装置上得到的最小点火能基本相同。

表 4-14 是一些粉末的爆炸特性数据。

表 4-14　一些粉末的爆炸特性数据

名称	云状粉尘自燃点/°C	粉尘云最小点火能量/mJ	爆炸下限/（mg/L）	最大爆炸压力/（kg/cm²）
醋酸纤维	320	10	25	5.58
镁（喷雾）	600	240	30	3.87
碳酸树脂	460	10	25	4.15
硫黄	190	15	35	2.79
聚苯乙烯	470	120	20	2.99

真正对安全生产有实际指导意义的是介质的最小点火能量，即物质的静电火花极限感度。

在某介质的最敏感状态下，进行发火试验，并计算静电火花极限感度。具体的方法是：

（1）百万分之一安全线。

由发火试验计算出 50%发火能 E_{50} 和标准偏差 σ，按照正态分布求得 10^{-8} 发火率对应的发火能 E_0。E_0 就是极限感度，意义为：E_0 达到的火花只能引起百万分之一的发火率，算为安全。

$$E_0 = E_{50} - 4.75\sigma$$

值得指出的是，用少量样品计算的标准偏差 σ 不可靠。

（2）取 E_0 发火能的 1/20 作为静电火花极限感度。

$$E_0 = (1/20)E_{50}$$

当标准偏差小于均值 E_0 的 1/5 时，$E_0 = E_{50}/20$ 所对应的发火率就小于百万分之一。这是目前国内外常采用的一种较为可靠的方法。

任务 2　粉尘爆炸强度影响的判定

【重难点】

- 粉质性质及浓度的定义。
- 爆炸空间形状和尺寸影响因素的内容。
- 初始压力的影响因素的内容。
- 粉尘爆炸灾害防护的原理。
- 粉尘爆炸控制的方法。

【案例导入】

根据下列案例试分析铝粉爆炸强度的影响因素有哪些？

【案例分析】

2014年8月2日，某金属制品有限公司抛光二车间发生特别重大铝粉尘爆炸事故。

2014年8月2日，该金属制品有限公司汽车轮毂抛光车间突然冒起一大股白色烟雾，大约10秒之后烟雾由白色转变为青灰色，并且越来越浓烈；7时35分许，汽车轮毂抛光车间发生爆炸。7点42分左右，烟雾已经蔓延至整个厂区。随后警方和120急救人员赶到，与一些附近的群众一起，将受伤人员送上救护车。

经调查，事故车间除尘系统较长时间未按规定清理，铝粉尘积聚。除尘系统风机开启后，打磨过程产生的高温颗粒在集尘桶上方形成粉尘云。1号除尘器集尘桶锈蚀破损，桶内铝粉受潮，发生氧化放热反应，达到粉尘云的引燃温度，引发除尘系统及车间的系列爆炸。因没有泄爆装置，爆炸产生的高温气体和燃烧物瞬间经除尘管道从各吸尘口喷出，导致全车间所有工位操作人员直接受到爆炸冲击，造成群死群伤。

【知识链接】

与气体爆炸相比，粉尘爆炸更加复杂。除了影响气体爆炸强度的因素之外，颗粒形状、大小、密度、悬浮均匀程度、湍流等都对爆炸强度有重要影响。

知识点1 粉尘性质及浓度

粉尘爆炸强度及其造成的后果很大程度上取决于参与爆炸反应粉尘的性质。粉尘活性越强，越容易发生爆炸，且爆炸威力越大。粉尘本身的性质对最大爆炸压力和最大爆炸速率影响很大。与气体爆炸类似，粉尘爆炸强度也随粉尘浓度而变化。当粉尘浓度达到某一值（最危险浓度）时，爆炸强度最大。当然，粉尘爆炸也有与气体爆炸不同之处，这里说的粉尘浓度是指悬浮于空气中的粉尘；此外，当粉尘浓度大于最危险粉尘浓度时，爆炸强度下降速率不像气体爆炸那么快。从表4-15中可知，不同项目其爆炸指数存在较大差距。

表4-15 常见粉末的爆炸特性数据

项目	平均粒径 /μm	爆炸下限浓度 /(g/m³)	最大爆炸压力 /MPa	爆炸压力上升速率 /MPa·s⁻¹	最小点火能 /MJ
锌粉	<10	250	0.67	1 250	
铝粉/铁粉（1:1）	21	250	0.97	2 300	
铝粉/镍粉（1:1）	<10		1.14	3 000	
铝粉	22	30	1.15	11 000	250
硅粉	<10	60	0.95	1 160	
铁粉	12	500	0.52	500	
镁粉	28	30	1.75	5 080	
锰粉	16		0.63	1 570	
褐煤粉	55	60	0.9	1 430	

知识点 2　爆炸空间形状和尺寸的影响

密闭容器中粉尘爆炸的最大压力,若忽略容器的热损失,与容器尺寸和形状无关,而只与反应初始状态有关,如图 4-13。但容器尺寸和形状对压力上升速率有很大影响。与气体爆炸类似,密闭球形空间容积对爆炸升压速率的影响仍然存在立方根定律。

$$(dp/dt)_{max} V_1 / V^{1/3} = K'st$$

使用公式时,同样需满足以下 4 个条件:粉尘及其浓度相同;初始湍流程度相同;容器几何相似;点火能量相同。对于不同长径比例的圆筒形容器有 $(dp/dt)\max V_1 / 3\lambda^2 /^3 = K'st$。

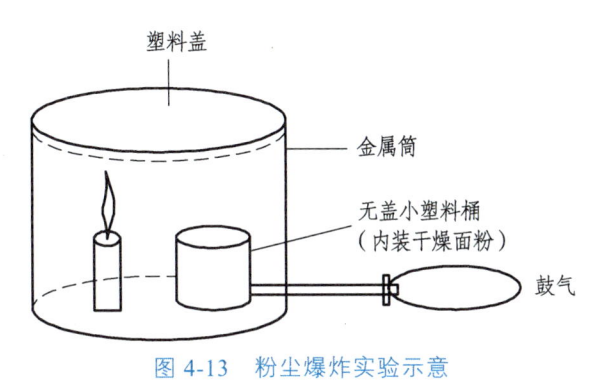

密闭容器爆炸压力上升速率与容器的表面积和体积比(S/V)成正比。容器尺寸和形状达到最大压力的时间也有较大影响。S/V 越大,达到最大压力的时间越短。为了验证这个结论,我们可以通过自制实验装置(图 4-13)进行实验来论证这一定律。

图 4-13　粉尘爆炸实验示意

知识点 3　初始压力的影响

与可燃气体爆炸相似,粉尘最大爆炸压力和压力上升速率也与其初始压力正比。粉尘的最大爆炸压力和压力上升速率大致与初始压力成正比增长。

湍流度的影响湍流实质上是流体内部许多小的流体单元,在三维空间不规则地运动所形成的许多小涡流的流动状态。有以下 3 种情况:

(1)初始湍流是在粉尘云开始点燃时流体的流动状态。

(2)如果粉尘发生爆燃,周围的气体就会膨胀,加剧了未燃粉尘云的扰动,从而使湍流度增大。

(3)粉尘云在设备中流动,由于设备有各种形态,也会增加粉尘云的湍流度。如果湍流度增大,粉尘中已燃和未燃部分的接触面积增大,从而加大了反应链和加快了最大压力上升速率。

知识点 4　粉尘爆炸灾害的防护与控制原理及应用

粉尘爆炸灾害防治技术可分为两类,其一是预防技术,即在生产过程中防止出现粉尘爆炸发生的条件;其二是减灾技术,即尽量避免或减小粉尘爆炸发生后的灾害。前者是最根本、最有效的方法,后者是不可或缺的辅助方法处于爆炸极限之内的混合物遇上大于其最小点火能量的火源就会发生爆炸，如果爆炸发生在密闭空间（如容器内）或相对封闭的空间（如煤矿巷道）或压力波的传播受到阻碍就会显现出爆炸威力，从爆炸威力形成的角度出发，可以把工业介质发生爆炸的必要条件细化为5个因素，即可燃介质、氧化剂、两者混合（对于粉体来说，还必须是悬浮状态）、点火源、相对封闭的空间。从预防的角度看，如果控制住了这5个条件之一，就可以防止爆炸灾害的发生。常用的预防性技术措施有混合物浓度控制、氧气含量控制、工艺参数（尤其是温度）控制、堵漏控制、储存控制、惰性气体保护等。减灾技术主要有抑爆、隔爆、泄爆、抗爆等。工程实际中所用的某些技术，如惰化技术，既可以作为预防技术，也可以作为减灾技术。

知识点 5　可燃物质浓度控制

如果能够控制混合物的浓度处于爆炸极限之外，就能防止爆炸的发生。控制混合物浓度的方法主要有操作参数控制、防止物料泄漏、减少粉尘产生、防止粉尘飞扬等。

知识点 6　氧化剂浓度控制

根据燃烧爆炸原理，除了控制可燃组分浓度之外，还可以通过控制混合气中氧化剂的含量来防止可燃气体爆炸。如果能够控制混合物中的实际氧含量低于其极限氧含量，就不会发生燃烧爆炸事故。

知识点 7　惰化技术

在爆炸气氛中加入惰化介质时，一方面可以使爆炸气氛中氧组分被稀释，减少了可燃物质分子和氧分子作用的机会，也使可燃物组分同氧分子隔离，在它们之间形成一层不燃烧的屏障；当活化分子碰撞惰化介质粒子时会使活化分子失去活化能而不能反应。

另一方面，若燃烧反应已经发生，产生的游离基将与惰化介质粒子发生作用，使其失去活性，导致燃烧连锁反应中断；同时，惰化介质还将大量吸收燃烧反应放出的热量，使热量不能聚积，燃烧反应不蔓延到其他可燃组分分子上去，对燃烧反应起到抑制作用。因此，在可燃物、空气爆炸气氛中加入惰化介质，可燃物组分爆炸范围缩小，当惰化介质增加到足够浓度时，可以使其爆炸上限和下限重合，再增加惰化介质浓度，此时可燃空气混合物将不再发生燃烧。

知识点 8　点火源控制

点火源是可燃物质发生燃烧爆炸的另一个必要条件之一，控制和消除点火源是最有效的预防措施之一。一般可燃气体的最小点火能量都在毫焦数量级，一般粉尘的最小点火能量都在焦数量级。工程实际中具有这个数量级的点火源时时处处都存在，例如铁器或石器的撞击火花、电器开关、电热丝、火柴、静电、雷电等，甚至化纤衣物之间的摩擦火花都足以点燃可燃气体。因此，控制点火源的措施必须是相当严格的。

按点火能量的大小，点火源分为强点火源和弱点火源。前者直接引发爆轰，后者引发爆燃。按点燃形式，点火源可分为电点火源（包括电火花、雷电、静电等）、化学点火源（包括明火、自然着火等）、冲击点火源（包括撞击火花、摩擦火花、压缩引起温度升高等）、高温点火源（包括高温表面、热辐射等）。

1. 防止明火

明火是指一切可见的发光发热物体，例如看得见的火焰、火星或火苗之类。在生产企业，焊接火焰、摩擦火星、燃烧火焰、火炉、加热器、火机火焰、火柴火焰、电气火花、未熄灭的烟头、辐射火源、机动车尾气管喷火等都是常见的明火火源。必须加强管理。

加强加热用火和维修用火火源管理。加热可燃物料时严禁使用明火，可采用中间载体（如水、蒸气、重油、联苯等）。如果必须采用明火加热，则必须做好隔离措施，避免明火与可燃物料接触。明火加热装置（如锅炉）应与易燃物料区相隔足够的安全距离，并设置在物料区的上风向。

维修动火时，应将设备或管道拆卸到安全的场所维修。如果必须直接在设备上动火，应将设备内的物料清除，并利用惰性气体置换，达到要求后才能动火。同时采取措施防止焊渣和割下的铁块落到设备内。当维修设备与其他设备连通时，必须采取措施，防止物料进入检修设备。在不停车的条件下动火检修时，必须保持良好通风，设备内处于正压状态，设备内易燃组分处于爆炸上限以上，含氧量处于极限氧含量之下。同时周围备有足够的灭火装置。

在爆炸危险环境中应禁止使用电热电器，电炉、电锅等的加热丝表面温度可达 800 ℃，足以点燃各种可燃气体和粉尘。200 W 的白炽灯泡可以点燃纸张，100 W 的白炽灯泡可以烤着 10 cm 之外的聚氨酯泡沫塑料。

电气设备过热也是常见火源。严禁在燃烧爆炸危险场所使用产生烟火的电气设备。各类电器在设计和安装过程中都采取了一定的通风或散热措施，正常运行时，发热量和散热量是平衡的，最高温度都会得到有效控制。例如，橡皮绝缘线的最高温度不超过 60 ℃，变压器油温不超过 80 ℃。但一旦散热措施失灵，导致散热不良，设备就会过热，成为引发事故的火源。引发电气设备过热的主要因素有短路、过载和接触不良。

加强设备维护，防止出现碰撞、摩擦等产生火花。防止皮带机的皮带和发生故障的托辊摩擦发热导致火灾或爆炸。电火花是更常见的点火源。电火花的温度可达 3 000 ℃ 以上。大量电火花汇聚在一起就是电弧，它不仅能点燃可燃气体和粉尘，甚至会使金属熔化。常见的电火花有：开关、启动器、继电器闭合或断开时产生的火花，电气设备接线端子与电线接触产生的火花，电线接地或短路产生的火花等。

为了控制电气火源，应根据有关防火防爆规范，选择使用防爆电气设备。

在爆炸危险环境中应禁止使用电热电器。电炉、电锅等的加热丝表面温度可达 800 ℃，足以点燃各种可燃气体和粉尘。200 W 的白炽灯泡可以点燃纸张，100 W 的白炽灯泡可以烤着 10 cm 之外的聚氨酯泡沫塑料。

2. 防止静电

电子脱离原来的物体表面需要能量（通常称为逸出功或脱出功）。物质不同逸出功也不同。当两种物质紧密接触时，逸出功小的物质易失去电子而带正电荷，逸出功大的物质增加电子则带负电荷。各种物质逸出功的差异是产生静电的基础。

静电的产生与物质的导电性能有很大关系。电阻率越小，则导电性能越好。根据大量实验资料得出结论：电阻率为 1×10^{12} Ω·cm 的物质最易产生静电；而大于 1×10^{16} Ω·cm 或小于 10 Ω·cm 的物质都不易产生静电。如物质的电阻率小于 1×10^{6} Ω·cm 因其本身具有较好的导电性能，静电将很快泄漏。电阻率是静电能否积聚的条件。

物质的介电常数是决定静电电容的主要因素，它与物质的电阻率同样密切影响着静电产生的结果，通常采用相对介电常数来表示。相对介电常数是一种物质的介电常数与真空介电常数的比值（真空介电常数为 8.85×10^{-12} F/m）。介电常数越小，物质的绝缘性越高，积聚静电能力越强。

静电的产生形式主要有以下几种：

（1）接触起电，即两种不同的物体在紧密接触、迅速分离时，由于相互作用，使电子从一个物体转移到另一个物体的现象。其主要表现形式除摩擦外，还有撕裂、剥离、拉伸、撞击等。在工业生产过程中，如粉碎、筛选、滚压、搅拌、喷涂、过滤、抛光等工序，都会发生类似的情况。

（2）破断起电，即材料破断过程可能导致的正负电荷分离现象。固体粉碎、液体分裂过程的起电都属于破断起电。

（3）感应起电，即导体能由其周围的一个或一些带电体感应而带电，

（4）电荷迁移，即当一个带电体与一个非带电体接触时，电荷将按各自导电率所允许的程度在它们之间分配。当带电雾滴或粉尘撞击在固体上（如静电除尘）时，会产生有利的电荷迁移。当气体离子流射在初始不带电的物体上时，也会出现类似的电荷迁移。某种两性离子或自由电子附着在与大地绝缘的物体上，也能使该物体呈带静电的现象。带电的物体还能使附近与它并不相连接的另一导体表面的不同部分也出现极性相反的电荷现象。某些物质的静电场内，其内部或面上的分子能产生极化而出现电荷的现象，叫静电极化作用。例如在绝缘容器内盛装带有静电的物体时，容器的外壁也具有带电。

为防止静电引发燃烧爆炸事故，应依照国家标准《防止静电事故通用导则》（GB 12158）进行防静电设计。一般来说，如果介质的最小点燃能小于 10 MJ 就应该考虑采用防静电措施。对工艺流程中各种材料的选择、装备安装和操作管理等过程采取预防措施，控制静电的产生和电荷的聚集。

防静电技术大都遵循以下三项原则：抑制、疏导、中和。因为普遍认为完全不产生静电是不可能的，只能是抑制静电荷的聚集，如严格限制物流的传送速度和人员的操作速度，将设备管道尽量做得光滑平整，避免出现棱角，增大管道直径进而控制流速、减少弯道、避免振动等均可以防止或减少静电的产生。若抑制不了就设法疏导，即向大地泄放，如将工作场所的空气增湿，将一切导体接地，在工作台及地面铺设导静电材料，操作人员穿导静电服装和鞋袜，甚至戴导静电手环，对于导体，应对设备进行跨接以确保接地良好。盛装粉体的移动式容器应由金属材料制造，并良好接地，袋式除尘器和收尘器应采用防静电滤袋，防静电滤袋通过在普通滤布中织入金属丝的方法增强滤袋的介电性能，然后通过滤袋架将静电导入大地等。若疏导不了就设法在原地中和，如采用感应式消电器、高压静电消电器、离子风消电器等，对于塑料类等电阻率大的粉尘，可利用静电消除器产生两性离子来中和静电荷等。

尽管目前采取了一些消除静电的措施且取得了一定效果但并未完全杜绝静电危害。经过多年来对各种防静电手段的应用及其效果进行分析研究，人们终于认识到哪些方法仍属局部

防治，总有防治措施未保护到的区域可能会产生静电危害，于是人们设想能否找到全方位全环境的静电防治方法。与传统的静电防治观念不同的是，全方位全环境静电防治所关注的不再是一个个具体的产生静电的部位或工作面，而是整个工作区域的全部空间，其核心是致力于消除所有设备、物料、人员在各个环节所有工作过程中由于滑动摩擦而产生静电聚集的可能性。这种全新的概念已成为现代工业以及办公自动化和家用电子设备防治静电危害的指导原则。根据这种指导原则，要实现全方位全环境静电防治必须开发以下关键技术：

（1）在相对封闭的生产或工作环境中对地面、墙壁、天花板采取相应措施使其具有良好的导静电性能。

（2）对所有设备工作台面座椅等采取表面处理措施，有效地改变各种材料的表面阻抗使其受到摩擦作用时不产生静电或静电荷不能聚集。

（3）对该环境中的操作或工作人员采取全面的防静电保护，使其人体静电达到最低程度。

3. 防止自燃

可燃物被外部热源间接加热达到一定温度时，未与明火直接接触就发生燃烧这种现象称为受热自燃。可燃物靠近高温物体时，有可能被加热到一定温度被烤着；在熬炼（熬油、熬沥青等）或热处理过程中，受热介质因达到一定温度而着火，都属于受热自燃现象。在火电厂、铁厂和水泥行业的煤粉制备系统常常发生自燃，并引起火灾和爆炸。其原因是煤磨入口的热风管和煤磨之间连接处有积煤自燃。在高温处，必须防止出现流动死角等易于造成粉尘堆积现象的结构。

可燃物在没有外部热源直接作用的情况下，由于其内部的物理作用（如吸附辐射等）、化学作用（如氧化、分解、聚合等）或生物作用（如发酵、细菌腐败等）而发热，热量积聚导致升温；当可燃物达到一定温度时，未与热源直接接触而发生燃烧，这种现象称为本身自燃。比如煤堆、干草堆、硝酸纤维素、堆积的油纸油布、白磷等的自燃都属于本身自燃现象。白磷活性很强，遇到空气就会发生化学反应并放出热量。当热量积聚到一定程度时就会发生自燃。烷基铝遇到水分就会发生化学反应，生成氢氧化铝和乙烷，并放出热量。当温度达到自燃点时即发生自燃。硝化纤维、硝酸纤维素、有机过氧化物及其制品，在常温下就会发生分解放热，在光、热、水分作用下分解速率更快，直至发生自燃。

煤粉、纤维等由于表面积大、导热性能差，如果堆积在一起，极易积聚热量引发自燃。烟煤、褐煤、泥煤都会自燃，无烟煤难以自燃。这主要与煤种的挥发性物质含量、不饱和化合物含量、硫化铁含量有关。煤中的挥发性物质、不饱和化合物、硫化铁都容易被氧化并放出热量，因此，它们的含量越高，自燃点越低，自燃可能性越大。煤中含有的硫化铁在常温下即可氧化，潮湿环境下氧化会加速。

$$FeS_2 + O_2 \longrightarrow FeS + SO_2$$

$$2FeS_2 + 7O + 2H_2O \longrightarrow 2FeSO_4 + 2H_2SO_4$$

煤在低温下氧化速率不大，但在 60 ℃ 以上氧化速率就很快，放热量增大，如果散热不及时就会引发自燃。

植物和农产品，例如稻草、麦芽、木屑、甘蔗渣、籽棉、玉米芯、树叶等能够因发酵而放热，进而引发自燃。其机理是，这些物质在水分和微生物作用下发酵放热；当温度升到 70 ℃

以上时，它们中所含的不稳定化合物开始分解成多孔炭，多孔炭吸附气体和蒸气并放出热量；当温度达到 150 ℃ 以上时，纤维素开始分解氧化放热，最终引发自燃。

为防止煤自燃，应保持储煤场干燥，避免有外界热量传入，煤堆尺寸不要太大，一般高度应控制在 4 m 以下。

本身自燃和受热自燃的本质是一样的，只是热的来源不同，前者是物质本身的热效应，后者是外部加热的结果，物质自燃是在一定条件下发生的，有的能在常温下发生，有的能在低温下发生，本身自燃的现象说明，这种物质潜伏着的火灾危险比其他物质要大，在一般情况下，常见的能引起本身自燃的物质有植物产品、油脂类、煤及其他化学物质、磷、磷化氢都是自燃点低的物质。

4. 防　雷

雷电具有很大的破坏力，是燃烧爆炸危险场所不可忽略的点火源。石油和石油产品在生产、运输、销售、使用过程中都有可能因雷击而发生爆炸事故。防雷技术的选用应考虑被保护设施的特点以及所处地理位置、气象条件和环境条件的具体情况。下面给出一些石油设施防雷措施。

对于储存易燃、可燃油品的金属油罐，当其顶板厚度小于 4 mm 时，要求装设防雷击装置；当其顶板厚度大于或等于 4 mm 时，在多雷区或储存高硫易燃品时，应装设防雷击装置。

金属油罐必须防雷接地，其接地点不能少于两处；接地点沿油罐周长的间距不应大于 30 mm，接地点（体）距罐壁的距离应大于 3 m，金属油罐的阻火器、呼吸阀、量油孔、人孔、透光孔等金属附件要保持等电位。当采用避雷针或用罐体做接闪器时，规定了其冲击接地电阻不能大于 100Ω，对于浮顶油罐可以不装设避雷装置，但要求应用截面不小于 25 mm 的两根软铜线将浮船与罐体作电气连接。浮顶油罐的密封结构应该采用耐油导静电材料制品。

非金属油罐应装设独立避雷装置，并且有独立的接地装置，其冲击接地电阻不得大于 10 Ω。当采用避雷网保护时，避雷网应用直径不小于 8 mm 的圆钢或截面不小于 24 mm × 4 mm 的扁钢制成，网格不宜大于 6 m × 6 m，引下线不得少于两根线四周均匀或对称布置，间距不得大于 18 m，接地点不能少于 2 处。避雷网高出罐顶 0.3 m 及以上，在油罐的呼吸阀、量油孔等金属附件处，应局部高出这些附件 0.3 m 以上。避雷网的所有交叉点必须保持良好的电气连接。非金属油罐钢筋混凝土结构中的钢筋，应相互做电气连接，钢筋与接地网相连接点不能少于 3 点。非金属油罐必须装设阻火器和呼吸阀、油罐的阻火器、呼吸阀、量油孔、人孔、透光孔、法兰等金属附件必须作良好的接地。

在人工洞石油库防雷技术措施中，对于人工洞石油库油罐的金属呼吸管和金属通风管的露出洞外部分，应装设独立的避雷针，其保护范围应高出管口 2 m。固位避雷针距管口水平距离小于 3 m。对于进入洞内的金属管路，从洞口算起，当其洞外埋地长度超过 50 m 时，可以不设接地装置；当其洞外部分不埋地或埋地长度不足 50 m 时，要在洞外做两处接地，接地点的间距不能大于 100 m，接地电阻不得大于 20 Ω，人工洞石油库用的动力照明和通信线路应该用铠装电缆引入时，由进入点至转换处的距离不得小于 50 m，架空线与电缆的连接处应装设低压阀型避雷器。避雷器、电缆外皮和绝缘子铁钢脚应作电气连接并且与管路一起接地。其接地电阻不应大于 10 Ω。

汽车槽车和铁路槽车在装运易燃、可燃油品时，要装设阻火器，铁路装卸油设施包括钢轨、管路、栈桥等应作电气连接并且接地，接地电阻不应大 100 Ω。

金属油船和油驳，其金属桅杆或其他凸出金属物与水线以下的铜板相连接其所用的无线电天线也应装设避雷器，输油管路可以用自身作为接闪器，其法兰、阀门的连接处应设金属跨接线，管路系统的所有金属件，包括护套的金属包覆层必须接地。管路两端和每隔 200～300 m 处，应有一处接地，接地点最好设在管墩处，其冲击接地电阻不得大于 100 Ω，可燃性气体放空管路必须装设避雷针，并应安装在放空管支架上。避雷针的保护范围应高出管口 2 m，避雷针距管口的水平距离不得小于 3 m。

任务 3 粉尘场所火灾扑救的方式

【重难点】
- 火灾侦察的要求。
- 火灾爆炸处理的方法。
- 火灾爆炸处理注意事项的内容。

【案例导入】
粉尘爆炸事故处理要求有哪些？

【案例分析】
2021 年 1 月某煤矿综采工作面 20 m 处发生爆炸，是由于综采设备线路老化引发了火灾。事故发生后，公司相关负责人先后到达事故现场组织救援，采取了排查井下工作人员及作业地点，对井下通风等措施。

国家安全生产应急救援中心调动救援力量进行救援，采用"3 + 1"总体救援方案，即以生命维护监测、生命救援、排水保障 3 条通道为主，探测通道为辅助的思路，公安、消防、通信等部门全力支持，保障救援顺利进行。

【知识链接】
粉尘场所火灾扑救，除要救助人员、控制火势外，防止爆炸危害也十分重要。

微课：粉尘爆炸处理

知识点 1 及时侦察，掌握情况

消防人员到达现场后，除应查明一般情况外，重点要查明以下内容。

（1）火场是否有人受到火势威胁，受威胁人员数量、所处位置和受威胁程度，可实施救助的途径和方法。

（2）起火部位和火势沿建筑构件、输料管道、送排风管道、楼梯间水平和垂直方向蔓延的情况，是否形成了立体燃烧。

（3）有无粉尘爆炸危险，已经发生粉尘爆炸的车间，是否有发生第二次爆炸的可能。

知识点 2 上堵下防，强攻近战

火灾处于猛烈阶段时，要投入较大灭火力量，层层布置，控制火势，避免形成立体火灾。

1. 层层设防，堵截蔓延

粉尘场所发生火灾后，要及时在着火层上下部的管道口（特别是温升快且温度高的管道口）和孔洞处布置水枪，积极堵截火势纵向、横向蔓延。尤其要阻止火势向上层和向原料库、成品库蔓延。对砖木结构厂房火灾，消防人员要引起格外重视。

2. 快速登高，强攻近战

根据生产车间孔洞多、管道多、设备多、立体性强、起火后向上蔓延较快的特点，消防人员要迅速利用室内外楼梯、临时架设的消防梯或举高消防车，攀登到车间顶层，及时控制和消灭上蹿的火势

3. 下层防御

对于着火层下层也应留有一定的力量进行监护，特别是竖向管道井的下层出口处，要防止燃烧掉落物引起下层可燃物着火。

知识点3　逐层消灭，严防复燃

当火势被基本控制后，水枪阵地要推进灭火，层层消灭，其顺序是先上层，再下层，火灾扑灭后，应逐层进行清理，消灭残火，对于过火后的堆积物，应当全面翻开清理。防止复燃，输送管道、通风管道阴燃的可能性极大，应逐一仔细检查，彻底消灭残火。

知识点4　加强行动安全

（1）扑救粉尘场所火灾，内攻作战人员必须做好个人防护，必要时要进行水枪修护。

（2）内攻灭火时，应随时注意观察建筑的燃烧程度，以防止建筑构件塌落伤人。在浓烟和夜间进入车间内部时，要加强照明工作，稳步前进，防止从楼板窑洞坠落。

知识点5　正确使用射流

扑救粉尘场所火灾，特别是磨粉车间、碾臼车间、粉状原料堆积库等部位时不可使用密集射流，防止水流冲击，导致粉尘飞扬，引起爆炸。宜用开花、喷雾水流扑救。

知识点6　防止复爆复燃

（1）粉尘发生第一次爆炸后，要迅速观察情况，准确作出判断，有再次爆炸危险时，必须果断撤离到安全地带，爆炸过后，应立即从外围向内逐步推进喷射水，抑制扬尘，防止再次爆炸。为确保安全，可先从较远处或掩蔽体后，向粉尘飞扬处喷射直流水，等安全后再靠近，改用喷雾水。

粉尘场所着火容易发生阴燃，现场清理要细致，消灭残火必须彻底，防止发生复燃。必要时，应留守力量监护，并妥善做好火场移交工作。

任务4　液体储罐爆炸预防的措施

【重难点】

- 易燃液体的燃爆特性定义。
- 受热膨胀性的特点。

- 爆炸极限的判定。
- 闪点判定条件的内容。

【案例导入】

液体流淌火的特点有哪些？

【案例分析】

某市经济开发区为化工园区，是重点安全单位，2023 年 4 月某原油储罐区现场工作人员在处理一起高压管道泄漏事故后，未能将此泄漏处理合理，反而出现明显泄漏就草草向主管汇报事故已处理结束。

晚上 12 点过巡查人员发现泄漏处泄漏更加严重，及时向现场领导汇报，当维保人员来到现场时原油已将整个防火堤覆盖，但由于储罐区电气线路老化与原油接触，将原油引燃，大火蔓延到整个区域，随着泄漏时间过久大火四处"流淌"。消防员到达现场后，只得先采用围堵材料进行火灾围堵。企业相关主要责任人正在接受调查，事故正在进一步调查中。

【知识链接】

储罐用以存放酸、碱、醇、气体、液态等提炼的化学物质。储罐在华北地区应用广泛，根据材质不同大体上有：聚乙烯储罐、聚丙烯储罐、玻璃钢储罐、陶瓷储罐、橡胶储罐、不锈钢储罐等。就储罐的性价比来讲，现在以钢衬聚乙烯储罐最为优越，其具有优异的耐腐蚀性能、强度高、寿命长等，外观可以制造成立式、卧式等多种样式，随着储罐行业的不断发展，越来越多的企业进入到储罐行业，钢制储罐是储存各种液体（或气体）原料及成品的专用设备，对许多企业来说，没有储罐就无法正常生产，特别是国家战略物资储备均离不开各种容量和类型的储罐。我国的储油设施多以地上储罐为主，且以金属结构居多。由于储罐大多用于储存易燃液体（或气体），因此，本节将重点从这两类危险化学品入手，皆按照储罐爆炸及预防措施。储罐爆炸案例如图 4-14 所示。

微课：液体火灾的定义　　微课：液体火灾原理

图 4-14　储罐爆炸

知识点 1　易燃液体的燃爆特性

1. 高度易燃

由于液体的燃烧是通过其挥发出的蒸气与空气形成可燃性混合物,在一定的比例范围内遇火源点燃而实现的,因而液体的燃烧是液体蒸气与空气中的氧进行的剧烈反应。所谓易燃液体实质上就是指其蒸气极易被引燃,从表 4-16 可以看出,多数易燃液体被引燃只需要 0.5 mJ 左右的能量。由于易燃液体的沸点都很低,故十分易于挥发出易燃蒸气,且液体表面的蒸气压较大,同时由于着火所需的能量极小,故易燃液体都具有高度的易燃性。如二硫化碳的闪点为 -30 ℃,最小引燃能量为 0.015 mJ;甲醇闪点为 11.11 ℃,最小引燃能量为 0.215 mJ。

表 4-16　几种常见易燃液体蒸气在空气中的最小引燃能量

液体名称	最小引燃能量/mJ	液体名称	最小引燃能量/mJ
噻吩	0.39	二乙胺	0.75
环乙烷	0.22	异丙胺	2.0
甲醚	0.33	乙胺	2.4
二甲氧基甲烷	0.42	苯	0.55
乙醚	0.19	二硫化碳	0.015
异丙醚	1.14	汽油	0.1～0.2

2. 蒸气易爆

由于液体在任意温度下都能蒸发,所以,在存放易燃液体的场所也都蒸发大量的易燃蒸气,并常常在作业场所或储存场地弥漫。如储运石油的场地能嗅到各种油品的气味就是这个缘故。由于易燃液体具有这种蒸发性,所以当挥发出的易燃蒸气与空气混合,达到爆炸浓度范围时,遇火源就会发生爆炸。易燃液体挥发性越强,这种爆炸危险性就越大;同时,这些易燃蒸气可以任意飘散,或在低洼处聚积,使得易燃液体的储存更具有火灾危险性。但液体的蒸发性又随其所处状态的不同而不同,影响其蒸发性的因素主要有以下几点。

(1)温度:液体的蒸发随着温度(液体温度和空气温度)的升高而加快。

(2)暴露面:液体的暴露面越大,蒸发量也就越大,因为暴露面越大,同时从液体里跑出来的分子数目也就越多。暴露面越小,跑出来的分子数目也就越少。所以汽油等挥发性强的液体应在口小、深度大的容器中盛装。

(3)相对密度:液体的相对密度与蒸发速率的关系是:相对密度越小,蒸发得越快,反之则越慢。

(4)饱和蒸汽压力:液面上的压力越大,蒸发越慢,反之则越快,这是通常的规律。汽油饱和蒸汽压力与相对密度和温度的关系见表 4-17。

表 4-17　汽油饱和蒸汽压力与相对密度和温度的关系

相对密度	0.687 0	0.703 5	0.721 6	0.733 0	0.753 0
在 10 ℃ 时的饱和蒸汽压力/相对密度	21.598	10.932	8.266	5.333	4.533
相对密度在 20 ℃ 时的饱和蒸汽压力/kPa	31.331	16.132	11.732	8.533	5.600
相对密度在 30 ℃ 时的饱和蒸汽压力/kPa	52.929	28.664	20.932	15.065	8.800

（5）流速：液体流动的速度越快，蒸发越快，反之则越慢。这是因为液体流动时，分子运动的平均速度增大，部分分子更易克服分子间的相互引力而飞到周围的空气里液体流动得越快，飞到空气里的分子就越多。此外，在空气流动时，飞到空气里的分子被风带走，空气不能被蒸气饱和，就会造成空气流动速度越快，带走的气体分子越多是不断蒸发的条件。在密闭的容器中，空气不流动，容器的气体空间被蒸气饱和后液体则不再蒸发。

知识点 2　受热膨胀性

易燃液体也和其他物体一样，有受热膨胀性。故储存于密闭容器中的易燃液体受热后，在本身体积膨胀的同时会使蒸汽压力增加，如若超过了容器所能承受的压力限度，就会造成容器膨胀，以致爆裂。夏季盛装易燃液体的桶，常出现"鼓桶"现象以及玻璃容器发生爆裂，就是由于受热膨胀所致。所以，对盛装易燃液体的容器，应留有不少于 5% 的空间，夏天要储存于阴凉处或用喷淋冷水降温的方法加以防护。

各种易燃液体的热胀系数可以通过式计算。

$$V = V_0(1 + \beta d_t)$$

式中　V——液体的体积，L；
　　　V_0——液体在受热前的原体积，L；
　　　β——液体在 0 ~ 100 ℃ 时的平均热胀系数，见表 4-18；
　　　d_t——液体受热的温度，℃。

表 4-18　几种易燃液体的热胀系数液

液体名称	热胀系数 β 值	液体名称	热胀系数 β 值
乙醚	0.001 60	戊烷	0.001 60
丙酮	0.001 40	汽油	0.001 20
苯	0.001 20	煤油	0.000 90
甲苯	0.001 10	醋酸	0.001 40
二甲苯	0.000 85	氯仿	0.001 40
甲醇	0.001 40	硝基苯	0.000 80
乙醇	0.001 10	甘油	0.000 50
二硫化碳	0.001 20	苯酚	0.000 89

知识点 3　流动性

流动性是所有液体的通性，由于易燃液体易着火，故其流动性的存在更增加了火灾危险性。如易燃液体渗漏会很快向四周流淌，并由于毛细管和浸润作用能扩大其表面积，加快挥发速度，提高空气中的蒸气浓度。如在火场上储罐（器）一旦爆裂，液体会四处流淌、造成火势蔓延，扩大着火面积，给施救工作带来困难。所以，为了防止液体泄漏、流散，在储存工作中应备置事故槽（罐），构筑防火堤、设置水封井等；液体着火时，应设法堵截流散的液体，防止火势扩大蔓延。

知识点 4　带电性

多数易燃液体都是电介质，在灌注、输送、喷流过程中能够产生静电，当静电荷聚集到一定程度则会放电发火，故有引起着火或爆炸的危险。

液体的带电能力主要取决于介电常数和电阻率。一般地说，介电常数小于 10 F/m（特别是小于 3 F/m）、电阻率大于 $1×10^6$ Ω·cm 的液体都有较大的带电能力，如醚、酯、芳烃、二硫化碳、石油及石油产品等；而醇、醛、羧酸等液体的介电常数一般都大于 10 F/m，电阻率一般也都低于 $1×10^6$ Ω·cm，所以它们的带电能力比较弱。一些易燃液体的介电常数和电阻率见表 4-19。

表 4-19　一些易燃液体的介电常数和电阻率

液体名称	介电常数/（F/M）	电阻率/（Ω·cm）	液体名称	介电常数/（F/M）	电阻率/（Ω·cm）
甲醇	32.62	$5.8×10^6$	苯	2.50	$>1×10^{18}$
乙醇	25.80	$6.4×10^6$	乙苯	2.48	$>1×10^{12}$
乙醛	>10	$1.7×10^6$	甲苯	2.29	$>1×10^{14}$
丙酮	21.45	$1.2×10^7$	苯胺	7.20	$2.4×10^8$
丁酮	18.00	$1.04×10^7$	乙酸甲酯	6.40	—
戊烷	<4	$<2×10^7$	乙酸乙酯	7.30	—
二硫化碳	2.65	—	乙二醇	41.20	$3×10^7$
氯仿	5.10	$>2×10^8$	甲酸	—	$5.6×10^5$
乙醚	4.34	$2.54×10^{12}$	氯乙酸	20.00	$1.4×10^6$

液体产生静电荷的多少，除与液体本身的介电常数和电阻率有关外，还与输管道的材质和流速有关。管道内表面越光滑，产生的静电荷越少；流速越快产生的静电荷越多。石油及其产品在作业中静电的产生与聚积有以下一些特点。

知识点 5　在管道中流动要求

（1）流速越大，产生的静电荷越多。在同一设备条件下，5 min 装满一个 50 m 的油罐车，流速为 2.6 m/s 时产生的静电压为 2 300 V；7 min 装满一个 50 m^3 的 147 m 油罐车，流速为 1.7 m/s 时静电压降至 500 V。

（2）管道内壁越粗糙，流经的弯头、阀门越多，产生的静电荷越多。

（3）帆布、橡胶、石棉、水泥和塑料等非金属管道比金属管道产生的静电荷多。

（4）在管道上安装过滤网，其网栅越密，产生的静电荷越多；绸毡过滤网产生静电荷更多。

知识点 6　在向车、船罐装油品要求

（1）油品与空气摩擦、在容器内旋涡状运动和飞溅都会产生静电，当灌装至容器高度的 1/2～3/4 时，产生的静电电压最高。所产生的静电大都聚集在喷流出的油柱周围。

（2）油品装入车、船，在运输过程中因震荡、冲击所产生的静电，大都积聚在油面漂浮物和金属构件上。

（3）多数油品温度越低，产生静电越少；但柴油温度降低，产生的静电荷反而增加。同品种新、旧油品搅混，静电压会显著增高。

（4）油泵等机械的传动皮带与飞轮的摩擦、压缩空气或蒸气的喷射都会产生静电。

（5）油品产生静电的大小还与介质空气的湿度有关。湿度越小，积累电荷程度越大；湿度越大，积累电荷程度越小。据测试，当空气湿度为 47%～48% 时，接地设备电位达 1 100 V；空气湿度为 56% 时，电位为 300 V；空气湿度接近 72% 时，带电现象实际上终止。

（6）油品产生静电的大小还与容器、导管中的压力有关。其规律是压力越大产生的静电荷越多。

无论在何种条件下产生静电，在积聚到一定程度时，就会发生放电现象。据测试，积聚电荷大于 4 V 时，放电火花就足以引燃汽油蒸气。所以液体在装卸储运过程中，一定要设法导泄静电，防止聚集而放电。掌握易燃液体的带电能力，不仅可据此确定其火灾危险性的大小，而且还可据此采取相应的防范措施，如用材质好而光滑的管道输送易燃液体，设备、管道接地，限制流速等。

知识点 7　毒害性

易燃液体本身或其蒸气大都具有毒害性，有的还有刺激性和腐蚀性。其毒性的大小与其本身化学结构、蒸发的快慢有关。不饱和烃类化合物、芳香族烃类化合物和易蒸发的石油产品比饱和的烃类化合物、不易蒸发的石油产品的毒性要大。易燃液体对人体的毒害性主要表现在蒸发气体上。它能通过人体的呼吸道、消化道、皮肤三个途径进入体内，造成人身中毒。中毒的程度与蒸气浓度、作用时间的长短有关。浓度小、时间短则轻，反之则重。

掌握易燃液体的毒害性和腐蚀性，在于能充分认识其危害，知道怎样采取相应的防毒和防腐蚀措施，特别是在火灾条件下和平时的消防安全检查时注意防止人员的灼伤和中毒。

1. 评价易燃液体燃爆危险性的主要技术参数

评价易燃液体火灾爆炸危险性的主要技术参数是饱和蒸汽压、爆炸极限和闪点。此外，还有液体的其他性能，如相对密度、流动扩散性、沸点和膨胀性等。

2. 饱和蒸汽压

饱和蒸汽是指在单位时间内从液体蒸发出来的分子数等于回到液体里的分子数的蒸气。

在密闭容器中，液体都能蒸发成饱和蒸汽。饱和蒸汽所具有的压力叫做饱和蒸汽压力，简称蒸气压力，以 Pa 表示。

易燃液体的蒸气压力越大，则蒸发速率越快，闪点越低，火灾危险性越大。蒸气压力是随着液体温度而变化的，即随着温度的升高而增加，超过沸点时的蒸气压力能导致容器爆裂，造成火灾蔓延。表 4-20 列举了一些常见易燃液体的饱和蒸汽压力。

根据易燃液体的蒸气压力，就可以求出蒸气在空气中的浓度，可由式（4-1）计算。

$$C = P_z/P_h \tag{4-1}$$

式中　C——混合物中的蒸气浓度，%；

　　　P_z——在给定温度下的蒸气压力，Pa；

　　　P_h——混合物的压力，Pa。

如果 P_h 等于大气压力即 101 325 Pa，则可将式（4-1）改写为式（4-2）。

$$C = P_z/101\ 325 \tag{4-2}$$

表 4-20　几种易燃液体的饱和蒸气压

液体名称	温度/°C								
	-20	-10	0	+10	+20	+30	+40	+50	+60
	P_z/Pa								
丙酮	—	5 160	8 443	14 705	24 531	37 330	55 902	81 168	115 510
苯	911	1 951	3 546	5 966	9 972	15 785	24 198	35 842	52 329
航空汽油	—	—	11 732	15 199	20 532	27 988	37 730	50 262	—
车用汽油	—	—	5 333	6 666	9 333	13 066	18 132	24 065	—
二硫化碳	6 463	11 199	17 996	27 064	40 237	58 262	82 260	114 217	156 040
乙醚	8 933	14 796	24 583	28 237	57 688	84 526	120 923	168 626	216 408
甲醇	836	1 796	3 576	6 773	11 822	19 998	32 484	50 889	83 326
乙醇	333	747	1 627	3 173	5 866	10 412	17 785	29 304	46 863
丙醇	—	—	436	952	1 933	3 706	6 773	11 799	18 598
丁醇	—	—	—	271	628	1 227	2 386	4 413	7 893
甲苯	232	456	901	1 693	2 973	4 960	7 906	12 399	18 598
乙酸甲酯	2 533	4 683	8 279	13 972	22 638	35 330	—	—	—
乙酸乙酯	867	1 720	3 226	5 840	9 706	15 825	24 491	37 637	55 369
乙酸丙酯	—	—	933	2 173	3 413	6 433	9 453	16 186	22 918

知识点 8　爆炸极限

易燃液体的爆炸极限有两种表示方法：一是易燃蒸气的爆炸浓度极限，有上、下限之分，以体积分数表示；二是易燃液体的爆炸温度极限，也有上、下限之分，以摄氏度表示。因为易燃蒸汽的浓度是在可燃液体一定的温度下形成的，因此爆炸温度极限就体现着一定的爆炸浓度极限，两者之间有相应的关系。例如，酒精的爆炸温度极限为 11~40 °C，与此相对应的爆炸浓度极限为 3.3%～18%。液体的温度可随时方便地测出，与通过取样和化验分析来测定蒸气浓度的方法相比要简便得多。

几种易燃液体的爆炸温度极限和爆炸浓度极限的比较见表 4-21。

表 4-21　液体的爆炸温度极限和爆炸浓度极限

液体名称	爆炸浓度极限/%	爆炸温度极限/℃
酒精	3.3～18	11～40
甲苯	1.1～7.75	1～31
松节油	0.8～62	32～53
车用汽油	0.79～5.16	-39～-8
灯用煤油	1.4～7.5	40～86
乙醚	1.85～35.5	-45～13
苯	1.5～9.5	-14～12

易燃液体的着火和爆炸是蒸气而不是液体本身，因此爆炸极限对液体燃爆危险性的影响和评价同气体。

易燃液体的爆炸温度极限可以用仪器测定，也可利用饱和蒸气压公式，通过爆炸浓度极限进行计算。

知识点 9　闪点

易燃液体的闪点越低，则表示越易起火燃烧。因为在常温甚至在冬季低温时，只要遇到明火就可能发生闪燃，所以具有较大的火灾爆炸危险性。几种常见易燃液体的闪点见表 4-22。

两种易燃液体混合物的闪点，一般是位于原来两液体的闪点之间，并且低于这两种可燃液体闪点的平均值。例如，车用汽油的闪点为 -39 ℃，照明用煤油的闪点为 40 ℃，如果将汽油和煤油按 1∶1 的比例混合，那么混合物的闪点应低于：(-39 + 40)/2 = 0.5（℃）。

在易燃的溶剂中掺入四氯化碳，其闪点即提高，加入量达到一定数值后，不能闪燃。例如，在甲醇中加入 41% 的四氯化碳，则不会出现闪燃现象，这种性质在安全上可加以利用。

表 4-22　几种常见易燃液体的闪点

物质名称	闪点/℃	物质名称	闪点/℃	物质名称	闪点/℃
甲醇	7	苯	-14	醋酸丁酯	13
乙醇	11	甲苯	4	醋酸戊酯	25
乙二醇	112	氯苯	25	二硫化碳	-45
丁醇	35	石油	-21	二氯乙烷	8
戊醇	46	松节油	32	二乙胺	26
乙醚	-45	醋酸	40	飞机汽油	-44
丙酮	-20	醋酸乙酯	1	煤油	18
		甘油	160	车用汽油	-39

各种易燃液体的闪点可用专门仪器测定，也可利用爆炸浓度极限求得。

任务 5　易燃液体储罐防爆的措施

【重难点】

- 防火防爆基本的措施。
- 防爆安全的措施。
- 易燃液体火灾储罐火灾的扑灭的方法。

【案例导入】

液体储罐腐烂对于液体防火有何影响。

【案例分析】

某市某液态烃球罐发生一起着火爆炸，造成多个球罐炸毁。后经事故分析：球罐作业过程中，可燃气体从 2#球罐底部阀门喷出，扩散遇明火爆炸，事故现场发现大量管道未做防腐处理。工作人员对管道进行强度试验得到结果分析管道受腐部位强度试验不合格。

【知识链接】

储罐防爆措施主要分为两方面：防爆基本措施和防爆安全措施。

知识点 1　易燃液体防火防爆基本措施

根据易燃液体储罐火灾、爆炸危险性和燃烧或爆炸的三个条件，可以有针对性地采取相应的预防措施，其防爆的基本措施有以下几种。

微课：易燃液体火灾原理

1. 杜绝泄漏

在储存、灌装、运输、使用易燃液体的过程中，要禁止使用不合格的容器设备，禁止超量灌装，防止设备泄漏或爆裂；要注意通风，防止液体泄漏后气化沉积；要禁止乱倒残液。

2. 消除着火源

储罐不准靠近高热源，不准与煤火炉同室使用；设备发生泄漏，要立即杜绝周围的一切火种，易燃液体储存、供应站要划定禁火区域，禁止一切火源；严禁拖拉机、电瓶车和马车进入禁火区域，汽车、槽车进入必须在排气管上装有防火罩；进入站内的工作人员必须穿防静电鞋和防静电服，严禁携带打火机、火柴。不准使用能发火的工具；站内的电气设备必须防爆，储罐、管道要有良好的排除静电设施，储罐区要安装可靠的避雷设施；严禁随意在站库内进行动火焊割作业。

3. 实行防火分隔和设置阻火设施

在易燃主体建筑之间和其他建筑之间修筑防火墙，留防火间距，设消防通道；在储罐区修筑防护墙；在能形成爆炸混合气体的厂、库房，设泄压门窗、轻质屋顶和通风设施；在容器管道上安装安全阀、紧急切断阀。

知识点 2　防爆安全措施

1. 合理选址和布局

（1）易燃液体储罐的地址应尽量设在城市人口密度相对较低的地区，远离村、工矿企业和影剧院、体育馆等重要的公共建筑。

（2）储罐区内构筑物、建筑物和工艺设备、设施的布置应符合现行国家标准《建筑防火通用规范》（GB 55037）及其他有关安全技术规范要求。

（3）储罐区与建筑物、堆场、铁路、道路等设施的防火间距应符合国家消防技术规范的要求。

2. 严防泄漏

（1）储罐区四周应设置用非燃烧材料建造的防火堤，防火堤上不得开设孔、洞，管线穿越时应用非燃烧材料填封，并应在不同方向设两个以上的安全出入台阶或坡道。

（2）储罐应设排污阀，冬季应对排污阀采取保暖措施，防止冻崩阀门和管道，以免泄漏。储罐、残液罐的含油污水应排入回收容器之中，进行妥善处置，不得排入储罐区下水管道或地沟。储罐区的冷却水、雨水应通过管道或地沟向站外或循环水池排放。

（4）储配站内各类阀门及法兰，均应认真选型，其中填料、垫圈应具有良好的耐油性、弹性和密封性，安装时应保证质量，使用灵活，严密不漏。

（5）储罐站应设置残液回收系统，定期回收残液，回收的液化石油气残液应作燃料或用于其他方面，不得在站内和其他场所排放。

（6）储罐站应备用一定数量的阀门和其他容易损坏的关键附件，确保抢修需要。要经常检查储罐设备、管道、阀门和安全附件，及时发现和消除泄漏点。对于损坏的阀门、法兰、附件要及时更换，严防泄漏，储配站要定期进行全面检修，消除事故隐患，确保整个系统密闭不漏液，安全运行。

3. 控制和消除着火源

（1）储罐站内门口及站内火灾爆炸危险部位，须设置醒目的"严禁烟火"的标志。进站人员不得携带火柴、打火机等火种，不得穿带有铁掌、铁钉的鞋。进站的汽车、柴油车的排气筒须带性能可靠的火星熄灭器，禁止电瓶车、摩托车进入站内。进站门口应设门卫，严格检查。

（2）储罐站罐区、灌装间、烃泵房等火灾爆炸危险场所的地面应用不发火材料建造。禁止使用摩擦、碰撞能产生火花的工具。

（3）储罐站内火灾爆炸危险场所的动力、照明、排风等电气设备、开关、线路和静电等安全监测、检测的电气仪表，必须防火防爆，符合《爆炸和火灾危险场所电力装置设计规范》的要求。

（4）对储罐进行开罐检修，以及检修设备、阀门、管道时，应先排除内部残液、挥发气体和残渣，进行碱洗和蒸气冲洗，以防容器、设备、管道内壁附着的硫化亚铁遇空气自燃，产生着火源。从容器、设备、管道中清除出来的残渣，不得在站内存放，应选择安全场所深埋或烧掉。

（5）储罐站生产区内储罐区和灌装间等建筑物，应按防雷等级"第二类"设计防雷设施，并定期进行检查，确保安全可靠。

（6）储罐站应选择具有一定生产经验和防火安全知识的人员在夜间值班，重大节日，附近举行重大庆祝活动期间，须加强值班，严防烟花爆竹等"飞火"进入站内，引起火灾。

（7）储罐站须设置高音报警器，发生重大泄漏、跑气事故应紧急堵漏，同时应向当地公安、消防部门报告并向周围发出警报。采取设立警戒、断绝交通、安全疏散、熄灭泄漏区火源等措施。

4. 防静电

储罐站的防静电措施是其防爆措施的重要部分。

（1）储罐站容器、设备、管道等均应进行静电接地，接地电阻应小于 10 Ω。

（2）进行储罐进液、倒罐、灌装等操作时，应限制液体流速，严防容器、设备管道、阀门等高速喷射、泄漏易燃液体。

（3）进入储罐站生产区的工作人员应穿配套的防静电工作服和防静电鞋，工作时间不得脱衣服、跑、跳和打闹。

（4）储罐站应定期进行防静电检查，及时发现和消除静电危险。

知识点 3　易燃液体储罐火灾的扑救

易燃液体通常是储存在容器内或用管道输送的。与气体不同的是，液体容器有的密闭，有的敞开，一般都是常压，只有反应锅（炉、釜）及输送管道内的流体压力较高。液体不管是否着火，如果发生泄漏或溢出，都将顺着地面流淌或水面飘散，而且，易燃液体还有密度和水溶性等涉及能否用水和普通泡沫扑救的问题，以及危险性很大的沸溢和喷溅问题。

（1）首先应切断火势蔓延的途径，冷却和疏散受火势威胁的密闭容器和可燃物，控制燃烧范围。如有液体流淌时，应筑堤（或用围护栏）拦截飘散流淌的易燃液体或挖沟导流。

（2）及时了解和掌握着火液体的品名、密度、水溶性以及有无毒害、腐蚀、沸溢、喷溅等危险性，以便采取相应的灭火和防护措施。

（3）对较大的储罐或流淌火灾，应准确判断着火面积。小面积（50 m² 以内）液体火灾，通常可用雾状水扑灭，用泡沫、干粉、二氧化碳灭火一般更有效。大面积液体火灾则必须根据其密度、水溶性和燃烧面积，选择正确的灭火剂扑救。

对比水轻又不溶于水的液体（如汽油、苯等），用直流水、雾状水灭火往往无效。可用普通蛋白泡沫或轻水泡沫扑灭；对比水重又不溶于水的液体起火时可用水扑救，水能覆盖在液面上灭火，用泡沫也有效；对水溶性的液体（如醇类、酮类等），虽然从理论上讲能用水稀释扑救，但用此法要使液体闪点消失，水必须在溶液中占很大的比例，这不仅需要大量的水，也容易使液体溢出流淌，而普通泡沫又会受到水溶性液体的破坏（如果普通泡沫强度加大，可以减弱火势），因此，最好用抗溶性泡沫。对以上三种情况均可用干粉扑救，用干粉扑救时，灭火效果要视燃烧面积大小和燃烧条件而定，最好用水冷却罐壁，降低燃烧强度。

（4）扑灭毒害性、腐蚀性或燃烧产物毒害性较强的易燃液体火灾，扑救人员须佩戴防护面具，采取防护措施。

（5）扑救原油和重油等具有沸溢和喷溅危险的液体火灾，必须注意计算可能发生沸溢、喷溅的时间和观察是否有沸溢、喷溅的征兆。指挥员发现危险征兆时应迅速作出准确判断，及时下达撤退命令，避免造成人员伤亡和装备损失。扑救人员看到或听到统一撤退信号后，应立即撤至安全地带。

（6）遇易燃液体管道或储罐泄漏着火，在切断蔓延方向，把火势限制在一定范围内的同时，对输送管道应设法找到并关闭进、出口阀门。如果管道阀门已损坏或是储罐泄漏，应迅速准备好堵漏材料，然后先用泡沫、干粉、二氧化碳或雾状水等扑灭地上的流淌火焰，为堵漏扫清障碍，再扑灭泄漏口的火焰，并迅速采取堵漏措施。与气体堵漏不同的是，液体一次堵漏失败，可连续堵几次，只要用泡沫覆盖地面，并堵住液体流淌和控制好周围着火源，不必点燃泄漏口的液体。

随堂一练

一、选择题

1. 下列不属于粉尘爆炸必要条件的是（　　）。
   A. 天气晴朗　　　　　　　　B. 点火源
   C. 粉尘浓度合适　　　　　　D. 氧气
2. 粉尘爆炸特点不包括（　　）。
   A. 粉尘颜色不同，爆炸效果不同
   B. 粉尘达到一定浓度并必须悬浮于空气中
   C. 粉尘粒度不同，爆炸威力即不同
   D. 粉尘粒度越小、湿度越小、最小点火能量越低
3. 下列属于惰性气体的是（　　）。
   A. 氦气　　　　B. 氧气　　　　C. 氮气　　　　D. 一氧化碳
4. 易燃气体的危害有（　　）。
   A. 有毒性　　　B. 腐蚀性　　　C. 可燃性　　　D. 挥发性
5. 控制着火源的方法有（　　）。
   A. 移除　　　　B. 隔绝　　　　C. 化学抑制　　D. 窒息

二、简答题

1. 易燃液体储罐火灾的扑救？
2. 防爆安全措施有哪些？

模块 5

建筑防爆技术

项目 1　厂房和仓库防爆技术

知识目标
- 了解爆炸的基本知识。
- 熟悉厂房及仓库爆炸的基本条件。
- 掌握厂房及仓库爆炸的类型。

能力目标
- 具备描述建筑防爆结构要求的能力。
- 具备简述工业建筑防爆设置合理性的能力。
- 具备处理基础防爆预防工作的能力。

素养目标
- 通过对爆炸建筑物总体布局的学习培养学生大局意识。
- 通过对建筑防爆措施的学习提升学生自我保护意识。
- 通过掌握工业建筑防爆技术措施的技能强化学生工程思维。

任务导航
- 任务 1　防爆基本要求的认知
- 任务 2　建筑防爆措施的判定
- 任务 3　危险筒仓防爆的设置

任务 1　防爆基本要求的认知

【重难点】
- 工业建筑防爆结构的要求。
- 工业建筑泄压设施设置的要求。

【案例导入】

图 5-1 的防爆距离是否合理？

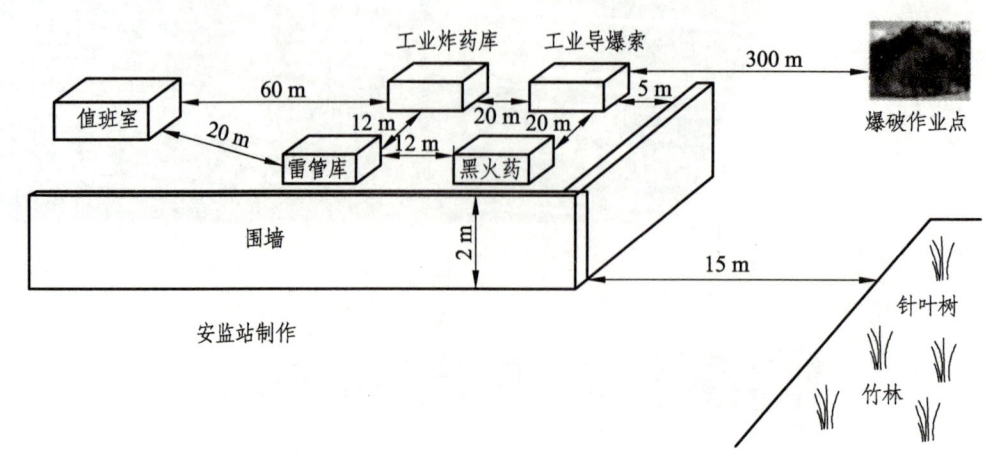

图 5-1 防爆距离案例分析

【案例分析】

行业标准《小型民用爆炸物品储存库安全规范》（GA 838）规定：储存库距露天爆破作业点边缘的距离应按国家标准《爆破安全规程》（GB 6722）的要求核定，且最低不应小于 300 m；储存库区四周应设密实围墙，围墙到最近储存库墙脚的距离不宜小于 5 m，围墙高度不应低于 2 m，墙顶应有防攀越的措施；工业炸药及制品、工业导爆索、黑火药地面储存库之间最小允许距离不应小于 20 m，上述储存库与雷管储存库之间最小允许距离不应小于 12 m；值班室距工业炸药及制品、工业导爆索、黑火药库房的最小允许距离相关要求，距雷管库房的距离不应小于 20 m；储存库门口 8 m 范围内不应有枯草等易燃物，储存库区内以及围墙外 15 m 范围内不应有针叶树和竹林等易燃油性植物。

【知识链接】

微课：防爆结构定义

知识点 1 工业建筑防爆结构要求认知

生产有爆炸危险的甲、乙类厂房宜独立设置，并宜采用敞开或半敞开式的结构承重结构宜采用钢筋混凝土或钢框架、排架结构，如图 5-2。有爆炸危险的厂房设置足够的泄压面积，可大大减轻爆炸时的破坏强度，避免因主体结构遭受破坏而造成人员重大伤亡和经济损失。因此，要求有爆炸危险的厂房的围护结构有相适应的泄压面积，厂房的承重结构和重要部位的分隔墙体应具备足够的抗爆性能。

采用框架或排架结构形式的建筑，便于在外墙面开设大面积的门窗洞口或采用轻质墙体作为泄压面积，能为厂房设计成敞开或半敞开式的建筑形式提供有利条件。此外，框架和排架的结构整体性强，较之砖墙承重结构的抗爆性能好。规定有爆炸危险的厂房尽量采用敞开、半敞开式厂房,并且应 采用钢筋混凝土柱、钢柱承重的框架和排架结构,能够起到良好的泄压和抗爆效果。

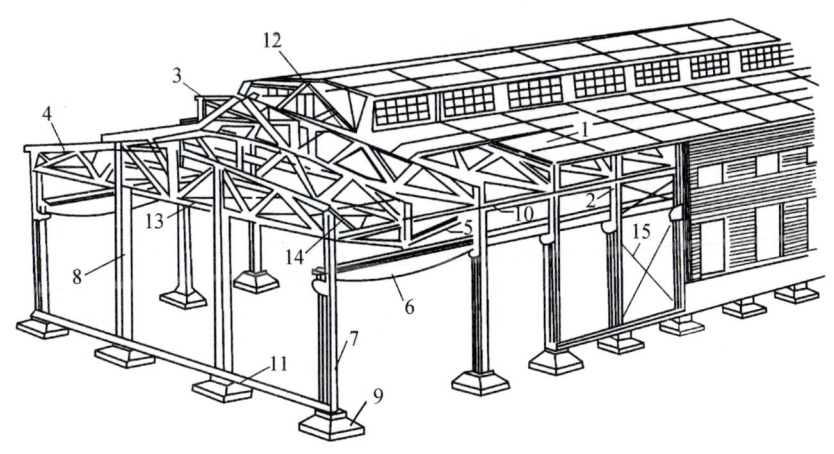

1—屋面板;2—天沟板;3—天窗架;4—屋架;5—托架;6—吊车梁;7—排架柱;8—抗风柱;9—基础;10—连系梁;11—基础梁;12—天窗架垂直支撑;13—屋架下弦横向水平支撑;14—屋架端部垂直支撑;15—柱间支撑。

图 5-2　框架结构

知识点 2　工业建筑泄压设施设置认知

在生产易燃易爆的液体、气体及易引发爆炸危险的厂房或厂房内有爆炸危险的部位应设置泄压设施。一般,等量的同一爆炸介质在密闭的小空间内和在敞开的空间爆炸,爆炸压强差别较大。在密闭的空间内,爆炸破坏力将大很多,因此相对封闭的有爆炸危险性厂房需要考虑设置必要的泄压设施。

常采用的泄压设施有轻质屋面板、轻质墙体和易于泄压的门、窗等。当采用安全玻璃等在爆炸时不产生尖锐碎片的轻质材料或水泥材料时,泄压设施的设置应避开人员密集场所和主要交通道路,避免爆炸产生的碎片伤害其他人。同时为了起到及时泄压的作用,泄压设施需设置在靠近有爆炸危险的部位。

为在发生爆炸后快速泄压和避免爆炸产生二次危害,泄压设施的设计应主要考虑以下因素:

(1)泄压设施需采用轻质屋盖、轻质墙体和易于泄压的门窗,设计尽量采用轻质屋盖。

易于泄压的门窗、轻质墙体、轻质屋盖,是指门窗的单位质量轻、玻璃受压易破碎、墙体屋盖材料容重较小、门窗选用的小五金断面较小、构造节点连接受到爆炸力作用易断裂或脱落等常用泄压面(图 5-3)。比如,用于泄压的门窗可采用楔形木块固定,门窗上用的金属百页、圆插销等的断面可稍小,门窗向外开启。这样,一旦发生爆炸,因室内压力大,原关着的门窗上的小五金可能因冲击波而被破坏,门窗则可自动打开或自行脱落,达到泄压的目的。

降低泄压面积构配件的单位质量,减小承重结构和不作为泄压面积的围护构件所承受的超压,从而减少爆炸所引起的破坏。泄压面积构配件的单位质量不应大于 60 kg/m²。

图 5-3 泄压面

（2）在选择泄压面积的构配件材料时，除要求容重轻外，最好具有在爆炸时易破裂成非尖锐碎片的特性，便于泄压和减少对人的危害。同时，泄压面最好设置在靠近易发生爆炸的部位，保证迅速泄压。对于爆炸时易形成尖锐碎片而四面喷射的材料，不能布置在公共走道或贵重设备的正面或附近，以减少对人员和设备的伤害。

有爆炸危险的甲、乙类厂房爆炸后，用于泄压的门窗、轻质墙体、轻质屋盖将被摧毁，高压气流夹杂大量的爆炸物碎片从泄压面喷出，对周围的人员、车辆和设备等均具有一定破坏性，因此泄压面积应避免面向人员密集场所和主要交通道路。

（3）对于我国北方和西北、东北等严寒或寒冷地区，由于积雪和冰冻时间长，易增加屋面上泄压面积的单位面积荷载而使其产生较大静力惯性，导致泄压受到影响，因而设计要考虑采取适当措施防止积雪。

总之，设计应采取措施，尽量减少泄压面积的单位质量（即重力惯性）和连接强度。

作为泄压设施的轻质屋面板和墙体的质量不宜大于 60 kg/m²。屋顶上的泄压设施应采取防冰雪积聚措施，避免冰雪聚集影响泄压。厂房的泄压面积宜按下式计算，但当厂房的长径比大于 3 时，宜将建筑划分为长径比不大于 3 的多个计算段，如图 5-4 所示，各计算段中的公共截面不得作为泄压面积：

$$A = 10CV^{\frac{2}{3}} \tag{5-1}$$

式中 A——泄压面积（m²）；

V——厂房的容积（m³）；

C——泄压比，可按表 5-2 选取（m²/m³），同时和表 5-1 进行对比。

需要注意：当长径比为建筑平面几何外形尺寸中的最长尺寸与其横截面周长的面积和 4.0 倍的建筑横截面积之比，如图 5-4 所示。

平面图

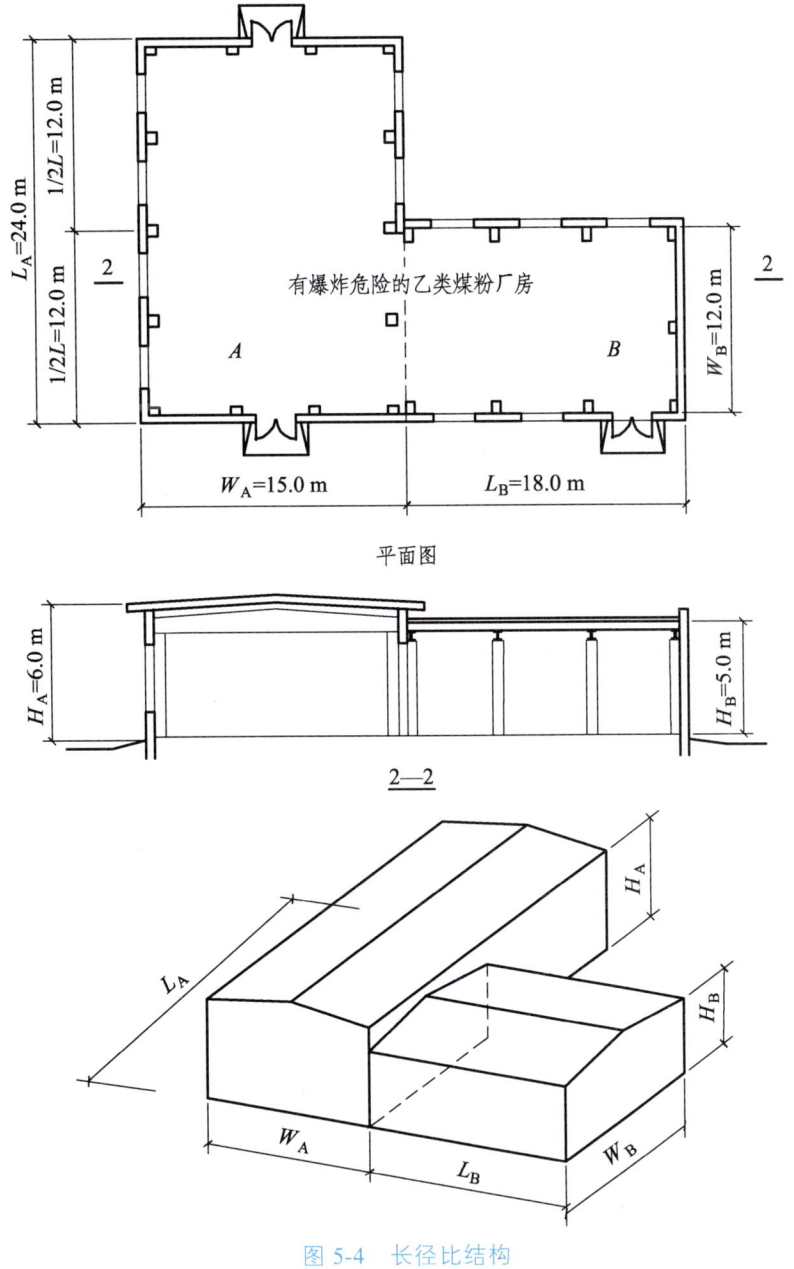

2—2

图 5-4 长径比结构

表 5-1 厂房内爆炸性危险物质的类别与泄压比规定值

厂房爆炸危险等级	泄压比值/（m²/m³）
弱级（谷物、纸、皮革、铅、铬、铜等粉末、醋酸蒸气）	0.033 4
中级（木屑、炭屑、煤粉、锑、锡等粉尘，乙烯树脂，尿素，合成树脂粉尘）	0.066 7
强级（油漆干燥或热处理室，醋酸纤维，苯酚树脂粉尘，铅、镁、锆等粉尘）	0.200 0
特级（丙酮、汽油、甲醇、乙炔、氢气）	>0.2

表 5-2 厂房内爆炸性危险物质的类别

厂房内爆炸性危险物质的类别	C 值
氨、粮食、纸、皮革、铅、铬、铜等 $K_2<10$ MPa·m·s^{-1}	≥0.030
木屑、炭屑、煤粉、锑、锡等 10 MPa·m·s^{-1}≤K_2≤30 MPa·m·s^{-1} 的粉尘	≥0.055
丙酮、汽油、甲醇、液化石油气、甲烷、喷漆间或干燥室、苯酚树脂、铝、镁、锆等 $K_2>30$ MPa·m·s^{-1} 的粉尘	≥0.110
乙烯	≥0.160
乙炔	≥0.200
氢气	≥0.250

通过天津消防研究所的有关研究试验成果。在过去的工程设计中，可能存在依照规范设计并满足规范要求，而不能有效泄压的情况，该计算方法能在一定程度上解决该问题。有关爆炸危险等级的分级相关规定，见表 5-3；表中未规定的，需通过试验测定。

表 5-3 厂房爆炸危险等级

厂房爆炸危险等级	泄压比值/（m²/m³）
弱级（颗粒粉尘）	0.033 2
中级（煤粉、合成树脂、锌粉）	0.065 0
强级（在干燥室内漆料、溶剂的蒸气、铝粉、镁粉等）	0.220 0
特级（丙酮、天然汽油、甲醇、乙炔、氢气）	尽可能大

长径比过大的空间，会因爆炸压力在传递过程中不断叠加而产生较高的压力。以粉尘为例，如空间过长，则在爆炸后期，未燃烧的粉尘-空气混合物受到压缩，初始压力上升，燃气泄放流动会产生湍流，使燃速增大，产生较高的爆炸压力。因此，有可燃气体或可燃粉尘爆炸危险性的建筑物的长径比要避免过大，以防止爆炸时产生较大超压，保证所设计的泄压面积能有效作用。

散发较空气轻的可燃气体、可燃蒸气的甲类厂房，宜采用轻质屋面板作为泄压面积。顶棚应尽量平整、无死角，厂房上部空间应通风良好。在生产过程中，散发比空气轻的可燃气体、可燃蒸气的甲类厂房上部容易积聚可燃气体，条件合适时可能引发爆炸，故在厂房上部采取泄压措施较合适，并以采用轻质屋盖效果较好。采用轻质屋盖泄压，具有爆炸时屋盖被掀掉而不影响房屋的梁、柱承重构件，可设置较大泄压面积等优点。

当爆炸介质比空气轻时，为防止气流向上在死角处积聚而不易排除，导致气体达到爆炸浓度，规定顶棚应尽量平整，避免死角，厂房上部空间要求通风良好。

任务 2　建筑防爆措施的判定

【重难点】

- 爆炸危险车间内部防爆技术的内容。
- 爆炸危险车间生产部位的防爆技术的内容。
- 爆炸危险车间控制室的防爆技术的内容。

- 爆炸危险车间安全通道的防爆技术的内容。
- 爆炸危险车间外部的防爆技术的内容。

【案例导入】

家具厂采用了哪些防爆措施？

【案例分析】

某家具生产厂房，每层建筑面积 13 000 m²，现浇钢筋混凝土框架结构（截面最小尺寸 400 mm × 500 mm，保护层度 20 mm），黏土砖墙围护，不燃性楼板耐火极限不低于 1.5 h，屋顶承重构件采用耐火极限不低于 1.00 h 的钢结构，不上人屋面采用芯材为岩棉的彩钢夹芯板（规格为 58 kg/m²），家具生产厂房内设置建筑面积为 300 m² 半地下中间仓库，储存不超过一昼夜用量的油漆和稀释剂，主要成分为甲苯和二甲苯，在家具生产厂房二层东南角贴邻外墙布置 550 m² 喷漆工段，采用封闭喷漆工艺，并用防火隔墙与其他部位隔开，防火隔墙上设置一樘在火灾时能自动关闭的甲级防火门，中间仓库和喷漆工段采用防静电不发火花地面，外墙上设置通风口，全部电气设备按规定选用防爆设备，在一层室内西北角布置 500 m² 变配器室（每台设备装油量 65 kg），并用防火隔墙与其他部位隔开，该家具生产厂房的安全疏散和建筑消防设施的设置符合消防标准要求。

【知识链接】

微课：防爆原则

知识点 1　爆炸危险车间内部的防爆技术

散发较空气重的可燃气体、可燃蒸气的甲类厂房和有粉尘、纤维爆炸危险的乙类厂房，应符合下列规定：

（1）应采用不发火花的地面。采用绝缘材料做整体面层时，应采取防静电措施。

（2）散发可燃粉尘、纤维的厂房，其内表面应平整、光滑，并易于清扫。

（3）厂房内不宜设置地沟（图 5-5），确需设置时，其盖板应严密，地沟应采取防止可燃气体、可燃蒸气和粉尘、纤维在地沟积聚的有效措施，且应在与相邻厂房连通处采用防火材料密封。生产过程中，甲、乙类厂房内散发的较空气重的可燃气体、可燃蒸气、可燃粉尘或纤维等可燃物质，会在建筑的下部空间靠近地面或地沟、洼地等处积聚。若地面因摩擦打出火花会引发爆炸，因此要避免车间地面、墙面因为凹凸不平积聚粉尘，防止在建筑内形成引发爆炸的条件。

图 5-5　地　沟

知识点 2　爆炸危险车间生产部位的防爆技术

有爆炸危险的甲、乙类生产部位，宜布置在单层厂房靠外墙的泄压设施或多层厂房顶层靠外墙的泄压设施附近。有爆炸危险的设备宜避开厂房的梁、柱等主要承重构件布置。主要为尽量减小爆炸产生的破坏性作用。单层厂房中如某一部分为有爆炸危险的甲、乙类生产，为防止或减少爆炸对其他生产部分的破坏、减少人员伤亡，要求甲、乙类生产部位靠建筑的外墙布置，以便直接向外泄压。多层厂房中某一部分或某一层为有爆炸危险的甲、乙类生产时，为避免因该生产设置在建筑的下部及其中间楼层，爆炸时导致结构破坏严重而影响上层建筑结构的安全，要求这些甲、乙类生产部位尽量设置在建筑的最上一层靠外墙的部位，同时因设置防止流散的措施，如图 5-6 所示。

图 5-6　防止流散的措施

知识点 3　爆炸危险车间控制室的防爆技术

有爆炸危险的甲、乙类厂房的总控制室应独立设置，如图 5-7 所示。总控制室设备仪表较多、价值较高，是工厂或生产过程的重要指挥、控制、调度与数据交换、储存场所。为了保障人员、设备仪表的安全和生产的连续性，要求这些场所与有爆炸危险的甲、乙类厂房分开，单独建造。有爆炸危险的甲、乙类厂房的分控制室宜独立设置，当贴邻外墙设置时，应采用耐火极限不低于 3.00 h 的防火隔墙与其他部位分隔。

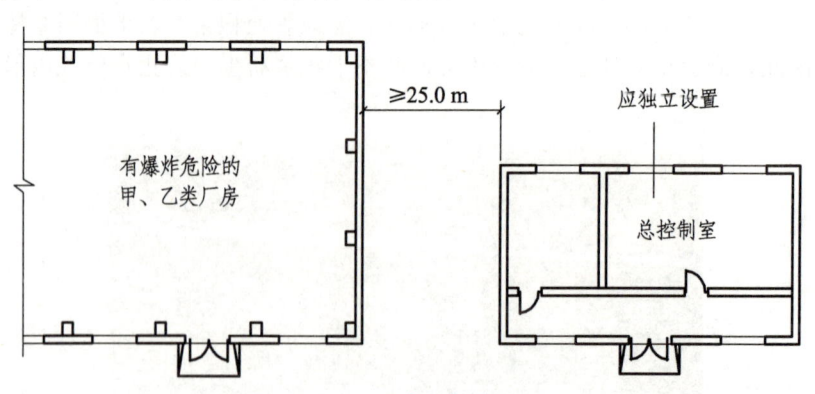

图 5-7　甲乙厂房总控室的设置

基于工程实际，考虑有些分控制室常常和其厂房紧邻，甚至设在其中，有的要求能直接观察厂房中的设备运行情况，如分开设置则要增加控制系统，增加建筑用地和造价，还给生产管理带来不便。因此，当分控制室在受条件限制需与厂房贴邻建造时，须靠外墙设置，以尽可能减少其所受危害。

对于不同生产工艺或不同生产车间，甲、乙类厂房内各部位的实际火灾危险性均可能存在较大差异。对于贴邻建造且可能受到爆炸作用的分控制室，除分隔墙体的耐火性能要求外，还需要考虑其抗爆要求，即墙体还需采用抗爆墙。

知识点 4 爆炸危险车间安全通道的防爆技术

有爆炸危险区域内的楼梯间、室外楼梯或有爆炸危险的区域与相邻区域连通处，应设置门斗（图 5-8）等防护措施。门斗的隔墙应为耐火极限不应低于 2.00 h 的防火隔墙，门应采用甲级防火门并应与楼梯间的门错位设置。

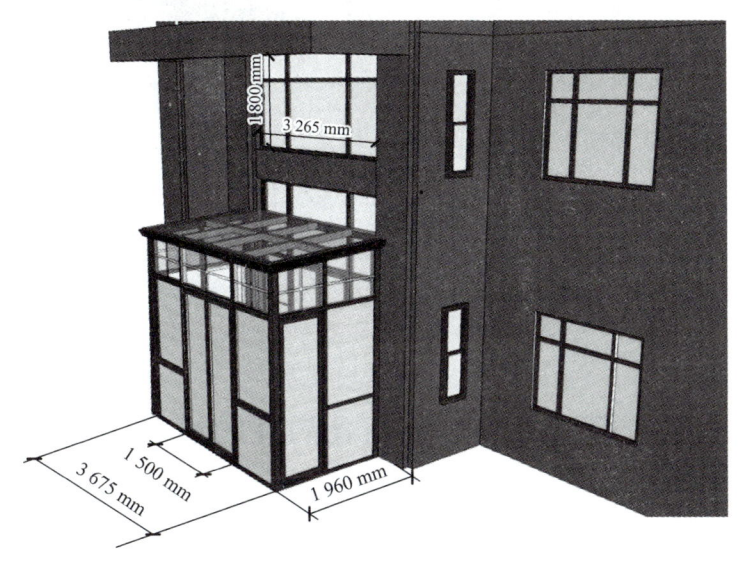

图 5-8 门 斗

在有爆炸危险的甲、乙类厂房或场所中，有爆炸危险的区域与相邻的其他有爆炸危险或无爆炸危险的生产区域因生产工艺需要连通时，要尽量在外墙上开门，利用外廊或阳台联系或在防火墙上做门斗，门斗的两个门错开设置。考虑到对疏散楼梯的保护，设置在有爆炸危险场所内的疏散楼梯也要考虑设置门斗，以此缓冲爆炸冲击波的作用，降低爆炸对疏散楼梯间的影响。此外，门斗还可以限制爆炸性可燃气体、可燃蒸气混合物的扩散。

知识点 5 爆炸危险车间外部的防爆技术

使用和生产甲、乙、丙类液体的厂房，其管、沟不应与相邻厂房的管、沟相通，采取防止污水流入措施。使用和生产甲、乙、丙类液体的厂房，发生事故时易造成液体在地面流淌或滴漏至地下管沟里，若遇火源即会引起燃烧或爆炸，可能影响地下管沟行经的区域，危害范围大。甲、乙、丙类液体流入下水道也易造成火灾或爆炸。

但是，对于水溶性可燃、易燃液体，采用常规的隔油设施不能有效防止可燃液体蔓延与流散，而应根据具体生产情况采取相应的排放处理措施。甲、乙、丙类液体仓库应设置防止液体流散的设施。遇湿会发生燃烧爆炸的物品仓库应采取防止水浸渍的措施。乙、丙类液体，如汽油、苯、甲苯、甲醇、乙醇、丙酮、煤油、柴油、重油等，一般采用桶装存放在仓库内。此类库房一旦着火，特别是上述桶装液体发生爆炸，容易在库内地面流淌，设置防止液体流散的设施，能防止其流散到仓库外，避免造成火势扩大蔓延。防止液体流散的基本做法有两种：一是在桶装仓库门洞处修筑漫坡，一般高为 150 mm～300 mm；二是在仓库门口砌筑高度为 150 mm～300 mm 的门槛，再在门槛两边填沙土形成漫坡，便于装卸，如图 5-9 所示。

图 5-9　防止流散措施

金属钾、钠、锂、钙、锶、氢化锂等遇水会发生燃烧爆炸的物品的仓库，要求设置防止水浸渍的设施，如使室内地面高出室外地面、仓库屋面严密遮盖，防止渗漏雨水，装卸这类物品的仓库栈台有防雨水的遮挡等措施。

任务 3　危险筒仓防爆的设置

【重难点】
- 筒仓外部泄压设置的要求。
- 筒仓内部泄压设置的要求。

【案例导入】
粮食筒仓爆炸危害有哪些？

【案例分析】
根据图 5-10 试分析筒仓的泄压面是多少？

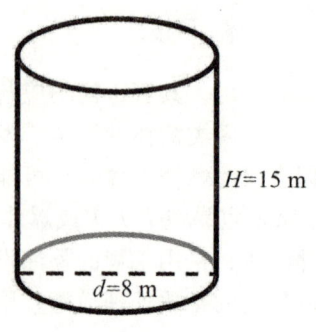

图 5-10　筒仓简图（$H=15$ m，$d=8$ m）

【知识链接】

知识点 1　筒仓外部泄压设置

有粉尘爆炸危险的筒仓，其顶部盖板应设置必要的泄压设施。粮食筒仓工作塔和上通廊的泄压面计算公式确定。有粉尘爆炸危险的其他粮食储存设施应采取防爆措施。

微课：泄压面积

谷物粉尘爆炸事故屡有发生，破坏严重，损失很大。谷物粉尘爆炸必须具备一定浓度、助燃剂（如氧气）和火源三个条件。表 5-4 列举了一些谷物粉尘的爆炸特性。

表 5-4　粮食粉尘爆炸特性

物质名称	最低着火温度/°C	最低爆炸浓度/（g/m³）	最大爆炸压力/（kg/cm³） （正确，核实建筑防火规范）
谷物粉尘	430	55	6.68
面粉粉尘	380	50	6.68
小麦粉尘	380	70	7.38
大豆粉尘	520	35	7.03
咖啡粉尘	360	85	2.66
麦芽粉尘	400	55	6.75
米粉尘	440	45	6.68

粮食筒仓在作业过程中，特别是在卸料期间易发生爆炸，由于筒壁设计通常较牢固，并且一旦受到破坏对周围建筑的危害也产生较大的爆炸强度，如图 5-11 所示，故在筒仓的顶部设置泄压面积，十分必要。相关规范未规定泄压面积与粮食筒仓容积比值的具体数值，主要由于国内这方面的试验研究尚不充分，还未获得成熟可靠的设计数据。根据筒仓爆炸案例分析和国内某些粮食筒仓设计的实例，推荐采用 0.008～0.010。

图 5-11　筒仓爆炸示意

知识点 2　筒仓内部泄压设置

有爆炸危险的仓库或仓库内有爆炸危险的部位，宜按任务 2 来采取防爆措施、设置泄压设施。

在生产、运输和储存可燃气体的场所，经常由于泄漏和其他事故，在建筑物或装置中产生可燃气体或液体蒸气与空气的混合物。当场所内存在火源且混合物的浓度合适时，则可能引发灾难性爆炸事故。为尽量减少事故的破坏程度，在建筑物或装置上预先开设具有一定面积且采用低强度材料做成的爆炸泄压设施是有效措施之一。在发生爆炸时，这些泄压设施可使建筑物或装置内由于可燃气体在密闭空间中燃烧而产生的压力能够迅速泄放，从而避免建筑物或储存装置受到严重损害。

在实际生产和储存过程中，还有许多因素影响到燃烧爆炸的发生与强度，这些很难在教材中一一明确，特别是仓库的防爆与泄压，还有赖于专门标准进行专项研究确定。为此，对存在爆炸危险的仓库做了原则规定，设计需根据其实际情况考虑防爆措施和相应的泄压措施。

随堂一练

一、选择题

1. 有爆炸危险的甲、乙类厂房不能采用的承重结构是（　　）。
   A. 钢筋混凝土　　　　　　　　B. 钢框架
   C. 排架结构　　　　　　　　　D. 木结构
2. 下列不属于泄压设施的是（　　）。
   A. 轻质屋盖　　　　　　　　　B. 轻质墙体
   C. 安全玻璃　　　　　　　　　D. 防爆墙
3. 防爆车间符合门斗的设计要求是（　　）。
   A. 甲级防火门　　　　　　　　B. 2H 隔墙
   C. 不正对设置　　　　　　　　D. 乙级防火门
4. 下列有关爆炸危险车间控制室的相关知识，不正确的是（　　）。
   A. 总控制室设备齐全，价值高
   B. 控制室应当与甲、乙类厂房分开建造
   C. 在建筑内当贴临内墙设置
   D. 应采用耐火极限不低于 3 h 的防火隔墙
5. 下列选项中，不符合甲类厂房和乙类厂房防爆规定的是（　　）。
   A. 爆炸危险系数高的厂房表面应光滑平整
   B. 厂房内最好不要设置地沟
   C. 采用不发火花的地面
   D. 将可燃气体堆放在厂房内部

二、简答题

1. 甲、乙、丙类液体仓库防爆措施有哪些？
2. 筒仓的防爆措施有哪些？

项目 2　民用建筑防爆技术

知识目标

- 了解民用建筑防爆技术的基本知识。
- 熟悉民用建筑防爆技术的基本条件。
- 掌握民用建筑防爆技术的类型。

能力目标

- 具备描述民用建筑防爆基本设置要求的能力。
- 具备简述结构抗爆设置的能力。
- 具备处理一般结构围护系统抗爆措施的能力。

素养目标

- 通过民用建筑防爆基本知识的学习培养学生热爱生活积极向上的精神。
- 通过民用建筑防爆设计基本要求的学习提升学生严谨的工作态度。
- 通过掌握防爆风险评估的技能强化学生务实肯干的职业素养。

任务导航

- 任务 1　民用建筑防爆基本要求的认知
- 任务 2　民用建筑防爆分类标准的划分
- 任务 3　防爆风险评估安全规划的设计
- 任务 4　民用建筑爆炸荷载特性的设计
- 任务 5　民用建筑材料动态特性的设计
- 任务 6　民用建筑结构抗爆特性的设计
- 任务 7　建筑结构防连续性倒塌的设计
- 任务 8　建筑外围护系统防爆墙的设计
- 任务 9　民用建筑结构抗爆评估的设计

任务 1　民用建筑防爆基本要求的认知

【重难点】
- 建筑结构基本的要求。
- 建筑设计基本的要求。

【案例导入】

下列案例中引起民用建筑爆炸的原因是什么？

【案例分析】

某小区居民楼爆炸事故 6 名被困人员已全部救出并送医治疗，其中，3 人轻伤、2 人重伤，1 人经抢救无效死亡。经初步排查，起火原因系当事人使用瓶装液化气操作不当，导致泄漏引发爆炸。区两层半居民楼因瓶装液化气泄漏引发爆炸造成坍塌，坍塌房屋面积约 100 m²。其柱子和承重墙受损严重，抗爆等级还在进一步核实当中，善后工作也正在进行。

知识点 1　建筑结构基本要求

（1）民用建筑在防爆设计所选择的建筑外形结构要简洁，以减小爆炸对建筑物的影响。通常建筑平面宜为矩形，且尺寸设计应合理。建筑物宽度愈小，外墙面积同容积之比愈大，愈有利于采光、通风和泄压。通常在建筑防爆设计在选择结构形式时，应受力明确、传力简单，有较好的整体性和延展性，保证结构不发生连续性倒塌。

微课：防爆设计

故选择合理的结构方案及合理的总平面布局（图 5-12），是建筑工程结构防爆设计的重要一环。在现行国家标准《人民防空工程设计防火规范》（GB 50098）中规定建筑工程防爆设计的结构选型，应根据设防要求、使用功能、地质情况、材料供应和施工条件等因素综合分析确定。

图 5-12　标准总平面布局

（2）建筑结构各部位的抗力应相协调，即在规定的爆炸作用下，保证结构各部位都能正常地工作。由于建筑结构各部位受到的作用不同、破坏性不同以及安全储备不同，个别薄弱环节的存在，很可能致使整个结构抗力明显降低，因此应保证建筑结构各部位抗力相协调。抗力协调主要内容包括：

① 出入口的各部位抗力应相协调。例如：建筑门、窗和幕墙等的抗力应相协调。

② 出入口与建筑工程主体结构抗力应尽量相协调。

③ 建筑工程遭受拟定爆炸作用产生的破坏效应及次生灾害环境下，应保障建筑工程内人员和物资的安全。次生灾害包括火灾、地面建筑物倒塌、空气污染、断水、断电等。

（3）建筑外围护系统和非结构部件例如：填充墙、设备管道和支架等，应与结构有可靠连接，并采取必要措施减少碎片飞溅同工业建筑防爆措施一致。

知识点 2　建筑设计基本要求

建筑防爆设计应按以下步骤进行：

（1）根据建筑的重要性等级确定建筑抗爆设防分类；

（2）通过风险评估确定建筑物的爆炸威胁，包括炸药当量、爆距等；

（3）根据建筑抗爆设防分类和爆炸威胁进行安全规划（防护安全距离，场地选择和外部空间设计）、建筑防爆概念设计（建筑外形和功能布局，结构选型和布置）和防爆措施确定；

（4）根据爆炸威胁和安全规划确定爆炸荷载；

（5）进行结构构件的抗爆设计；

（6）进行结构防连续性倒塌设计；

（7）建筑外围护系统和非结构部件的防爆设计。

具体要求为：

（1）建筑层数。一般宜采用单层建筑。对于必须采取自下而上或自上而下的生产工艺流程的建筑物才可采用多层建筑。在多层建筑中，如果只有一部分为防爆房间，应尽可能把它安排在最上层，不能把它布置在地下室或半地下室。如果防爆的工艺流程是上下贯通直至顶层的，应在每层楼板上开设泄爆孔，其面积应不小于楼板面积的 15%，楼顶采用轻质泄压屋顶如图 5-13 所示。

图 5-13　轻质平屋面

（2）耐火等级。爆炸时往往酿成火灾，防爆建筑物应具有较高的耐火等级：单层建筑不低于二级，多层建筑应为一级。

（3）结构类型。为避免爆炸造成房屋倒塌，建筑物应选用耐爆承重结构，并采取泄压措施。一般采用钢筋混凝土结构；如果墙体较厚或防爆建筑面积很小，可采用砖墙承重的混合结构，但必须设置轻质泄压屋顶。

（4）平面形状。建筑平面宜为矩形。建筑物宽度愈小，外墙面积同容积之比愈大，愈有利于采光、通风和泄压。多层建筑的宽度不宜大于 18 m。

（5）安全出入口。安全疏散用的出入口，一般应不少于两个，并须满足安全疏散距离和疏散宽度等要求。

（6）防爆区段布置。建筑物仅需局部防爆时，该防爆区段应靠外墙布置，要求至少有两个外墙面；如果只有一个外墙面，其面积应占房间周长总面积的 25%以上。生产有爆炸物的厂房，宜采用开敞式或半开敞式建筑。对于既有重要建筑物应进行抗爆安全评估和加固设计，其中重要建筑物主要指一、二级建筑。

任务 2　民用建筑防爆分类标准的划分

【重难点】
- 民用建筑抗爆的分类。
- 民用建筑抗暴设计的原则。

【案例导入】

根据下列案例试分析建筑结构防抗爆设计是否合理。

【案例分析】

某面粉加工厂发生粉尘爆炸事故，经调查，认定该起事故的原因为加工车间工作人员违规动火引发的火灾。起火车间为单层砖混结构，吊顶和墙面采用聚苯乙烯板，表面直接喷涂聚氨酯泡沫。该事件后经相关部门进行调查，相关负责人已被控制。

【知识链接】

知识点 1　建筑防爆分类

（1）建筑抗爆设防分类应综合分析下列因素确定：
① 建筑破坏造成的人员伤亡、直接和间接经济损失、社会影响。
② 建筑体量规模，城镇的大小、行业的特点和企业的规模。
③ 建筑使用功能失效后，对全局的影响范围、导致次生灾害的可能和恢复的难易程度。

微课：建筑防爆分类

结合上述因素还需参照国家标准《工程结构可靠性设计统一标准》（GB 50153）工程结构设计时，应根据结构破坏可能产生的后果（危及人的生命、造成经济损失、对社会或环境产生影响等）的严重性，采用不同的安全等级。工程结构安全等级的划分应符合表 5-5。

表 5-5　工程结构的安全等级

安全等级	破坏后果
一级	很严重
二级	严重
三级	不严重

> 扩展阅读：对重要的结构，其安全等级应取为一级；对一般的结构，其安全等级宜取为二级；对次要的结构，其安全等级可取为三级。同时，需符合现行国家标准《建筑工程抗震设防分类标准》（GB 50223）的规定，建筑抗震设防类别划分，应根据下列因素的综合分析确定：建筑破坏造成的人员伤亡、直接和间接经济损失及社会影响的大小；城镇的大小、行业的特点、工矿企业的规模；建筑使用功能失效后，对全局的影响范围大小、抗救灾影响及恢复的难易程度。

（2）建筑各区段的重要性有显著不同时，可按区段划分抗震设防类别。下部区段的类别不应低于上部区段。

（3）不同行业的相同建筑，当所处地位及受破坏所产生的后果和影响不同时，其抗震设防类别可不相同。

注：区段指由防震缝分开的结构单元、平面内使用功能不同的部分或上下使用功能不同的部分。

（4）建筑重要性等级划分为以下四级：

① 一级建筑：指具有重大社会影响的建筑和爆炸可能产生严重次生灾害的建筑；
② 二级建筑：指爆炸发生后使用功能不能中断的建筑或需尽快恢复使用功能的建筑；
③ 三级建筑：指除一、二、四类以外的一般建筑；
④ 四级建筑：指爆炸后可能发生的次生灾害较小的建筑。

对于建筑重要性等级划分的基本原则，可参照国家标准《建筑工程抗震设防分类标准》（GB 50223），建筑重要性等级的主要划分依据为爆炸破坏后可能造成的人员伤亡、经济损失、社会影响的程度、建筑使用功能失效后，对全局的影响范围大小、导致次生灾害的可能和恢复的难易程度等。

（5）一级建筑应重点设防，设防类别为甲类；二级建筑可一般设防，设防类别为乙类；三级建筑可适度设防，设防类别为丙类；四级建筑可不设防，设防类别为丁类。

对于三级建筑，当爆炸威胁较小时，也可不设防，设防类别为丁类。爆炸威胁主要指建筑遭受一定当量炸药爆炸作用的可能性，当建筑主要构件受爆炸造成中等及以上破坏的可能性较小时，可认为爆炸威胁较小。

（6）建筑整体性能及各类构件的抗爆设防目标应满足表 5-6 的要求。

表 5-6 爆炸作用下建筑整体性能及各类构件的允许破坏程度

设防分类	整体性能	构件允许破坏程度		
		主要结构构件	次要结构构件	非结构部件
甲类	不影响使用	轻微破坏		
乙类	可快速修复，并继续使用	轻微破坏	中等破坏	
丙类	难以修复	中等破坏	严重破坏	
丁类	不可修复	严重破坏	完全破坏	

针对不同设防分类所对应的结构整体与构件破坏程度。对于构件破坏程度解释如下：
① 轻微破坏：构件无明显破损；
② 中等破坏：构件未失效，产生较小永久变形，可修复；
③ 严重破坏：构件未失效，但产生较大永久变形，不可修复；
④ 完全破坏：构件失效。
（5）结构构件的抗爆设计应满足表 5-7 和表 5-8 的要求。

表 5-7 爆炸作用下钢筋混凝土结构构件的允许变形值

结构构件	允许破坏程度	变形类型	变形允许值
板	轻微	$[\theta]$	2°
	中等	$[\theta]$	6°
	严重	$[\theta]$	12°
	完全	$[\theta]$	>12°
梁，墙（受弯）	轻微	$[\theta]$	2°
	中等	$[\theta]$	5°
	严重	$[\theta]$	8°
	完全	$[\theta]$	>8°
柱	轻微	$[\theta][\delta]$	2° $H/200$
	中等	$[\theta][\delta]$	4° $H/100$
	严重	$[\theta][\delta]$	6° $H/50$
墙（与爆炸荷载方向平行，主要承受剪力）	轻微	$[\delta]$	$H/240$
	中等	$[\delta]$	$H/120$

表 5-8 爆炸作用下钢结构构件的允许变形值

结构构件	允许破坏程度	变形类型	允许值
梁，檩条，拱肩，圈梁	轻微	$[\theta]$	2°
		$[\mu]$	6
	中等	$[\theta][\mu]$	6°
			12
	严重	$[\theta][\mu]$	12°
			24
框架柱	轻微	$[\theta][\delta]$	2°
			H/200
	中等	$[\theta][\delta]$	5°
			H/70
	严重	$[\theta][\delta]$	8°
			H/45
钢板剪力墙	轻微	$[\delta]$	H/300
		$[\mu]$	1.75
	中等	$[\delta]$	H/90
		$[\mu]$	6

（6）不同设防类别的建筑结构构件的防爆设计要求。

① 在爆炸荷载作用下，结构构件的延性比可按式（5-2）确定。

$$\mu = X_m / X_y, \quad \mu \leqslant [\mu] \tag{5-2}$$

式中 μ——结构构件的延性比；

X_m——结构构件弹塑性变形（mm）；

X_y——结构构件弹性极限变形（mm）；

$[\mu]$——结构构件的允许延性比。

② 在爆炸荷载作用下，结构构件的弹塑性转角可按式（5-3）确定。

$$\theta = \arctan\left(\frac{2\Delta}{L_0}\right) \cdot \frac{180}{\pi}, \quad \theta \leqslant [\theta] \tag{5-3}$$

式中 θ——结构构件的弹塑性转角；

Δ——跨中变形（mm）；

L_0——构件跨度（mm）；

$[\theta]$——结构构件的弹塑性转角允许值；

$[\delta]$——结构允许层间侧移变形值；

H——层高。

（7）建筑玻璃幕墙和门窗的抗爆设计应满足表 5-9 的要求。

表 5-9　爆炸作用下玻璃幕墙和门窗的允许破坏程度

非结构构件	允许破坏程度	破坏情况说明
玻璃	轻微	玻璃及边框无破坏发生
	中等	玻璃发生破碎，室内侧表面的玻璃仍完整保留在框架上，少量材料碎片脱落
	严重	玻璃发生破碎，碎片进入室内，进入距离小于 1 m
	完全	玻璃发生破碎，碎片进入室内，进入距离为 1～3 m
门窗	轻微	开启扇可正常启闭
	中等	更换五金件后，开启扇可继续使用
	严重	开启扇楔入边框，但未发生整体脱离，需更换方可使用
	完全	开启扇发生整体脱离

根据玻璃幕墙和门窗破坏程度及危害程度，对玻璃幕墙经爆炸后危险等级进行了划分，具体内容参照现行国家标准《玻璃幕墙和门窗抗爆炸冲击波性能分级及检测方法》（GB/T 29908）。

知识点 2　设计原则

建筑结构体系应避免因局部薄弱或刚度突变在爆炸作用下产生过大的应力集中或塑性变形集中，所以设计原则需满足整体建筑结构体系防爆设计的总原则。可以参考现行国家标准《人民防空工程设计防火规范》（GB 50098）混凝土结构构件应合理选择尺寸、配置纵向受力钢筋和箍筋，宜避免在爆炸作用下剪切破坏先于弯曲破坏、混凝土的压溃先于钢筋屈服、钢筋的锚固粘结破坏先于构件破坏。钢结构防爆设计的总原则：钢结构构件应合理控制尺寸，以避免爆炸作用下的局部或整体失稳，规定参考现行国家标准《人民防空工程设计防火规范》（GB 50098）。

微课：建筑坍塌设计原则

结构构件之间的连接应符合下列要求：
（1）节点的破坏不应先于其连接的构件的破坏；
（2）预埋件的锚固破坏不应先于连接件的破坏；
（3）装配式结构构件的连接应保证结构的整体性。

建筑结构连接防爆设计的总原则。参考现行国家标准《人民防空工程设计防火规范》（GB 50098）建筑构件抗爆设计可采用等效静载法、等效单自由度法、压力-冲量图或数值分析法。建筑构件抗爆设计当采用等效静载法时，荷载效应组合应按下式计算：

$$S = \gamma_{QG} S_{QGk} + \gamma_G S_{Gk} + \sum_{i=1}^{n} \gamma_{LG} S_{LGk} \tag{5-4}$$

式中　S——荷载效应组合的设计值；
　　　γ_{QG}——爆炸等效静荷载分项系数，可取 1.0；
　　　S_{QGk}——按爆炸等效静荷载标准值计算的荷载效应值；
　　　γ_G——永久荷载的分项系数，当其效应对结构不利时，可取 1.2，有利时可取 1.0；

S_{Gk}——按永久荷载标准值计算的荷载效应值;

γ_{LG}——活荷载的分项系数,可取频遇值系数,按现行国家标准《建筑结构荷载规范》(GB 50009)规定采用;

S_{LGk}——按活荷载标准值计算的荷载效应值。

对于建筑结构防爆设计荷载组合的原则,我们按国家标准《石油化工控制室抗爆设计规范》(GB 50779)规定石油化工建筑防爆荷载效应组合,无爆炸荷载参与时,对于承载力极限状态以及正常使用极限状态,结构构件的荷载效应组合应按国家现行有关荷载组合标准的规定进行计算。有爆炸荷载参与时,风、雪荷载、地震作用不应参与组合。

扩展阅读:

(1)适用于分析结构稳健性,不能用于连续性倒塌分析,结构连续性倒塌分析需要用

$$S = \mu \left(r_G S_{Gk} + \sum_{i=1}^{n} \varphi_i S_{Qi,k} \right) + \psi_W S_{Wk}$$

(2)计算时不需要考虑结构上的风荷载和雪荷载。

采用等效静荷载法进行建筑构件抗爆设计时,应符合极限状态设计要求:

$$R \geqslant S \tag{5-5}$$

式中 R——建筑构件的抗力设计值;

S——荷载效应组合的设计值。

建筑结构防连续性倒塌设计可采用概念设计法、局部加强法或拆除构件法。

通常采用的建筑结构抗连续性倒塌的设计方法有:

(1)概念设计法通过合理的结构布置和构造措施,提高结构的整体性、连续性、冗余度和延性;

(2)局部加强法是对于破坏后容易引发连续性倒塌的主要承重构件,将其视为关键构件进行局部加强设计;

(3)拆除构件法(又称替代传力路径法)通过假想去除竖向承重构件(柱或墙)模拟局部破坏,检验剩余结构"跨越"该局部破坏的能力,将破坏控制在一定范围内,以保证结构的冗余度。拆除构件法是建筑结构抗连续性倒塌最常用的设计方法,我国标准《混凝土结构设计规范》(GB 50010)、《高层建筑混凝土结构技术规程》(JGJ 3)称之为拆除构件法。拆除构件法首先从结构中移除按一定规则选定的一根或几根受力构件,模拟结构构件瞬时失效,然后对剩余结构在规定的荷载作用下进行计算,得到剩余结构构件的内力或变形,并根据规定的接受准则,判别是否导致其他构件失效。

采用拆除构件法进行连续性倒塌分析时可采用静力分析法和动力分析法,荷载效应组合的设计值可按下式计算:

$$S = \mu \left(\gamma_G S_{Gk} + \sum_{i=1}^{n} \varphi_i S_{Qi,k} \right) + \psi_W S_{Wk} \tag{5-6}$$

式中 S_{Gk}——永久荷载标准值产生的效应;

$S_{Qi,k}$——第 i 个竖向可变荷载标准值产生的效应；

S_{Wk}——风荷载标准值产生的效应；

γ_G——永久荷载分项系数，可取1.2；

φ_i——第 i 个竖向可变荷载的组合值系数，楼面活载可取0.5，雪荷载可取0.2；

ψ_W——风荷载分项系数，可取0.2；

μ——竖向荷载动力放大系数，当采用静力分析方法设计时，对于构件直接与被拆除构件及其以上楼层相连时取2.0，其他构件取1.0，采用动力分析方法设计时，取1.0。

建筑结构防连续性倒塌设计的荷载效应组合的原则。防连续性倒塌的拆除构件法，是按一定规则逐个拆除结构中的竖向构件，计算并保证剩余结构的荷载重分布能力的方法。

任务3　防爆风险评估安全规划的设计

【重难点】

- 风险评估基本的要求。
- 爆炸风险评估的流程。
- 防爆安全规划的原则。

【案例导入】

建筑结构防爆评估的意义是什么？

【案例分析】

某消防支队为深刻吸取燃气爆炸事故教训，提升全市消防救援队伍燃气泄漏爆炸及建筑物坍塌事故应急处置能力，组织开展"燃气泄漏爆炸暨建筑坍塌事故应急救援演练"。市应急局、市城乡建设局、市卫健委、市公安局、市燃气公司等社会联动单位参加此次综合演练。

演练模拟燃气管道发生天然气泄漏，遇明火发生爆炸致使建筑物坍塌，现场有人员被困。

此次演练重点检验化工编队、地震救援队和社会联动力量等综合应急救援处置能力。演练设置接警调度、信息报送、侦检警戒、稀释驱散、建筑结构评估、仪器侦察、搜救犬侦察、人员搜救、固定支撑、医疗救护、通信保障等14个环节。通过开展现场通信组网、有毒可燃气体检测、雷达和音视频探测仪操作使用、搜救犬能力检验、起重气垫操作使用、横向以及向上向下破拆技术等科目训练，切实有效提升处置应对此类灾害事故能力。

下一步，支队将围绕高低、大小和辖区主要灾害事故类型场所开展综合性灭火救援实战演练，全面检验各类编队设置、人员构成以及装备效能，不断提高灭火救援实战能力。

【知识链接】

知识点1　基本要求

建筑爆炸风险评估应进行建筑物及周边环境分析、爆炸威胁分析、易损性分析、后果分析和风险分析。建筑防爆设计时，应首先根据建筑重要性和建筑环境进行建

微课：防爆评估

筑爆炸危险性分析。危险性低可按最低要求采用抗爆防护措施，危险性高则应通过爆炸风险评估、安全规划和进一步的抗爆设计。

建筑防爆安全规划应分析建筑周边环境和建筑布局等，并根据建筑抗爆设防分类确定建筑防护措施和设计爆炸荷载。防爆安全规划需考虑的因素以及设计爆炸荷载的确定方法。

知识点 2　建筑爆炸风险评估

（1）建筑物及周边环境分析应对建筑物位置、周边环境和交通、建筑布局、结构布置、建筑防护措施、建筑用途及使用人数等进行描述。建筑设施描述所应包含的内容：建筑物的位置；周边环境和交通；建筑的平、立面布置；结构防护系统即结构体系和结构布置；建筑防护系统包括实体防护系统和电子防护系统，如车辆或人员的进入监测和控制系统，闭路电视检测系统，防撞墙、防撞墩等物理防护系统等；建筑物用途及使用人数，可用于确定建筑物的重要性等级。爆炸威胁分析应根据建筑物重要性等级、建筑物及周边环境，确定建筑物爆炸威胁。分析建筑物的重要性等级，可确定建筑物被爆炸袭击的吸引程度。建筑环境包括建筑的社会环境和物理环境。分析建筑所处的社会环境如法律法规等，确定获取炸药的难易程度。

通过对周边交通和环境、已采用的建筑防护系统的分析，确定可能到达建筑物周围的最大爆炸当量和距离。

通过对门禁、入口检测等安保措施的分析，确定人携带炸弹的爆炸当量及爆距。人携带炸弹主要包括雷管、腰带炸弹、背心炸弹、背包炸弹等。

通过对周边环境和交通以及采用的防爆阻挡装置的分析，确定可能到达建筑物周围的汽车炸弹的当量和爆距。如建筑周边环境和交通是否限制了可靠近车辆的级别，或已设置一定级别的防撞墙和防撞墩等车辆阻挡装置。

表 5-10 中给出了常见爆炸袭击手段的 TNT 当量供参考。

表 5-10　设计爆炸当量

袭击手段	设计 TNT 当量/kg
雷管	2.3
腰带炸弹	4.5
背心炸弹	9
手提箱炸弹/背包炸弹	23
轿车（1 500 kg）	100
轻型卡车（2 300 kg）	200
中型卡车（6 800 kg）	500
重型卡车（25 000 kg）	1 000

（2）易损性分析应确定爆炸荷载下建筑物及防护措施性能降低甚至失效的可能性。结构防护系统以及物理非结构防护系统的易损性分析可采用压力-冲量图、单自由度分析等简化分析方法；在此基础上，进一步进行电子非结构防护系统的易损性分析。

易损性分类可分为低、中、高、非常高。非常高：分析对象现有的抵抗威胁能力远远不满足要求，威胁发生时，分析对象将会遭到毁灭性破坏。

高：分析对象现有的抵抗威胁能力不满足要求，威胁发生时，分析对象将会遭到严重破坏。

中等：分析对象现有的抵抗威胁能力基本满足要求，但是存在一定缺陷。威胁发生时，分析对象将会遭到破坏，但没有上面两种情况严重。

低：分析对象现有的抵抗威胁能力满足要求，威胁发生时，分析对象会受到影响，但不会遭到破坏。

（3）后果分析应确定建筑物及防护措施性能降低或失效造成的人员伤亡、经济损失和社会影响等后果。减少人员死亡是防爆设计的首要目标。经济损失包括直接经济损失和间接经济损失。间接经济损失包括建筑使用功能丧失带来的损失、重建同样功能建筑所需的时间等。

社会影响包括公众心理的影响。后果分析应给出后果的级别，可分为：轻微的损失、明显的损失、严重的损失和毁灭性的损失。轻微的：分析对象的运行没受到显著影响（受影响时间少于一小时），主要财产没受到损失；或没有人员伤亡。

明显的：分析对象被暂时关闭或者不能正常运行，但是时间不超过一天。有限的设施（财产）遭到破坏，但主要设施不受影响。到访人员在一段时间内减少达到 25%；或没有人员死亡，受伤人数小于 50 人。严重的：分析对象部分被毁。例如由于建筑结构部分被毁，导致水、烟、火和冲击波等威胁对其他区域造成损害。设施内部构件破坏，但是整个设施基本完好。为了维修，整个设施可能被关闭一到两周，部分设施可能被关闭较长时间（可能超过一个月）。为了避免对环境造成污染，一些设施可能被转移到偏远地方进行维修。到访人员在一段时间内减少超过 50%；或死亡人数小于 5 人，或者受伤人数 50～100 人。

毁灭性的：分析对象被彻底毁坏而不能使用，到访人员在一段时间内减少达到 75%；或死亡人数大于 5 人，或者受伤人数大于 100 人。

（4）风险分析可在爆炸威胁分析、易损性分析、后果分析的基础上，进行综合评定。风险评估可基于以下公式或类似方法：$R = P_A \times (1 - P_E) \times C$ 式中 P_A 是指定爆炸荷载发生的可能性。

知识点 3　建筑防爆安全规划

（1）当建筑爆炸风险高时应采取必要的措施降低风险。其目的不是消除爆炸风险，而是根据 ALARP（As Low As Reasonable Practical）原则，控制爆炸风险在可接受的风险水平内，如需进一步降低风险则需花费不成比例的造价或采用不实际的措施。该风险水平既与设防目标有关，也与业主的需求和经济能力有关。当评估给出的爆炸风险超出了设防要求或业主的要求时，可采取措施来降低风险，主要从减少爆炸发生的可能性、降低爆炸一旦发生可能产生的威胁、提高防护系统的有效性以及如何减轻后果等方面综合考虑。可通过加强危险品的检测、加强对车辆和人员的进入控制等手段减少爆炸发生的可能性。

ALARP 的定义见图 5-14 和图 5-15。

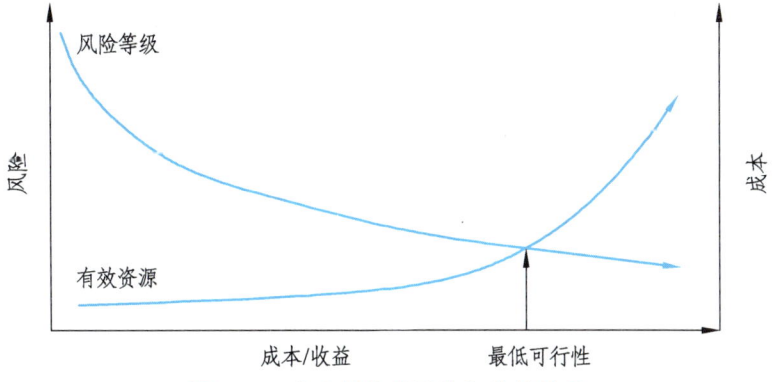

图 5-14　安全措施的造价和收益关系

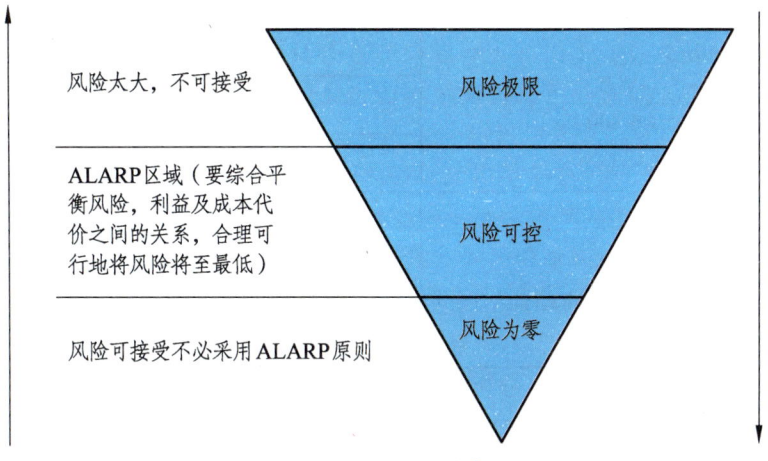

图 5-15　ALARP 的定义

（2）风险可接受时，不必采用 ALARP 建筑规范原则可通过设置防撞墩、防撞墙等车辆阻挡装置或利用地形、景观设施等来保障建筑爆炸安全距离。在建筑规划时可采取的措施：车辆阻挡装置可为专门设计的防撞墙、防撞墩等装置，也可结合绿化、建筑小品等；可通过设置具有相应防撞等级的车辆阻挡装置来控制爆炸当量、保障被防护建筑的安全距离；也可利用地形、花坛等绿化设施来设置阻挡装置。

① 车辆阻挡装置的防撞等级应根据安全规划的需求确定，车辆阻挡装置的防撞等级划分为 L1、L2、L3、M1、M2、M3、H1、H2 和 H3 九级。各防撞等级对应的碰撞条件和碰撞动能按表 5-11 采用。

表 5-11　车辆阻挡装置的防撞等级划分

防撞等级	碰撞条件		碰撞动能/kJ
	车辆类型（车辆质量）	碰撞速度/（km/h）	
L1	轿车 （1 500 kg）	65	222～245
	轻型卡车 （2 300 kg）	50	

续表

防撞等级	碰撞条件		碰撞动能/kJ
	车辆类型（车辆质量）	碰撞速度/（km/h）	
L2	轿车（1 500 kg）	80	370～375
	轻型卡车（2 300 kg）	65	
L3	轿车（1 500 kg）	100	568～579
	轻型卡车（2 300 kg）	80	
M1	中型卡车（6 800 kg）	50	656
M2		65	1 110
M3		80	1 680
H1	重型卡车（25 000 kg）	50	2 411
H2		65	4 075
H3		80	6 173

② 当车辆侵入距离不大于 0 m 时，车辆阻挡装置达到设计所需的防撞等级；否则，车辆阻挡装置未达到设计所需的防撞等级。车辆侵入距离的定义如图 5-16 所示。

③ 车辆阻挡装置与受防护建筑物之间的最小间距应根据建筑爆炸风险评估结果确定。

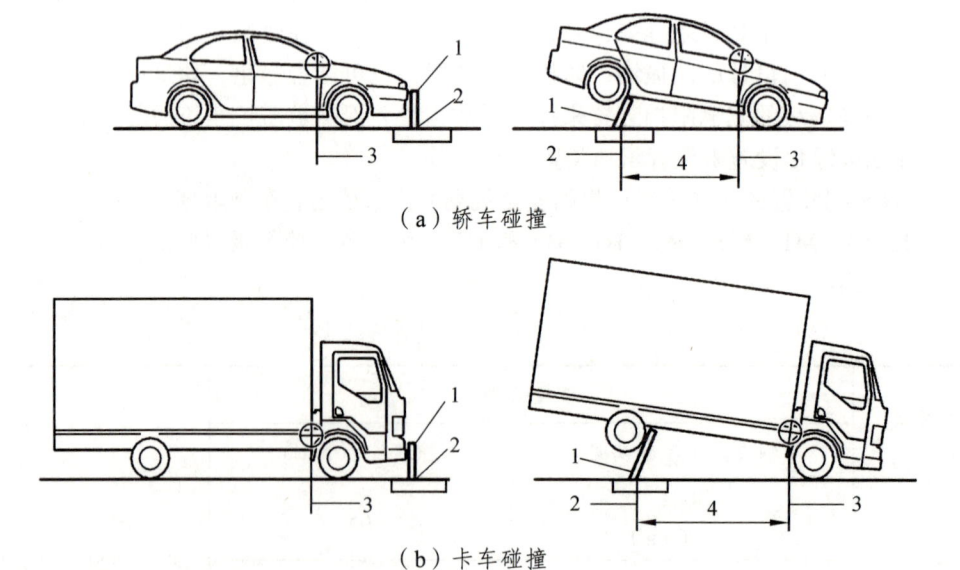

（a）轿车碰撞

（b）卡车碰撞

1—车辆阻挡装置；2—背撞面底部；3—车辆关键部位；4—车辆侵入距离。

图 5-16 车辆侵入距离定义

（3）车辆阻挡装置的防撞等级根据车辆碰撞动能进行划分。车辆类型与碰撞速度取值结合我国实际情况确定。其中，国内常见的 2.0 排量型轿车质量约为 1 185～1 775 kg，取平均值约 1 500 kg 作为轿车质量；国内重型卡车质量约为 20 500～25 000 kg，取较大值 25 000 kg 作为重型卡车质量。

知识点 4　车辆阻挡装置的选用原则

（1）车辆阻挡装置的防撞等级应根据风险评估及安全规划结果来确定；
（2）车辆阻挡装置可选用防撞墩或防撞墙，并应保证足够的基础埋深；
（3）防撞墩可采用固定式或可移动式、可自动升降式、可折叠式等非固定式；
（4）车辆阻挡装置兼作交通护栏时，还应满足交通护栏相关设计要求。
车辆阻挡装置的选用原则：
（1）固定式车辆阻挡装置抗车辆撞击性能优于非固定式车辆阻挡装置；
（2）交通护栏设计要求参照现行行业标准《公路交通安全设施设计规范》（JTG D81）执行。

任务 4　民用建筑爆炸荷载特性的设计

【重难点】

- 民用建筑爆炸荷载的规定。
- 室外爆炸荷载的计算。
- 室内外爆炸荷载的计算。

【案例导入】

讨论下列案例的爆炸载荷。

【案例分析】

2022 年 1 月 15 日，某市发生烧烤店爆炸事故，调查报告显示，事故发生的直接原因为，事发烧烤店燃气并网施工过程中，施工人员打开进户引入管阀门入口法兰，完成并网施工焊接作业后，未将该法兰有效密封，且在通气后未对该法兰口进行严密性检查，导致燃气通过法兰口泄漏，泄漏时长 3 小时 25 分。

泄漏的燃气在事发烧烤店室内三层空间自然扩散，与空气混合后的浓度达到爆炸极限范围。（一层空间内燃气体积浓度约在 7%～9%，二层空间约在 7.2%～8.5%，三层空间约在 7.4%～8.7%），遇室内二层电冰展示柜机械式温控器闭合或断开时产生的电火花发生爆炸，爆炸当量约 80 kg TNT。

【知识链接】

知识点 1　爆炸载荷的定义

爆炸荷载定义：由爆炸引起并作用在结构上的动荷载，其主要参数包括超压、冲量和持续时间等。应按 TNT 爆炸产生的冲击波效应进行计算。其他化学爆炸物应换算成等效 TNT 当量，换算系数应按表 5-12 其他化学爆炸品等效 TNT 当量折算系数确定。

结构抗爆设计时，爆炸效应为超压或冲量控制时的等效 TNT 当量折算系数应按表 5-12 采用。

表 5-12　等效 TNT 当量折算系数表

爆炸物名称	英文名称	等效 TNT 当量折算系数（超压）	等效 TNT 当量折算系数（冲量）
阿马托炸药	Amatol	0.97	0.87
硝铵炸药（50%强度）	Ammonia dynamite	0.90	0.90
硝铵炸药（20%强度）	Ammonia dynamite	0.70	0.70
铵油炸药	ANFO	0.87	0.87
AFX-644	AFX-644	0.73	0.73
AFX-920	AFX-920	1.01	1.01
AFX-931	AFX-931	1.04	1.04
塞克洛托（75/25 RDX/TNT）	Cyclotol	1.11	1.26
三硝基苯	DATB	0.87	0.96
胶质炸药（50%强度）	Gelatin dynamite	0.80	0.80
胶质炸药（20%强度）	Gelatin dynamite	0.70	0.70
奥克托今	HMX	1.25	1.25
迈纳尔炸药	MINOL II	1.20	1.11
硝化纤维	Nitrocellulose	0.50	0.50
硝甘炸药（50%强度）	Nitroglycerin dynamite	0.90	0.90

微课：防爆载荷定义

续表

爆炸物名称	英文名称	等效TNT当量折算系数（超压）	等效TNT当量折算系数（冲量）
硝基甲烷	Nitromethane	1.00	1.00
奥梯炸药（75/25 HMX/TNT）	Octol	1.02	1.06
PBX-9010	PBX-9010	1.29	1.29
PBX-9404	PBX-9404	1.70	1.70
PBX-9502	PBX-9502	1.00	1.00
PBXC-129	PBXC-129	1.10	1.10
PBXN-4	PBXN-4	0.83	0.83
PBXN-107	PBXN-107	1.05	1.05
PBXN-109	PBXN-109	1.05	1.05
PBXW-9	PBXW-9	1.30	1.30
PBXW-125	PBXW-125	1.02	1.02
彭托利特炸药	Pentolite	1.42	1.00
PENT	PENT	1.27	1.27
次甲基三硝基胺	RDX	1.10	1.10
RDX/Wax（98/2）	RDX/Wax（98/2）	1.16	1.16
三氨基三硝基苯	TATB	1.00	1.00
四硝基炸药	Tetryl	1.07	1.07
三硝基乙酯	TNETB	1.13	0.96
TNT	TNT	1.00	1.00

知识点2 室内外爆炸荷载计算

（1）室外爆炸荷载，作用于封闭矩形建筑物前墙、侧墙、屋面和后墙上的室外爆炸荷载，应按图5-17简化计算。

（a）建筑物尺寸

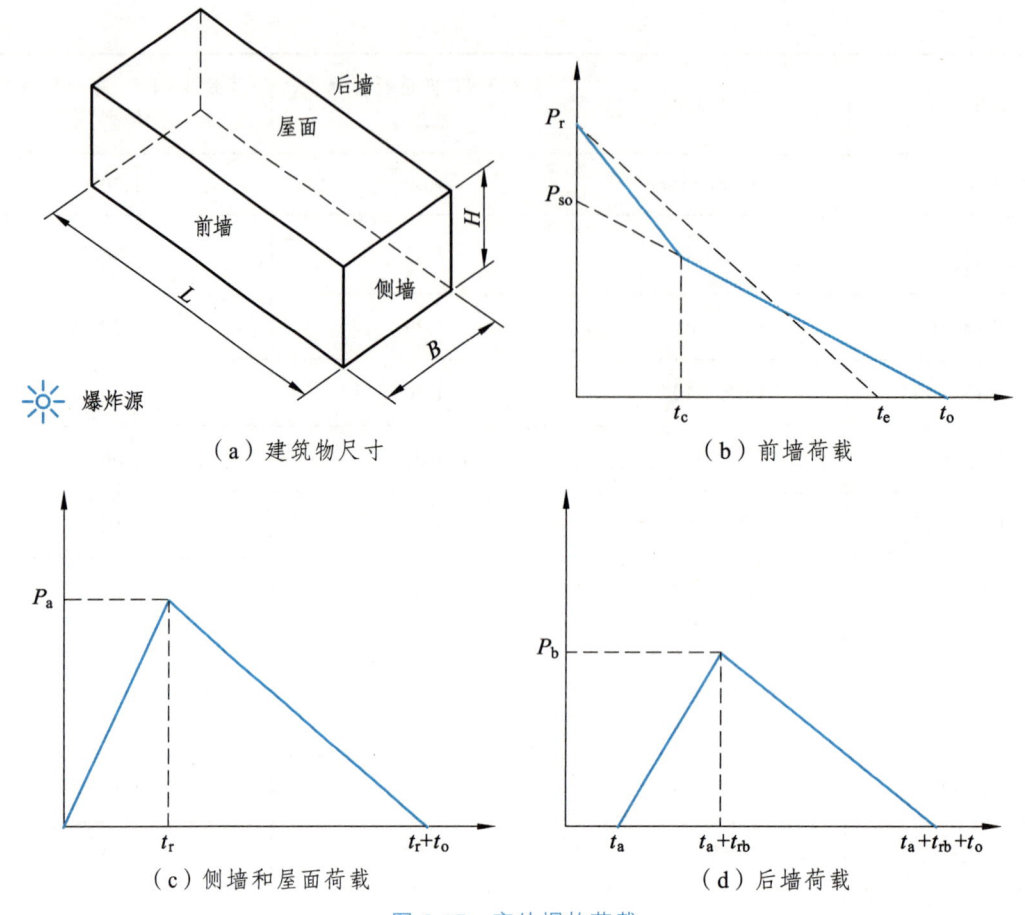

（b）前墙荷载

（c）侧墙和屋面荷载

（d）后墙荷载

图 5-17　室外爆炸荷载

图中：L 为垂直于冲击波方向的建筑物宽度（m）；B 为平行于冲击波方向的建筑物长度（m）；H 为建筑物高度（m）；P_r 为前墙反射压力峰值（kPa）；P_{so} 为爆炸冲击波入射超压峰值（kPa）；t_c 为前墙反射压力作用时间（s）；t_e 为前墙正压等效作用时间（s）；t_o 为正压作用时间（s）；P_a 为侧墙和屋面上有效冲击波超压峰值（kPa）；t_r 为侧墙和屋面上有效冲击波升压时间（s）；P_b 为后墙上有效冲击波超压峰值（kPa）；t_{rb} 为后墙有效冲击波升压时间（s）。图 5-17（b）、（c）、（d）作用于封闭矩形建筑物上的室外爆炸荷载仅适用于冲击波对建筑物的正面作用。当冲击波对建筑物非正面作用时，应对爆炸荷载进行修正。为简化荷载计算，部分计算公式由原曲线拟合得出，其调整后的拟合系数均在 0.988 以上。

（2）室外爆炸荷载应按下列公式计算：

$$Z = \frac{R}{\sqrt[3]{W}} \qquad (5-7)$$

式中　Z——比例距离（m/kg$^{\frac{1}{3}}$）；
　　　R——爆炸源中心到建筑物正面的最短距离（m）；
　　　W——TNT 当量（kg）。

$$P_{so} = a_1 \cdot Z^{-b_1}, \quad 0.05 < Z < 40$$

自由空气爆炸时 P_{so} 的参数 a_1 和 b_1 分别取 2 855.560 00 和 1.000 30，地面爆炸时分别取 2 617.040 00 和 1.152 67。

$$t_o = (-a_2 + b_2 \cdot Z^{c_2}) \cdot W^{1/3}/1\,000$$

自由空气爆炸时 t_o 的参数 a_2、b_2 和 c_2 分别取 5.513 79、7.511 80 和 0.122 25，地面爆炸时分别取 6.258 85、8.419 97 和 0.128 92。

$$U = 345(1 + 0.008\,3P_{so})^{1/2}$$

$$q_o = 2.5P_{so}^2/(7P_{atm} + P_{so}) \approx 0.003\,2P_{so}^2$$

$$L_w = U \cdot t_o$$

式中 U——波速（m/s）；

$\quad\quad q_o$——动压峰值（kPa），

$\quad\quad P_{atm}$——标准大气压力，取 101 kPa；

$\quad\quad L_w$——冲击波波长（m）。

① 前墙反射压力峰值和正压等效作用时间

$$P_r = a_3 \cdot Z^{-b_3} \quad (0.05 < Z < 40) \tag{5-8}$$

$$t_e = \frac{P_{so}}{P_r}(t_o - t_c) + t_c \tag{5-9}$$

自由空气爆炸时 P_r 的参数 a_3 和 b_3 分别取 25 662.43 和 1.115 83，地面爆炸时分别取 21 774.51 和 1.316 86；t_c 取 $3S/U$ 与 t_o 的较小值，其中 S 为停滞压力点至建筑物边缘的最小距离（m），取 H 或 $L/2$ 的较小值。

② 侧墙和平屋面（屋面坡度小于 10°）有效冲击波超压峰值及其升压时间：

$$P_a = C_e \cdot P_{so} + C_d \cdot q_o \tag{5-10}$$

$$t_r = L_1/U$$

式中 C_e——等效荷载系数，可按 L_w/L_1 值查《民用建筑防爆设计规范》（T/CECS 736）室外爆炸荷载应按下列公式计算确定；

$\quad\quad L_1$——冲击波前进方向结构构件的长度（m），侧墙计算时取墙宽，屋面计算时可根据荷载作用方向及需分析的构件分别取屋面板的跨度或单位板宽、屋面梁的跨度等；

$\quad\quad C_d$——拖曳力系数，当 $0 \leqslant q_0 < 172$ kPa 时取 -0.4，当 $172 \leqslant q_0 < 345$ kPa 时取 -0.3，当 $345 \leqslant q_0 < 896$ kPa 时取 -0.2。

③ 后墙有效冲击波超压峰值及其开始时间与升压时间：

$$P_b = C_e \cdot P_{so} + C_d \cdot q_0 \tag{5-11}$$

$$t_a = B/U$$

$$t_{rb} = S/U$$

式中 C_e——等效荷载系数，可按 L_w/L_1 值按照（图 5-18）确定，L_1 为冲击波前进方向结构构件的长度（m），取建筑物高度 H。

屋面坡度大于 10°的情况不属于爆炸冲击波正向作用在建筑表面的情况，可修正峰值反射压力后按前墙流程计算。汽车炸弹和背包炸弹爆炸应按地面爆炸计算。

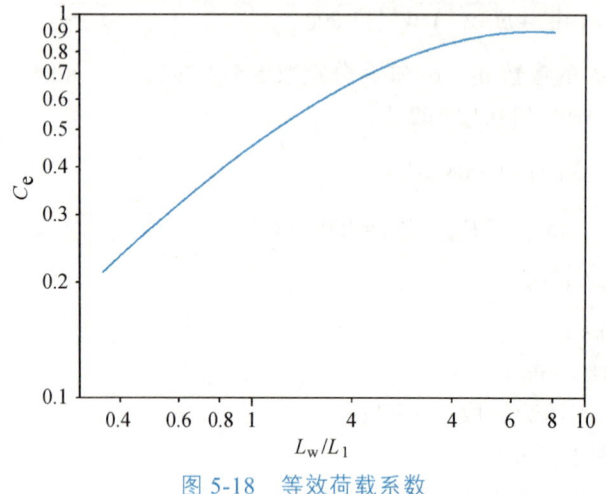

图 5-18　等效荷载系数

（3）室内爆炸荷载计算应同时考虑冲击波作用和气体压力作用。当爆炸发生在建筑内部时，爆炸波的反射作用会放大爆炸压力峰值和初始压力波。同时，由于爆炸空间的限制，化学反应所产生的高温气体也会对结构产生额外的压力，并且增加荷载作用的持续时间。

① 作用于封闭矩形空间内的室内爆炸荷载，应按图 5-19 简化计算。图中：P_{ri} 为作用于目标墙面上的平均反射压力峰值（kPa）；t_{oi} 为作用于目标墙面上的反射压力作用时间（s）；P_g 为室内气体压力峰值（kPa）；t_g 为气体压力作用时间（s）。

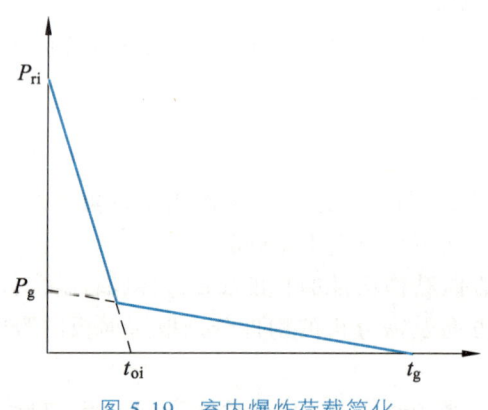

图 5-19　室内爆炸荷载简化

反射压力峰值及其冲量和气体压力峰值及其冲量仅适用于建筑空间开口面积比小于 0.022 的情况，即 $0 \leq A/V_f^{\frac{2}{3}} \leq 0.022$ 时成立，其中 A 为开口面积，V_f 为室内净体积，即建筑内部空间体积减去设备、结构单元等占用的体积。平均反射压力峰值、平均比例反射冲量和比例气体冲量，若其数值不能直接从附录图表中得出室内仅为室内空间较小且长宽比接近于 1 的情况，宜采用线性插值法求得。室内空间较大或长宽比大于 1 时应使用数值模拟法或直接试验方法确定荷载。

② 作用于目标墙面上的平均反射压力峰值 P_{ri} 和作用于目标墙面上的反射压力冲量 I_{ri} 与爆炸源 TNT 当量、室内空间尺寸以及爆炸源的位置有关。室内空间尺寸和爆炸源位置如图

5-20 所示，其中 R_A 为爆炸源中心到目标墙的最小距离（m），h 为爆炸源中心距离地面或顶面的最小距离（m），l 为爆炸源中心距离侧墙的最小距离（m）。

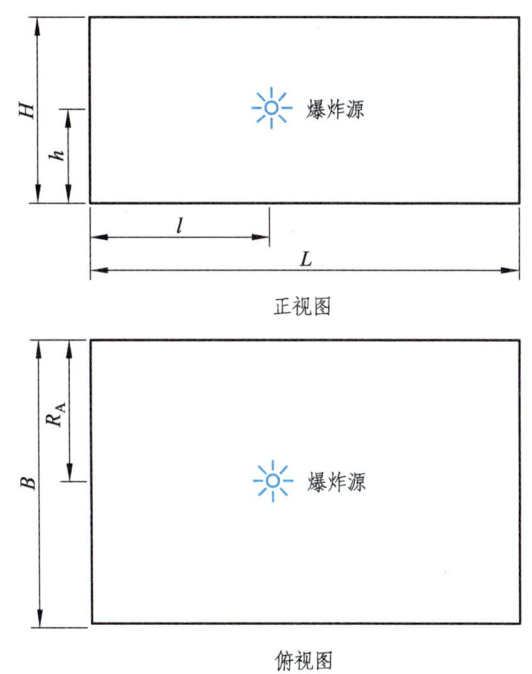

正视图

俯视图

图 5-20　室内空间尺寸和爆炸源位置示意

③ 作用于目标墙面上的平均反射压力峰值 P_{ri} 和作用于目标墙面上的平均比例反射压力冲量 $\dfrac{I_{ri}}{\sqrt[3]{W}}$ 应先根据室内爆炸源的位置查表 5-13 所述《民用建筑防爆设计规范》（T/CECS 736）中图号，再按《民用建筑防爆设计规范》（T/CECS 736）附录 C 和附录 D 对应图确定，其中室内比例距离 Z_i 应按下式计算：

$$Z_i = \frac{R_A}{\sqrt[3]{W}} \tag{5-12}$$

表 5-13　平均反射压力峰值与平均比例反射冲量

h/H	l/L	平均反射压力峰值 P_{ri}	平均比例反射冲量 $\dfrac{I_{ri}}{\sqrt[3]{W}}$
0.10	0.10	C.1	D.1
	0.25	C.2	D.2
	0.50	C.3	D.3
0.25	0.10	C.4	D.4
	0.25	C.5	D.5
	0.50	C.6	D.6
0.50	0.10	C.7	D.7
	0.25	C.8	D.8
	0.50	C.9	D.9

④ 室内反射压力作用时间 t_{oi} 应按下式计算：

$$t_{oi} = \frac{2I_{ri}}{P_{ri}} \quad (5\text{-}13)$$

⑤ 室内气体压力峰值 P_g 应按图 5-21 确定。图中：W 为 TNT 当量（kg）；V_f 为室内净体积（m³），即建筑内部空间体积减去设备、结构单元等占用的体积。

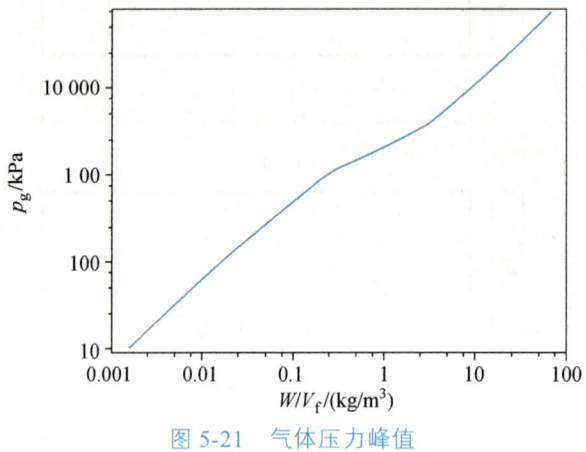

图 5-21 气体压力峰值

⑥ 室内气体冲量 I_g 应按《民用建筑防爆设计规范》(T/CECS 736) 附录 E 查得室内比例气体冲量 $\frac{I_g}{\sqrt[3]{W}}$ 确定，气体压力作用时间 t_g 按下式计算：

$$t_g = \frac{2I_g}{P_g} \quad (5\text{-}14)$$

当爆炸过程中出现门窗破坏、墙体破碎和楼板掀飞等现象或采取泄爆措施时，可适当降低室内气体压力和冲量。

任务 5 民用建筑材料动态特性的设计

【重难点】

- 材料动态设计强度的设计。
- 材料动态弹性模型的设计。
- 材料动态本构模型的设计。

【案例导入】

建筑的柱为何如此脆弱。

【案例分析】

2021 年，某一住宅建筑因天然气泄漏发生爆炸，现场一片混乱，爆炸造成多人受困。建筑损毁严重，墙面坍塌了，部分柱子严重变形。经调查该楼为自建房未经相关部门审批验收，施工是由本地村民自行施工，材料也是"三无"产品，其事故认定主要是结构材料的所有钢材无出厂合格证明，事故房主接受调查中。

【知识链接】

知识点 1　材料的动态设计强度

动态强度指材料在受到冲击或振动等瞬时载荷时的承载能力,在动态载荷下,材料容易发生变形、断裂等破坏,故在抗爆设计时需充分考虑材料的动态设计强度。

（1）材料的动态设计强度应按下式确定：

$$f_d = SIF \times DIF \times f_s \tag{5-15}$$

式中　f_d——爆炸荷载下材料动态强度设计值；
　　　f_s——材料静态强度设计值；
　　　SIF——材料动态设计强度调整系数；
　　　DIF——高应变率下材料动态强度增大系数。

同时采用动荷载下材料动态设计强度调整系数 SIF 与高应变率下材料动态强度增大系数 DIF 对爆炸荷载下材料动态强度设计值 f_d 进行调整。材料动态设计强度调整系数 SIF 主要考虑爆炸荷载下材料的实际强度高于材料的静力设计强度 f_s,一般取 1.1。高应变率下材料动态强度增大系数 DIF 主要考虑爆炸荷载下材料的应变率效应。规范主要基于以下考虑：

① 物理意义更明确；
② 更为实用,尤其是进行非线性抗爆分析时,可采用随应变率变化的 DIF,更为准确；
③ 可以根据构件不同的破坏模式,更为合理地定义高应变率下材料动态强度增大系数,如图 5-22。

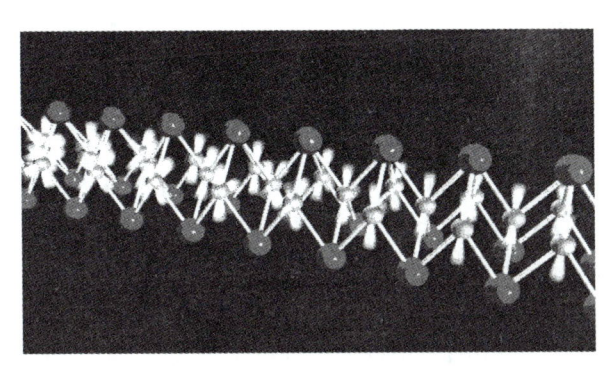

图 5-22　材料强度结构示意

（2）材料动态设计强度调整系数 SIF 可按表 5-14 确定。

表 5-14　材料动态设计强度调整系数

材料	强度特性	调整系数（SIF）
混凝土	抗压强度	1.1
	抗拉强度	1.0
钢筋	屈服强度	1.1
	极限强度	1.0

续表

材料	强度特性	调整系数（SIF）
钢材	屈服强度	1.1
	极限强度	1.0
砌体	抗压强度	1.1
	抗拉强度	1.0
砂浆	抗压强度	1.1
	抗拉强度	1.0
FRP（纤维增强高分子材料）	抗拉强度	1.0
玻璃	抗压、抗拉强度	1.0

常用建筑材料动荷载下的材料动态设计强度调整系数，钢筋和钢材的极限强度不予调整，FRP与玻璃等材料由于缺少相关实验数据支撑，暂不予调整。

（3）高应变率下材料动态强度增大系数（DIF）可按表5-15确定。

表5-15 高应变率下材料动态强度增大系数（DIF）

材料及强度特性			破坏模式			
			弯曲	受压	斜截面受剪	直剪
混凝土	抗压	C55及以下	1.2	1.1	1.0	1.1
		C60~C80	1.1	1.0	1.0	1.0
	抗拉	C55及以下	1.2	—	—	—
		C60~C80	1.1	—	—	—
钢筋	屈服	HPB235	1.3	1.2	1.2	1.2
		HPB300	1.2	1.1	1.1	1.1
		HRB335 HRBF335	1.2	1.1	1.1	1.1
		HRB400 HRBF400 RRB400	1.1	1.0	1.0	1.0
		HRB500 HRBF500	1.1	1.0	1.0	1.0
	极限	HPB235	1.2	—	—	1.1
		HPB300	1.1	—	—	1.0
		HRB335 HRBF335	1.1	—	—	1.0
		HRB400 HRBF400 RRB400	1.1	—	—	1.0
		HRB500 HRBF500	1.1	—	—	1.0

续表

材料及强度特性			破坏模式			
			弯曲	受压	斜截面受剪	直剪
钢材	屈服	Q235	1.3	1.2	—	—
		Q345 Q345 GJ	1.2	1.1	—	—
		Q390	1.1	1.0	—	—
		Q420	1.1	1.0	—	—
		Q460				
	极限	Q235	1.2	1.1	—	—
		Q345 Q345 GJ	1.1	1.1	—	—
		Q390	1.1	1.0	—	—
		Q420	1.1	1.0	—	—
		Q460	1.1	1.0	—	—
砌体		抗压、抗拉	1.0	1.0	—	—
砂浆		抗压、抗拉	1.0	1.0	—	—
FRP		抗拉	1.0	1.0	—	—
玻璃		抗压、抗拉	1.0	—	—	—

表 5-15 建筑材料高应变率下材料动态强度增大系数取值。高应变率下材料动态强度增大系数主要考虑爆炸荷载作用下材料的应变率效应，该系数与结构构件的破坏模式（弯曲，斜拉，直剪，受压）相关，如对钢筋混凝土构件进行抗弯承载力、受压承载力、斜截面抗剪承载力、直剪承载力验算时，应考虑采用不同的混凝土材料抗压强度 DIF。钢筋和钢材的极限强度不予调整，FRP 与玻璃等材料由于缺少相关实验数据支撑，暂不予调整。表中剪切破坏时材料属性的 DIF 小于弯曲破坏的 DIF 主要从延性设计的角度考虑，提高抗爆结构的安全性。

知识点 2　材料的动态弹性模量

混凝土动态弹性模量取静态弹性模量的 1.2 倍。钢筋、钢材、砌体、砂浆及玻璃的动态弹性模量取静态弹性模量。典型建筑材料的动态弹性模量，依据现有资料，仅考虑混凝土的动态弹性模量为静态弹性模量的 1.2 倍，其余材料均不考虑动态弹性模量的增加。

知识点 3　材料的动态本构模型

材料的动态结构模型应采用材料动态设计强度和动态弹性模量，其中材料动态设计强度调整系数 SIF 取 1.0。混凝土等脆性材料的动态本构模型还应考虑材料的静水压力作用、应力强化、应变软化和损伤累积效应等。

常见建筑材料的动态本构模型，K&C 模型（图 5-23）是一种塑性损伤本构模型，由 Marlvar 等提出，随后得到较大的发展，并在混凝土结构抗爆领域得到了广泛的应用。该模型采用了 8

个独立的参数定义了 3 个固定极限面（即弹性极限面、失效极限面、残余极限面）的压缩子午线。

$$\Delta\sigma_e = a_{0e} + \frac{p}{a_{1e} + a_{2e} \cdot p} \tag{5-16}$$

$$\Delta\sigma_y = a_{0y} + \frac{p}{a_{1y} + a_{2y} \cdot p}$$

$$\Delta\sigma_r = \frac{p}{a_{1r} + a_{2r} \cdot p}$$

$\Delta\sigma_e$，$\Delta\sigma_y$，$\Delta\sigma_r$ 分别是等效屈服强度，等效失效强度，等效残余强度；其中 8 个独立参数 a_{ij} 需要通过材料实验获得。

极限面在偏平面上的表达方法采用 Willam-Warnke 强度准则，考虑了第三应力不变量 J_3 的影响。

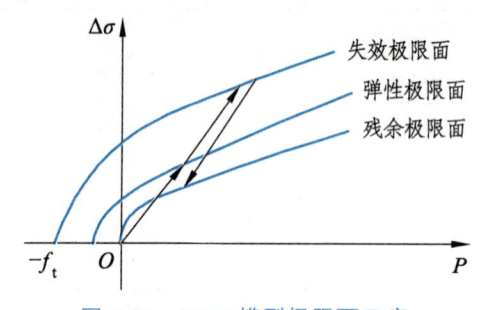

图 5-23　K&C 模型极限面示意

该模型对于拉、压时的损伤变量 λ，有：

$$\lambda = \begin{cases} \int_0^{\bar{\varepsilon}_p} \dfrac{d\bar{\varepsilon}_p}{r_f[(1+p/r_f f_t)]^{b_1}} & p \geqslant 0 \\ \int_0^{\bar{\varepsilon}_p} \dfrac{d\bar{\varepsilon}_p}{r_f[(1+p/r_f f_t)]^{b_2}} & p < 0 \end{cases} \tag{5-17}$$

式中　$d\bar{\varepsilon}_p$ ——等效塑性应变增量，$d\bar{\varepsilon}_p = \sqrt{(2/3)d\varepsilon_{ij}^p d\varepsilon_{ij}^p}$；

b_1，b_2——软化系数，需要通过实验获得；

r_f——单轴强度应变率效应增强系数。该模型可以自己定义状态方程，用来描述静水压力与体积应变的关系。应变率效应曲线也可以通过自定义输入。

该模型 LS-DYNA 软件中提供了自动生成材料参数的功能，仅需要提供混凝土材料的单轴抗压强度、密度、泊松比等简单参数便可以生成其他参数。

HJC 模型是较早用来描述混凝土材料动态特性的塑性损伤模型，主要用于混凝土撞击及侵蚀的模拟，该模型的破坏面方程为

$$F(p,D) = [A \cdot (1-D) + B \cdot (p/f_c')^N] \cdot [1 + C \cdot \ln\varepsilon^*] \cdot f_c' \tag{5-18}$$

式中　A，B，C，N——需要通过实验获得的常数；

其中
- D 是损伤参数；
- ε^*——无量纲有效应变率，$\varepsilon^* = \dot{\varepsilon}/\dot{\varepsilon}_0$。
- $\dot{\varepsilon}$——实际应变率；
- $\dot{\varepsilon}_0$——参考应变率（如 $\dot{\varepsilon}_0$ 可取 $1.0\ \mathrm{s}^{-1}$）。

$$D = \int_0^{\varepsilon_p} \frac{\mathrm{d}\varepsilon_p}{D_1(p^* + T^*)^{D_2}} \tag{5-19}$$

其中 $\mathrm{d}\varepsilon_p = \mathrm{d}\overline{\varepsilon_p} + \mathrm{d}\mu_p$，$p^* = p/f_c'$，$T^* = f_t/f_c'$

式中
- $\mathrm{d}\overline{\varepsilon_p}$——等效塑性应变增量；
- $\mathrm{d}\mu_p$——塑性体积应变增量；
- p^*——名义静水压力值；
- f_c'——混凝土单轴抗压强度；
- f_t——混凝土单轴抗拉强度；
- D_1 和 D_2——损伤参数。

HJC 模型的状态方程通过多项式描述

$$p(u) = K_1 \cdot u + K_2 \cdot u^2 + K_3 u^3 \tag{5-20}$$

式中
- u——体积应变；
- K_1、K_2 和 K_3——体积应变系数。

该模型主要参数可通过实验数据拟合得出，也可参考表 5-16 取值。

表 5-16 HJC 模型主要参数值

参数	A	B	N	C	K_1	K_2	K_3	D_1	D_2
值	0.275	1.85	0.84	0.007	62 GPa	−42 GPa	26 GPa	0.04	0.9

RHT 模型广泛用于混凝土构件侵彻、撞击的模拟，它基于 HJC 模型发展起来的塑性损伤本构模型。该模型考虑了三个极限面（即弹性极限面，失效极限面，残余极限面），破坏极限面的子午线如图 5-24 所示。

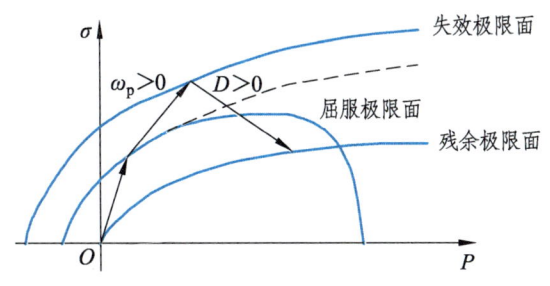

图 5-24 RHT 模型破坏面示意

该模型的空间破坏面由以下方程定义：

$$Y_f(p^*, \theta, \dot{\varepsilon}) = Y_c(p^*) \times r'(\theta) \times F_{\mathrm{rate}}(\dot{\varepsilon}) \tag{5-21}$$

式中 $Y_c(p^*)$——破坏面的压子午线；

$r'(\theta)$——考虑第三应力不变量的偏平面表达式，由 Willam-Warnke 强度准则给出；

$F_{\text{rate}}(\dot{\varepsilon})$——考虑应变率效应的函数。

该模型的状态方程根据 p-α（α 为孔隙率参数）曲线得到，典型的 p-α 如图 5-25 所示：

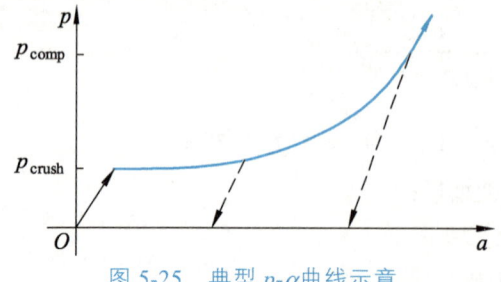

图 5-25 典型 p-α 曲线示意

该模型 LS-DYNA 软件中提供了自动生成材料参数的功能，仅需要提供混凝土材料的单轴抗压强度、密度、泊松比等简单参数便可以生成其他参数。

模型 John-Cook 强度模型遵循基于关联流动法则的 von-Mise 屈服准则，相对应的屈服应力 σ_y 可表达为：

$$\sigma_y = [A + B(\varepsilon_{\text{eff}}^{\text{p}})^N](1 + C\ln\dot{\varepsilon})[1 - (T_h)^M] \quad (5\text{-}22)$$

式中 A——弹性极限应力；

B 和 N——塑性应变硬化系数和指数；

$\varepsilon_{\text{eff}}^{\text{p}}$——有效塑性应变；

$\dot{\varepsilon}$ 和 C——应变率和应变率系数；

T_h 和 M——标准化温度和温度指数。

公式所描述的 John-Cook 强度模型可以分为三个部分，第一部分表示材料进入塑性后的应力硬化，第二部分表示应变率引起的强度提高，第三部分表示高温情况下的强度软化。非接触爆炸荷载情况下一般不考虑第三部分。

与 Johnson-Cock 强度模型相对应的 Johnson-Cock 失效准则可表达为：

$$\varepsilon^F = \left[D_1 + D_2\exp\left(D_3\frac{P}{\sigma_{\text{eff}}}\right)\right](1 + D_4\ln\dot{\varepsilon})(1 + D_5 T_h) \quad (5\text{-}23)$$

$$D_F = \sum\frac{\Delta\varepsilon_{\text{eff}}^{\text{p}}}{\varepsilon^F}$$

式中 D_1，D_2，D_3，D_4，D_5——材料破坏参数；

σ_{eff}——有效应力；

P——压强；

$\Delta\varepsilon_{\text{eff}}^{\text{p}}$——有效塑性应变增量；

D_F——材料破坏累积参数，当 $D_F = 1.0$，材料失效。

在数值计算中，D_F 的数值仅仅代表有限元单元的激活状态，与材料的实际物理损伤无关。John-Cook 模型参数建议取值如表 5-17 所示。

表 5-17 John-Cook 模型参数建议取值

G_0/GPa	v	A/ksi	B/ksi	N	C	D_1	D_2
78.85	0.3	41.50	72.54	0.228	0.017 1	0.070 5	1.732
D_3	D_4	D_5	ε_{th}	ε_{cr}	D_{cr}	D_0	α
-0.54	-0.015	0.0	0.202	1.0	0.1	0.0	0.198

任务 6　民用建筑构件抗爆特性的设计

【重难点】

- 民用建筑构件抗爆一般设计的要求。
- 民用建筑构件抗爆等效静载法的计算。
- 民用建筑构件抗爆等效单自由度体系法的计算。
- 民用建筑构件抗爆数值模拟法的计算。

【案例导入】

合理将废旧轮胎变废为宝，为我国绿色建筑材料的研发提供新出路。

【案例分析】

当前，我国许多科研机构研制了许多抗爆建筑材料，橡胶混凝土在道路工程、桥面铺装、铁路轨枕、机场跑道等有很好的抗冲击韧性、抗疲劳开裂、抗爆等功能。

微课：建筑构件抗爆设计

【知识链接】

知识点 1　建筑构件抗爆

建筑构件抗爆（图 5-26）分析宜采用等效静载法、等效单自由度体系法或压力-冲量图法，也可采用数值模拟法。且宜采用不同方法或直接采用试验结果进行校验。计算方法不适用于近距离爆炸或接触爆炸情况。当采用等效静载法、等效单自由度体系法或压力-冲量图法计算出构件的最大位移超过第三章规定的最大位移限值时，应采用数值模拟法或直接采用试验结果进行校验。构件的抗弯计算宜采用等效静载法或等效单自由度体系法，构件的抗剪计算宜采用等效单自由度体系法或数值模拟法。

图 5-26　抗暴结构

知识点 2 等效静载法

等效静载是在构造中，将动荷载转化为静荷载的一种方法，在实际的工程中，由于动荷载的复杂性，因此采用静荷载方法可简化计算过程，步骤如下：

（1）等效静载法的计算步骤为：

确定构件的爆炸荷载；

选择构件的截面尺寸；

确定构件的位移动力系数 K_d；

计算构件的等效均布静荷载 Q_{Gk}；

（2）采用静力方法计算构件的内力。作用在构件上的等效均布静荷载标准值 Q_{GK} 应按下式计算：

$$Q_{Gk} = K_d P_{so} \tag{5-24}$$

式中 P_{so} ——入射峰值超压；

K_d ——构件的位移动力系数，按图 5-27 确定。

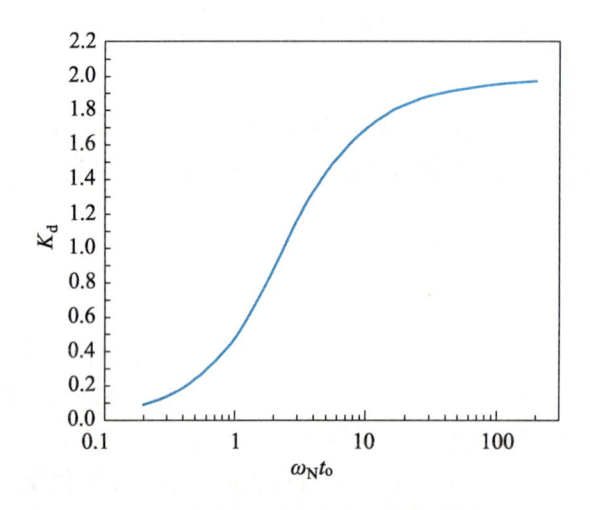

ω_N—构件自振频率；t_o—构件的正压作用时间。

图 5-27 位移动力系数

构件的自振频率 ω_N 应按假定振型采用能量法计算，假定振型宜采用构件的静挠曲线。

（3）采用等效静载法时，应采用材料的动态设计强度，可参照现行国家标准《建筑结构荷载规范》（GB 50009）。

知识点 3 等效单自由度体系法

构件的等效单自由度体系应根据位移等效和自振频率等效的原则确定，即等效单自由度体系质点的位移应与构件控制截面的位移相等，等效单自由度体系的自振频率应与构件的自振频率相等。

① 构件抗弯计算时控制截面指最大位移截面，如简支梁的跨中、悬臂梁的自由端；构件抗剪计算时控制截面指最大剪力截面。

② 单自由度法适用于构件相对较强且局部损伤较小的构件。当构件的局部损伤（包含混凝土碎裂、构件局部断裂且飞出等情况）对构件整体响应影响较大时，此方法不适用。

③ 当构件的允许延性比$\mu=1$时，结构处于弹性工作阶段；当$\mu>1$时，构件处于塑性工作阶段。

知识点 4　压力-冲量图法

（1）构件的最大位移可采用压力-冲量图中的等位移线表示，如图 5-28 所示，图中 P 为用于构件的反射压力峰值，I 为作用于构件的反射压力冲量。爆炸荷载的压力-冲量点落在某一条等位移线的右上方，表示构件最大位移已超过该位移值；落在等位移线的左下方，表示构件最大位移未达到该位移值。

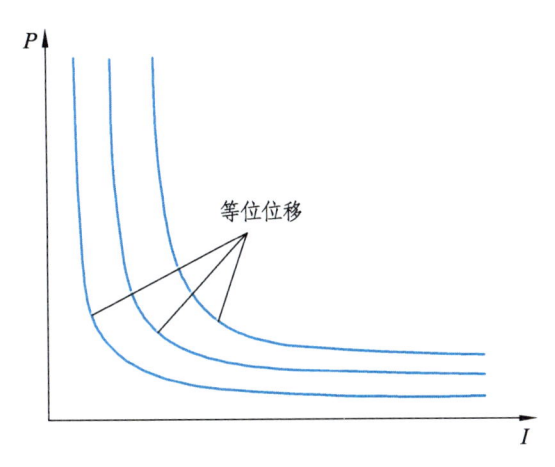

图 5-28　构件的压力-冲量图

（2）压力-冲量图中的等位移线可采用等效静载法、等效单自由度体系法、数值模拟法或直剪试验方法确定。

知识点 5　数值模拟法

需确定构件的应力分布或局部破坏时，宜采用数值模拟法。采用数值模拟法时应进行收敛性分析，以确定合理的单元尺寸和时间步长。数值模拟法宜采用材料的动态本构模型。

知识点 6　钢筋混凝土结构

（1）混凝土应采用常规密度的混凝土，强度等级应不低于 C30，不高于 C80。用于普通钢筋混凝土结构，当采用超高强混凝土或轻质混凝土结构时，应进行专门研究。钢筋按现行国家标准《混凝土结构设计规范》（GB 50010）有关规定选用。纵向受力钢筋锚固长度应取为受拉钢筋锚固长度 l_a 的 1.05 倍。锚固长度 l_a 指受力钢筋依靠其表面与混凝土的黏结作用或端部构造的挤压作用而达到设计承受应力所需的长度，按表 5-18 确定。

表 5-18 受拉钢筋锚固长度 l_a

钢筋种类	混凝土强度等级															
	C20		C25		C30		C35		C40		C45		C50		C55		≥C60	
	d≤25	d>25	d≤25	d>25	d≤25	d>25	d≤25	d>25	d≤25	d>25	d≤25	d>25	d≤25	d>25	d≤25	d>25	d≤25	d>25
HPB300	39d	—	34d	—	30d	—	28d	—	25d	—	24d	—	23d	—	22d	—	21d	—
HRB335、HRBF335	28d	—	33d	—	29d	—	27d	—	25d	—	23d	—	22d	—	21d	—	21d	—
HRB400、HRBF400	—	—	40d	44d	35d	39d	32d	35d	29d	32d	28d	31d	27d	30d	26d	29d	25d	28d
HRB500、HRBF500	—	—	48d	53d	43d	47d	39d	43d	36d	40d	34d	37d	32d	35d	31d	34d	30d	33d

（2）纵向受力钢筋的连接可采用下列方式：纵向受力钢筋的连接形式、各种连接形式的适用范围及注意事项。

① 绑扎搭接。同一截面绑扎搭接的钢筋面积百分率不应超过50%，且沿构件长度方向相邻绑扎搭接的间距应不小于2倍的搭接长度，搭接长度同国家标准《混凝土结构设计规范》（GB 50010）规定。

② 机械连接。仅适用于构件的弹性区域。同一截面机械连接的钢筋面积百分率不应超过50%，且沿构件长度方向相邻机械连接的间距应不小于构件宽度或深度的最大值。

③ 焊接。仅适用于构件的弹性区域。同一截面焊接的钢筋面积百分率不应超过50%，且沿构件长度方向相邻焊接的间距应不小于构件宽度或深度的最大值。

（3）钢筋混凝土柱的抗爆设计应满足下列要求：

① 轴向压力应大于 $0.1A_g f_c$。其中 A_g 为柱的截面面积，f_c 为混凝土静态轴心抗压强度设计值；

② 纵筋最小配筋率为1%，最大配筋率为6%；

③ 应通长配置封闭箍筋，且宜采用螺旋形封闭箍筋，采用常规箍筋时箍筋肢距不应大于350 mm。体积配箍率应不低于 0.15%；间距应取柱最小截面尺寸的 1/4 和最小纵筋直径的 5 倍的较小值；在受拉钢筋搭接处，箍筋间距除满足上述条件外，尚不应大于 100 mm。钢筋混凝土柱抗爆设计的构造措施，主要为纵筋和箍筋的配筋率的相关要求。由于缺少钢筋混凝土柱构造措施对其抗爆性能影响的相关研究成果，从确保构件延性的角度出发，纵筋最小配筋率要求略高于国家标准《混凝土结构设计规范》（GB 50010）；箍筋的配置比国家标准《混凝土结构设计规范》（GB 50010）的要求严格，与国家标准《人民防空地下室设计规范》（GB 50038）要求相当且更偏于严格。

（4）柱的斜截面抗剪承载力验算应根据国家标准《混凝土结构设计规范》（GB 50010）相关规定进行，直剪承载力验算时直剪承载力应按下列公式计算：

$$V_r = V_c + V_s \tag{5-25}$$

$$V_c = 0.18 f_{cd} bh$$

$$V_s = A_d f_{yd} \sin \alpha$$

式中 V_r——柱的直剪承载力；

V_c——混凝土提供的直剪承载力；

V_s——弯起钢筋提供的直剪承载力；

f_{cd}——混凝土动态轴心抗压强度设计值；

B——柱宽；

H——柱有效受压区高度；

A_d——弯起钢筋面积；

f_{yd}——弯起钢筋的动态屈服强度；

α——弯起钢筋的弯起角度。

钢筋混凝土柱的抗弯承载力，以及抗压承载力主要根据《混凝土结构设计规范》（GB 50010）内容对钢筋混凝土柱进行抗爆分析，分析得到的最大动态响应不超过抗压承受力的限值来保证。除了满足上述要求外，为了确保结构构件不发生剪切破坏，尚需要对钢筋混凝土柱进行斜截面抗剪承载力与直剪承载力的验算。直剪承载力验算时，如果钢筋混凝土柱的设计支座转角大于 2 应忽略混凝土对直剪承载力的贡献，V_c 取 0。

（5）钢筋混凝土梁的抗爆设计应满足下列要求：

① 梁的净跨与有效高度的跨高比应大于 4；

② 纵筋最大配筋率为 2.4%，上部纵筋和下部纵筋的最小配筋率均为 0.35%，且应至少保证各有两根连续纵筋；

③ 箍筋应采用封闭式箍筋，并有 135°弯钩。箍筋应全跨设置，且净跨端部第一根箍筋距两端支撑截面的距离不得大于 50 mm。体积配箍率应不低于 0.15%，箍筋间距应取以下情况中的最小值：梁高的四分之一；最小纵筋直径的 8 倍；箍筋直径的 24 倍；300 mm。适用于跨高比大于 4 的普通钢筋混凝土梁的抗爆设计。对于跨高比小于或等于 4 的钢筋混凝土深梁的抗爆设计，应进行专门研究。由于缺少钢筋混凝土梁构造措施对其抗爆性能影响的相关研究成果，从确保构件延性的角度出发，钢筋混凝土梁纵筋和箍筋的配筋率的限值主要参考国家标准《人民防空地下室设计规范》（GB 50038）中关于钢筋混凝土梁纵筋和箍筋的配筋率的相关规定。考虑到箍筋对于钢筋混凝土构件的重要作用，箍筋的配置比国家标准《混凝土结构设计规范》（GB 50010）的要求严格，与国家标准《人民防空地下室设计规范》（GB 50038）要求相当且更偏于严格。

（6）梁端截面正弯矩承载力不应小于负弯矩承载力的一半，任意截面的正弯矩和负弯矩承载力均不应小于梁端截面最大弯矩承载力的 1/4。主要是为了保证柱失效后，相邻梁形成一长梁，任意截面发生正弯矩和负弯矩变化时，仍具有足够的抗弯承载力。梁的斜截面抗剪承载力验算应按国家标准《混凝土结构设计规范》（GB 50010）相关规定进行，直剪承载力验算时直剪承载力计算同柱直剪承载力计算公式。钢筋混凝土梁的抗弯承载力主要根据《建筑构件抗爆分析》对钢筋混凝土梁进行抗爆分析，分析得到的最大动态响应不超过抗压承受力的限值来保证。除了满足上述规定外，为了确保结构构件不发生剪切破坏，尚需按照以上要求对其进行斜截面抗剪承载力与直剪抗剪承载力的验算。

（7）钢筋混凝土梁柱节点的抗爆设计应满足下列要求：

① 在节点域内，柱的纵筋应保持连续，且不应出现连接；箍筋应连续设置且不应削弱。

② 中间节点，梁的纵筋应保持连续，且不应出现连接，连接位置应在节点以外距离节点不小于 2 倍柱宽；

③ 端节点，上下纵筋均应采用 90 度弯折锚固或机械锚头锚固，弯折锚固或机械锚头锚固的构造要求同现行国家标准《混凝土结构设计规范》(GB 50010)相关规定。

（8）节点抗剪承载力验算时，节点的抗剪承载力应按下列公式计算：

四面均连接梁的节点：

$$V_r = 20\sqrt{f_{cd}} A_j \tag{5-26}$$

三面或两对面连接梁的节点：

$$V_r = 15\sqrt{f_{cd}} A_j \tag{5-27}$$

其他节点：

$$V_r = 12\sqrt{f_{cd}} A_j \tag{5-28}$$

式中　f_{cd}——混凝土动态轴心抗压强度设计值；

A_j——节点的有效截面面积，一般取柱的截面面积。

（9）钢筋混凝土板的抗爆设计应满足下列要求：

① 上、下侧均应设置受力钢筋，每侧受力钢筋的最小配筋百分率应取 0.2 和 $45\dfrac{f_t}{f_y}$ 中的较大值，f_t 为混凝土静态轴心抗拉强度设计值；f_y 为钢筋静态屈服强度。

② 中间支撑时，受力钢筋在支撑内应保持连续，且不应出现连接，连接位置应距离支撑端面不小于 2 倍支撑长度；

③ 端部支撑时，受力钢筋应在支撑构件柱、梁、墙内可靠锚固。

（10）钢筋混凝土墙的抗爆设计应满足下列要求：

① 对承受平面内爆炸荷载的墙，两侧应对称配置两排钢筋网，每排钢筋网的水平和竖向受力钢筋的最小配筋百分率应为 0.25；对承受平面外爆炸荷载的墙，两侧应对称配置两排钢筋网，每排钢筋网的水平和竖向受力钢筋的最小配筋百分率应为 0.2。

② 同一高度处竖向钢筋连接的钢筋面积百分率应不超过 50%，且相邻钢筋的连接应交错布置、竖向间距应不小于 500 mm；同排水平钢筋的连接之间以及相邻水平钢筋连接之间的水平间距均应不小于 500 mm；且同排竖向钢筋的连接与水平钢筋的连接不宜重叠。

③ 水平和竖向钢筋应延伸至墙端，且在墙端可靠锚固；当有边框柱、梁时，应贯穿柱、梁或锚固在柱、梁内。

（11）墙的平面内抗剪承载力验算应根据国家标准《混凝土结构设计规范》(GB 50010)相关规定进行；墙的平面外抗剪承载力验算同板的斜截面抗剪承载力和直剪承载力验算。钢筋混凝土墙抗爆设计的构造措施，包括最小配筋率要求以及连接形式等，除根据《建筑构件抗爆分析》对钢筋混凝土墙进行抗爆分析外，尚需对其进行平面内及平面外抗剪承载力验算。墙的最小配筋率要求主要参考了加拿大 CSA S850—2012 规范。

知识点 7　钢结构

钢结构的抗爆设计应按《钢结构设计规范》对构件进行轴向力、弯曲、剪切及其共同作用下的强度和稳定性验算,以及连接强度验算,且应采用钢材的动态设计强度。当建筑设防分类为丙类且构件延性比大于 10 时,钢材的动态设计强度可适当增大,增大的幅度不超过动态极限强度与动态屈服强度差值的 25%。

受弯构件的抗爆设计应满足下列要求:

(1)当构件延性比大于 3 时,其抗弯承载力应采用塑性抵抗模量计算;当构件延性比小于或等于 3 时,其抗弯承载力应采用等效抵抗模量计算,等效抵抗模量取弹性和塑性抵抗模量的平均值。

(2)破坏模式宜为延性破坏,允许发生剪切破坏和局部失稳,但不应发生连接破坏。

(3)在可能出现塑性铰的位置,应避免拼接,并设置侧向支撑以避免整体失稳。

(4)在可能产生腹板失稳的部位,应根据《钢结构设计规范》进行加劲肋设计。

钢结构连接部应设置在可能出现塑性铰的位置,连接的静态塑形抗弯强度应强于连接构件的动态塑形抗弯强度。

受压构件抗爆设计应满足下列要求:

(1)轴心受压构件的承载力验算应根据《钢结构设计规范》有关规定分析,抗力分项系数取 1,长细比按弱轴计算,有效长度系数取 1。

(2)压弯构件应考虑二阶效应的影响。

当出现下列情况时,应对结构的整体稳定性进行动力分析:

(1)结构体系或多个构件发生屈曲;

(2)框架侧移;

(3)体系横向隔板失效;

(4)支座失效。

钢结构抗爆设计方法,给出了受弯构件、受压构件抗爆设计时的注意事项与构造措施以及结构整体稳定性分析方法。

知识点 8 砌体结构

应采用配筋砌块砌体,砌体强度不应低于 10 MPa、不应高于 40 MPa,且全部灌芯。竖向钢筋应连续配置,配筋百分率不应小于 0.25,间距不应大于 400 mm。墙的转角、端部和孔洞两侧竖向钢筋的直径不应小于 12 mm。钢筋连接宜采用绑扎搭接,其构造要求同钢筋混凝土结构抗爆设计中纵向受力钢筋的连接。应设置圈梁,圈梁高度不应小于 190 mm,宽度应同墙厚;梁上下应各配 2 根直径为 12 mm 的纵向钢筋;箍筋直径不宜小于 6 mm,间距不宜大于 200 mm。所有开口的上部应设置钢筋混凝土过梁,且两端延伸至墙内、长度不小于 500 mm;水平钢筋应连续,且在端部设置 180°的弯钩。砌体墙的抗剪承载力验算应按现行国家标准《砌体结构设计规范》(GB 50003)有关规定进行。砌体墙抗爆设计的一般要求,包括材料选取、结构形式选取,连接等。另外规定除根据国家标准《建筑构件抗爆分析》对配筋砌块砌体墙进行抗爆分析外,尚需对其进行抗剪承载力的验算。配筋砌块砌体纵筋及箍筋的最相关构造要求主要参考了国家标准《人民防空地下室设计规范》(GB 50038)、《砌体结构设计规范》(GB 50003)。

任务 7　建筑结构防连续性倒塌的设计

【重难点】

- 建筑结构防连续性倒塌设计的规定。
- 防连续性倒塌的设计。
- 结构连续性倒塌的分析。

【案例导入】

建筑连续倒塌的定义是什么？

【案例分析】

俄克拉何马州联邦大楼倒塌的直接原因是爆炸炸断了结构底层的一根框支柱，导致相邻两根柱子受到严重破坏，柱所支承的转换梁失效，导致转换梁上支承的柱子失效，上部楼板的塌落依次传递下去，最终导致结构整个立面完全倒塌。

【知识链接】

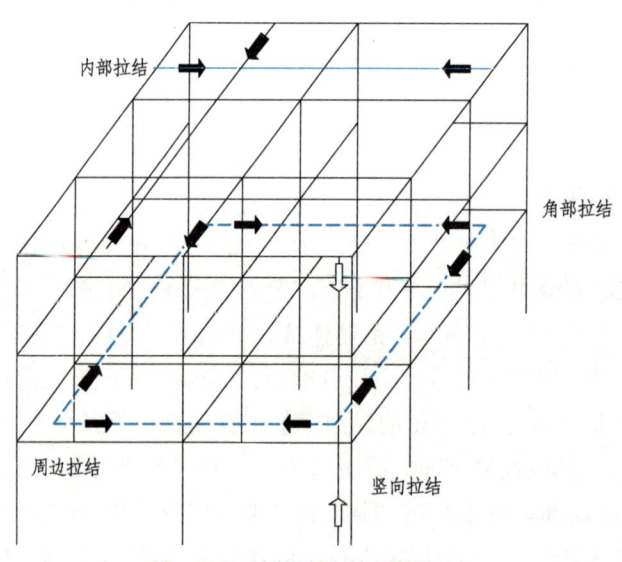

知识点 1　结构防连续倒塌设计

结构防连续倒塌设计（图 5-29），应保证在爆炸作用下结构不因局部构件的破坏引起邻近构件破坏而导致连续性倒塌。建筑结构防连续性倒塌设计的目标，即局部构件的失效不应引发其他构件的连锁性破坏，避免整体结构的连续性倒塌。

图 5-29　结构防连续倒塌设计

结构防连续性倒塌设计时，应注重概念设计和采取构造措施，保证结构具有一定连续性、延性、整体性和冗余度。同结构抗震设计类似，研究表明，概念设计和构造措施对防止结构连续倒塌起着非常有利的作用。因此，在结构防连续性倒塌设计时，应重视概念设计和构造措施，使结构具有一定的连续性、延性和冗余度，从而保证结构具有较好的整体性和较大的变形能力。与国家标准《建筑抗震设计规范》（GB 50011）对概念设计的要求相适应，对所有需进行防连续性倒塌的结构均需进行连续性倒塌的概念设计。

结构防连续性倒塌时如何选择设计方法和分析方法，即根据结构的重要等级对各设计和分析方法进行相应的选择要求。建筑结构防连续性倒塌设计的计算模型，应根据实际情况确定，各种假定或简化应符合结构的实际工作状况，宏观规定了建筑结构防连续性倒塌的计算模型（包括计算简图、几何尺寸、计算参数、边界条件等）。

建筑结构防连续性倒塌的构件截面承载力计算时，材料强度取值宜符合下列规定：

（1）混凝土轴心抗压强度和轴心抗拉强度应取标准值；

（2）钢筋强度，轴力作用下正截面承载力和斜截面承载力计算可取屈服强度标准值，受弯承载力计算和受拉承载力计算可取极限强度标准值；

（3）钢构件的钢材强度可取屈服强度标准值。

上述的两条参考现行标准《混凝土结构设计规范》（GB 50010）、《高层建筑混凝土结构技术规程》（JGJ 3）的规定编写。国家标准《混凝土结构设计规范》（GB 50010）中要求"当进行偶然作用下结构防连续倒塌的验算时，……在抗力函数的计算中，混凝土强度取强度标准值 f_{ck}；普通钢筋强度取极限强度标准值 f_{stk}……"。结构防连续倒塌设计时：构件截面承载力计算时，混凝土强度可取标准值；钢材强度，正截面承载力验算时，可取标准值的 1.25 倍，受剪承载力验算时可取标准值。

知识点 2　防连续性倒塌概念设计及构造措施

（1）结构防连续性倒塌概念设计应符合下列规定：

① 采用合理的结构布置，避免结构出现薄弱部位；

② 在重要和有意外风险区域增加冗余约束、布置可替代传力路径；

③ 结构构件应具有适宜的延性，提高抗剪能力，避免脆性破坏；

④ 结构适当分区，控制可能发生连续性倒塌的范围；

⑤ 保证节点和连接的强度和转动能力，提高结构的连续性；

⑥ 采取必要的措施减少爆炸作用效应，以及使重要构件及关键传力部位避免直接遭受爆炸作用；

⑦ 框架的周边柱距不宜过大，以保证荷载重分布；

⑧ 钢筋混凝土结构和钢结构的梁柱宜刚接；

⑨ 结构构件应具有一定的反向承载能力。

建筑结构抗连续性倒塌概念设计的要求，主要从结构布置、连接和延性能方面进行要求。

（2）结构防连续性倒塌宜采取下列构造措施：

① 钢筋混凝土结构构件的钢筋在支座处应连续贯通，竖向和水平构件需要增加贯通的钢筋，与周边要有可靠的连接锚固作用；

② 钢筋混凝土结构应当合理地进行梁柱节点配筋设计，加强节点区梁底的配筋，以承担柱失效后两端产生的正弯矩；

③ 钢结构应采用合理的梁柱连接方法，保证连接具有足够的转动能力，避免连接脆性破坏。

建筑结构防连续性倒塌的构造措施要求。钢筋贯通和连接要求主要是保证结构具有较好的拉结性、整体性和变形能力。

知识点 3　防连续性倒塌设计

建筑结构防连续性倒塌的初步设计，可采用拆除构件法。失效破坏后易引发连续性倒塌的主要结构构件，应视为关键构件。对于甲类和乙类建筑结构，可采用拆除构件法确定关键构件，并采用局部加强法对关键构件进行抗爆设计，保证构件的抗爆能力，避免结构发生连续性倒塌；对于乙类和丙类建筑结构，可采用拆除构件法进行防连续性倒塌设计。由于结构中的重要受力构件发生破坏后，结构易产生连续性倒塌，因此，对此类构件应进行局部加强，保证这些构件具有足够的抗爆能力。

（1）拆除构件应符合下列规定：

① 应根据结构布置，对于失效可能引起结构较大范围破坏和易受爆炸作用的主要结构构件，确定需拆除结构构件，验算剩余结构的极限承载力；

② 一般可选择下列构件作为拆除构件：

——底层和地下车库层的角柱、靠近边长中间的外柱以及内部柱；

——易受爆炸作用的柱和转换构件；

——拆除后可能导致剩余结构不安全的构件。

对于房屋建筑，一般选择框架柱作为被拆除构件，也可选择剪力墙作为被拆除构件。首层外柱及周边柱比较容易遭到爆炸作用，可作为重点被拆除构件。

（2）在进行拆除构件后的结构连续性倒塌分析时，可采用线性静力法、非线性静力法或非线性动力法等三种分析方法。选择合适的方法对结构进行连续性倒塌分析，对于建筑形体和构件布置比较规则的结构，可采用线性静力分析方法。采用线性静力分析方法进行建筑结构连续性倒塌分析时，剩余结构的构件承载力应符合下列规定：

$$R_d \geqslant S_d \qquad (5-29)$$

式中　R_d——剩余结构的构件承载力设计值，其中材料强度取值可按建筑结构防连续性倒塌的构件截面承载力计算，材料强度取值要求；

S_d——剩余结构的构件内力设计值，可按荷载效应组合的设计值规定计算。拆除构件法进行建筑结构抗连续倒塌设计的目标为：偶然作用使某一柱失效的情况下，与该柱列相连的梁不能失效。采用被拆除竖向构件上方楼盖坍塌的面积判别结构是否发生连续倒塌，规定拆除竖向构件后楼盖结构不能发生坍塌，并对不同的分析方法规定了拆除构件后的接受准则。线性静力分析采用构件的承载力作为接受准则的参数。剩余结构构件的承载力若不满足，则应重新设计该构件，提高其承载力。

采用非线性分析方法时，结构构件的塑性转角应符合下列规定：

$$\theta \leqslant [\theta] \qquad (5-30)$$

式中　θ——剩余结构构件组合的塑性转角；

$[\theta]$——剩余结构构件的塑性转角限值。

非线性静力或非线性动力分析采用构件塑性转角作为参数，建立变形准则。剩余结构构件的塑性转角限值[θ]按照《建筑结构抗倒塌设计规范》（CECS 392：2014）规定取值：

① 抗震设计的钢筋混凝土梁为 0.04；

② 与钢柱刚接的钢梁：

梁翼缘未采取削弱或加强措施的钢梁为 0.021 3—0.000 12h；

梁翼缘骨形削弱的钢梁为 0.037 5—0.000 08h；

梁翼缘加盖板或加腋加强的钢梁为 0.066 8—0.000 14h。

注：h——钢梁截面高度（cm）。

构件力-转角骨架线上性能点 LS（Life Safety）对应的塑性转角为其限值，性能点 LS 的总转角（屈服转角与塑性转角之和）为性能点 CP（Collapse Prevention）总转角的 75%，即使达到塑性转角限值，构件尚能支承楼面的重力荷载、尚有变形能力储备，不会发生坍塌。不同条件的混凝土梁、钢梁 CP 点的塑性转角以及我国规范对混凝土梁、钢梁的构造规定，要求了混凝土梁及钢梁的塑性转角限值。施加重力荷载、拆除构件后、非线性分析开始时，可认为楼面框架梁刚达到其屈服转角。

知识点 4　结构连续性倒塌分析

（1）结构连续性倒塌分析可采用拆除构件法、考虑爆炸动力效应的改进拆除构件法或直接动力法。

采用拆除构件法时，可选用线性静力法、非线性静力法或非线性动力法。采用线性静力法时，结构分析模型应符合下列规定：

① 采用三维模型；

② 采用线弹性材料模型；

③ 考虑 P-Δ 效应。

（2）线性静力法的主要步骤如下：

① 建立结构的有限元模型；

② 移除结构上的关键构件；

③ 对结构施加荷载效应组合的设计值规定的恒载和活载；

④ 分析结构的静力响应；

⑤ 连续性坍塌设计值相关规定判断是否有新的构件破坏。如无新的构件破坏，则分析完成；如有新的构件破坏，则移除该构件并进行荷载重分配，并重复步骤④~⑤；

⑥ 评估分析结果。

线性静力分析是基于小变形理论，材料均视为线弹性，简单易用，但由于忽略了移除结构关键构件后的动力效应以及爆炸荷载作用下结构及材料的非线性特征，仅仅适用于对简单、规则结构的分析。

（3）采用非线性静力法时，结构分析模型应符合下列规定：

① 采用三维模型；

② 采用考虑材料非线性的本构模型；

③ 考虑 P-Δ 效应。

（4）非线性静力分析法的主要步骤如下：
① 建立结构的有限元模型；
② 移除结构上的关键构件；
③ 对结构逐级施加荷载效应组合的设计值的恒载和活载，荷载从零至最大值的分级应不少于 10 级；
④ 对结构每级加载，分析结构的静力响应；
⑤ 如无新的构件破坏，则重复④～⑤施加下一级荷载重新分析；如有新的构件破坏，则移除该构件，并对该级荷载进行重分配，重复步骤④～⑤，直至结构倒塌或达到静力平衡；
⑥ 评估分析结果。

非线性静力分析材料非线性的本构模型可采用考虑材料非线性的构件力-变形关系骨架线；非线性静力分析既考虑材料的物理非线性，也考虑结构的几何非线性，简单易用，但忽略了移除结构关键构件后的动力效应，一般用于简单、布置不规则结构的连续倒塌分析。

（5）采用非线性动力分析法时，结构分析模型应符合下列规定：
① 采用三维模型；
② 采用材料的动态本构模型；
③ 考虑 $P\text{-}\Delta$ 效应；
④ 采用 Rayleigh 阻尼模型。

（6）非线性动力分析法的主要步骤如下：
① 建立结构的有限元模型；
② 在移除关键构件前，对结构施加荷载效应组合的设计值的恒载和活载，使结构达到静力平衡；
③ 瞬间移除结构的关键构件；
④ 在移除关键构件的同时，对结构进行动力分析，动力分析的时间步长应不大于 $T_1/50$，其中 T_1 为移除关键构件后剩余结构的基本周期；
⑤ 依据连续性坍塌设计相关规定判断结构构件损伤破坏程度；
⑥ 评估分析结果。

非线性动力分析同时考虑结构和材料的非线性特征以及结构移除关键构件后的动力效应，在拆除构件法中，非线性动力分析的准确度最高。

为提高非线性动力分析法的可靠性和分析精度，可采用考虑爆炸动力效应的改进拆除构件法，其中爆炸动力效应考虑剩余结构中拆除构件的周边构件在爆炸荷载下的初始损伤、初始速度和初始位移。

（7）对于甲类建筑或复杂结构应采用直接动力法，结构分析模型宜符合下列规定：
① 采用三维精细化有限元模型；
② 采用材料的动态本构模型；
③ 考虑结构的几何非线性；
④ 采用 Rayleigh 阻尼模型。
⑤ 考虑冲击波与结构的相互作用。

（8）直接动力法一般应按下列步骤进行：
① 建立炸药、空气、结构的有限元模型；

② 对结构施加荷载效应组合的设计值的恒载和活载；
③ 模拟冲击波与结构的相互作用，确定作用于结构上的爆炸荷载；
④ 对结构进行动力分析；
⑤ 依据防连续性倒塌设计相关规定判断结构构件损伤破坏程度；
⑥ 评估分析结果。

（9）对于大型复杂结构，直接动力法可分两阶段按下列步骤进行：
① 假定结构为刚体，建立炸药、空气的有限元模型；
② 模拟冲击波对刚体结构的作用，确定作用于结构上的爆炸荷载；
③ 建立结构的精细化有限元模型，对结构施加荷载效应组合的设计值的恒载和活载；
④ 对结构施加爆炸荷载进行动力分析；
⑤ 依据防连续性倒塌设计相关规定判断结构构件损伤破坏程度；
⑥ 评估分析结果。

直接动力法能够对建筑结构在爆炸下导致的连续倒塌进行准确可靠的分析，然而，该方法需要建立详细的结构模型，并需要对炸药的爆轰、爆炸波的传播及其与结构的相互作用进行模拟，计算量大且特别耗时，对计算机硬件的要求高；同时，该方法要求使用者对结构动力学、材料的动力特性以及数值模拟技术都有较为详尽地了解。因此，一般只用于特别重要建筑物的连续倒塌分析。

采用考虑爆炸动力效应的改进拆除构件法同时具有直接动力法与拆除构件法的优点，在保证分析效率的同时，能够提高分析结果的精度。

任务 8 建筑外围护系统防爆墙的设计

【重难点】
- 玻璃幕墙和门窗抗爆的设计。
- 防爆门抗爆。设计的要求。
- 防爆墙抗爆设计的要求。

【案例导入】
钢化玻璃会自爆吗？

【案例分析】
2023 年夏天，某商业大楼由于天气炎热局部出现玻璃幕墙自爆，而玻璃碴从高空掉落，击中楼下私家车，车辆受损，所幸的是这起意外无人员伤亡。

事故后物业公司及时处理，并由相关部门进行建筑外围结构抗爆安全评估。

【知识链接】

知识点 1 建筑外围护系统

主要针对建筑外围护系统中门、窗和墙等非承重构件与防爆墙的抗爆设计。建筑外围护系统的连接应强于被连部件，支承构件应强于被支承构件。建筑围护

微课：建筑维护结构设计原则

系统的抗爆设计宜采用均衡设计的思想，以框式玻璃幕墙为例，以下各部件的抗爆强度逐次递增：玻璃面板、幕墙框架、框架与支承结构的连接件、支承结构，如图 5-30 所示。

A 型液压抗爆门　　B 型（钢质）抗爆门　　B 型（玻璃）抗爆门　　B 型抗爆窗

图 5-30　玻璃面板、幕墙框架、框架与支撑结构的连接件、支撑结构

知识点 2　玻璃幕墙和门窗

对于垂直和倾斜的玻璃幕墙和门窗，不适用于其他玻璃结构，如栏杆、玻璃地板、玻璃水箱及玻璃柜等。玻璃幕墙和门窗的抗爆设计可通过试验或合理的分析方法进行，应满足建筑玻璃幕墙和门窗的抗爆设计的设防要求。采用动力分析法时，需考虑爆炸作用的负压效应。玻璃门窗和玻璃幕墙的抗爆设计宜遵循三个原则：① 阻挡原则即爆炸中心点尽量远离目标；② 结构完整原则，即需要保护结构不会倒塌；③ 减少碎片原则即尽可能减少飞溅的玻璃和其他碎片。对于玻璃幕墙和门窗的抗爆性能检验方法可参照现行国家标准《玻璃幕墙和门窗抗爆炸冲击波性能分级及检测方法》（GB/T 29908）或相应的规范。玻璃幕墙和门窗的设防目标需按风险评估与业主要求共同确定，按照爆炸作用下钢筋混凝土结构构件的允许变形值设防为目标进行选取。可采用防护膜、防护缆索或其他抗爆防护措施，对玻璃幕墙及门窗进行抗爆加固，以保障玻璃幕墙和门窗能达到建筑玻璃幕墙和门窗的抗爆设计的设防要求。玻璃幕墙及门窗宜采用夹胶玻璃，且夹层厚度不应小于 0.75 mm。对于中空玻璃，内层面板应采用夹胶玻璃。玻璃面板类型及夹胶最小厚度要求，目的为降低玻璃碎片带来的危害。可通过等效静荷载法、动力分析方法或试验进行玻璃幕墙及门窗的边框、连接件和支撑结构构件的抗爆设计，以保证其不先于玻璃面板发生破坏。采用等效静荷载法时，边框、连接件和支撑结构的等效静荷载应为玻璃幕墙及门窗达到承载力极限状态时所受荷载的 2 倍。为保证支撑结构提供足够承载力，能在爆炸作用下提供有效支撑。门窗边框的挠度不应大于跨度的 1/60。保证边框提供足够承载力。对于框支式夹胶玻璃面板或夹胶中空玻璃的内层玻璃面板，均应在两侧使用硅酮结构胶与边框连接，并通过试验或合理的分析方法验证其锚固的有效性，以保证玻璃与边框之间的有效连接，避免玻璃面板与边框发生整体脱离。

知识点 3　防爆门

当采用普通门无法满足建筑玻璃幕墙和门窗的抗爆设计的设防要求时，可采用防爆门。防爆门的抗爆设计，建筑整体性能及各类构件的抗爆设防要求可通过试验或合理的分析方法进行。试验方法可参照现行国家标准《玻璃幕墙和门窗抗爆炸冲击波性能分级及检测方法》（GB/T 29908）或相应的规范。防爆门的设防目标需按风险评估与业主要求共同确定，并按照结构构件的抗爆中的设防目标进行选取。防爆门设计如图5-31所示。

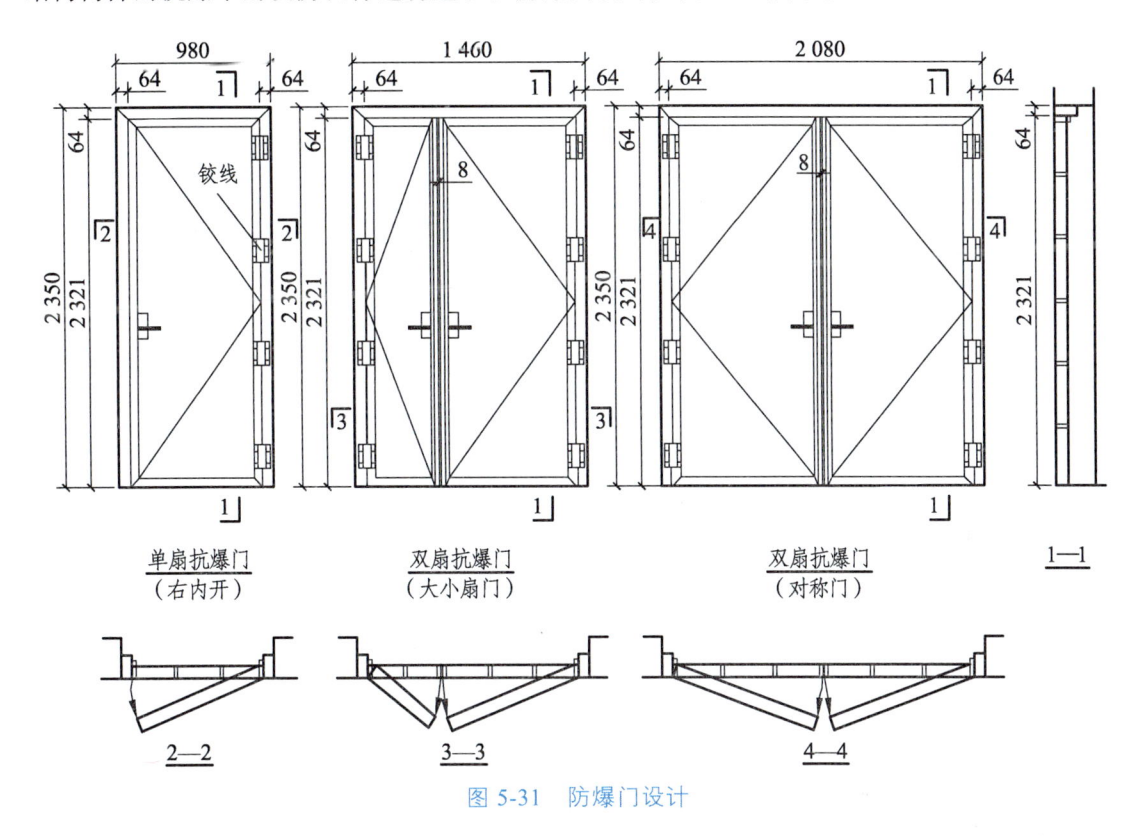

图 5-31 防爆门设计

防爆门按材质分为钢板门和玻璃门，钢板门又分为镀锌钢板门和纤维水泥复合钢板门。钢质防爆门的门扇采用型钢做内部框架，内外两侧包镀锌钢板或纤维水泥复合钢板，中间填岩棉或陶瓷棉。玻璃防爆门的门框及门扇框料均采用不锈钢。防爆门的材料种类参照国家建筑标准设计图集《抗爆、泄爆门窗及屋盖、墙体建筑构造》（14J938）中防爆门相关规定，其中A型防爆门是指爆炸物在抗爆结构内部爆炸时（内爆），在入口处设置的具有防护空气冲击波、碎片及火焰外泄作用的门（门开启时为内开），适用于危险工房的抗爆间室。B型防爆门是指爆炸物在抗爆结构外部爆炸时（外爆），在入口处设置的具有防护空气冲击波、碎片及火焰作用的门（门开启时为外开）。B型防爆门适用于贵重物品库、机要部门等民用建筑。本项目抗爆门的规定均指代B型抗爆门。B型抗爆门编号规则见图5-32。

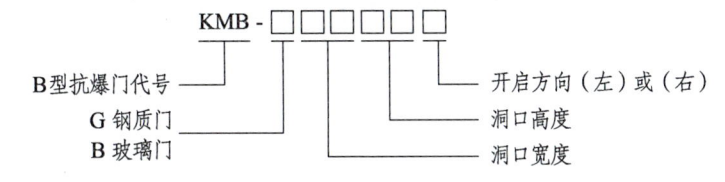

示例：KMB-G1224（左）即为洞口宽度为1 200 mm，高度为2 400 mm，开启方向为左开的钢质B型抗爆门。

图 5-32 B型抗爆门编号

(1) 门的开启应符合下列要求:
① 外围护门应向外开启;
② 安全疏散门应向疏散方向开启;
③ 开向疏散走道及楼梯间的门扇开足时,不应影响走道及楼梯平台的疏散宽度;
④ 采用向外开启的方式,当门关闭后,可利用门框组合抵抗冲击波压力,起到防护作用;如向内开启,则需保证门、门锁及其与门框的连接件须能承担设计爆炸荷载。

(2) 可通过试验或合理的动力分析方法,保障门框、连接件及闭锁装置具有足够的强度。为保证门框、连接件及闭锁装置可以提供足够承载力,避免门板与边框发生整体脱离。

知识点 4　围护墙

围护墙的抗爆设计可通过试验或合理的分析方法进行,围护墙设计时应考虑直接作用在墙体上的爆炸荷载以及从门、窗、幕墙等传递来的作用力,充分考虑围护墙的设计荷载。围护墙设计时应避免非延性破坏模式,如剪切、冲切、连接破坏、锚固破坏等。当采用砌块或砖等围护墙体,宜采用增设钢丝网或钢板等措施以减少碎片飞溅。爆炸作用产生的高速飞行的碎片是产生人员伤亡的主要因素,为此应采取有效措施减少围护墙体碎片的飞溅。

知识点 5　防爆墙

防爆墙(图 5-33)有钢筋混凝土防爆墙、钢板防爆墙、型钢防爆墙、砖砌防爆墙、阻燃防爆墙、军事专用防爆墙等不同种类。

钢筋混凝土防爆墙的钢筋交错处牢固绑扎、墙厚通常为 30~40 cm;加厚墙基埋入地下深度应大于 1 m。防爆墙应能承受 3 MPa 的冲击压力。在有爆炸危险的装置与无爆炸危险的装置之间,以及在有较大危险的设备周围应设置防爆墙或其他阻挡设施。

图 5-33　防爆墙

设计方法:
(1) 防爆墙体应采用非燃烧材料,且不宜作为承重墙,其耐火极限不应低于 4 h。
(2) 防爆墙可采用配筋砖墙。当相邻房间生产人员较多或设备较贵重时,宜采用现浇钢筋混凝土墙。

（3）配筋砖墙厚度应由结构计算确定，但不应小于 240 mm，砖强度不应低于 MU7.5，砂浆强度不应低于 M5。

构造配筋：沿墙身高度方向每隔 500 mm 配置 3 根直径为 6～10 mm 通常水平钢筋，其两端应与钢筋混凝土框架或排架柱预埋插筋绑扎或焊接。当砖墙长度、高度大于 6 m 时，应设钢筋混凝土中间柱及横梁，并按构造配筋。混凝土强度等级不应低于 C15，其端部应与屋面梁及框、排架柱连接；钢筋混凝土防爆墙厚度不应小于 180 mm，混凝土强度等级不应小于 C20，钢筋截面面积由结构计算确定；防爆墙上不宜开孔留洞。当工艺管道、电缆等必须穿过时，孔洞直径不应大于 200 mm，孔洞周边应配置补强钢筋，孔洞应填封密实。

任务 9　民用建筑结构抗爆评估的设计

【重难点】
- 初步评估的流程。
- 详细评估的流程。
- 加固设计的要求。

【案例导入】
案例中建筑为抗爆采用的加固方法是否合理？

【案例分析】
某建筑于天然气爆炸后经相关部门同意采用抗爆加固的方法进行改造。由于该建筑物在设计的时候，已经考虑了一定等级的抗爆功能，但是不保证在遭遇炸弹袭击的时候可以很好地抵挡冲击波降低人员伤亡率和房屋倒塌率，所以在进行普通建筑物设计时，考虑增加一些加固措施，主要有：对跨度大的空间结构添加墙、柱等支撑构件，帮助分散冲击力量；采用增大截面的方式减缓承受力差的构件受力；对于没有配置钢筋的砌体结构要采用粘贴纤维等方法加固；在用螺栓连接钢结构的连接处使用焊接工艺替代，增强接合性。

【知识链接】
既有建筑结构的抗爆安全评估分初步评估与详细评估两个层次，可根据业主要求单独进行。

知识点 1　初步评估

初步评估应按下列步骤进行：
① 现场调查与数据收集；
② 建筑爆炸威胁与爆炸荷载确定；
③ 抗爆性能评估。

通过现场调查和数据收集确定建筑周边环境及结构信息。根据建筑周边环境及业主要求确定建筑爆炸威胁，依据等效静力法或等效单自由度分析方法对结构构件进行抗爆性能评估，确定关键构件的损伤程度，给出结构抗爆性能综合评估。

建筑结构抗爆安全初步评估报告应包括以下几个部分：

（1）建筑周边环境及结构信息；

（2）建筑爆炸威胁；

（3）爆炸荷载；

（4）抗爆性能评估方法与结果；

（4）综合评估结论与建议。

初步评估的目的是确定建筑结构的潜在爆炸威胁，并给出在该爆炸威胁下建筑结构的可能破坏情况，为决策者决定是否拆除该建筑结构或者对该结构进行详细抗爆安全评估提供支撑。该内容详细规定了建筑结构抗爆安全初步评估的方法，程序以及评估报告的撰写等。

知识点2　详细评估

详细评估应按下列步骤进行：

（1）现场调查；

（2）数据收集；

（3）建筑爆炸威胁与爆炸荷载确定；

（4）抗爆性能评估；

（5）防连续倒塌性能评估。

通过现场调查确定建筑周边环境，主要包括建筑周边环境及潜在的爆炸威胁、目前及未来可采取的安全措施、周边及建筑内部人员分布情况等。数据收集主要依据建筑结构设计图纸，获取建筑结构的设计信息，并同时通过现场测试等手段，掌握建筑结构系统及围护系统的现状，确定建筑结构材料的现场力学性能信息等。

根据建筑周边环境及业主要求确定建筑爆炸威胁，并采用下列方法确定作用在建筑结构上的爆炸荷载。

（1）考虑爆炸波的入射角度与反射，并按室内爆炸荷载确定；

（2）数值模拟法。

依据动力分析方法对主要结构构件及围护构件进行抗爆性能评估，确定其破坏模式及损伤程度。依据拆除构件法、考虑爆炸动力效应的改进拆除构件法或直接动力法对建筑结构的连续倒塌性能进行评估。

建筑结构抗爆安全详细评估报告应包括以下几个部分：

（1）建筑周边环境及结构信息；

（2）建筑爆炸威胁；

（3）爆炸荷载确定方法及结果；

（4）抗爆性能评估方法与结果；

（5）防倒塌性能评估方法与结果；

（6）综合评估结论与建议。

详细评估应基于结构的现场结构信息与材料力学性能，给出在潜在爆炸威胁下建筑结构的破坏机理与损伤程度，评估可能的人员伤亡与财产损失，为决策者决定是否继续使用该建筑结构或者对该结构进行抗爆加固提供支撑。综合评估详细规定了建筑结构抗爆安全详细评估的方法，程序以及评估报告的撰写等。

知识点 3　加固设计

结构抗爆加固设计可采用《民用建筑防爆设计规范》（T/CECS 736）的规定进行，当采用其他方法时，应通过试验或可靠的数值模拟验证其有效性。钢筋混凝土柱抗爆加固可采用钢板加固、FRP 加固及增大截面法等方法，提高其抗爆承载力，确保爆炸荷载作用下结构柱的延性需求。钢筋混凝土柱也可采用泡沫铝等吸能材料的减爆措施来提高其抗爆性能。

钢筋混凝土柱抗爆加固设计应按下列步骤进行：

（1）对现有钢筋混凝土柱进行抗爆分析；

（2）依据分析结果，基于国家标准《混凝土结构加固设计规范》（GB 50367），对钢筋混凝土柱进行抗爆加固初步设计；

（3）对加固钢筋混凝土柱进行抗爆分析，校核抗爆加固效果；

（4）钢柱抗爆加固可采用钢板加固或 FRP 加固等方法，提高其抗爆承载力，避免发生强度和稳定性破坏；

（5）钢柱抗爆加固时，可采用局部削弱促使柱端塑性铰的方式避免柱端的连接破坏；采用局部夹紧或填充混凝土等方式，避免腹板或翼缘的撕裂或局部屈曲。

钢柱抗爆加固设计应按下列步骤进行：

（1）对现有柱进行抗爆分析；

（2）依据分析结果，针对不同的可能破坏模式，对钢柱进行抗爆加固；针对弯曲破坏导致柱中位移过大，宜采用增加盖板、加劲肋等方式提高其抗弯性能，同时应验算其抗剪承载力；对加固钢柱进行抗爆分析，校核抗爆加固效果。

砌体墙可采用高强钢丝网加固、FRP 加固、喷射高强混凝土加固等抗爆加固形式，以增加其延性，并避免产生爆炸碎片。高强钢丝网加固应确保高强钢丝网在墙四周梁柱构件上的锚固。FRP 加固应确保 FRP 在墙四周梁柱构件上的锚固，同时采用机械锚固手段防止 FRP 与墙体的滑移。砌体填充墙也可采用泡沫铝等吸能材料的减爆技术措施来提高其抗爆性能。

砌体填充墙抗爆加固设计应按下列步骤进行：

（1）对现有砌体填充墙进行抗爆分析；

（2）依据分析结果，基于国家标准《混凝土结构加固设计规范》（GB 50367），对砌体填充墙进行抗爆加固初步设计；

（3）对加固砌体填充墙进行抗爆分析，校核抗爆加固效果。

（4）典型结构构件抗爆加固的主要原则与设计方法，分别根据爆炸荷载作用下钢筋混凝土结构、钢结构以及砌体填充墙的破坏特点，给出了其抗爆加固的主要原则、推荐方法及设计步骤。

随堂一练

一、选择题

1. 等效静载法的计算步骤顺序正确的是（　　）。

① 确定构件的爆炸荷载；② 确定构件的位移动力系数 K_D；③ 计算构件的等效均布静荷载 Q_{Gk}；④ 选择构件的截面尺寸。

  A. ①②③④   B. ①④②③
  C. ①②④③   D. ①④③②

2. 下列不属于纵向受力钢筋的连接方式的是（　　）。
  A. 胶水连接   B. 机械连接
  C. 绑扎连接   D. 焊接

3. 不属于防爆墙设计规范的是（　　）。
  A. 墙体采用非燃烧材料   B. 耐火极限不低于 3 h
  C. 不宜作为承重墙   D. 墙体可采用配筋砖墙

4. 符合民用建筑在防爆设计所选择的建筑外形结构要求的是（　　）。
  A. 结构复杂   B. 平面为矩形
  C. 受力明确   D. 传力简单

5. 下列工程结构安全等级的划分为一级的是（　　）。
  A. 很严重   B. 严重
  C. 不严重   D. 轻微

二、简答题

1. 建筑重要性等级划分为几级；分别描述为哪些建筑？
2. 建筑爆炸风险评估需考虑因素有？
3. 纵向受力钢筋的连接可采用的方式有？
4. 结构防连续性倒塌概念设计满足哪些要求？

参考文献

[1] 交通运输部公路科学研究院. 公路交通安全设施设计规范：JTG D81—2017[S]. 北京：人民交通出版社，2017.

[2] 中国建筑标准设计研究院. 抗爆、泄爆门窗及屋盖、墙体建筑构造：14J938[S]. 北京：中国计划出版社，2014.

[3] 中国国家标准化管理委员会. 粉尘爆炸泄压指南：GB/T 15605—2008[S] 北京：中国标准出版社，2009.

[4] 中国建筑标准设计研究院. 建筑结构荷载规范：GB 50009—2012[S]. 北京：中国计划出版社，2012.

[5] 中国石油化工集团公司. 石油化工控制室抗爆设计规范：GB 50779—2012[S]. 北京：中国计划出版社，2012.

[6] 华彤文，王颖霞，卞江，等. 普通化学原理[M]. 4版. 北京：北京大学出版社，2006.

[7] 全国消防标准化技术委员会防火材料分技术委员会. 建筑材料及制品燃烧性能分级：GB 8624—2012[S]. 北京：中国计划出版社，2013.

[8] 中国建筑科学研究院. 住宅建筑规范：GB50368—2005[S]. 北京：中国建筑工业出版社，2006.

[9] 中国建筑科学研究院. 汽车库、修车库、停车场设计防火规范：GB 50067—2014[S]. 北京：中国建筑工业出版社，2015.

[10] 国家标准化管理委员会. 建筑材料及制品燃烧性能分级：GB 8624—2012[S]. 北京：中国建筑工业出版社，2013.

[11] 交通部水运科学研究院，上海化工研究院. 危险货物分类和品名编号：GB6944—2012[S]. 北京：中国建筑工业出版社，2012.

[12] 中华人民共和国公安部. 建筑防火设计规范：GB50016—2014[S]. 2018版. 北京：中国计划出版社，2018.

[13] 中国建筑科学研究院有限公司. 建筑防火通用规范：GB55037—2022[S]. 北京：中国计划出版社，2022.

[14] 应急管理部天津消防研究所. 建筑实施通用规范：GB 55036—2022[S]. 北京：中国计划出版社，2023.